普通高等教育“十一五”规划教材

电气控制技术

第3版

主　编　李　仁
副主编　王建平
参　编　杨冠鲁
主　审　王　炎

机械工业出版社

本书是根据全国高等学校电工及自动化类专业教学指导委员会制定的教材编写规划而修订的第 3 版教材。本书第 2 版自 1990 年出版以来，随着科技进步和自动化技术的迅猛发展，原教材中的顺序控制器、交磁放大机及其控制系统、磁放大器及其控制系统均被新器件新技术所取代。因此，除删除上述内容并对原低压电器及其控制系统作了修改与补充，增加了新型电器及其控制系统、可编程序控制器及其控制系统、工业控制网络系统及应用实例等内容。

本书是普通高等院校电气工程及其自动化专业的规划教材，也可供相近专业的有关课程选用。对于从事电气工程及自动化科技工作的人员也有一定参考价值。

本书配有电子课件，欢迎选用本书作教材的老师索取。

索取邮箱：EdmondYan@ hotmail. com

EdmondYan@ sina. com

图书在版编目（CIP）数据

电气控制技术/李仁主编. —3 版. —北京：机械工业出版社，2008. 6 (2017. 10 重印)

普通高等教育“十一五”规划教材

ISBN 978-7-111-24075-4

Ⅰ. 电… Ⅱ. 李… Ⅲ. 电气控制-高等学校-教材 Ⅳ. TM921. 5

中国版本图书馆CIP数据核字（2008）第064966号

机械工业出版社（北京市百万庄大街 22 号 邮政编码 100037）

责任编辑：贡克勤 版式设计：霍永明 责任校对：张晓蓉

封面设计：姚 毅 责任印制：李 昂

三河市宏达印刷有限公司印刷

2017 年10月第 3 版第 7 次印刷

184mm×260mm · 16 印张 · 390 千字

标准书号：ISBN 978-7-111-24075-4

定价：28. 00 元

凡购本书，如有缺页、倒页、脱页，由本社发行部调换

电话服务

社服务中心：(010) 88361066

销 售 一 部：(010) 68326294

销 售 二 部：(010) 88379649

读者购书热线：(010) 88379203

网络服务

门户网：http：//www. cmpbook. com

教材网：http：//www. cmpedu. com

封面无防伪标均为盗版

前言

原教材自1980年出版以来，第1、2版先后共印刷27次，全国高校普遍使用。随着科技进步和自动化技术的迅猛发展，原教材中的大部分内容已不适应当今科技发展现状，因此，再次进行修订，作为第3版教材出版。

随着科技的发展，第2版教材中的顺序控制器、交磁放大机及其控制系统、磁放大器及其控制系统已被新器件新技术所取代，本书中均予删除。新版教材对原书中的低压电器和电器控制电路部分作了调整和更新。相应增加了新型电器及其控制技术、可编程序控制器及其控制技术、工业网络系统以及相关的典型工程应用实例。本书的读者对象为高等院校电气工程及其自动化专业师生，对从事电气自动化技术的相关科技人员也有一定参考价值。

本书在编写过程中，注意处理好以下关系：电器的基础理论与电器应用的关系，注意立足于基础且重点放在工业应用方面；系统性与实用性的关系，宏观上立足于教材的整体系统性，而侧重点放在解决工业应用的实际问题方面；传统电器与新型电器的关系，立足于工业实用的电器及其系统，兼顾新型电器及其应用的发展趋势；国产电器与国外电器的关系，立足于国内传统与新型电器及其应用，适当介绍国外电器与应用的发展趋势。

本书仍由原书主编安徽大学李仁教授担任主编，合肥工业大学王建平教授任副主编，华侨大学杨冠鲁教授参编。李仁教授负责全书的体系架构、内容设置、素材取舍、风格协调、文字修饰等，并执笔第1、2章及全书统稿工作。第3章由杨冠鲁教授执笔。第4、5章由王建平教授执笔、朱程辉副教授配合完成。安徽大学李晴燕老师、合肥工业大学赵丽欣老师配合进行了资料搜集和整理工作。

本书由哈尔滨工业大学王炎教授担任主审，他对本书做了严谨认真地审阅，并提出了许多宝贵的意见和建议，作者仅在此表示衷心谢意。

本书完成过程中还得到了安徽大学黄德宽教授、孙献忠教授、陆勤毅教授、陈军宁教授、任玲高级工程师、史福元教授、梁栋教授、高清维教授、杨明建高级工程师；合肥工业大学顾绳谷教授、王孝武教授、王金铃高级工程师等老师的关心和帮助，他们提出了许多宝贵意见与建议，特致衷心谢意。

作者对参加本书第 1 版和第 2 版的作者鹿世金教授、董亚林教授以及孙伟副教授、郑常宝副教授，在此也一并致谢。

在本书完成过程中，合肥锻压机床厂陈杰高级工程师、合肥振宇工程机械公司胡乾坤高级工程师提供了许多宝贵的现场资料和建议，在此特致谢意。

在本书的修订过程中，虽然竭尽努力，但限于水平及时间，疏漏、错误之处在所难免，敬请使用本教材的教师、同学和广大读者批评指正。

编　者

目录

第 1 章

常用低压电器

1.1 常用低压电器的作用与分类

电器是一种根据外界的信号和要求，手动或自动地接通或断开电路，断续或连续地改变电路参数，以实现电路或非电对象的切换、控制、保护、检测、变换和调节用的电气设备。简言之，电器就是一种能控制电的工具。低压电器通常指工作在交流电压1200V、直流电压1500V以下电路中的电气设备。

电器的种类很多，分类方法也很多。现将常见的低压电器分类方法归纳示于图 1-1 中。电力拖动自动控制系统中常用的电器如图 1-2 所示。有关低压电器产品型号编制办法、产品型号类组代号以及派生字母对照表参阅有关手册及产品样本。

1.2 电气控制系统常用低压电器

1.2.1 接触器

接触器是用来接通或切断电动机或其他负载主电路的一种控制器。通常分为交流接触器与直流接触器。

接触器的基本参数有主触点的额定电流、主触点允许切断电流、触点数、线圈电压、操作频率、动作时间、机械寿命和电寿命等。

现代生产的接触器，其额定电流最大可达2500A，允许接通次数为 150 ~ 1500 次/h，电寿命 50 ~ 100 万次，机械寿命为 500 ~ 1000 万次。

1.2.1.1 接触器的结构和原理

一般接触器都由下列几个部分组成：电磁机构；主触点和灭弧装置；辅助触点；释放弹簧机构或缓冲装置；支架与底座。现就其主要部分介绍如下。

- 电器的分类
  - 按电器功能分
    - 敏感电器
    - 执行电器
    - 保护电器
  - 按工作职能分
    - 手动操作电器
    - 自动控制电器
      - 自动切换电器
      - 自动控制电器
      - 自动保护电器
    - 其他系统用电器
      - 稳压与调压电器
      - 起动与调速电器
      - 检测与交换电器
      - 牵引与传动电器
  - 按电器组合分
    - 单个电器
    - 成套电器与自动化装置
  - 按使用系统分
    - 电力拖动自动控制系统用电器
    - 电力系统用电器
    - 自动化通信系统用电器
    - 其他系统用电器
  - 按电压等级分
    - 低压电器
    - 高压电器
  - 按有无触点分
    - 有触点电器
    - 无触点电器
    - 混合式电器
  - 按使用场合分
    - 一般工业用电器
    - 特殊工矿用电器
    - 农用电器
    - 其他场合(如航空等)用电器

图 1-1 电器的分类

- 电力拖动自动控制系统常用电器
  - 接触器
    - 交流接触器
    - 直流接触器
  - 继电器
    - 电磁式继电器
      - 电压继电器
      - 电流继电器
    - 时间继电器
      - 直流电磁式
      - 空气阻尼式
      - 电动机式
      - 半导体式
    - 中间继电器
    - 速度继电器
    - 热继电器
  - 自动空气断路器
    - 装置式
    - 开敞式
  - 行程开关
    - 直动式
    - 滚动式
    - 微动式
  - 熔断器
    - 管式
    - 螺旋式
    - 快速式
  - 其他电器如按钮、刀开关等

图 1-2 电力拖动自动控制系统常用电器

1. 触点

触点用来接通或断开被控制的电路。它的结构形式很多，按其接触形式可分为三种：即点接触、线接触和面接触。点接触由两个半球形触点或一个半球形与一个平面形触点构成。它常用于小电流的电器中，如接触器的辅助触点或继电器触点。线接触指两个带弧面的矩形触点相接触，它的接触区域是一条直线。触点在通断过程中是滚动接触，这样，可以自动清除触点表面的氧化膜，同时长期工作的位置不是在易烧灼的接触点，从而保证了触点的良好接触。这种滚动线接触多用于中等容量的触点，如接触器的主触点。面接触指两个平面触点相接触，它可允许通过较大的电流。这种触点一般在接触表面上镶有合金，以减小触点接触电阻和提高耐磨性，多用作较大容量接触器的主触点。

由于触点表面的不平与氧化层的存在，两个触点的接触处有一定的电阻。为了减小此接触电阻，需在触点间加一定压力。当动触点与静触点接触时，由于安装时弹簧被预先压缩了一段，因而产生一个初压力 F_1，如图 1-3b 所示。触点闭合后由于弹簧在超行程内继续变形而产生一终压力 F_2，如图 1-3c 所示。弹簧压缩的距离 l 称为触点的超行程，即从静、动触点开始接触到触点压紧，整个触点系统向前压紧的距离。有了超行程，在触点磨损情况下，仍具有一定压力。磨损严重时应予更换。

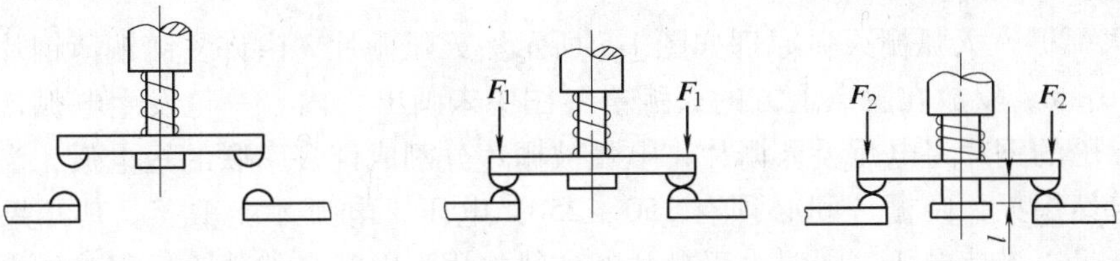

图 1-3　触点的位置示意图
a）最终拉开位置　b）刚刚接触位置　c）最终闭合位置

2. 电弧的产生与灭弧装置

当接触器触点切断电路时，如电路中电压超过 10 ~ 12V 和电流超过 80 ~ 100mA 时，在拉开的两个触点之间将出现强烈火花，这实际上是一种气体放电的现象，通常称为“电弧”。

所谓气体放电，就是气体中有大量的带电粒子作定向运动。触点在分离瞬间，其间隙很小，电路电压几乎全部降落在触点之间，在触点间形成很强的电场，阴极中的自由电子会逸出到气隙中并向正极加速运动，前进途中撞击气体原子，该原子分裂成电子和正离子。电子在向正极运动过程中又将撞击其他原子，这种现象叫作撞击电离。撞击电离的正离子向阴极运动，撞在阴极上会使阴极温度逐渐升高。当阴极温度到达一定程度时，一部分电子将从阴极逸出再参与撞击电离。由于高温而使电极发射电子的现象叫作热电子发射。当电弧的温度达到 3000℃或更高时，触点间的原子以很高的速度作不规则的运动并相互剧烈撞击，结果原子也将产生电离，这种因高温使原子撞击所产生的电离称为热游离。

撞击电离、热电子发射和热游离的结果，使得在两触点间呈现大量向阳极飞驰的电子流，这就是所谓的电弧。

应当指出，伴随着电离的进行也存在着消电离的现象。消电离主要是通过正、负带电粒子的复合进行的。温度越低，带电粒子运动越慢，越容易复合。

根据上述电弧产生的物理过程可知，欲使电弧熄灭，应设法降低电弧温度和电场强度，以加强消电离作用。当电离速度低于消电离速度时，则电弧熄灭。根据上述灭弧原理，常用的灭弧装置有：

（1）磁吹式灭弧装置　其原理如图 1-4 所示。在触点电路中串入一个吹弧线圈 3，它产生的磁通通过导磁颊片 4 引向触点周围，如图中“×”符号所示。电弧产生后，其磁通方向如图中“⊗”和“⊙”符号所示。可见在弧柱下吹弧线圈产生的磁通与电弧产生的磁通是相加的，而在弧柱上面则彼此相消，产生一个向上运动的力将电弧拉长并吹入灭弧罩 5 中。熄弧角 6 和静触点相连结，其作用

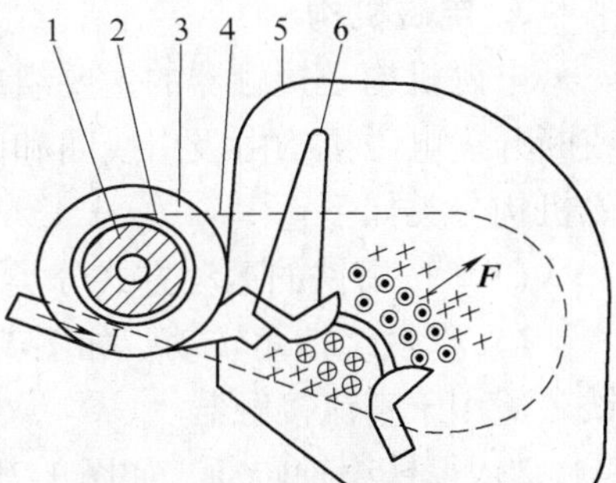

图 1-4　磁吹式灭弧装置
1—铁心　2—绝缘管　3—吹弧线圈
4—导磁颊片　5—灭弧罩　6—熄弧角

是引导电弧向上运动，将热量传递给罩壁，促使电弧熄灭。

由于这种灭弧装置是利用电弧电流本身灭弧，因而电弧电流越大，吹弧的能力也越强。它广泛应用于直流接触器中。

（2）灭弧栅　灭弧栅灭弧原理如图 1-5 所示。灭弧栅片 3 由许多镀铜薄钢片组成，片间距离为 2 ~ 3mm，安放在触点上方的灭弧罩（图中未画出）内。一旦发生电弧，电弧周围产生磁场，导磁的钢片将电弧吸入栅片，电弧被栅片分割成许多串联的短电弧，当交流电压过零时电弧自然熄灭，两栅片间必须有 150 ~ 250V 电压，电弧才能重燃。其结果是，一方面电源电压不足以维持电弧，同时由于栅片的散热作用，电弧自然熄灭后很难重燃。这是一种常用的交流灭弧装置。

（3）灭弧罩　比灭弧栅更为简单的是采用一个用陶土和石棉水泥做的耐高温的灭弧罩，用以降温和隔弧，可用于交流和直流灭弧。

（4）多断点灭弧　在交流电路中也可采用桥式触点，如图 1-6 所示。有两处断开点，相当于两对电极，若有一处断点处要使电弧熄灭后重燃需要 150 ~ 250V，现两处断点就需要 2 ×（150 ~ 250）V，所以有利于灭弧。若采用双极或三极接触器控制一个电路时，根据需要可灵活地将两个极或三个极串联起来当做一个触点使用，这组触点便成为多断点，加强了灭弧效果。

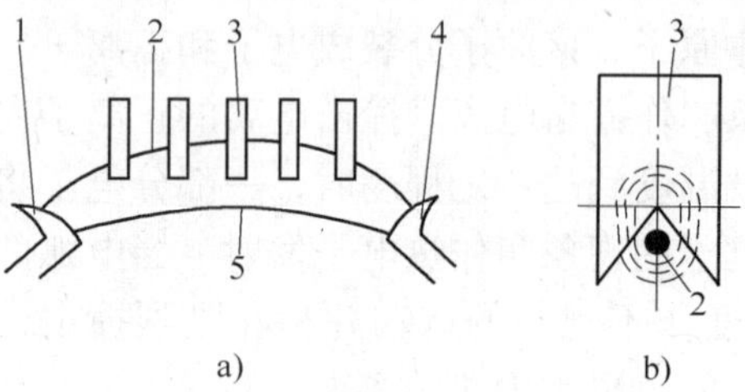

图 1-5　灭弧栅灭弧原理

a）栅片灭弧原理　b）电弧进入栅片的图形

1—静触点　2—短电弧　3—灭弧栅片

4—动触点　5—长电弧

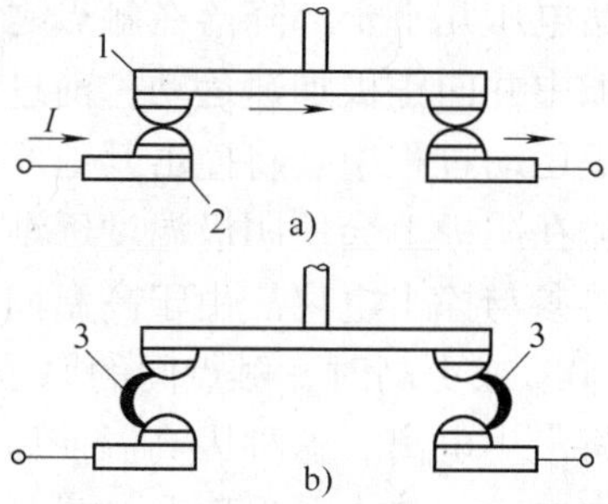

图 1-6　桥式触点

a）闭合状态　b）断开状态

1—动触点　2—静触点　3—电弧

3. 电磁机构

电磁机构是接触器的主要组成部分之一，它将电磁能转换成机械能，带动触点使之闭合或断开。电磁机构由吸引线圈和磁路两部分组成。磁路包括铁心、衔铁、铁轭和空气隙。电磁机构分类如下：

（1）按衔铁的运动方式分类

1）衔铁绕棱角转动。如图 1-7a 所示，衔铁绕铁轭的棱角而转动，磨损较小，铁心用软铁，适用于直流接触器。

2）衔铁绕轴转动。如图 1-7b 所示，衔铁绕轴转动，用于交流接触器，铁心用硅钢片叠成。

3）衔铁直线运动。如图 1-7c 所示，衔铁在线圈内作直线运动，多用于交流接触器中。

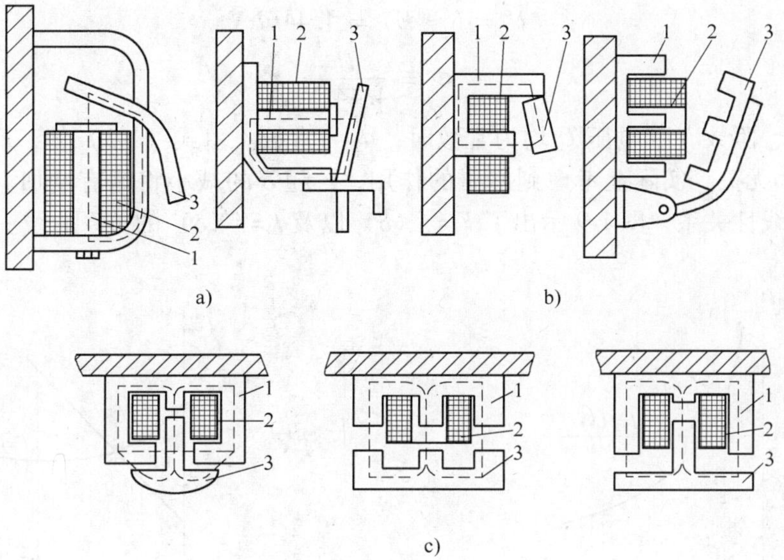

图 1-7　常用电磁机构的形式

1—铁心　2—线圈　3—衔铁

（2）按磁系统形状分类　电磁机构可分为 U 形和 E 形，如图 1-7 所示。

（3）按线圈的连结方式分类　可分为并联（电压线圈）和串联（电流线圈）两种。

（4）按吸引线圈的种类分类　可分为直流线圈和交流线圈两种。

电磁机构的工作情况常用吸力特性与反力特性来表征。电磁机构的吸力与气隙的关系曲线称为吸力特性。它随励磁电流种类（交流或直流）、线圈连结方式（串联或并联）的不同而有所差异。电磁机构转动部分的静阻力与气隙的关系曲线称为反力特性。阻力的大小与作用弹簧、摩擦阻力以及衔铁重量有关。下面分析吸力特性、反力特性和两者的配合关系。

电磁机构的吸力可近似地按下式求得

$$F = \frac{1}{2\mu_0}B^2 S \tag{1-1}$$

式中　$\mu_0 = 4\pi \times 10^{-7}\mathrm{H/m}$。

当 S 为常数时，F 与 B^2 成正比。

对于具有电压线圈的直流电磁机构，因外加电压和线圈电阻不变，故流过线圈的电流为常数，与磁路的气隙大小无关。根据磁路定律：

$$\Phi = \frac{IN}{R_\mathrm{m}} \propto \frac{1}{R_\mathrm{m}} \tag{1-2}$$

则

$$F \propto \Phi^2 \propto \left(\frac{1}{R_\mathrm{m}}\right)^2 \tag{1-3}$$

吸力 F 与 R_m^2 成反比，亦即与气隙 δ^2 成反比，故吸力特性为二次曲线形状，如图 1-8 所示。它表明衔铁闭合前后吸力变化很大。

对于具有电压线圈的交流电磁机构，其吸力特性与直流电磁机构有所不同。设外加电压

不变，则交流吸引线圈的阻抗主要决定于线圈的电抗，电阻可忽略，其电压为

$$U = (\approx E) = 4.44f\Phi N \tag{1-4}$$

$$\Phi = \frac{U}{4.44fN} \tag{1-5}$$

当频率 f、匝数 N 和电压 U 均为常数时，Φ 为常数。由式（1-3）知，F 亦为常数，说明 F 与 δ 大小无关。实际上考虑到漏磁的作用，F 随 δ 的减小将略有增加。当气隙 δ 变化时，I 与 δ 成线性关系，图 1-9 示出了 $F=f(\delta)$ 以及 $I=f(\delta)$ 的关系曲线。

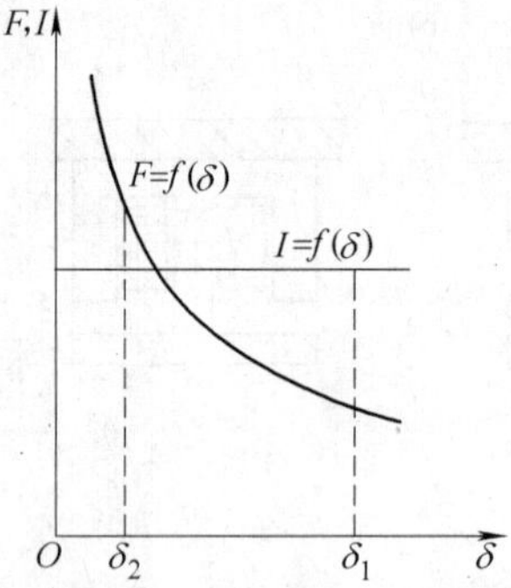

图 1-8　直流电磁机构的吸力特性

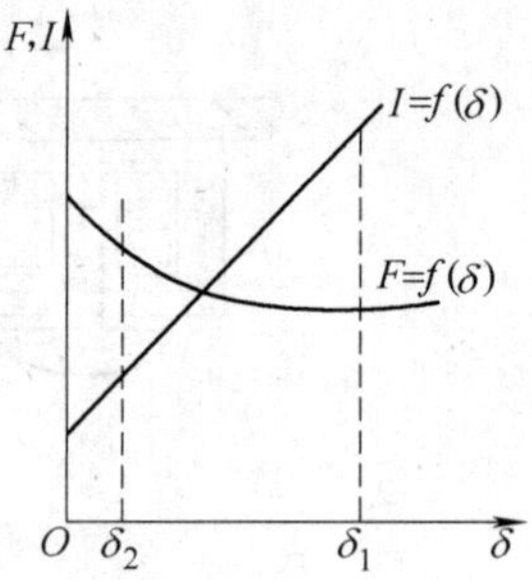

图 1-9　交流电磁机构的吸力特性

从上述结论还可看出：由于一般 U 形交流电磁机构在线圈通电而衔铁尚未吸合瞬间，电流将达到吸合后额定电流的 5 ~ 6 倍，E 形电磁机构将达到 10 ~ 15 倍，故如果衔铁卡住不能吸合，或者频繁动作，线圈可能被烧毁。这就是对于可靠性高，或频繁动作的控制系统采用直流电磁机构，而不能采用交流电磁机构的原因。

反力特性与吸力特性之间的配合关系，示于图 1-10 中。欲使接触器衔铁吸合，在整个吸合过程中，吸力需大于反力，这样触点才能闭合接通电路。反力特性曲线如图 1-10 中曲线 3 所示，直流、交流接触器的吸力特性分别如曲线 1 和 2 所示。在 $\delta_1 \sim \delta_2$ 的区域内，反力随气隙减小略有增大。到达 δ_2 的位置，动触点开始与静触点接触，这时触点上的初压力作用到衔铁上，反力骤增，曲线突变。其后在 δ_2 到 O 的区域内，气隙越小，触点压得越紧，反力越大，线段较 $\delta_1 \sim \delta_2$ 段越陡。

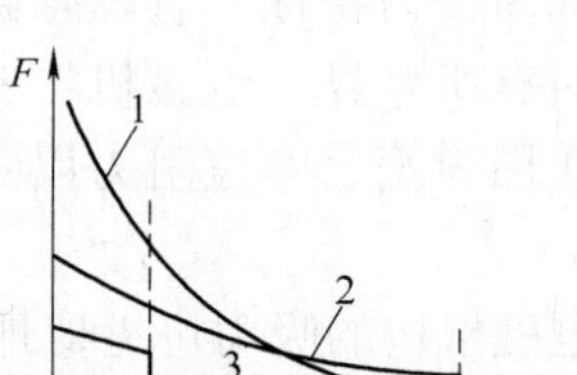

图 1-10　吸力特性和反力特性

1—直流接触器的吸力特性

2—交流接触器的吸力特性　3—反力特性

为了保证吸合过程中衔铁能正常闭合，吸力在各个位置上必须大于反力，但也不能过大，否则会影响电器的机械寿命。反映在图 1-10 上就是要保证吸力特性高于反力特性。上述特性对于继电器同样适用。在使用中常常调整反力弹簧或触点初压力以改变反力特性，就是为了使之与吸力特性良好配合。

对于单相交流电磁机构，由于磁通是交变的，故当磁通过零时吸力也为零，吸合后的衔铁在反作用弹簧的作用下将被拉开，磁通过零后吸力增大，当吸力大于反力时，衔铁又吸合。由于交流电源频率的变化，衔铁的吸力随之每个周波二次过零，因而衔铁产生强烈振动

与噪声，甚至使铁心松散。因此交流接触器铁心端面上都安装一个铜制的分磁环（或称短路环），使铁心通过两个在时间上不相同的磁通。

图1-11a中电磁机构的交变磁通穿过短路环所包围的截面 S_2，在环中产生涡流，根据电磁感应定律，此涡流产生的磁通 Φ_2 在相位上落后于截面 S_1 中的磁通 Φ_1，由 Φ_1、Φ_2 产生的吸力 F_1、F_2 如图1-11b所示。作用在衔铁上的力是 F_1+F_2，只要此合力始终超过其反力，衔铁的振动现象就消失了。

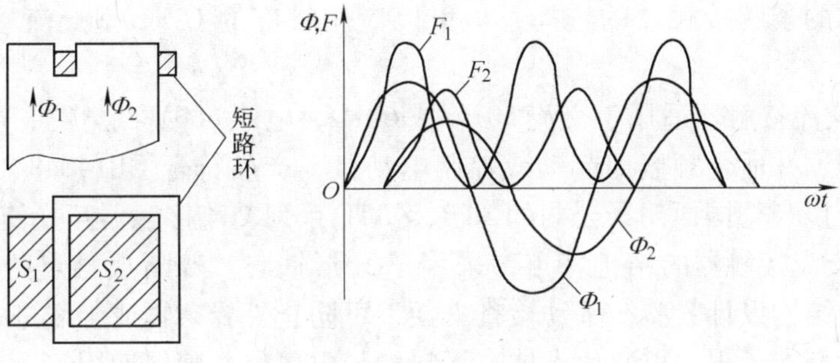

a) b)

图1-11 加短路环后的磁通和电磁吸力图

a）磁通示意图 b）电磁吸力图

1.2.1.2 交流接触器的选择

1. 交流接触器的型号及代表意义

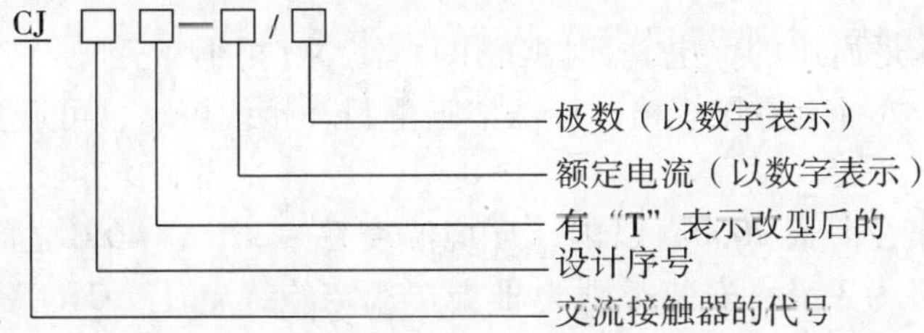

例如，CJ12-250/3为CJ12系列交流接触器，额定电流250A，有三个主触点。

2. 交流接触器的主要技术性能

我国生产的交流接触器系列较多，具体选用时可查产品目录。常用的交流接触器如CJ12、CJ20等，近年来从德国引进的产品中，西门子公司的3TB系列和CJX1系列应用较多。3TB型产品技术经济指标优越，结构紧凑、机械寿命和电气寿命长、外形尺寸小、安装方便，符合VDE、IEC标准要求。B型系列交流接触器可部分或全部取代国产的CJ0、CJ8、CJ10等系列交流接触器。它与我国现有的交流接触器相比较，具有以下优点：额定工作电压可到600V；可用于50～60Hz的交流电路和直流电路，通用性强；产品规格齐全，便于经济合理选用；可提供多种标准和非标准电压线圈，便于用户选择；技术经济指标高、体积小、重量轻、能耗低、材料省、安装面积小、有多种附件供应、易于安装、能扩大使用功能；安装、接线、维修、使用方便；以及安全可靠性高等优点，因此国内目前已广泛使用。

3. 交流接触器选择

根据上述介绍，交流接触器的选择可按下列步骤进行：根据负载性质确定工作任务类别；根据类别确定接触器系列；根据负载额定电压确定接触器的额定电压；根据负载额定电流确定接触器的额定电流，并根据外界实际条件加以校正；选定吸引线圈的电压；根据负载情况复核操作频率，它应不超出额定范围。

4. 交流接触器选择示例

为了更具体的了解接触器的选择，这里以应用较广的 CJX1 型交流接触器为例予以介绍。

CJX1 系列交流接触器适用于交流 50Hz 或 60Hz、电压 660V 的电路，主要供远距离接通及分断电路之用，并适合频繁地起动或控制电动机，产品符合 GB14048、JB/T7435 和 VDE 及 IEC 标准，可以与德国西门子公司的 3TB 及 3TF 系列交流接触器互换使用。

CJX1 系列交流接触器的结构特点，采用了 E 形铁心、双断点触点的直动式运动结构，动作机构灵活，结构设计紧凑，手动检查方便，可防止外界杂物或尘埃进入接触器的活动部位，接线端子设有端子盖，可避免人体直接接触带电部位，确保使用安全。接触器外形尺寸和安装面积较小，其安装方式可采用螺钉固定，也可利用接触器底部带有的弹簧滑块直接装在符合国际标准的 35mm 导轨上，具有迅速、方便的特点。

主触点、辅助触点均为桥式双断点结构，其材料采用性能优越的合金材料，因此接触可靠寿命长，灭弧室为封闭型，采用阻燃材料阻挡电弧外溅，从而确保人身及临近电器的安全。CJX1-45 及 CJX1-63 型具有灭弧罩安全锁定装置，当灭弧罩被取下后，接触器被锁定在断开位置，从而避免因灭弧罩被取下后通断电路而引起产品损坏和人身伤害事故。

接触器的磁系统是通用的，电磁回路工作可靠、损耗小、无噪声、具有很高的机械强度，线圈的接触端子处标有电压规格，标法清晰醒目，接线可靠，可避免因接错电压规格而导致线圈烧毁。

该接触器可工作在海拔 2000m 以内，环境温度在 −25 ~ +40℃之间，相对湿度 <90%(25℃时)，污染等级为 3 级，安装类别为Ⅲ类，额定绝缘电压 AC660V，机械寿命 1000 万次。

该接触器型号含义如下：

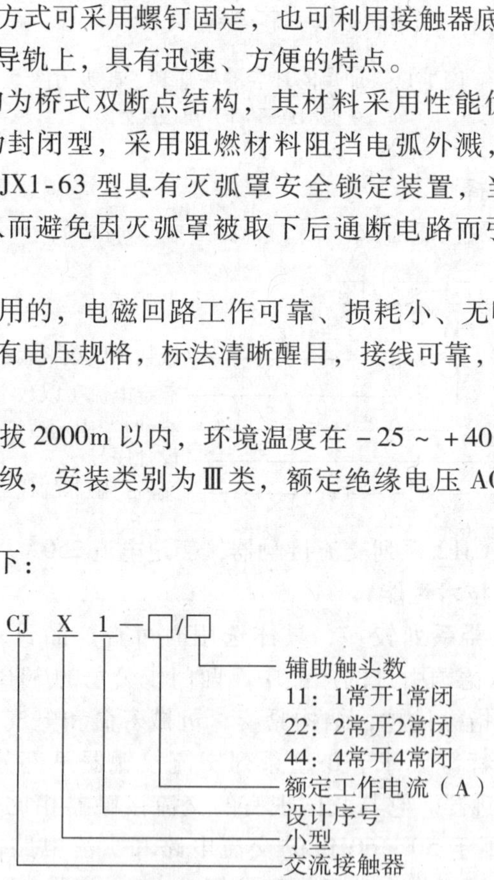

1.2.1.3 直流接触器

直流接触器的型号及代表意义如下：

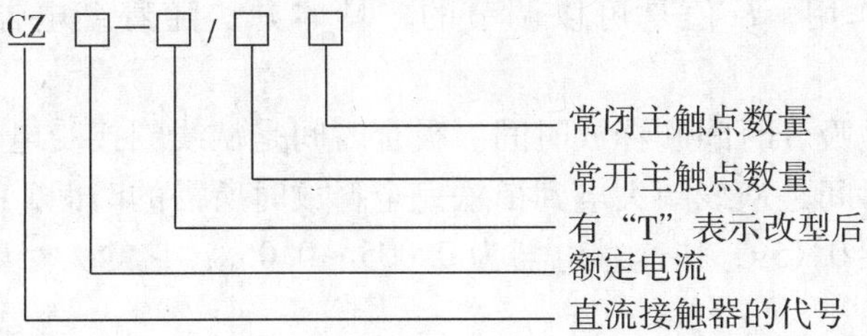

直流接触器常用的有 CZ1、CZ3 等系列和新产品 CZ0 系列。新系列接触器具有寿命长、体积小、零部件通用性强等优点。

直流接触器选择原则和交流接触器的选择原则一样，这里不再重述。

1.2.2　继电器

继电器是一种根据特定形式的输入信号而动作的自动控制电器。它与接触器不同，主要用于反应控制信号，其触点通常接在控制电路中。继电器的种类很多，分类的方法也很多，常用的分类方法有：

按输入量的物理性质分为电压继电器、电流继电器、功率继电器、时间继电器、温度继电器等；

按动作原理分为电磁式继电器、感应式继电器、电动式继电器、热继电器、电子式继电器等；

按动作时间分为快速继电器、延时继电器、一般继电器；

按执行环节作用原理分为有触点继电器、无触点继电器；

按用途分为电器控制系统用继电器、电力系统用继电器。

这里主要介绍电器控制系统用的电磁式（电压、电流、中间）继电器、时间继电器、热继电器和速度继电器等。

继电器的主要特性是输入—输出特性。电磁式继电器的特性曲线，如图 1-12 所示，这一矩形曲线统称为继电特性曲线。

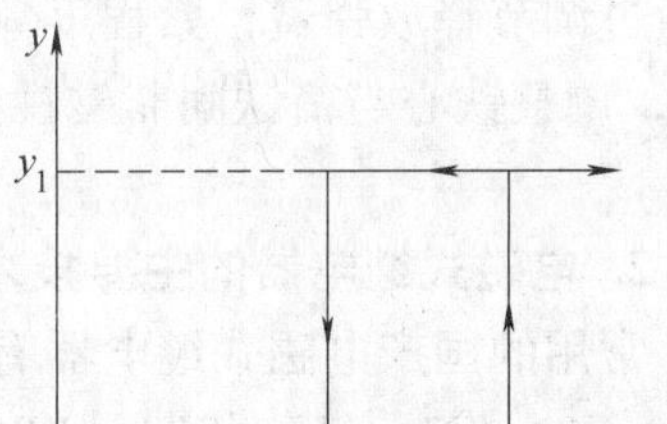

图 1-12　电磁式继电器的特性曲线

当继电器输入量 x 由零增至 x_1 以前，继电器输出量 y 为零。当输入量增加到 x_2 时，继电器吸合，通过其触点的输出量为 y_1，若 x 再增加，y 值不变。当 x 减少到 x_1 时，继电器释放，输出由 y_1 降到零，x 再减小，y 值永为零。

在图 1-12 中，x_2 称为继电器吸合值，欲使继电器动作，输入量必须大于此值。

x_1 称为继电器释放值，欲使继电器释放，输入量必须小于此值。

$K = x_1 / x_2$ 称为继电器的返回系数。它是继电器重要参数之一，不同场合要求不同的 K 值。例如一般继电器要求低返回系数，K 值在 0.1 ~ 0.4 之间，这样当继电器吸合后，输入值波动较大时不致引起误动作；欠电压继电器则要求高返回系数，K 值在 0.6 以上。设某继电器 $K = 0.66$，吸合电压为额定电压的 90%，则电压低于额定电压的 60% 时继电器释放，起到欠电压保护作用。K 值是可以调节的，具体方法随着继电器结构不同而有所差异。

另一个重要参数是吸合时间和释放时间。吸合时间是从线圈接受电信号到衔铁完全吸合时所需的时间；释放时间是从线圈失电到衔铁完全释放时所需的时间。一般继电器的吸合时间与释放时间为0.05~0.15s，快速继电器为0.005~0.05s，它的大小影响着继电器的操作频率。

1.2.2.1 电磁式继电器

常用的电磁式继电器有电流继电器、电压继电器、中间继电器和时间继电器。中间继电器实际上也是一种电压继电器，只是它具有数量较多、容量较大的触点，起到中间放大（触点数量及容量）作用。

1. 电磁式继电器的结构与原理

电磁式继电器与接触器类似，也是由铁心、衔铁、线圈、释放弹簧和触点等部分组成，如图1-13所示。

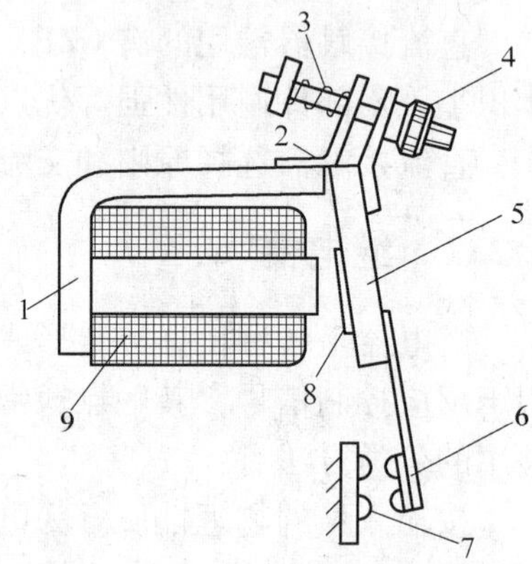

图1-13 电磁式继电器原理图

1—铁心 2—旋转棱角 3—释放弹簧 4—调节螺母 5—衔铁 6—动触点 7—静触点 8—非磁性垫片 9—线圈

电流继电器与电压继电器在结构上的区别主要是线圈不同。电流继电器的线圈与负载串联以反应负载电流，故它的线圈匝数少而导线粗，因而通过电流时的压降很小，不会影响负载电路的电流，而导线粗、电流大时仍可获得需要的磁动势。电压继电器的线圈与负载并联以反映负载电压，其线圈匝数多而导线细。

电流继电器与电压继电器根据其用途不同又可分为过电流（或过电压）继电器；欠电流（或欠电压）继电器。前者电流（或电压）超过规定值铁心吸合，后者电流（或电压）低于规定值铁心释放。

电磁式继电器吸力特性、反力特性及其动作原理与接触器类似，不再重复。其返回系数可通过调节释放弹簧松紧程度（拧紧时，x_2 与 x_1 同时增大，K 也随之增大；放松时，K 减小），调整铁心与衔铁间非磁性垫片的厚薄（增厚时 x_1 增大，K 增大；减薄时 K 减小）来达到。

2. 电磁式继电器的主要技术数据

常用的国产电磁式继电器有JL3、JL7、JL9、JL12、JL14、JL15，JT3、JT4、JT9、JT10、JTX，JZl、JZ7、JZ8、JZl4、JZl5、JZl7等系列。这里对电流、电压、中间继电器分别举例介绍如下：

1）JL3系列电磁式电流继电器其型号示意如下：

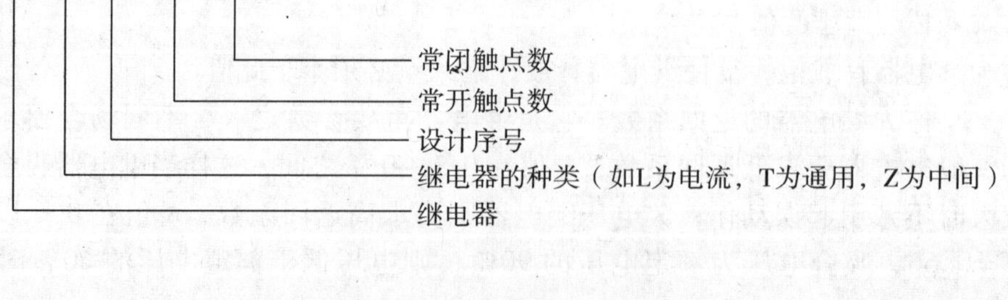

JL3 表示直流继电器；JL3-J 表示交流继电器；JL3-S 表示该继电器有两个线圈：一个是吸引线圈，另一个是保持线圈或是释放线圈。增加保持线圈的目的在于：继电器通电吸合后，它也通电保持衔铁不动，避免振动引起误动作。而释放线圈是使继电器释放用的。衔铁吸合后，吸引线圈就断电，靠锁扣扣住衔铁。要释放时先接通释放线圈，打开锁扣，衔铁靠弹簧作用而释放复位。

2）JT4 系列电磁式交流通用继电器。本系列产品可用作交流电压继电器和交流电流继电器。

用作电压继电器时，电压线圈有 110V、127V、220V、380V 共 4 种。

3）JZ7 系列中间继电器。JZ7 系列可用于 500V 以下控制电路中。

实际选用时可查电器手册或有关参考资料。

1.2.2.2　磁电式继电器

1. 磁电式继电器的结构与原理

磁电式继电器的结构原理图如图 1-14 所示，它的结构原理与磁电式仪表基本相同，所不同的只是在原指针式小杆 1 上多加了一对触点 2。触点通常用白金或镍合金制成，接触压力很小，仅 3～15mN。小杆是固定在活动线圈 3 上的。因为永久磁铁在动圈之外，故也称外磁式。反之，若将永久磁铁放在动圈之内，则称为内磁式。

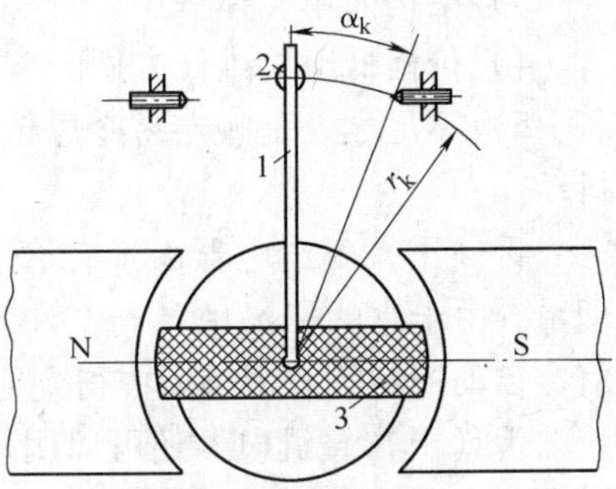

图 1-14　磁电式继电器结构原理图
1—指针式小杆　2—触点　3—活动线圈

当动圈通入电流后，在永久磁铁的作用下，动圈将旋转。电流到达某值，动圈旋转角为 α_k 时，静动触点闭合，从而接通被控制的电路。当动圈中电流减小至某定值时，动圈在游丝弹簧的作用下返回，触点断开。电流减至零时，动圈恢复原位。当通入反向电流时，动圈反转，另一对静动触点接通。

2. 磁电式继电器的性能特点及主要参数

1）因为触点接触压力很小，所需的控制功率很小（仅 0.1～2W 左右），因而灵敏度高，几乎可与电子式继电器相比拟。其返回系数也高，最高可达 0.99。

2）能反映输入信号的极性，即能反映电流方向，故能作为极化继电器使用，但比极化继电器更灵敏。

3）具有足够的稳定性，但可动部分不能承受冲击负载。

这种高灵敏继电器常常用于自动检测与自动控制系统中，能实现微弱信号的检测与传送。

磁电式继电器常用的国内产品有 JC-2F 型。

1.2.2.3　舌（干）簧继电器

1. 舌（干）簧继电器的结构与原理

舌簧继电器包括干簧继电器、水银湿式舌簧继电器、铁氧体剩磁式舌簧继电器，但通常泛指的舌簧继电器常常是指干簧继电器，这里就以它为例进行介绍。

干簧继电器的触点是密封的，舌簧片由铁镍合金（坡莫合金）做成，舌片的接触部分通常镀以贵金属如金、铑、钯等，接触良好，具有良好的导电性能。触点密封在充有氮气等惰性气体的玻璃管中与外界隔绝，因而有效地防止了尘埃的污染，减小了触点的电腐蚀，提高了工作可靠性，其结构原理图如图 1-15 所示。

当线圈通电后，管中两舌簧片的自由端分别被磁化成 N 极与 S 极而相互吸引，因而接通了被控制的电路。线圈断电后，舌簧片在本身的弹力作用下分开并复位，控制电路亦被切断。

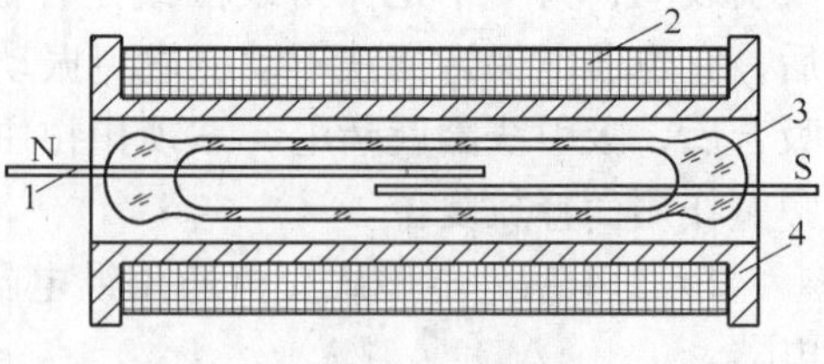

图 1-15 舌（干）簧继电器结构原理图
1—舌簧片 2—线圈 3—玻璃管 4—骨架

2. 舌（干）簧继电器的特点及主要参数

（1）舌（干）簧继电器的主要特点

1）吸合功率小，灵敏度高。一般舌簧继电器吸合与释放时间均在 0.5～2ms 以内，小型的甚至小于 1ms，与电子电路的动作速度相近。

2）由于触点密封，触点寿命长，一般可达 10^8 次左右。

3）结构简单，体积小。

4）价格低廉，维修方便。

5）不足之处是触点易冷焊粘住，过载能力低，触点开距小，耐压低，断开瞬间触点易抖动。

舌（干）簧继电器由于有上述的优点，故可以方便地反映电压、电流、功率等各种物理量。由于它的“灵敏”与“小巧”，特别适用于晶体管电路，目前应用日广，在检测、通信、自动控制等许多领域中得到应用。

舌（干）簧继电器还可以用永磁体来驱动，可以反映非电信号如用作限位及行程控制以及非电量检测等。

（2）常用的舌簧继电器有 JAG-2-1 型（舌簧管为 ϕ4mm × 36mm）；小型 JAG-4 型（ϕ3mm × 20mm）；大型 JAG-5 型（ϕ8mm × 42mm 或 ϕ8mm × 50mm）等，其中又分常开（H）、常闭（D）与转换（Z）三种不同的型式。

1.2.2.4 时间继电器

凡是在敏感元件获得信号后，执行元件要延迟一段时间才动作的电器叫时间继电器。这里指的延时区别于一般电磁继电器从线圈得到电信号到触点闭合的固有动作时间。时间继电器种类很多，这里仅就常用的直流电磁式、空气阻尼式、电动机式、半导体式时间继电器予以介绍。

1. 直流电磁式时间继电器

这种继电器和直流电磁式电压继电器相比只是在铁心上增加了一个阻尼铜（铝）套。其结构示意图如图 1-16 所示。由电磁感应定律可知，在继电器通断电过程中铜套内将产生涡流，它将阻止穿过铜（铝）套的磁通变化，因而对原吸合磁通起了阻尼作用。

当继电器吸合时，由于衔铁处于释放位置，气隙大、磁阻大、磁通小、铜（铝）套阻尼作用相对也小，因此铁心闭合时的延时不显著（一般忽略不计）。而当继电器断电时磁通变化量大、铜套阻尼作用也大，因此这种继电器仅用作断电延时。相应地其延时触点也只有常开触点延时打开、常闭触点延时闭合两种。

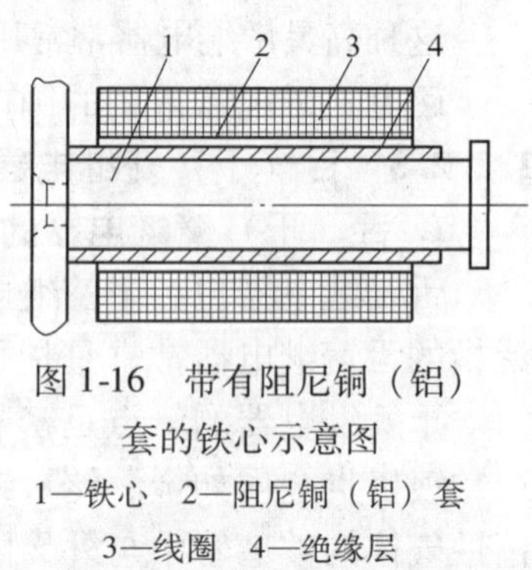

图 1-16 带有阻尼铜（铝）套的铁心示意图
1—铁心 2—阻尼铜（铝）套 3—线圈 4—绝缘层

这种延时继电器的延时较短，JT 系列最长不超过 5s，而且准确度较低，一般只用于要求不高的场合，如电动机的延时起动。影响延时准确度的原因，一是环境温度变化会影响铜（铝）套电阻值，解决的办法是铜套采用电阻值较低的电解铜制成，这样可以增大时间常数（$T = L/R$），同时将铜（铝）套和线圈分别套在不同铁心柱上，使它们离开一段距离以减少线圈发热对铜（铝）套的影响；二是易受电源电压波动的影响，当电压下降时，磁通减少、磁通变化量减少、铜（铝）套阻尼作用减小，其延时减小。通常在设计时，使铁心工作于饱和区，尽量减少这种影响。

常用的直流电磁式时间继电器有 JT3 系列、JS3 系列。

2. 空气阻尼式时间继电器

空气阻尼式时间继电器又称气囊式时间继电器，它的延时范围宽（0.4～180s），可用作断电延时，也可以方便地改变电磁机构位置获得通电延时，因此可以用在常开触点延时断开、常闭触点延时闭合，或者常开触点延时闭合、常闭触点延时断开。上述各种触点广泛地应用在交流控制电路中，图形符号见相关手册。

空气阻尼式时间继电器示意图如图 1-17 所示。当线圈得电吸下衔铁和支撑杆，连结在一起的胶木块下降，但空气室中的空气受进气孔处调节螺钉的阻碍，在活塞下降过程中空气室内造成稀薄空气而使活塞下降缓慢，到达最终位置时压合微动开关，触点闭合送出信号。可见由线圈得电到触点动作的一段时间即时间继电器的延时时间，其大小可以通过调节螺钉调节进气孔气隙来加以改变。当线圈失电时，活塞在恢复弹簧作用下迅速复位，这时空气室内的空气可由出气孔及时排出。

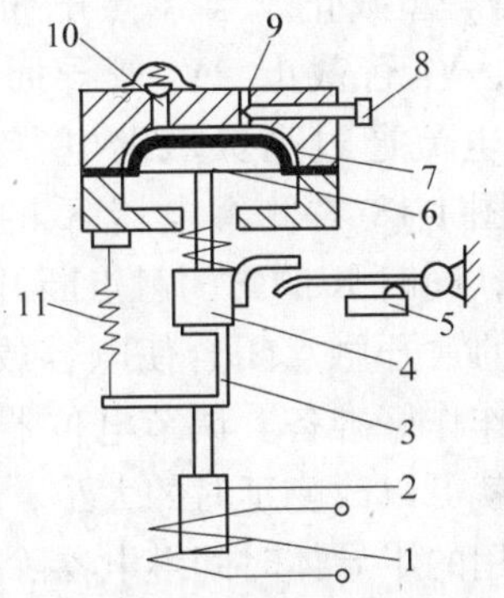

图 1-17　空气阻尼式时间继电器示意图
1—线圈　2—铁心　3—支撑杆　4—胶木块
5—微动开关　6—活塞　7—橡皮膜　8—调节螺钉
9—进气孔　10—出气孔　11—恢复弹簧

国产空气阻尼式时间继电器型号为 JS7 系列和 JS7-A 系列，A 为改型产品，体积小。

3. 电动机式时间继电器

电动机式时间继电器延时范围很宽，可以由几秒到几小时，而且有通电延时和断电延时两种类型，准确度高，调节方便。缺点是结构复杂，价格较贵。

其工作原理是：当继电器内的同步电动机通电后，通过减速齿轮带动动触点经一定延时与静触点闭合并送出信号。

国产电动机式时间继电器有 JS10 系列和 DSJ-A 型，新产品有 JS11 系列。

JS10 系列型号示意如下：

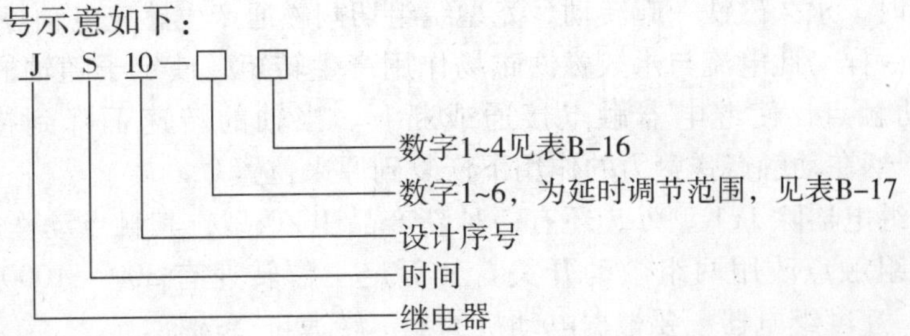

其同步电动机频率为50Hz，电压分127V、220V、380V、500V 4种。

新产品JS11系列时间继电器，适用于交流50Hz或60Hz、电压在380V以下的电气自动控制电路。在电路中，它向需要延时的被控电路发送信号，其延时时间长，延时偏差小，延时精度高。

4. 半导体时间继电器

随着电子技术的发展，出现了半导体时间继电器。这类继电器机械结构简单、延时范围宽、经久耐用，正在日益得到广泛应用。

JSJ系列时间继电器工作原理如图1-18所示。图中 C_1、C_2 为滤波电容。当电源变压器接上电源，正、负半波由两个二次绕组分别向电容 C_4 充电，A 点电位按指数规律上升。原始状态 V_1 管导通、V_2 管截止。当 A 点电位高于 B 点电位，V_1 管截止、V_2 管导通，V_2 管集电极电流通过高灵敏继电器K的线圈，由图1-18右侧继电器K的触点输出信号，同时K的常闭触点断开充电电路，K的常开触点闭合使电容放电，为下次工作作好准备。调节电位器 RP_1 的数值，就可以改变延时的大小，此电路延时可达0.2～300s。

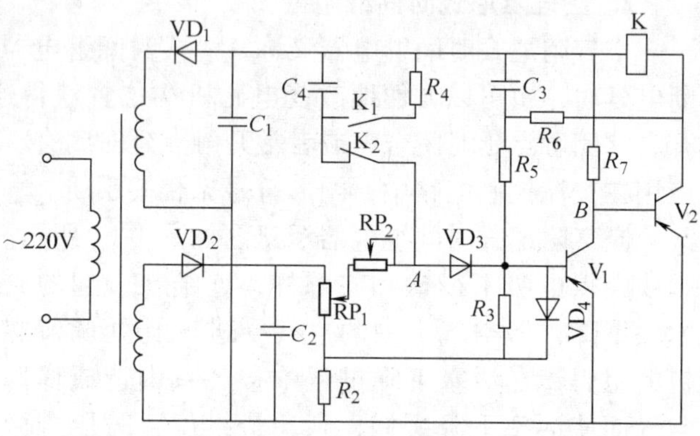

图1-18 JSJ系列时间继电器工作原理图

常用的半导体时间继电器除JSJ系列外还有JSB系列。其电源电压有交流110V、220V和380V三种。

新系列产品有JS14A系列、JS20系列晶体管时间继电器、JS14P系列拨码式晶体管时间继电器等。它具有体积小、重量轻、延时精度高、寿命长、工作稳定可靠、安装维修方便、触点输出容量大和产品规格全等优点，可广泛地应用于电力拖动、自动顺序控制以及各种生产过程的自动控制中，起时间控制作用。

JS14-A、JS20及JS14P系列晶体管时间继电器主要技术数参见有关产品样本。

JS14P系列拨码式晶体管时间继电器主要技术数据示于表B-17中。

1.2.2.5 速度继电器

速度继电器常用于反接制动电路中。

JY1型速度继电器结构原理图如图1-19所示。速度继电器的轴与电动机的轴相连结。永久磁铁的转子固定在轴上。装有笼型绕组的定子与轴同心，能独自偏摆与永久磁铁间有一气隙。当轴转动时，永久磁铁一起转动，笼型绕组切割磁通产生感应电动势和电流，和笼型感应电动机原理一样。此电流与永久磁铁磁场作用产生转矩，使定子随轴的转动方向偏摆，通过定子柄拨动触点，使继电器触点接通或断开。当轴的转速下降到接近零速时（约100r/min），定子柄在动触点弹簧力的作用下恢复到原来位置。

常用的速度继电器除JY1型外，还有一种新产品JFZ0型，其触点动作速度不受定子柄偏摆的影响，两组触点改用两组微动开关。其额定工作转速有300～1000r/min与1000～3000r/min两种。速度继电器主要根据电动机的额定转速进行选择。

1.2.2.6　热继电器

1. 工作原理

热继电器工作原理图如图 1-20 所示。热元件（双金属片）是由膨胀系数不同的两种金属片压轧而成。上层称主动层，采用膨胀系数高的铜或铜镍合金或铁镍铬合金制成，下层称被动层，采用膨胀系数低的铁镍合金制成。使用时将两只热元件分别串联在两相电路中。当负载电流超过允许值时，双金属片（热元件）被加热超过一定温度，压下压动螺钉 4，锁扣机构 5 脱开，动触点 8、静触点 9 切断控制电路使主电路停止工作。继电器动作后一般不能自动复位，要等双金属片冷却后，按下复位按钮 7 才能复位。改变压动螺钉 4 的位置，还可以用来调节动作电流。

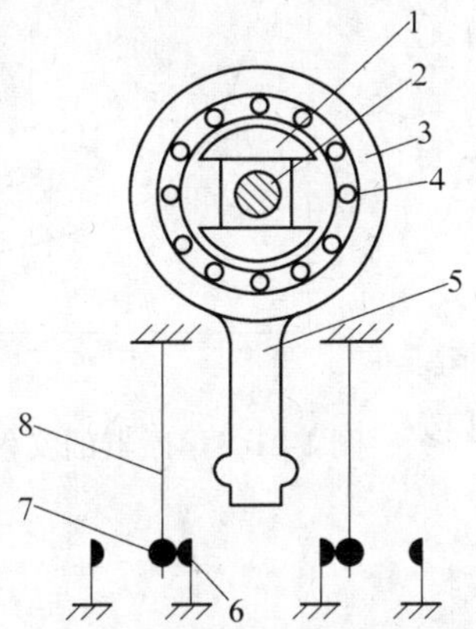

图 1-19　JY1 型速度继电器结构原理图

1—转子　2—电动机轴　3—定子　4—绕组　5—定子柄　6—静触点　7—动触点　8—簧片

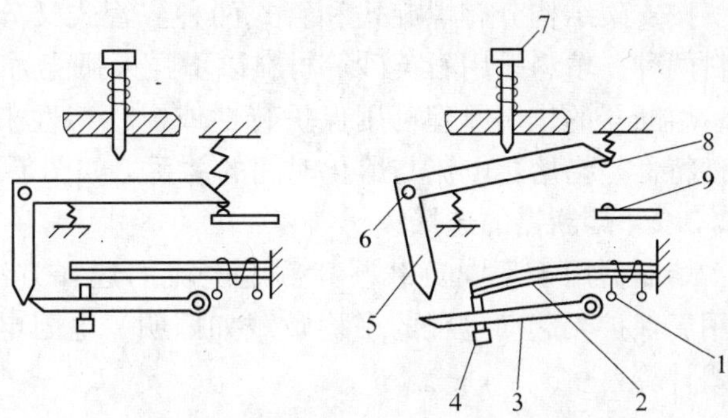

a)　b)

图 1-20　热继电器工作原理图

1—加热元件　2—双金属片　3—扣板　4—压动螺钉　5—锁扣机构　6—支点　7—复位按钮　8—动触点　9—静触点

JR1 系列、JR2 系列就采用了上述原理。它的主要缺点是双金属片靠发热元件间接加热，热耦合较差；双金属片的弯曲程度受环境温度影响不能正确反映保护对象的发热特性，容易引起误动作。

新系列产品 JR0、JR15，从结构上作了改进。JR0 系列热继电器，采用了双金属片与热元件同时串联在负载电路里的所谓复合加热方式再加上使用温度补偿元件，上述缺点便得以克服。JR15 系列与 JR0 系列的工作原理相同，只是 JR0 系列的触点由拉簧式跳跃机构改为弓簧片式跳跃机构，使触点具有更快的瞬跳动作。

2. 热继电器型号规格

常用的热继电器有 JR2、JR0、JR15、JR16。

型号示意如下：

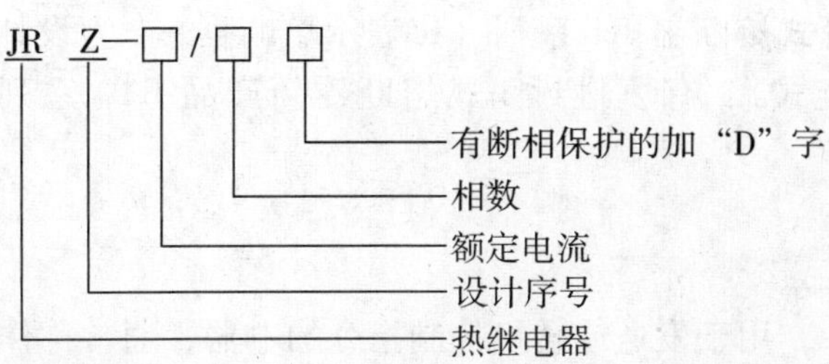

1.2.3 熔断器

1.2.3.1 熔断器的分类与安秒特性

熔断器是一种利用熔化作用而切断电路的保护电器。熔断器主要由熔体和熔断管两部分组成。而其中熔体是主要部分，它既是敏感元件又是执行元件，因此熔断器结构比较简单。

熔断器种类很多，通常可按以下方式分类：

按热惯性（发热时间常数）分为无热惯性、大热惯性、小热惯性三种。热惯性越小，熔化越快。

按熔体形状分为丝状、片状、笼状（栅状）三种。

按支架结构分有螺旋式和管式两种。管式又分有填料与无填料两种。填料采用石英砂等材料以增强灭弧能力。

熔断器的作用原理可用保护特性或安秒特性来表示。所谓安秒特性是指熔化电流与熔化时间的关系，如图1-21所示。

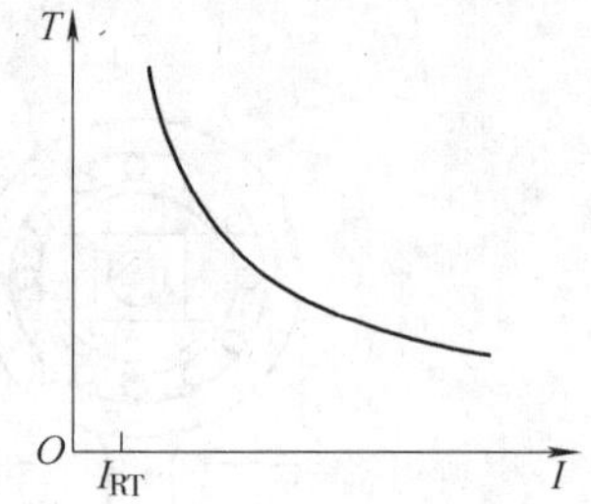

图1-21 熔断器的安秒特性

1.2.3.2 熔断器的选择

熔断器用于不同负载，其额定电流的选择方法各有不同。当用于保护无起动过程的平稳负载如照明、电阻电炉等，可按下式计算：

$$\left.\begin{aligned} U_{RTR} &\geqslant U_{RT} \\ I_{RTR} &\geqslant I_{RT} \end{aligned}\right\} \tag{1-6}$$

式中 U_{RTR}——熔断器额定电压；

I_{RTR}——熔断器额定电流；

U_{RT}——电路额定电压；

I_{RT}——负载额定电流。

若用于保护单台长期工作的电动机，则按下式计算：

$$I_{RTR} \geqslant (1.5 \sim 2.5) I_{RT} \tag{1-7}$$

若用于保护频繁起动的电动机，则应按下式计算：

$$I_{RTR} \geqslant (3 \sim 3.5) I_{RT} \tag{1-8}$$

若用于保护多台电动机时，则应按下式计算：

$$I_{RTR} \geqslant (1.5 \sim 2.5) I_{RTmax} + \sum I_{RT} \tag{1-9}$$

式中 I_{RTmax}——多台电动机中容量最大的一台电动机的额定电流；

$\sum I_{RT}$——其余电动机额定电流之和。

常用的熔断器有管式熔断器R1系列（R表示熔断器，1为设计序号）、螺旋式熔断器RL1系列（L表示螺旋式）、有填料封闭式熔断器新产品RT0系列以及快速熔断器RS0、RS3系列等多种产品。

1.2.4 主令电器

在自动控制系统中，用于发送或转换控制指令的电器，通常称作主令电器。常用的主令电器有控制按钮、万能转换开关、主令控制器、行程开关、接近开关等。

1.2.4.1　按钮

按钮是一种短时间接通或关断小电流电路的手动控制电器，通常用于对电路工作或停止发出指令信号，从而接通或关断相关电路或接触器、继电器、电磁起动器的相关控制电路，达到对主电路进行控制的目的。

随着工业的发展和需求，按钮的形式、规格和品种日益增多。

按钮按驱动形式分，有推压式、推拉式、旋转式、杠杆式、带锁式等。

按用途分，有起动按钮（动合按钮）、停止按钮（动断按钮）、复合按钮（动合、动断组合按钮）三种。

按按钮结构形式分，有开启式、防水式、防腐式等。

按钮的型号及结构示意图如图 1-22 所示。

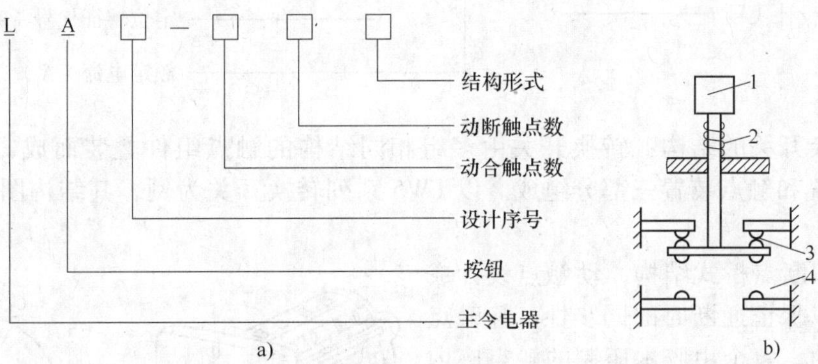

图 1-22　按钮的型号及结构示意图

a）按钮型号　b）按钮结构

1—按钮帽　2　复位弹簧　3—动断触点　4—动合触点

结构形式：K—开启式；H—保护式；S—防水式；F—防腐式；J—紧急式；Y—钥匙式；X—旋钮式；D—带指示灯式；DJ—紧急式带指示灯。

按钮的选择：按钮选择通常考虑以下原则：

1）根据使用场合用途选择。例如，控制台平板上一般选用开启式；需显示工作状态时一般选用带指示灯式；重要场所，可选用钥匙式（用钥匙插入开启，以防止误操作或供专人使用）；有腐蚀性场所，可选用防腐式等。

2）根据工作状态或工作情况选择按钮（或指示灯）的颜色。例如，停止或分断按钮用红色；起动或接通按钮用绿色；应急或干预按钮用黄色。

3）根据控制回路的需要选择按钮的数量。例如：需要“起动”、“停止”时可选用两只按钮；需要“正向”、“反向”及“停止”时可选用三只按钮。通常按钮都组装在一只按钮盒内。

常用按钮的主要技术数据请参考相关手册。

1.2.4.2　万能转换开关

万能转换开关通常简称转换开关，主要用于控制小容量电动机的起动、制动、反转，双速电动机的调速控制，各种控制电路的转换，电气测量仪表的转换以及高压断路器、低压空气断路器等配电设备的远距离控制等。因为万能转换开关的触点档级多、转换的电路多、用途广泛，因此被称为“万能转换开关”。

万能转换开关的分类：按手柄分为有旋钮的、普通手柄的、带定位可取出钥匙的和带指示灯的等；按定位形式分为复位式和定位式。定位角式分为30°、45°、60°、90°等数种；按被控制的接触器系统档级分，如LW5分为1～16等16种单列转换开关。

转换开关型号示意如下：

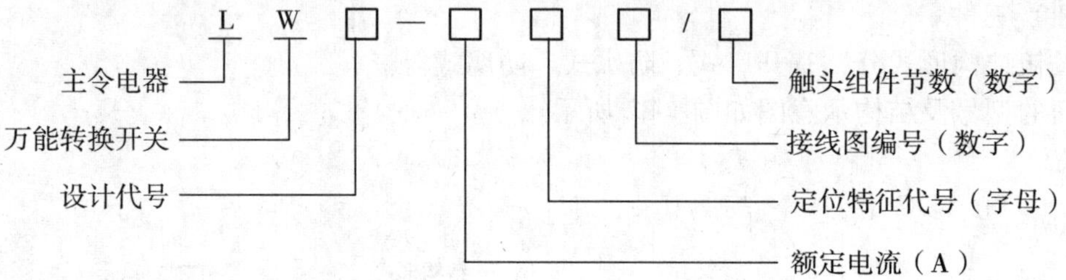

万能转换开关的结构：转换开关由多组相同结构的触点组件叠装而成，它由操作机构、定位装置和触点装置三部分组成。以LW5系列转换开关为例，其结构图如图1-23所示。

触点为双断点桥式结构，动触点设计成自动调整式以保证通断时的同步性。静触点装在触点座内，每个由胶木压制的触点座内可装2～3对触点，每组触点上均装有隔弧装置。

定位装置采用滚轮卡棘轮辐射结构。滚轮与棘轮之间的摩擦在操作时为滚动摩擦，故所需操作力小，定位可靠，寿命长，有速动作用，机构分断能力强，同时增强了触点系统的同步性。

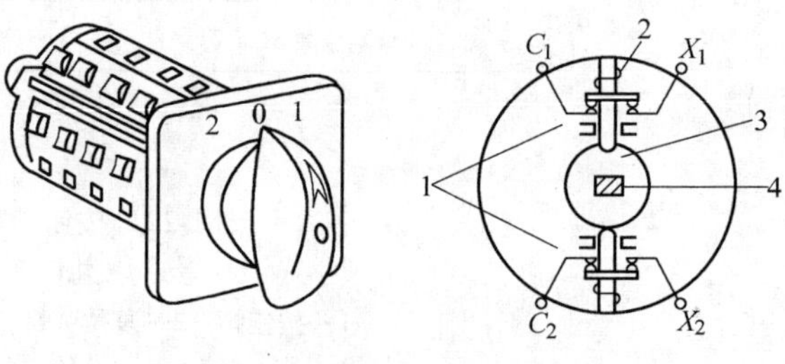

a)　　b)

图1-23　LW5系列转换开关结构图

a）外形图　b）结构原理图

1—触点　2—触点弹簧　3—凸轮　4—转轴

触点的通断由凸轮控制。由于凸轮与支架之间为塑料与塑料或塑料与金属滚动摩擦，所以有助于减小摩擦力和提高使用寿命。

万能转换开关的原理：当操作转换开关时，手柄带动转轴和凸轮一起转动，手柄处于不同位置，通过凸轮控制动触点与静触点的分与合，从而达到电路断开或接通的目的。

万能转换开关的选择原则：

1）根据额定电压和额定电流等参数选择合适的系列。

2）根据操作需要选择手柄型式和定位特征。

3）选择面板型式和标法。

4）根据控制定位确定触点的数量和接线图编号。

5）因转轴开关本身不带任何保护，故必须与其原保护电器配合使用。

1.2.4.3　主令控制器

主令控制器又称主令开关，它是用来频繁控制大电路的主令电器，在控制系统中通过它发出的指令由接触器来实现对电动机的起动、调速、制动、反转或停止控制。

主令控制器按结构型式可分为凸轮调整主令控制器及凸轮非调整主令控制器。

凸轮调整式主令控制器，其凸轮片上有孔和槽，凸轮片的位置能按给定的分合表进行调控。它能直接通过减速器与操纵机械连结。当控制电路数较多时，为缩短开关长度，可采用两组凸轮轴，两轴直接连接或通过减速器连接。

凸轮非调整式主令控制器，凸轮不能调整，只能按触点分合表，作适当的排列组合。它适用于组成联动控制台，实现多点复位控制。

主令控制器的型号含义：

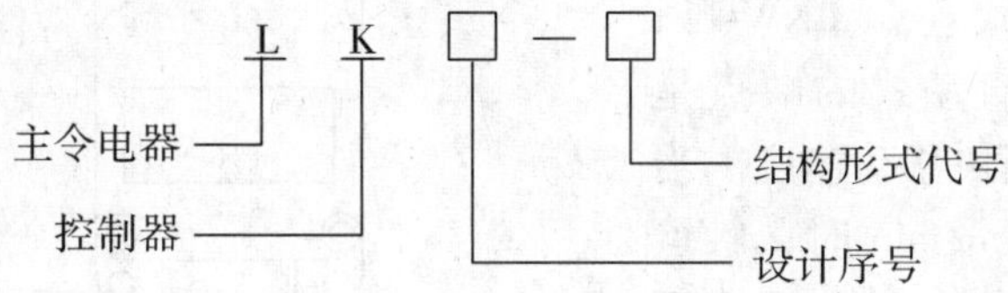

主令控制器的外形与结构原理如图 1-24 所示。它由触点、凸轮、定位机构、转动轴、面板及其支撑件等部件组成。触点为双断点桥式结构。它适用于按顺序操作多个控制电路。

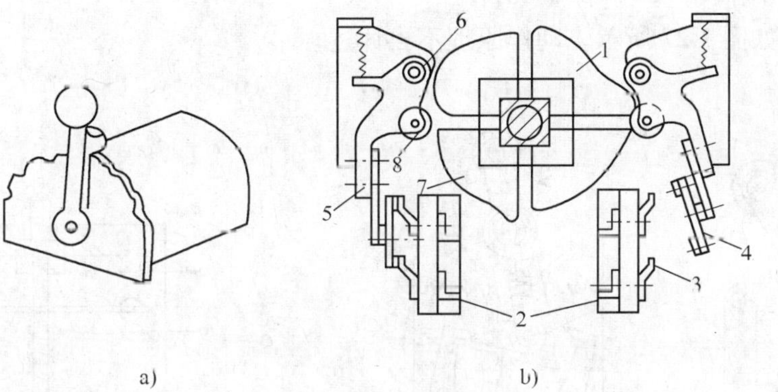

图 1-24　主令控制器

a）外形图　b）结构原理图

1、7—凸轮块　2—接线柱　3—静触点　4—动触点　5—支杆　6—转动轴　8—小轮

主令控制器的工作原理：当转动方轴时，凸轮块随之转动，当凸轮块的凸起部分转到与小轮接触时，则推动支杆向外张开。传动触点离开静触点，将被拉电路断开。当凸轮的凹陷部分与小轮接触时，支杆在反力弹簧作用下复位、转动、静触点闭合，从而接通被控制电路。这样安装一串不同形状的凸轮，就可以使触点按一定顺序闭合或断开，从而使电路实现按顺序进行控制的目的。

主令电器的选择：一般按使用环境、被控电路数目及要求以及减速传动比来确定。

1）使用环境：室内选用防护式，室外选用防水式。

2）主令控制器的电路数选择：全系数主令控制器的电路数有2、5、6、8、16、24等规格，选择时应留有余地。

3）减速器传动比选择：LK系列的减速传动比有1:5，1:20，1:30，1:36，1:16.65等几种形式可供选择。

主令控制器的主要技术数据参见有关产品样本。

1.2.4.4 行程开关

行程开关是一种根据运动部件的行程位置而切换电路的电器。它的作用原理与按钮类似，动作时碰撞行程开关的顶杆。行程开关按其结构可分为直动式（如LX1、JLXK1系列）、滚轮式（如LX2、JLXK1系列）和微动式（如LXW-11、JLXK1-11型）三种。直动式的缺点是触点分合速度取决于挡块移动速度。当挡块移动速度低于0.4m/min时，触点切断太慢，易受电弧烧灼，这时应采用有盘形弹簧机构能瞬时动作的滚轮式行程开关，或具有弯形片状弹簧的更为灵敏、轻巧的微动开关。直动式和滚轮式行程开关分别示于图1-25和图1-26中，微动行程开关如图1-27所示。动作原理不再详述。

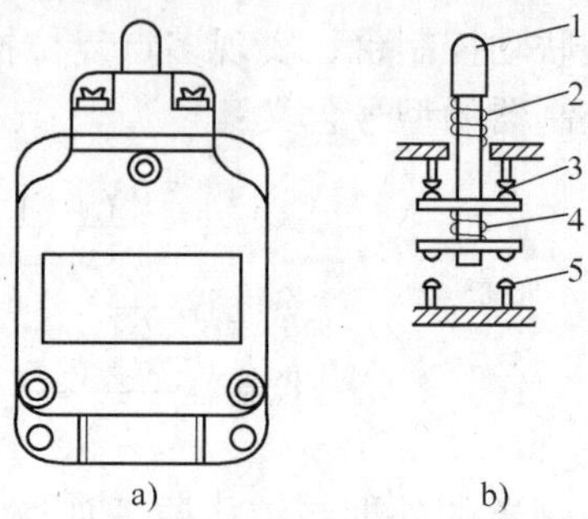

图1-25 直动式行程开关

a）外形图 b）原理图

1—顶杆 2—弹簧 3—常闭触点 4—触点弹簧 5—常开触点

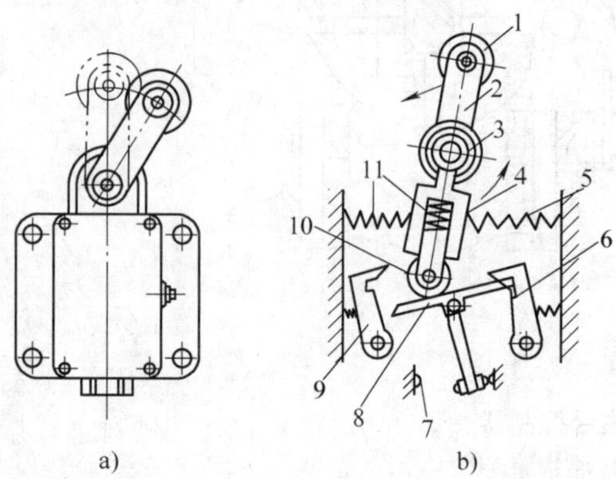

图1-26 滚轮式行程开关

a）外形图 b）原理图

1—滚轮 2—上转臂 3、5、11—弹簧 4—套架 6、9—压板 7—触点 8—触点推杆 10—小滑轮

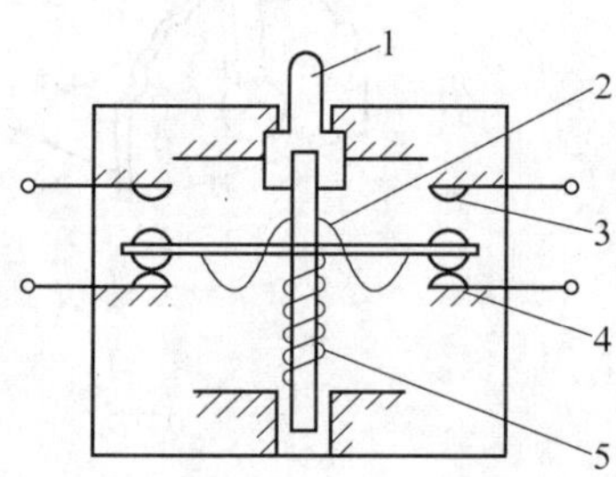

图1-27 微动行程开关

1—推杆 2—弯形片状弹簧 3—常开触点 4—常闭触点 5—恢复弹簧

习惯上有时按运动部件的位置而分成行程开关或终端开关，这仅是使用上的差别。

常用的行程开关除上述新系列产品JLXK1系列以外，LX13、LX19等系列也能代替老产品LX2、LX3系列。LX、JLXK系列型号含义示意图如下所示。

行程开关型号含义：

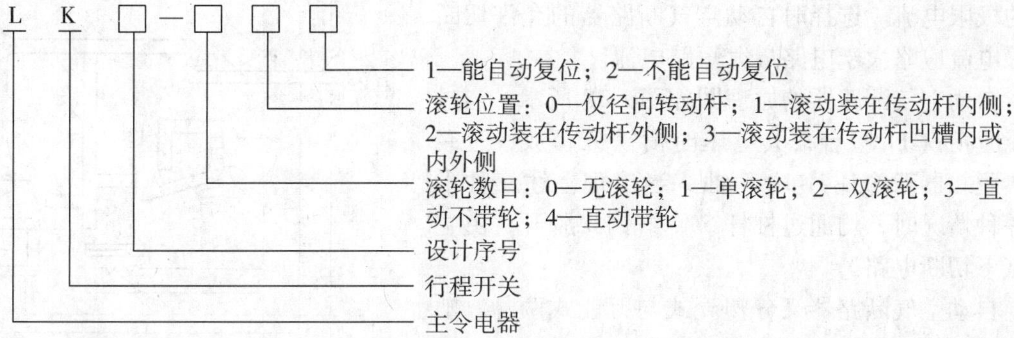

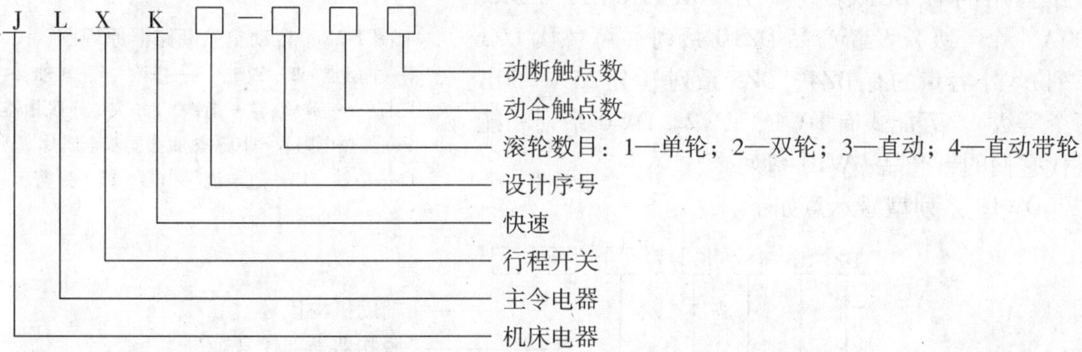

最近引进生产的德国西门子公司的 3SE3 系列行程开关，其规格全、外形结构多样、技术性能优良、拆装方便、使用灵活、动作可靠，有开启式、保护式两大类；动作方式有瞬动型和蠕动型；头部结构有直动、滚轮直动、杠杆、单轮、双轮、滚轮摆杆可调、杠杆可调和弹簧杆等。

1.2.4.5　接近开关

接近开关又称无触点接近开关，它是一种理想的电子开关量传感器，可以实现无接触检测。例如，当一被测金属体靠近接近开关区域时，接近开关就在无接触、无压力、无火花的情况下迅速准确地判定出金属体的位置。若将其用于一般行程开关控制，其定位精度、操作频率、使用寿命、安装调整的方便性和对恶劣环境的适应能力，都是一般机械式行程开关所不能相比的。接近开关除检测金属体位置外，也可以用于高速计数测速，以及检测零件尺寸等。电子接近开关的工作原理详见 3.1.4。

1.2.5　自动空气断路器

自动空气断路器又称自动空气开关或自动开关。它相当于刀开关、熔断器、热继电器和欠电压继电器的组合，是一种自动切断电路故障用的保护电器。它与接触器所不同的是允许切断短路电流，但允许操作次数较低。

自动空气断路器主要由触点系统、操作机构和保护元件三部分组成。主触点由耐弧合金（如银钨合金）制成，采用灭弧栅片灭弧。操作机构较复杂，其通断可用操作手柄操作，也可用电磁机构操作，故障时自动脱扣。触点通断时瞬时动作，与手柄的操作速度无关。

它的主要参数是额定电压、额定电流和允许切断的极限电流。选择时自动空气断路器的允许切断极限电流应略大于电路最大短路电流。

自动空气断路器的原理图如图1-28所示。当过电流时衔铁11吸合；欠电压时衔铁7释放；过载时热脱扣器双金属片10弯曲，当出现上述三种中任一种情况时，均通过杠杆5使搭钩3脱开，由主触点1切断电路。

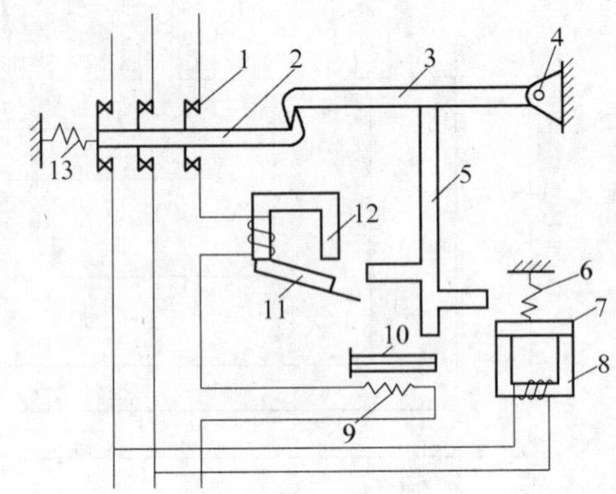

图1-28 自动空气断路器原理图

1—主触点 2—锁键 3—搭钩 4—转轴 5—杠杆 6—弹簧 7—衔铁 8—欠电压脱扣器 9—加热电阻丝 10—热脱扣器双金属片 11—衔铁 12—过电流脱扣器 13—弹簧

自动空气断路器又分塑壳式与万能式两种。塑壳式常用的有DZ1系列（分10A、100A、200A、600A 4个等级）及新产品DZ10系列（可替代DZ1系列）。小容量的有DZ4、DZ5系列（分25A、50A两个等级）。万能式有DW1、DW2、DW0系列和能替代它们的新产品DW10系列。

DW10系列型号示意如下：

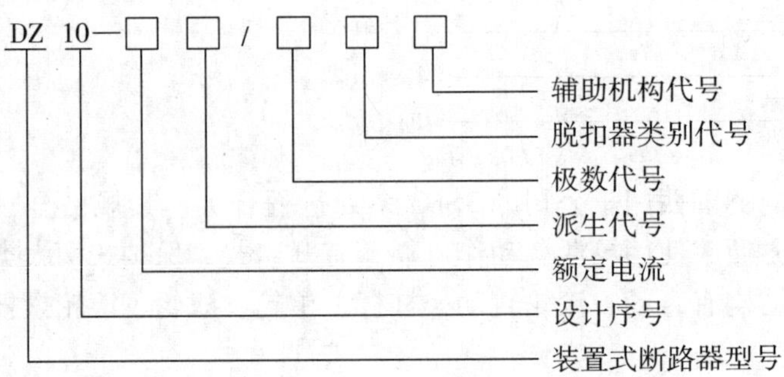

举例：DZ10-250/330为DZ10系列装置式自动断路器，额定电流250A，3极，复式脱扣器，不带附件。

1.3 国内外低压电器的新进展

1.3.1 低压控制电器的发展趋势

1.3.1.1 电力电子技术与微电子技术在低压电器中的广泛应用

电力电子技术与微电子技术在低压电器中的应用有较长的历史，近年来该类产品经过不断更新，从晶体管式发展到集成电路式，特别是电力电子器件GTO、IGBT质量与可靠性的不断提高，其应用范围越来越广，如固态断路器、混合式接触器、接近开关、固态继电器等应用日广，尤其是电子式过载保护器的产生体现了当今世界过载保护继电器的一种发展趋势，它与传统双金属型过载保护继电器相比，具有安装方便、脱扣动作迅速、准确、误差小、参数调节方便、消耗功率小等优点，作为一种理想电动机保护装置，体现了新兴电器的发展趋势。

1.3.1.2　低压电器的小型化、多功能化和组合化

目前低压电器产品几乎都希望用较少品种满足多种要求，即功能多样化。因此在产品结构上采用独立组件进行装配，即采用模块化的积木拼装式结构，电器尺寸小型化、安装轨道化、外形艺术化和使用安全化。例如多功能组合电器就是一例。同时结构更加紧凑，体积越来越小型化。

1.3.1.3　研究限流新技术，提高分断能力和限流能力

新一代低压断路器几乎都采用限流分断新技术。

1）采用上进线静触点导电回路，大幅度提高电动斥力和吹弧磁场，从而达到限流和提高分断电路能力的目的。如日本三菱公司新一代 WS 型断路器。

2）采用双断点分断技术。在较小结构尺寸条件下可获得较大分断能力。如德国施耐德公司采用旋转式双端点分断，瑞士 ABB 公司 T 形断路器采用平行式双断点分断等。

3）绝缘器壁产气和压力喷流技术。新型断路器几乎都采用带出气口的半封闭灭弧小室，绝缘器壁在电弧侵蚀下产气，通过出气口在室内形成压差驱动电弧，并形成喷流熄弧。这种压力喷流技术是灭弧的一种新潮流。

4）采用 PTC 的限流电阻元件提高分断能力，已在微型断路器中得到应用，大大提高短路分断能力。正是由于限流新技术的应用，使得低压断路器短路分断能力高达 150kA。

1.3.1.4　低压电器测试技术的数字化和电磁兼容技术的研究

衡量低压电器测试技术水平主要由测试装置的能力和自动化水平综合考虑。

1）低压电器测试技术由过去的继电器—接触器转向向计算机控制发展，特别是试验参数的采集和处理技术的现代化，即采用瞬态记录仪，将被测信号经 A/D 转换采集后变成数字信号，再经计算机处理后，直接显示各实验数据。由于采用数字技术，使测试精度、深度和广度向前迈进了一步。

2）电磁兼容性（EMC）是指设备或系统在其电磁环境中能正常工作且不对该环境中任何事物构成不能承受的电磁骚扰的能力。电磁兼容包括电磁干扰和电磁敏感度两部分，其技术主要包括电磁干扰与电磁环境、电磁干扰的耦合与传播、孔缝泄漏的预制措施、接地技术与搭接技术、滤波技术及其应用、电磁兼容标准与规范、电磁兼容性分析与设计、电磁兼容性试验与测量等。

1.3.1.5　应用新技术改造传统电器

随着高科技的日益发展，在传统电器基础上进一步提高性能，扩大功能，实现智能化已成为当前一项重要课题。智能电器将传统电器控制技术、传感器技术、电力电子技术、计算机技术和数字通信技术融为一体。一方面使电器设备具有智能化的功能；另一方面使其可以通过通信接口实现与计算机或其他设备之间的双向通信。因此，智能电器已不是单纯电气设备，而是一个强电与弱电相结合的整体，是现代新技术与传统电器技术相结合的产物。

1. 智能电器的定义与分类

（1）智能电器定义　智能电器的定义："智能电器是以微控制器/微处理器为核心，除了具有传统电器的切换、控制、保护、检测、变换和调节功能外，还具有显示、外部故障和内部故障诊断与记忆、运算与处理以及与外界通信等功能的电子装置。"智能电器的核心部件为微控制器/微处理器。与传统电器相比，智能电器的功能有"质"的飞跃，智能电器是电子装置，而传统电器是电气设备。

（2）智能电器分类　智能电器可分为智能电器元件/装置、智能开关柜和智能供配电系统；从电力系统的一次设备和二次设备的角度讲，智能电器可分为二次智能设备（如智能测控装置、智能保护装置）和一次智能设备（如智能开关、智能开关柜、智能箱式电站）。

智能电器元件/装置有：智能化（通用）保护测控单元/装置、智能接触器/继电器、智能断路器、智能电力监控器/网络电力仪表/电能质量监测装置、智能电动机保护（测控）装置、智能变压器/馈线/电容器保护（测控）装置等。

智能供配电系统有：智能低压配电系统/智能配电监控管理系统、智能电动机控制中心（MCC）、智能型预装式/箱式变电站等。

具体地，智能低压配电系统中的低压智能电器元件（智能低压配电和控制设备）就其功能而言可分为三类：电能质量监测装置、智能开关保护与控制装置、智能电动机保护监控装置/智能电动机驱动控制器/软起动器/变频器。

2. 智能电器的理论与技术体系

智能电器是在传统电器的基础上发展起来的，因此智能电器所涉及的理念首先是传统电器的理念。传统电器理念和诸多新技术的结合构成了智能电器的理念与体系。

传统电器理念　传统电器以电、磁理念为主，所涉及的主要理念如下：

1）电磁机构（系统）理念　电磁机构（系统）是电器的感应机构和变换机构，其基础是：磁路和电磁场理念（用于研究电器的静态吸力特性）；电磁系统计算的基本原理；气隙磁导计算；磁路分析与计算；电磁系统的吸力计算与静特性；电磁系统动态特性的分析计算。

2）电接触理念　电接触理念涉及的部分是电器的执行机构——触点/触点，其主要内容为：电接触的物理—化学过程；电接触的热、电、磁以及金属变形等各种效应；接触电阻的物理化学本质及其计算；接触和离开过程中触点/触点的腐蚀、磨损和金属迁移；触点/触点在闭合操作过程中的振动、磨损和熔焊。

3）电弧理念　电弧是有触点/触点开关电器在分断过程中必然产生的物理现象。电弧理念的主要研究内容为：气体放电的物理基础；电弧的物理特性；直流电弧的特性和熄灭原理；交流电弧的特性电弧的数学模型；交流电弧的熄灭原理。

4）电器的发热理念　电器的发热理念主要涉及电器的导电部件（触点/触点、母线和线圈）、交流铁心、介质等，其主要内容为：电器的允许温升；电器中的热源；电器中的热传递形式；电器表面稳定温升计算；不同工作制下电器的热计算；电器典型部件的稳定温升分布；短路电流下热计算和电器的热稳定性。

5）电器的电动力理念　电器的电动力理念主要是对各种不同几何形式载流体在不同的空间和平面位置上进行电动力的分析和计算，其主要内容为：电器中的电动力现象；计算电动力的基本方法；电器中典型导体系统的电动力计算；单相正弦交流下的电动力；三相正弦交流下的电动力；载流体与磁导体间有电动力；电器的电动稳定性。

此外，传统电器所涉及的理念还包括机构运动学、电器运动部件的阻尼消振理念等。

3. 智能电器所涉及的新技术

1）电子技术　电子技术包括模拟电子技术和数字电子技术，或称基础电子技术和集成电子技术，包括近年来用的较多的 CPLD、FPGA 等。

2）微处理机/微控制器/单片机/嵌入式系统技术　微处理机/微控制器/单片机/嵌入式

系统技术主要包括其硬件结构、指令系统、中断系统、定时器/计算器、串行口，程序存储器和数据存储器扩展、I/O 接口的扩展，键盘、显示器、拨盘、打印机的接口设计，D/A、A/D 的接口设计，隔离与驱动（功率）电路设计，实时多任务操作系统，嵌入式系统/片上系统（SoC），程序设计、应用系统可靠性设计。

3）检测与转换技术　检测与转换技术主要有：误差理论：包括误差的概念、误差产生的原因、判断误差存在的准则、减小或消除误差的方法、测量信号的处理方法、误差的合成与分配、最佳测试方案的选择；电量测量技术：包括电压、电流、频率/周期、相位的测量；非电量测量方法：包括温度、压力、流量、物位的测量方法；检测信号的处理与转换技术：包括模拟滤波、数字滤波、电压/频率转换、频率/电压转换、电压/电流转换、电流/电压转换。

4）数字信号处理技术　数字信号处理技术主要包括信号的描述及其分类，信号的分解，正交函数，傅里叶变换，连续时间系统的傅里叶分析，连续时间信号的采样，离散傅里叶级数，离散傅里叶变换，快速傅里叶变换，数字滤波器的原理、构成与设计。

5）现场总线（Fieldbus）技术　现场总线是当今 3C 技术，即通信（Communication）、计算机（Computer）、控制（Control）技术发展的结合点，是电气工程与自动化领域技术发展的热点之一。智能电器中常用的现场总线/总线/总线接口有：RS485、CAN、DeviceNet、Modbus、PROFIBUS、工业以太网（FF HSE、EtherNet/IP、PROFINET、Modbus/TCP）。

6）数据库技术/高级语言编程技术　在构建智能供配电系统等现场总线系统时需用到数据库技术/高级语言编程技术，如实时关系数据库、图形化监控软件等。换言之，对于开发智能电器系统来说，需要用到更多的计算机技术。

7）新的理论方法　FFT、小波变换、模糊控制、神经网络、数学形态学等理论方法，为电能质量扰动检测和继电保护方面的技术发展提供了新的分析计算方法。实现电能质量扰动的信号预处理、谐波分析、扰动特征提取、暂态扰动检测和定位等；实现继电保护中的故障选相/线、故障测距、故障区分等的特征提取与识别；优化发电机保护、变压器保护、最优重合闸时间计算等的保护算法；提高电能质量扰动检测和继电保护系统的智能化程度。

1.3.2　智能型控制装置

1.3.2.1　智能型电器成套控制装置

智能型成套控制装置在我国出现的时间还不长，主要包括设计的智能化和装置的智能化。在国际上已有成套的产品，如罗克韦尔自动化公司的 Centerline 电动机控制中心（MCC），在机构上采用了独特的中央母线设计，在器件上采用智能接触器、智能电动机控制器、变频器和 PLC 等，并将先进的 DeviceNet 网络技术融入其中，构成结构合理的先进自动化系统控制装置。例如某公司的智能型开关柜，其主要功能有：过载、缺相、欠载与空载、相电流不平衡、基本功率因数的欠载保护、转速保护、温升保护、欠电压保护、起动显示保护等；控制功能可实现电动机的直接起动、正反转、附加独立控制单元、星/三角的正反转、双速起动、双速的正反转、自耦变压起动、软起动/软停止；具有监控功能，运行状态监控、电动机运行时间及接触器关合次数记录记忆等；通信及其他功能，具有数据存储、传输及多种通信协议接口、电动机联动设置、系统时钟及自动防故障保护功能、操作权限设置，即设置了控制访问权限，并提供了控制路径表，从而实现了网络通信控制。

智能电器及装置并不限于上述的几种类型，在中高压的真空断路器中，智能型永磁操作机构正引起人们的广泛关注；在电力系统中的在线检测，在高压绝缘领域中的在线诊断，在各种智能型保护继电器中的智能技术均获得广泛应用，在建筑业中的楼宇智能化已获得迅猛发展，这里均有智能电器及通信技术的广泛应用。因此，在电气领域中，随着微机技术、通信技术、现场总线技术的发展，智能电器及装置、智能技术会有更为广阔的发展空间。

1.3.2.2 新型工业控制器的产生与发展

为了适应生产工艺不断更新的需要，要求寻求一种比继电器更可靠、功能更齐全、响应速度更快的新型工业控制器，并从用户角度提出了新一代控制器应具备的条件。美国数字设备公司（DEC 公司）于1969 年，研制出了世界上第一台新型工业控制器，称之为可编程序控制器。美国电气制造商协会（National Electfical Manufacturers Association，NEMA）给 PLC 作了如下的定义："PLC 是一个数字式的电子装置，它使用了可编程序的记忆体以储存指令，用来执行诸如逻辑、顺序、计时、计数和演算等功能，并能通过数字或模拟的输入和输出，以控制各种机械或生产过程。一部数字电子计算机若是用来执行 PLC 之功能者，亦被视同为 PLC，但不包括鼓式或机械式顺序控制器。"

可编程序控制器已作为一个独立的工业设备被列入生产中，成为当代电控装置的主导。近年来，可编程序控制器的发展更为迅速，其结构不断改进，功能日益增强，性能价格比越来越高。展望未来，可编程序控制器在规模和功能上将向两大方向发展，一方面，大型可编程序控制器不断向高速、大容量和高功能方向发展。另一方面，发展简易经济的超小型可编程序控制器，以适应单机控制、小型自动化的需要。另外，不断增强其对过程控制的功能（模拟量控制能力）；研制采用工业标准总线，使同一工业控制系统中能连接不同的控制设备，分别执行不同的任务；增强可编程序控制器的联网通信功能，便于分散控制与集中控制的实现。

从某种意义上看，PLC 是从继电接触控制发展而来的。两者既有相似性又有不同之处。继电接触控制全部用硬器件、硬触点和"硬"线连接，为全硬控制；PLC 内部大部分采用"软"电器、"软"接点和"软"线连接，为软件控制；继电接触控制全为机械式触点，动作慢；PLC 内部全为"软接点"，动作快；继电接触控制功能改变，需拆线、接线乃至更换元器件，比较麻烦；PLC 控制功能改变，一般仅修改程序即可，极其方便；PLC 控制的自检和监控功能比继电接触控制的强，可靠性比继电接触控制的高，适用范围比继电接触控制的广泛；PLC 控制系统的设计、施工与调试比继电接触控制系统周期短。

第2章 电气控制系统

由按钮、继电器、接触器等低压控制电器组成的电气控制电路，具有电路简单、维修方便、便于掌握、价格低廉等许多优点，多年来在各种生产机械的电气控制领域中，一直获得广泛的应用。

由于生产机械的种类繁多，所要求的控制电路也是千变万化、多种多样的，因此本章着重阐明组成这些电路的基本规律和典型电路环节，并结合具体的生产工艺要求使读者学会掌握电气控制电路的分析方法与设计。

2.1 电气控制电路的绘制原则、图形及文字符号

电气控制电路是用导线将电动机、电器、仪表等电气元件连接起来并实现某种要求的电气电路。电气控制电路应该根据简明易懂的原则，用规定的方法和符号进行绘制。

电气控制电路根据通过电流的大小可分为主电路和控制电路。属于前者的是流过大电流的电路，如发电动机的定子和转子等；属于后者的是流过较小电流的电路，如接触器、继电器的吸引线圈以及消耗能量较少的信号电路、保护电路、联锁电路等。

电气控制电路的表示方法有两种：一种是安装图，一种是原理图。安装图是按照电气元件实位置和实际接线，用规定的图形符号绘制接线示意图，这种图便于安装。电气原理图根据工作原理绘制。

在绘制电气控制原理图时，一般应遵循以下原则：

1）表示导线、信号通路、连接线等的图线都应是交叉和折弯最少的直线。可以水平地布置，或者垂直地布置，也可以采用斜的交叉线。

2）电路或元器件应按功能布置，并尽可能按其工作顺序排列，对因果次序清楚的简图，尤其是电路图和逻辑图，其布局顺序应该是从左到右和从上到下。

3）为了突出或区分某些电路、功能等，导线符号、信号通路、连接线等可采用粗细不同的线条来表示。

4）元器件和设备的可动部分通常应表示在非激励或不工作的状态或位置。

5）所用图形符号应符合 GB/T 4728《电气简图用图形符号》的规定。如果采用上述标准中未规定的图形符号时，必须加以说明。当 GB/T 4728 给出几种形式时，选择符号应遵循以下原则：

① 应尽可能采用优选形式。

② 在满足需要的前提下，尽量采用最简单的形式。

③ 在同一图号的图中使用同一种形式。一些常用电气图用图形符号请参考相关文献。

6）同一电器元件的不同部分如线圈和触点均采用同一文字符号标明。电工设备文字符号请参考相关文献。

2.2 笼型电动机的起、停控制电路

笼型电动机起、停的电气控制电路是广泛应用的、也是最基本的控制电路，如图 2-1 所示。该电路能实现对电动机起动、停止的自动控制、远距离控制、频繁操作，并具有必要的保护，如短路、过载、零压等。

在图 2-1 的控制电路中，交流感应电动机和由其拖动的机械运动系统为控制对象，通过由接触器、熔断器、热继电器和按钮所组成的控制装置对控制对象进行控制。控制装置根据生产工艺过程对控制对象所提出的基本要求实现其控制作用。

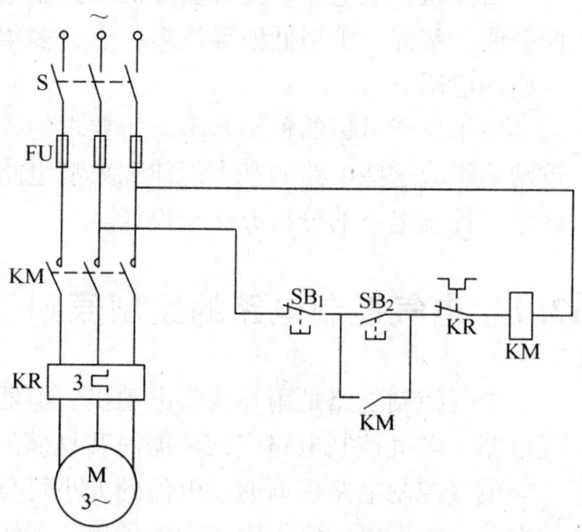

图 2-1 笼型电动机起、停控制电路

起动电动机　合上刀开关 S，按起动按钮 SB_2，接触器 KM 的吸引线圈带电，其主触点 KM 吸合，电动机起动。由于接触器的辅助触点 KM 并接于起动按钮，因此当松手断开起动按钮后，吸引线圈 KM 通过其辅助触点可以继续保持通电，维持其吸合状态。这个辅助触点通常称为自锁触点。

使电动机停转　按停止按钮 SB_1，接触器 KM 的吸引线圈失电，其主触点断开，电动机失电停转。

电路保护环节：

短路保护　短路时通过熔断器 FU 的熔体熔断切断主电路；

过载保护　通过热继电器 KR 实现。当负载过载或电动机单相运行时，KR 动作，其常闭触点将控制电路切断，吸引线圈 KM 失电，切断电动机主电路；

零压保护　通过接触器 KM 的自锁触点来实现。当电网电压消失（如停电）而又重新恢复时，要求电动机及其拖动的运动机构不能自行起动，以确保操作人员和设备的安全。由于自锁触点 KM 的存在，当电网停电后，不重新按起动按钮电动机就不能起动。

通过上述电路的分析可以看出，电器控制的基本方法是通过按钮发布命令信号，而由接触器通过对输入能量的控制来实现对控制对象的控制，继电器则用以测量和反映控制过程中各个量的变化，例如热继电器反映被控制对象的温度变化，并在适当时候发出控制信号使接触器实现对主电路的各种必要的控制。

2.3　电气控制电路的基本组成规律

本节着重通过组成电气控制电路的基本规律——按联锁控制的规律和按控制过程中变化参量的规律来阐明如何拟定控制电路。

2.3.1　按联锁进行控制的规律

联锁控制应用很广，这里通过几个例子来总结其具有普遍意义的规律性。

2.3.1.1　正反向接触器间的联锁控制

各种生产机械常常要求具有上下、左右、前后等相反方向的运动，这就要求电动机能正反向工作。对于交流感应电动机，可借助正反向接触器改变定子绕组相序来实现，其电路如图 2-2 所示。当误操作同时按正反向按钮 SB_1 和 SB_2 时，若采用图 2-2a 所示电路，将造成短路故障，如图中虚线所示，因此正反向工作时需要有一种联锁关系。通常采用图 2-2b 所示

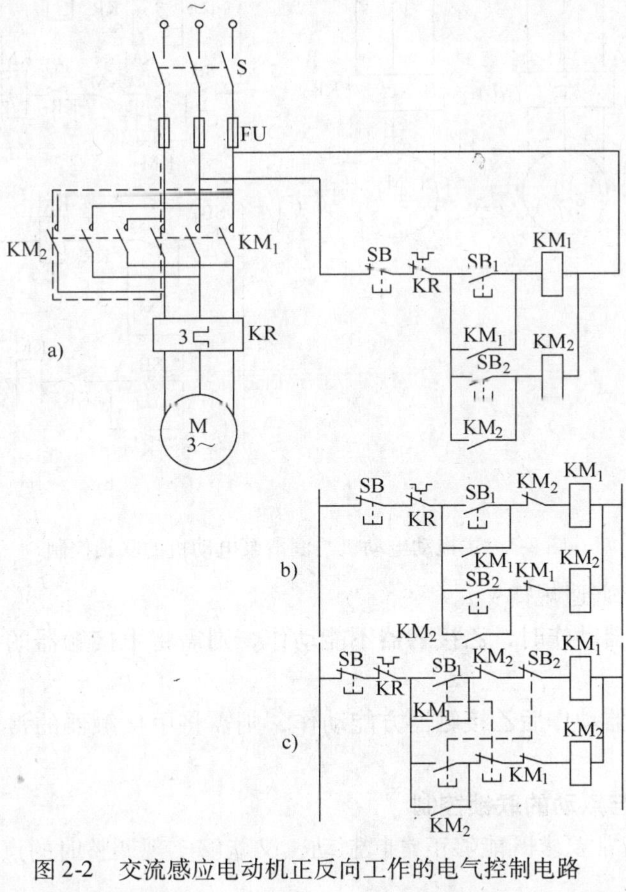

图 2-2　交流感应电动机正反向工作的电气控制电路

的电路，将其中一个接触器的常闭触点串入另一个接触器线圈电路中，则任一接触器线圈先带电后，即使按下相反方向按钮，另一接触器也无法得电，这种联锁通常称为“互锁”，即二者存在相互制约的关系。图 2-2c 所示的电路可以实现不按停止按钮，直接按反向按钮就能使电动机反向工作。

2.3.1.2 实现按顺序工作时的联锁控制

在生产实践中常要求各种运动部件之间能够实现按顺序工作。例如车床主轴转动时要求液压泵先给齿轮箱供油润滑，即要求保证润滑泵电动机起动后主拖动电动机才允许起动，也就是控制对象对控制电路提出了按顺序工作的联锁要求。图 2-3a 所示是将液压泵电动机接触器 KM_1 的常开触点串入主拖动电动机接触器 KM_2 的线圈电路中来实现的。改用图 2-3b 的接法可以省去 KM_1 的常开触点，使电路得到简化。

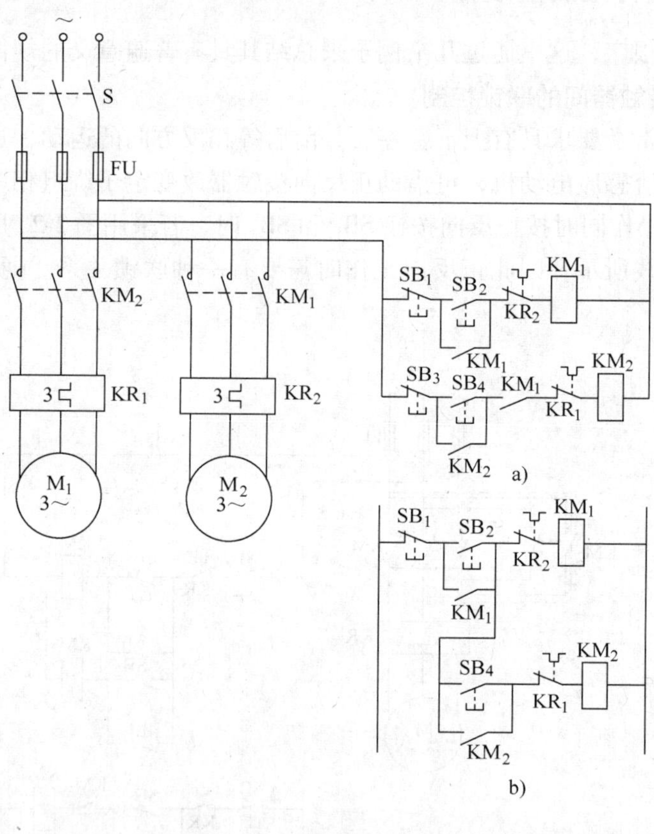

图 2-3 主拖动电动机与润滑泵电动机的联锁控制

通过上例可得出普遍规律：

1）要求甲接触器动作时，乙接触器不能动作，则需将甲接触器的常闭触点串在乙接触器的线圈电路中。

2）要求甲接触器动作后乙接触器方能动作，则需将甲接触器的常开触点串在乙接触器的线圈电路中。

2.3.1.3 正常工作与点动的联锁控制

某些生产机械常常要求既能够正常起制动，又能够实现调整时的点动工作。

图 2-4 所示的电路就是将点动按钮 SB_3 的常闭触点作为联锁触点串联在接触器 KM 的自锁触点电路中。当正常起动按下起动按钮 SB_2 时，接触器 KM 带电并自保。当点动工作时按下点动按钮 SB_3 时，其常开触点闭合，接触器 KM 通电。但 SB_3 的常闭触点将 KM 的自锁电路切断，手一离开按钮，接触器 KM 失电，从而实现了点动控制。若接触器 KM 的释放时间大于按钮恢复时间，则点动结束 SB_3 常闭触点复位时，接触器 KM 的常开触点尚未断开，使接触器自保电路继续通电，电路就无法正常工作。图 2-5 所示的电路为加入中间继电器的控制电路。长期工作时按下按钮 SB_2，中间继电器 KA 带电使接触器带电并自保。点动时由于不能自保从而可靠地实现点动工作。

从上面的例子可以看出，实现联锁控制的基本方法是采用反应某一运动的联锁触点控制另一运动的相应电器，从而达到联锁工作的要求。联锁控制的关键是正确地选择联锁触点。

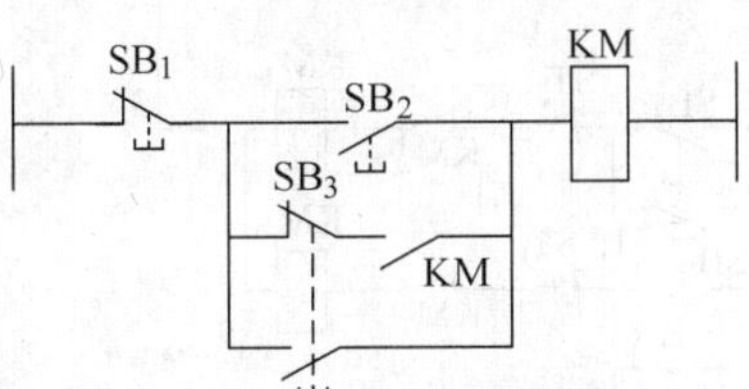

图 2-4　采用点动按钮联锁的点动控制电路

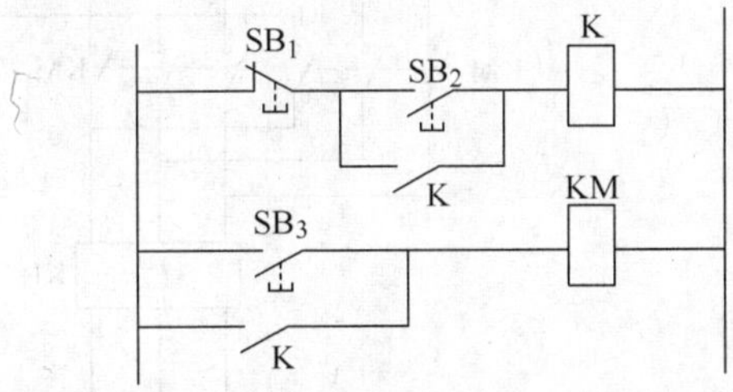

图 2-5　采用中间继电器联锁的点动控制电路

2.3.2　按控制过程的变化参量进行控制的规律

在现代化工业生产中，为了提高劳动生产率，降低成本，减轻工人的劳动负担，要求实现整个生产工艺过程全盘自动化。例如机床的自动进刀、自动退刀、工作台往复循环等加工过程自动化，高炉实现整个炼铁过程的自动化等。由于自动化程度的提高，只用简单的联锁控制已不能满足要求，需要根据工艺过程特点进行控制。这里以钻孔加工过程自动化为例介绍实际生产过程自动化的一个重要的基本规律——按控制过程的变化参量进行控制的规律。

图 2-6 示出钻削加工时刀架的自动循环过程。具体要求如下：

（1）自动循环　即刀架能自动地由位置 1 移动到位置 2 进行钻削加工并自动退回位置 1。

（2）无进给切削　即刀具到达位置 2 时不再进给，但钻头继续旋转进行无进给切削以提高工件加工精度。

（3）快速停车　当刀架退出后要求快速停车以减少辅助工时。

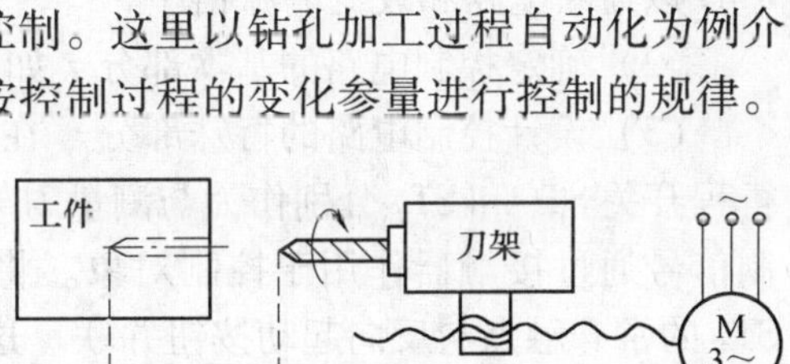

图 2-6　刀架的自动循环

下面针对控制过程中各自的特殊矛盾，采用不同的控制方法加以解决。

2.3.2.1　自动循环

为实现刀架自动循环，对电动机的基本要求仍然是起动、停转和反向控制，所不同的是当刀架运动到位置 2 时能自动地改变电动机的工作状态。总之控制对象要求控制装置根据控制过程中行程位置来改变或终止控制对象的运动。实现刀架自动循环中，最理想的方法就是由控制装置直接反映控制过程变化参量——行程，使刀架在运动到位置 2 或 1 时自动发出控制信号进行控制。通常采用直接测量位置信号的元件——行程开关来实现这一要求。

采用行程开关直接测量刀架的行程位置，实现钻削加工自动循环，设计出的控制电路如图 2-7 所示。

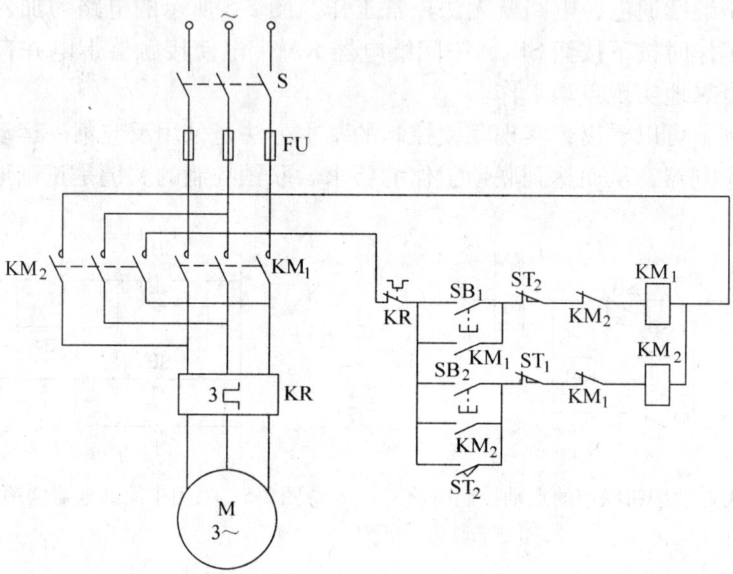

图 2-7　实现刀架自动循环的控制电路

设计这类电路时大体遵循以下步骤：

（1）首先设计主电路　因要求电动机实现正反向运转，故采用正反两个接触器 KM_1 和 KM_2 以通断电路和改变电源相序。

（2）确定控制电路的基本部分　如起停按钮及自保环节等。

（3）设计控制电路的特殊部分　在本电路中特殊部分是指自动循环的控制。这里采用行程开关 ST_1 和 ST_2 分别作为与测量刀架运动位置 1 和 2 对应的测量元件，由它们给出的控制信号通过接触器作用于控制对象。将 ST_2 的常闭触点串于正向接触器线圈 KM_1 电路中。ST_2 的常开触点与反向起动按钮并联。这样，ST_2 动作，将 KM_1 切断；KM_2 接通，刀架自动返回。ST_1 的任务是使电动机在刀架反向运动到位置 1 时自动停转，故将其常闭触点串联于反向接触器中，刀架退回到位置 1，撞块撞击 ST_1，刀架自动停止运动。

（4）设置必要的保护环节　这里采用了熔断器和热继电器分别实现短路和过载保护。

（5）综合审查与简化设计电路　上述设计是依据各部分的要求局部进行的。组成一个整体控制电路后需要全面考虑，检查其动作是否无误，有无寄生电路，能否进一步减少电器或触点。

通过上述例子分析，可以找出其普遍规律，以便对任何按行程控制的自动控制电路都能使用。概括起来就是根据生产工艺要求，用行程作为控制信号，采用行程开关作为测量元件，再将这个变化参量反馈回来作用于控制装置，以达到对控制对象进行自动控制的目的。这一过程可用图 2-8 表示。

在工业生产中按行程参量进行控制应用很广，如铣床、龙门刨床的工作台的自动循环、吊车前后左右的限位保护等。但由于行程开关有易磨损、触点接触不良等缺点，故常常造成动作不正常甚至发生事故。目前对行程开关不断进行革新，如使用无触点行程开关以克服上述缺陷。

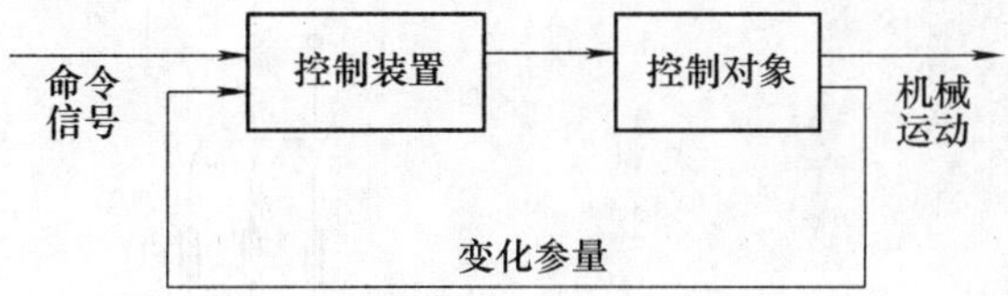

图 2-8　按参量变化进行控制的结构图

从上例进一步得到的启发是，如果根据生产工艺对控制系统提出的不同要求，正确选择和如实反映控制过程中除行程外的其他变化参量，诸如时间、速度、电流等，就能实现预期的各种要求。可见按控制过程的变化参量进行控制乃是一种具有普遍性的自动控制基本规律。

2.3.2.2　无进给切削

在上述例子中，为了提高加工精度，当刀架移动到位置 2 时要求无进给情况下继续切削，短暂时间后刀架再开始退回。这一控制信号严格讲应根据切削表面情况进行控制。但切削表面不易直接测量，因此不得不采用间接参数——切削时间来表征无进给切削过程。切削时间可用时间继电器来反映。

采用时间继电器间接测量无进给切削过程的控制电路是在图 2-7 基础上增加了时间继电器 KT_1，如图 2-9 所示（主电路相同不再绘出）。当刀架到达位置 2 撞压行程开关 ST_2，其常闭触点切断正向接触器 KM_1，使电动机停止工作刀架不再进给，但钻头继续旋转（其拖动电动机在图 2-7 与图 2-9 中均未绘出）进行无进给切削。同时 ST_2 的常开触点接通时间继电器 KT_1 的线圈，开始计算无进给切削时间。到达预定无进给切削时间后，时间继电器动作，使反向接触器 KM_2 线圈通电吸合，于是刀架开始返回。时间继电器的延时值应根据无进给切削所需要的时间进行调整。

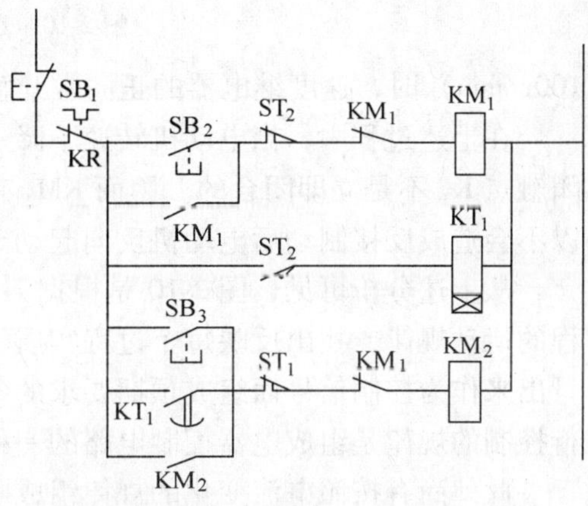

图 2-9　无进给切削的控制电路

2.3.2.3　快速停车

在上述例子中，为缩短辅助工时提高生产效率，应准确停车以减少超行程，因此对该控制系统还提出了快速停车的要求。对于异步电动机来讲，最简便的方法是采用反接制动。制动时使电源反相序，制动到接近零速时电动机的电源自动切除。检测接近零速的信号以直接反映控制过程的转速信号最为理想，通常采用速度继电器来实现，其电路如图 2-10 所示。图中电动机的定子经过正、反向接触器 KM_1 或 KM_2 的主触点接入电源。

欲使电动机正向起动，按下正向起动按钮 SB_2，接触器 KM_1 吸合并自保，电动机正转。当电动机正向运转时，速度继电器正向常闭触点 K_{3F} 打开，正向常开触点 K_{3F} 闭合，为制动做好准备。这时由于 KM_1 在反向接触器 KM_2 电路中的互锁触点打开，KM_2 不会通电。

欲使电动机停转，按下停止按钮 SB_1，接触器 KM_1 失电释放，反向接触器 KM_2 立即吸合，电动机定子电源反相序，因而是反接制动。转速迅速下降，当转速接近零速（约

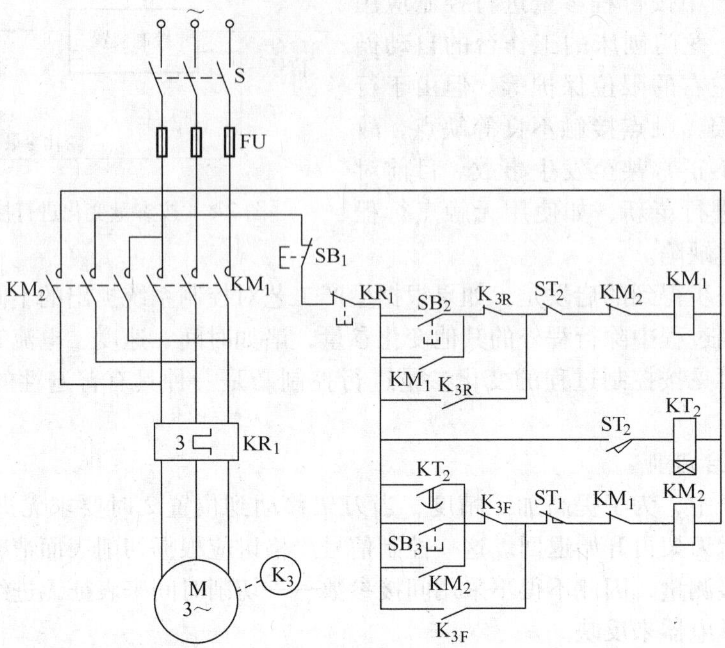

图 2-10 反接制动的电器控制电路

100r/min）时，速度继电器的正向常开触点 K_{3F} 断开，KM_2 断电释放，反接制动结束。

在上述过程中，当电动机转速下降、速度继电器的正向常开触点 K_{3F} 断开以后，正向常闭触点 K_{3F} 不是立即闭合的。因而 KM_2 有足够的断电时间使铁心释放，其自保触点放开，所以不会造成反接制动后电动机反向起动。

从上述分析可见，图 2-10 是根据刀架的自动循环、无进给切削、快速移动三个工艺过程的运动规律，找出反映每个过程实质的三个不同参量—行程、时间、速度，并准确地测量出来作为控制信号而组成预期要求的各种自动控制电路。因此说，按控制过程变化参量进行控制的规律是组成电器控制电路的一种基本方法。

此外尚有按照电流变化的规律组成电器控制电路的控制方法。

在实现生产机械自动控制的过程中，除按照上述行程、时间、速度的变化参量进行控制外，根据生产需要，常常还要根据负载或机械力的大小进行控制。例如，机床的进给系统，当主轴负载过大时就要求减小其进给量；又如各种机床的夹紧机构，当夹紧力达到一定时，就要求给出信号使夹紧电动机停止工作。机床的负载与机械力在交流异步电动机或直流他励电动机中往往与电流成正比，因此测量电流值就能反映负载或机械力的大小，常采用电流继电器来实现。

上面阐述了按照联锁控制的规律和按照控制过程变化参量进行控制的基本规律。根据这些基本规律结合生产机械的要求，就可以组成各式各样的电器控制电路。

2.4 电气控制电路的一般设计方法

电气控制系统的设计，一般包括确定拖动方案、选择电动机容量和设计电气控制电路。

电气控制电路的设计方法通常有两种：

一种方法是一般设计法，又叫经验设计法。它是根据生产工艺要求，利用各种典型的电路环节，直接设计控制电路。这种设计方法比较简单，但要求设计人员必须熟悉大量的控制电路、掌握多种典型电路的设计资料、同时具有丰富的设计经验。在设计过程中往往还要经过多次反复地修改、试验，才能使电路符合设计的要求。即使这样，设计出来的电路可能不是最简，所用的电器及触点不一定最少，所得出的方案不一定是最佳方案。

另一种方法是逻辑设计法，它是根据生产工艺的要求，利用逻辑代数来分析、设计电路的。用这种方法设计的电路比较合理，特别适合完成较复杂的生产工艺所要求的控制电路。但是相对而言，逻辑设计法难度较大，不易掌握。本节介绍一般设计法。

一般设计法，由于是靠经验进行设计的，因而灵活性很大。初步设计出来的电路可能是几个，这时要加以比较分析，甚至要通过实验加以验证，才能确定比较合理的设计方案。这种设计方法没有固定模式，通常先用一些典型电路环节拼凑起来实现某些基本要求，而后根据生产工艺要求逐步完善其功能，并加以适当的联锁与保护环节。

用一般方法设计控制电路时，应注意以下几个原则。

1. 应最大限度地实现生产机械和工艺对电气控制电路的要求

设计之前，首先要调查清楚生产要求，因为控制电路是为整个设备和工艺过程服务的，不搞清楚要求就等于迷失了设计方向。生产工艺要求一般是由机械设计人员提供的，但有时所提供的仅是一般性原则意见，这时电气设计人员就需要对同类或接近产品进行调查、分析、综合，然后提出具体、详细的要求，征求机械设计人员意见后，作为设计电器控制电路的依据。

一般控制电路只要求满足起动、反向和制动就可以了，有些则要求在一定范围内平滑调速和按规定的规律改变转速、出现事故时需要有必要的保护及信号预报以及各部分运动要求有一定的配合和联锁关系等。如果已经有类似设备，还应了解现有控制电路的特点以及操作者对它们的反映。这些都是在设计之前应该调查清楚的。

2. 在满足生产要求的前提下，控制电路应力求简单、经济

1）尽量选用标准的、常用的或经过实际考验过的电路和环节。

2）尽量缩短连接导线的数量和长度。设计控制电路时，应考虑到各个元器件之间的实际接线。特别要注意电气柜、操作台和限位开关之间的连接线，如图2-11所示。图2-11a所示的接线是不合理的。因为按钮在操作台上，而接触器在电器柜内，这样接线就需要由电器柜二次引出连接线到操作台的按钮上，所以一般都将起动按钮和停止按钮直接连接，这样就可以减少一次引出线，如图2-11b所示。

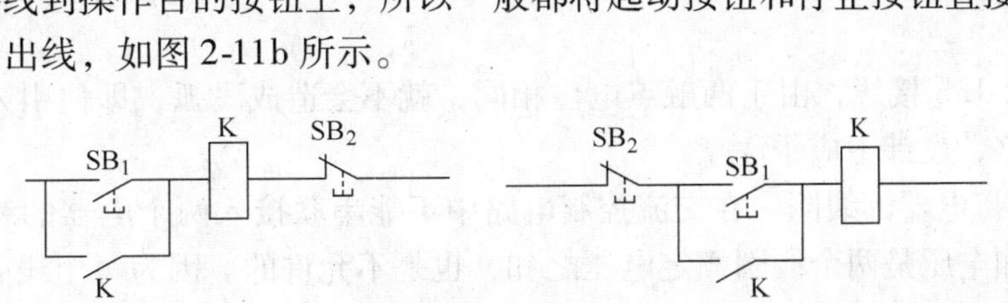

a)　　b)

图2-11 电器连线图
a）不合理 b）合理

3）尽量缩减电器的数量、采用标准件，并尽可能选用相同型号。

4）应减少不必要的触点以简化电路。在控制电路图设计完成后，宜将电路化成逻辑代数式计算（参阅第3章），以便得到最简化的电路。

5）控制电路在工作时，除必要的电器必须通电外，其余的尽量不通电以节约电能。

以异步电动机减压起动的控制电路为例（见图2-12a）在电动机起动后接触器 KM_1 和时间继电器 KT_2 就失去了作用，接成图2-12b 电路时可以在起动后切除 KM_1 和 KT_2 的电源。

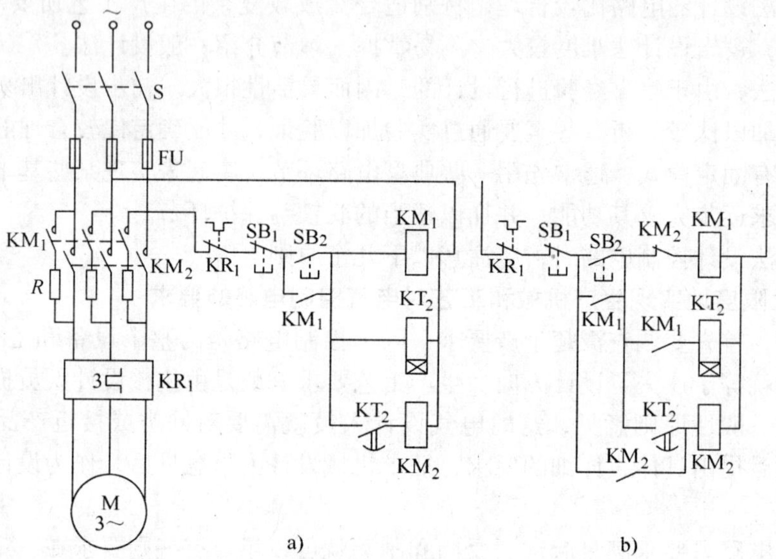

图2-12　减少通电电器

3. 保证控制电路工作的可靠和安全

为了保证控制电路工作可靠，最主要的是选用可靠的元器件，如尽量选用机械和电气寿命长、结构坚实、动作可靠、抗干扰性能好的电器。同时在具体电路设计中注意以下几点：

1）正确连接电器的触点。同一电器的常开和常闭辅助触点靠得很近，如果分别接在电源的不同相上（如图2-13a 所示），限位开关 ST 的常开触点和常闭触点，由于不是等电位，当触点断开产生电弧时很可能在两触点间形成飞弧而造成电源短路。此外绝缘不好，也会引起电源短路。

如果按图2-13b 接线，由于两触点电位相同，就不会造成飞弧，即使引入线绝缘损坏也不会将电源短路，设计中应予注意。

2）正确连接电器的线圈。在交流控制电路中不能串联接入两个电器的线圈，如图2-14所示。即使外加电压是两个线圈额定电压之和，也是不允许的。因为每个线圈上所分配到的电压与线圈阻抗成正比，两个电器动作总是有先有后，不可能同时吸合。假如交流接触器 KM_2 先吸合，由于 KM_2 的磁路闭合，线圈的电感显著增加，因而在该线圈上的电压降也相应增大，从而使另一个接触器 KM_1 的线圈电压达不到动作电压。因此两个电器需要同时动作时其线圈应该并联连接。

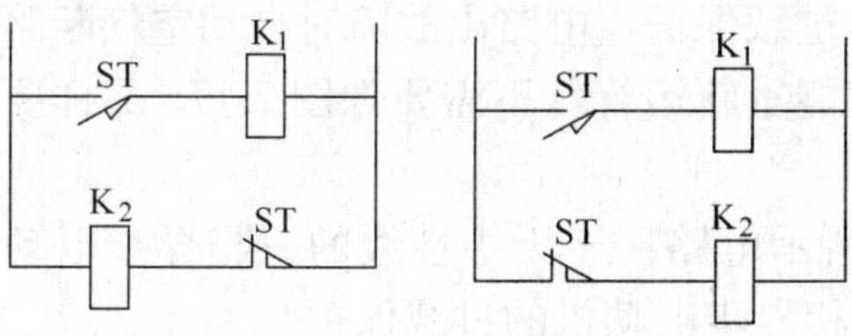

图 2-13　正确连接电器的触点

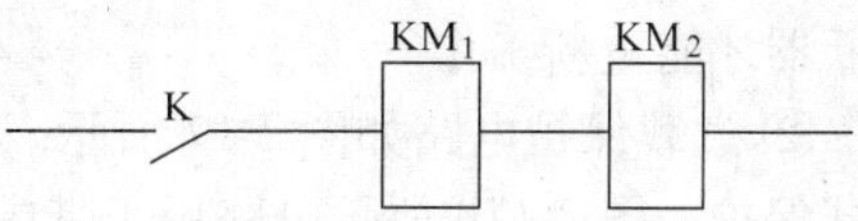

图 2-14　线圈不能串联连接

3）在控制电路中应避免出现寄生电路 在控制电路的动作过程中，那种意外接通的电路叫寄生电路（或叫假回路）。图 2-15 所示是一个具有指示灯和热保护的正反向电路。在正常工作时，能完成正反向起动、停止和信号指示。但当热继电器 KR 动作时，电路就出现了寄生电路如图 2-15 中虚线所示，使正向接触器 KM_1 不能释放，起不了保护作用。

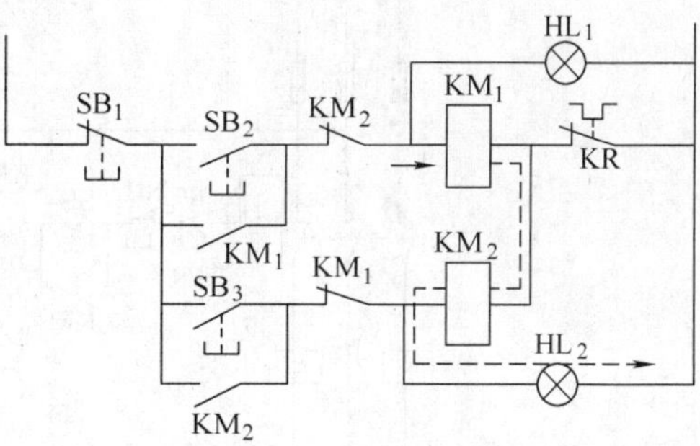

图 2-15　寄生电路

4）在电路中应尽量避免许多电器依次动作才能接通另一个电器的控制电路。

5）在频繁操作的可逆电路中，正反向接触器之间不仅要有电气联锁，而且要有机械联锁。

6）设计的电路应能适应所在电网情况。根据电网容量的大小，电压、频率的波动范围以及允许的冲击电流数值等决定电动机的起动方式是直接起动还是间接起动。

7）在电路中采用小容量继电器的触点来控制大容量接触器的线圈时，要计算继电器触点断开和接通容量是否足够。如果不够必须加小容量接触器或中间继电器，否则工作不可靠。

8）应具有完善的保护环节，以避免因误操作而发生事故。完善的保护环节包括过载、短路、过电流、过电压、失电压等保护环节，有时还应设有合闸、断开、事故、安全等必须的指示信号。

① 短路保护电路如图 2-16 所示。图 2-16a 所示为采用熔断器作短路保护的电路。在对主电路采用三相四线制或对变压器采用中性点接地的三相三线制的供电电路中，必须采用三相短路保护。当主电动机容量较小，其控制电路不需要另外设置熔断器 FU_2 时，主电路中的熔断器也作为控制电路的短路保护；若主电动机容量较大，则控制电路一定要单独设置短路保护熔断器。

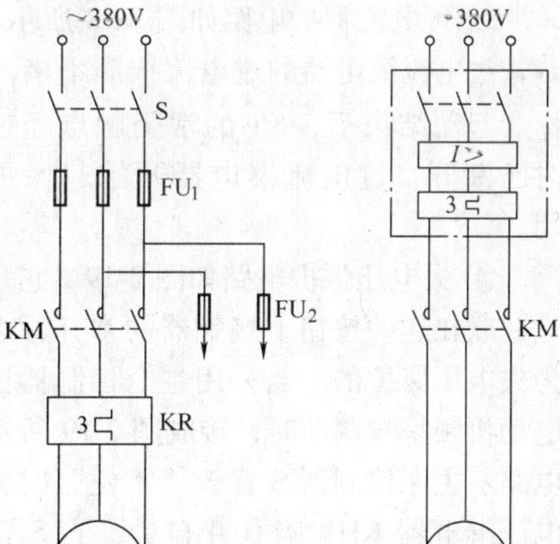

图 2-16　短路保护电路
a）熔断器保护　b）自动空气断路器保护

图 2-16b 所示为采用自动空气断路器，既作为短路保护，又作为过载保护的电路。其中过电流线

圈具有反时限特性，用作短路保护；热元件用作过载保护。电路出故障时自动空气断路器动作。事故处理完毕，只要重新合上开关，电路就能重新运行。不需要像图 2-17a 那样要更换熔断器才能重新工作。

② 过载保护电路如图 2-17 所示。图 2-17a 所示电路用于无中性线的三相异步电动机的过载保护，图 2-17b 所示电路用于带中性线的三相异步电动机的过载保护。

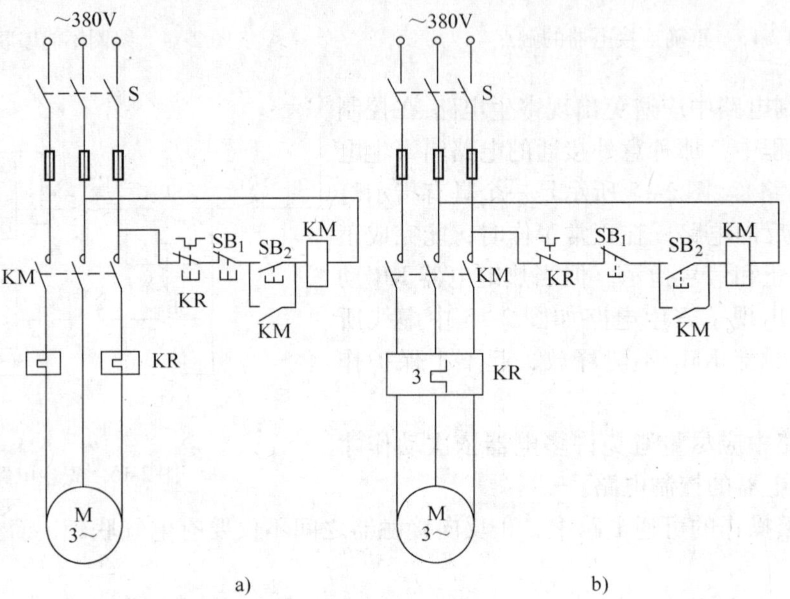

图 2-17　过载保护电路
a）两相保护　b）三相保护

③ 过电流保护电路如图 2-18 所示。当电动机起动时，延时继电器 KT 的常闭触点闭合着，过电流继电器的过电流线圈不接入电路，这时虽然起动电流很大，但过电流保护不动作。起动结束后，KT 的常闭触点经过延时已断开，过电流继电器开始起保护作用。

④ 失电压保护电路如图 2-19。它是通过并联在起动按钮上接触器的常开触点作为失电压保护的。当采用主令控制器控制电动机频繁起制动时，接成图 2-19 所示的电路。主令控制器 S 置于“零位”时，零电压继电器 KHV 吸合并自锁。当 S 置于“工作位置”时，保证了对接触器 KM 的供电。当断电时，KHV 释放，电网再接通时，必须先将 S 置“零位”，使 KHV 吸合，才能重新起动电动机，这样就起到失

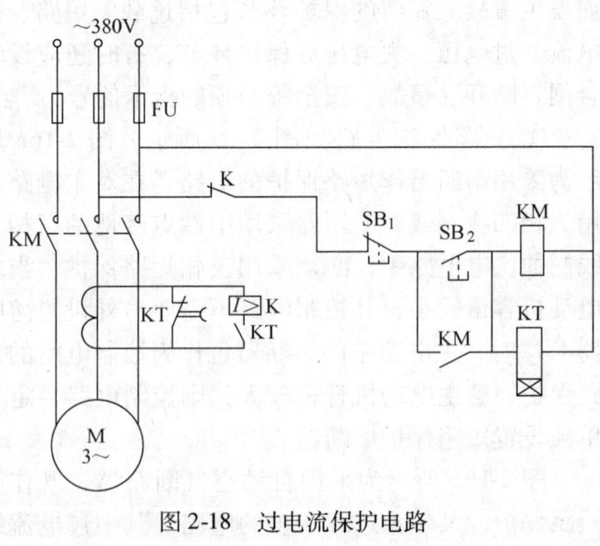

图 2-18　过电流保护电路

电压保护作用。

4. 应尽量使操作和维修方便

控制机构应操作简单和便利，能迅速和方便地由一种控制形式转换到另一种控制形式，例如，由自动控制转换到手动控制。同时希望能实现多点控制和自动转换程序，减少人工操作。电控设备应力求维修方便，使用安全，并应有隔离电器，以免带电检修。

下面通过一个实例介绍电器控制电路的一般设计方法。

在龙门刨床（或立车）上装有横梁机构，刀架装在横梁上，随加工件大小不同横梁需要沿立柱上下移动，在加工过程中，横梁又需要保证夹紧在立柱上不允许松动。

横梁升降电动机安装在龙门顶上，通过蜗轮传动，使立柱上的丝杠转动，通过螺母使横梁上下移动。

横梁夹紧电动机通过减速机构传动夹紧螺杆，通过杠杆作用使压块将横梁夹紧或放松。如图 2-20 所示。

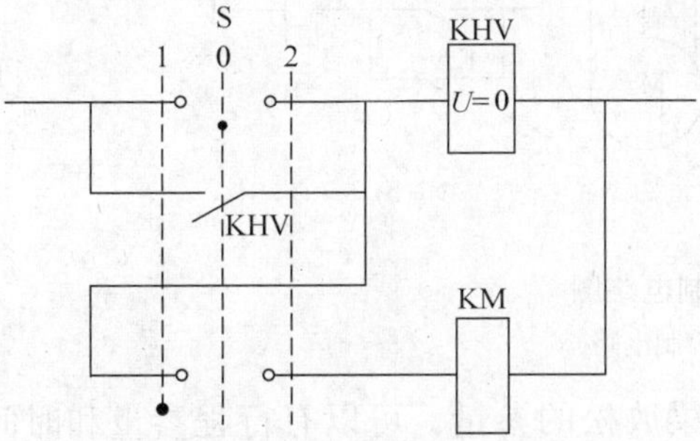

图 2-19　失电压保护电路

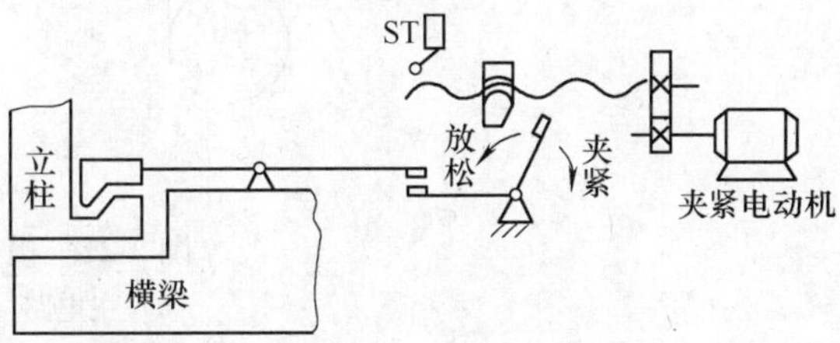

图 2-20　横梁夹紧放松示意图

综上所述，横梁机构对电器控制系统提出如下要求：

1）保证横梁能上下移动，夹紧机构能实现横梁的夹紧或放松。

2）横梁夹紧与横梁移动之间必须有一定的操作程序：

① 按向上或向下移动按钮后，首先使夹紧机构自动放松。

② 横梁放松后，自动转换到向上或向下移动。

③ 移动到需要位置后，松开按钮，横梁自动夹紧。

④ 夹紧后电动机自动停止运动。

3）具有上下行程的限位保护。

4）横梁夹紧与横梁移动之间及正反向运动之间具有必要的联锁。

在了解清楚生产要求之后则可进行控制电路的设计：

（1）设计主电路　横梁移动和横梁夹紧需用两台异步电动机拖动。为了保证实现上下移动和夹紧放松的要求，电动机必须能实现正反转，因此采用 KM_1、KM_2 和 KM_4、KM_3 共 4 个接触器分别控制移动电动机 M_1 和夹紧电动机 M_2 的正反转，如图 2-21a 所示。

（2）设计基本控制电路　4 个接触器具有 4 个控制线圈，由于只能用两只点动按钮去控制移动和夹紧的二个运动，所以需要通过两个中间继电器 KA_1 和 KA_2 进行控制。根据生产对控制系统所要求的操作程序可以设计出图 2-21b 所示的草图，但它还不能实现在横梁放松后才能自动向上或向下，也不能在横梁夹紧后使夹紧电动机自动停止，这需要恰当地选择控制过程中的变化参量实现上述自动控制要求。

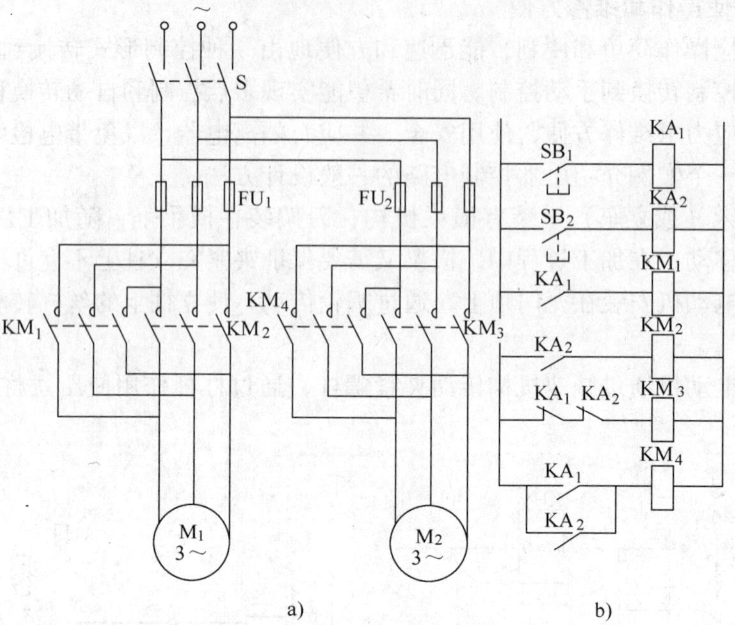

图 2-21　横梁控制电路图

a）主电路　b）控制电路

（3）选择控制参量、确定控制原则　反映横梁放松的参量，可以有行程参量和时间参量。由于行程参量更加直接反映放松程度，所以采用行程开关 ST_1 进行控制（见图 2-22）。

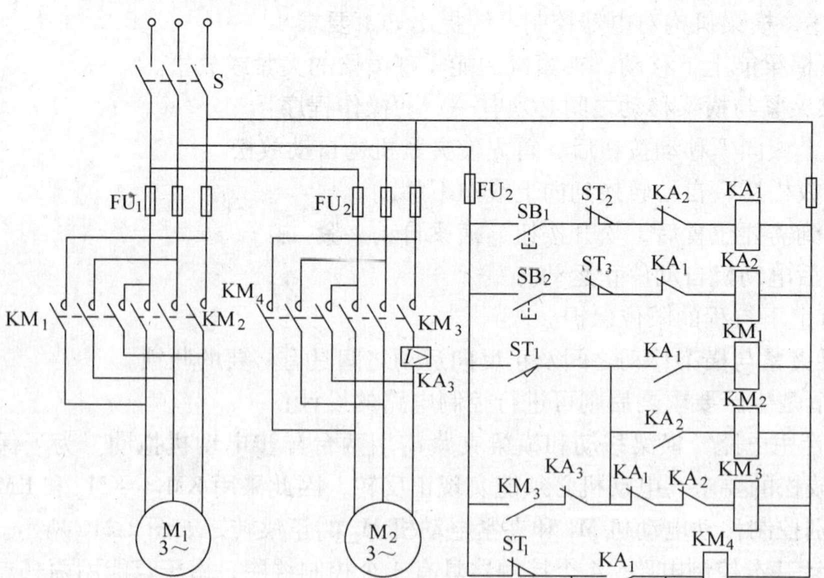

图 2-22　完整的控制电路

当压块压合 ST_1 其常闭触点断开横梁已经放松，接触器线圈 KM_4 失电；同时 ST_1 常开触点接通向上或向下接触器 KM_1 或 KM_2。

反映夹紧程度的参量可以有行程、时间和反映夹紧力的电流。如采用行程参量，当夹紧机构磨损后，测量就不精确，如用时间参量，更不易调整准确，因此这里选用电流参量进行控制最为适宜。图 2-22 中，在夹紧电动机夹紧方向的主电路中串联接入一个电流继电器 KA_3，其动作电流可整定在两倍额定电流左右。KA_3 的常闭触点应该串接在 KM_3 接触器电路中。由于横梁移动停止后，夹紧电动机立即起动，在起动电流作用下，KA_3 将动作，使 KM_3 又失电，故采用 ST_1 常开触点短接 KA_3 触点。KM_3 接通动作后，则依靠其辅助触点自锁。一直到夹紧力增大到 KA_3 动作后，KM_3 才失电，自动停止夹紧电动机的工作。

（4）设计联锁保护环节　设计联锁保护环节，主要是将反映相互关联运动的电器触点串联或并联接入被联锁运动的相应电器电路中。这里采用 KA_1 和 KA_2 的常闭触点实现横梁移动电动机和夹紧电动机正反向工作的联锁保护。

横梁上下需要有限位保护，采用行程开关 ST_2 和 ST_3 分别实现向上和向下限位保护。

ST_1 除了反映放松信号外，它还起到了横梁移动和横梁夹紧间的联锁控制。

（5）电路的完善和校核　控制电路初步设计完毕后，可能还有不合理的地方，应仔细校核。例如进一步简化以节省触点数，节省电器间连接线等。特别应该对照生产要求再次分析所设计电路是否逐条予以实现，电路在误操作时是否会产生事故。完整的横梁移动和夹紧控制电路如图 2-22 所示。

一般的电器控制电路均可按上述方法进行设计。

2.5 电气控制电路的逻辑设计方法

继电器接触器组成的控制电路，分析其工作状况常以线圈通电或断电来判定。构成线圈通断条件是供电电源及与线圈相连接的那些动合、动断触点所处的状态。若认为供电电源 E 不变，则触点的通断是决定因素。电器触点只存在接通或断开两种状态分别用“1”、“0”表示。

对于继电器、接触器、电磁铁、电磁阀、电磁离合器等元件，线圈通电状态规定为“1”状态，失电则规定为“0”状态。有时也以线圈通电或失电作为该元件是处于“1”状态或是“0”状态。

继电器、接触器的触点闭合状态规定为“1”状态；触点断开状态规定为“0”状态。

控制按钮、开关触点闭合状态规定为“1”状态；触点断开状态规定为“0”状态。

作以上规定后，继电器、接触器的触点与线圈在原理图上采用同一字符命名。为了清楚地反映元件状态，元件线圈、动合触点的状态用同一字符来表示，而动断触点的状态以 $\overline{K}$ 表示（K 上面的一杠，表示“非”，读 K 非），若元件为“1”状态，则表示线圈“通电”，继电器吸合，其动合触点“接通”，动断触点“断开”。“通电”、“接通”都是“1”状态，而断开则为“0”状态。若元件为“0”状态，则与上述相反。

以“0”、“1”表征两个对立的物理状态，反映了自然界存在的一种客观规律——逻辑代数。它与数学中数值的四则运算相似，逻辑代数（也称开关代数或布尔代数）中存在着逻辑与（逻辑乘）、逻辑或（逻辑加）、逻辑非的三种基本运算，并由此而演变出一些运算规律。运用逻辑代数可以将继电器接触器系统设计得更为合理，设计出的电路能充分地发挥元件作用，使所应用的元件数量最少，但这种设计一般难度较大。在设计复杂的控制电路时，逻辑设计有明显的优点。

2.5.1　逻辑运算

用逻辑函数来表达控制元件的状态，实质是以触点的状态（以斜体的同一字符表示）作为逻辑变量，通过逻辑与、逻辑或、逻辑非的基本运算，得出的运算结果就表明了继电接触器控制电路的结构。逻辑函数的电路实现是十分方便的。

2.5.1.1　逻辑与——触点串联

图 2-23 所示的串联电路就实现了逻辑与的运算，逻辑与运算用符号“·”表示（也可省略）。接触器的状态就是其线圈 K 的状态（以斜体的同一字符表示），当电路接通，线圈 K 通电，则 $K=1$；如电路断开，线圈 K 失电，则 $K=0$。图 2-23 的电路就可用逻辑关系式表示为

$$K = A \cdot B$$

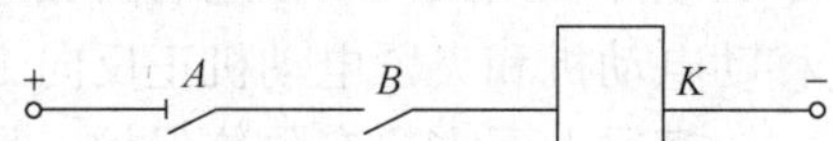

图 2-23　逻辑与电路

若将输入逻辑变量 A、B 与输出逻辑变量 K 列成表格形式，则称此表为真值表。表 2-1 即为逻辑与的真值表。

表 2-1　逻辑与的真值表

A	B	$K=A\cdot B$
0	0	0
1	0	0
0	1	0
1	1	1

由真值表可总结逻辑与的运算规律：虽然“0”、“1”不是数值的量度，但其运算法则在形式上与普通数学的乘法运算相同。

2.5.1.2　逻辑或——触点并联

图 2-24 所示的并联电路就实现逻辑或运算，逻辑或运算用符号“+”表示。要表示接触器的状态就要确定线圈 K 的状态。

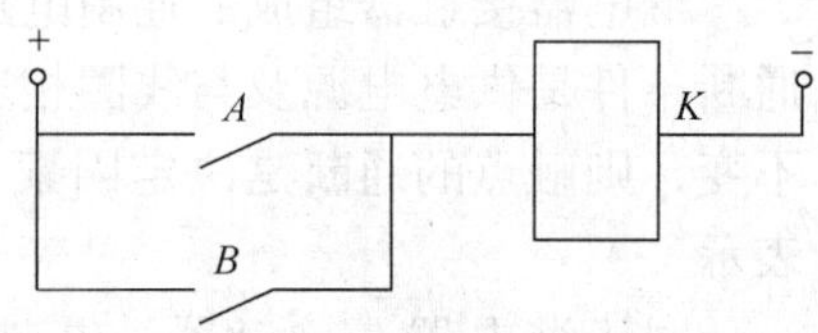

图 2-24　逻辑或电路

按照图 2-24 的接线，可列出逻辑或的逻辑关系式：

$$K = A + B$$

也可按图示接线列出逻辑或的真值表，如表 2-2 所示。

表 2-2　逻辑或的真值表

A	B	$K=A+B$
0	0	0
1	0	1
0	1	1
1	1	1

按其真值表显示逻辑或的运算规律为

$$0+0=0 \qquad 0+1=1$$

$$1+0=1 \qquad 1+1=1$$

它与数学的加法大部分相似，只是 $1+1\neq2$。因为逻辑函数只存在“0”“1”两种状态。上面关系也可总结为“见 1 出 1，全 0 为 0”。

2.5.1.3 逻辑非

图 2-25 表示元件状态 A 对接触器状态 K 的控制关系是逻辑非的关系。

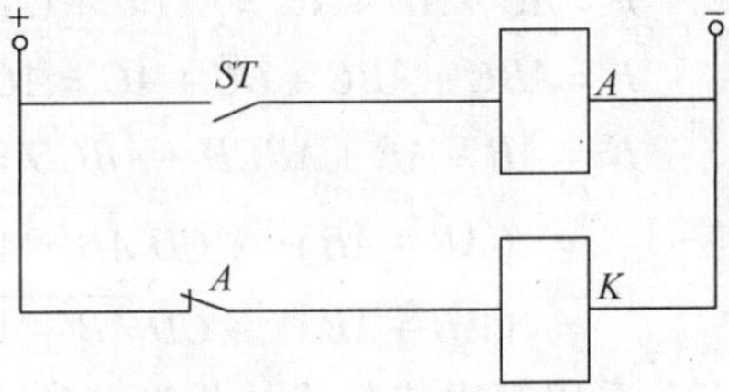

图 2-25 逻辑非电路

其逻辑关系表达式为

$$K=\overline{A}$$

当开关 ST 合上，$A=1$，其常闭触点的状态 $\overline{A}$ 为“0”则 $K=0$，线圈不通电，为“0”状态；当 ST 打开，$A=0$，$\overline{A}=1$，则 $K=1$，线圈通电，接触器吸合，为“1”状态。其真值表如表 2-3 所示。

表 2-3 逻辑非的真值表

A	$K=\overline{A}$
1	0
0	1

有时也称 A 对 K 是“非控制”。

以上与、或、非逻辑运算其逻辑变量未超过两个，但对多个逻辑变量也同样适用。

下面介绍有关逻辑代数定理

1. 交换律

$$A\cdot B=B\cdot A \qquad A+B=B+A$$

2. 结合律

$$A\cdot(B\cdot C)=(A\cdot B)\cdot C$$
$$A+(B+C)=(A+B)+C$$

3. 分配律

$$A\cdot(B+C)=A\cdot B+A\cdot C \qquad A+B\cdot C=(A+B)\cdot(A+C)$$

4. 吸收律

$$A+AB=A \qquad A\cdot(A+B)=A$$
$$A+\overline{A}B=A+B \qquad \overline{A}+A\cdot B=\overline{A}+B$$

5. 重迭律

$$A\cdot A=A \qquad A+A=A$$

6. 非非律

$$\overline{\overline{A}}=A$$

7. 反演律（摩根定理）

$$\overline{A+B}=\overline{A}\cdot\overline{B} \qquad \overline{A\cdot B}=\overline{A}+\overline{B}$$

以上基本定律都可用真值表或继电器电路证明，读者可自行证明。

2.5.2 逻辑函数的化简

逻辑函数化简可以使继电接触器电路简化，因此有重要的实际意义。这里介绍公式法化简，关键在于熟练掌握基本定律，可采用提出因子、并项、扩项、消去多余因子、多余项等方法综合运用，进行化简。

化简时经常用到常量与变量关系：

$$A+0=A \qquad A\cdot 1=A$$
$$A+1=1 \qquad A\cdot 0=0$$
$$A+\overline{A}=1 \qquad A\cdot\overline{A}=0$$

下面举几个例子说明如何化简。

$$F=AC+\bar{A}B+A\bar{C}=A(C+\bar{C})+\bar{A}B=A+AB=A+B$$

$$F=A\bar{B}C+A\bar{B}\bar{C}+\bar{B}\bar{C}+AC=AC(1+\bar{B})+\bar{B}\bar{C}(1+A)=AC+\bar{B}\bar{C}$$

$$F=\bar{A}B+A\bar{B}+ABCD+\bar{A}\bar{B}CD=\bar{A}B+A\bar{B}+CD(AB+\overline{\overline{AB+\bar{A}\bar{B}}})$$

$$=(\bar{A}B+A\bar{B})+CD\overline{\overline{\overline{AB}}\cdot\bar{A}\bar{B}}=(\bar{A}B+A\bar{B})+CD\overline{(\bar{A}+\bar{B})\cdot(A+B)}$$

$$=(\bar{A}B+A\bar{B})+CD\overline{\bar{A}B+A\bar{B}}=\bar{A}B+A\bar{B}+CD$$

采用逻辑代数式的化简，就是对继电接触器电路的化简，但是在实际组成电路时，有些具体因素必须考虑。

1）触点容量的限制。特别要检查担负关断任务的触点容量。触点的额定电流比触点电流分断能力约大 10 倍，所以在化简后要注意触点是否有此分断能力。

2）在有多余触点，并且多用些接点能使电路的逻辑功能更加明确的情况下，不必强求化简来节省触点。

2.5.3 继电器开关的逻辑函数

前面已经阐明，继电器电路是开关电路，符合逻辑规律。它以执行元件作为逻辑函数的输出变量，而以检测信号、中间单元及输出逻辑变量的反馈触点作为逻辑变量，按一定规律列出逻辑函数表达式。下面通过两个简单电路说明列逻辑函数表达式的规律。图 2-26a、b 为两个简单的起动、保持、停止电路。

组成电路的触点按原规定，动断触点以逻辑非表示。电路中 SB_1 为起动信号（开启），SB_2 为停止信号（关断），K 的动合触点状态 K 为保持信号。对图 2-26a 可列出逻辑函数为

$$f_K=SB_1+\overline{SB_2}K$$

其一般形式为

$$f_K=x_{开}+x_{关}K \tag{2-1}$$

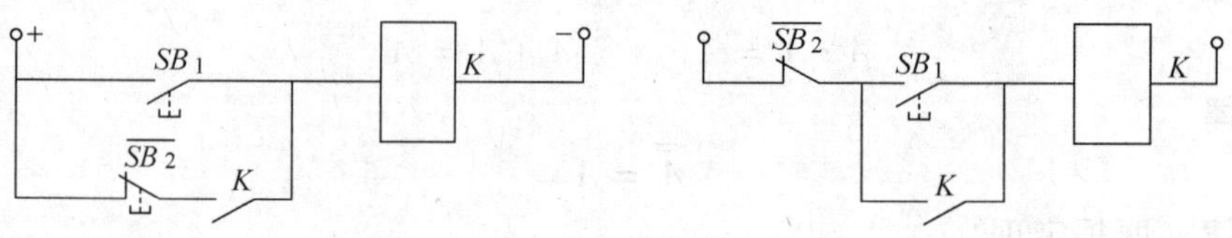

a)　　　　　　b)

图 2-26 起动、保持、停止电路

式中 $x_{开}$——开启信号；

$x_{关}$——关断信号；

K——自保信号；

f_K——继电器 K 的逻辑函数。

对图 2-26b 可列出逻辑函数为

$$f_K=\overline{SB_2}(SB_1+K)$$

它的一般形式为

$$f_K=x_{关}(x_{开}+K) \tag{2-2}$$

式（2-1）、式（2-2）所示的逻辑函数都有相同的特点，就是它具有三个逻辑变量——$x_{开}$、$x_{关}$ 和 K，其中：

$x_{开}$——继电器 K 的开启信号，应选取在继电器开启边界线上发生状态转变的逻辑变量。若这个逻辑变量是由“0”转换到“1”，就取其原变量形式；若是由“1”转换到“0”，则取其反变量形式。

$x_{关}$—— 继电器 K 的关断信号，应选取在继电器关闭边界线上发生状态转变的逻辑变量。若这个逻辑变量是由“1”转换到“0”，就取其原变量形式；若是由“0”转换到“1”，则取其反变量形式。

K——继电器 K 本身的动合触点，属于继电器的内部反馈逻辑变量，起自保作用，以维持 K 得电后的吸合状态。

这两个电路都是起、保、停电路，其逻辑功能相仿，但从逻辑函数表达式来看，式（2-1）中 $x_{开}=1$，则 $f_K=1$。$x_{关}$ 在这种状态下不起控制作用，称此电路为开启从优形式。式（2-2）中 $x_{关}=0$，则 $f_K=0$。$x_{开}$ 在这种状态下不起控制作用，称此电路为关断从优形式。

实际的起、保、停电路往往都有许多联锁条件，例如铣床的自动循环工作必须在主轴旋转条件下进行；而龙门刨返回行程油压不足也不能停车，必须到原位停车。因此，对开启信号及关断信号都增加了约束条件，这时只要将式（2-1）、式（2-2）扩展一下，就能全面的表示输出逻辑函数。

对于开启信号来讲，当开启的转换主令信号不只一个，还需具备其他条件才能开启，则开启信号用 $x_{开主}$ 表示，其他条件称开启约束信号，用 $x_{开约}$ 表示。显然，条件都具备才能开启，说明 $x_{开主}$ 与 $x_{开约}$ 是“与”的逻辑关系，用它去代替式（2-1）、式（2-2）中 $x_{开}$。当关断信号不止一个，要求其他几个条件都具备才能关断时，则关断信号用 $x_{关主}$ 表示，其他条件称为关断的约束信号，以 $x_{关约}$ 表示。“0”状态是关断状态，显然 $x_{关主}$ 与 $x_{关约}$ 全为“0”时，则关断信号应为“0”；$x_{关主}$ 为“0”而 $x_{关约}=1$ 时，则不具备关断条件，所以二者是“或”关系。以 $x_{关主}+x_{关约}$ 代替式（2-1）、式（2-2）中 $x_{关}$，则可得起动、保持、停止电路的一般形式，式（2-1）扩展成式（2-3）；式（2-2）扩展成式（2-4）。

$$f_K = x_{开主}\cdot x_{开约} + (x_{关主} + x_{关约})K \tag{2-3}$$

$$f_K = (x_{关主} + x_{关约}) + (x_{开主}\cdot x_{开约} + K) \tag{2-4}$$

例如需要设计一动力头主轴电动机的起动、保持、停止电路，要求滑台停在原位时，允许动力头主轴电动机起动，进给到需要位置时，才允许停止主轴电动机。

若滑台在原位，压行程开关 ST_1。表示进给到需要位置时，压行程开关 ST_2。起动按钮为 SB_1，停止按钮为 SB_2，则可用式（2-3）或式（2-4）设计继电器电路[⊖]。

其中：$x_{开主}=SB_1$　　$x_{开约}=ST_1$　　$x_{关主}=\overline{SB_2}$　　$x_{关约}=\overline{ST_2}$

按式（2-3）

$$f_K = SB_1\cdot ST_1 + (\overline{SB_2} + \overline{ST_2})K$$

按式（2-4）

$$f_K = (\overline{SB_2} + \overline{ST_2})(SB_1\cdot ST_1 + K)$$

上述两式对应的电路图如图2-27a、b所示。

⊖ 本书凡按逻辑运算规律设计的电路，均以元件和触点的同字符的斜体表示。

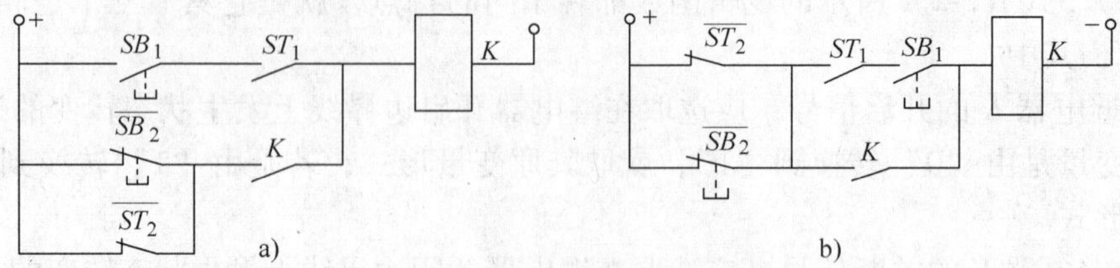

图 2-27 动力头控制电路

继电接触器控制电路采用逻辑设计方法，可以使电路简单、充分运用电器元件、得到较合理的电路。对复杂电路的设计，特别是生产自动线、组合机床等的控制电路的设计，采用逻辑设计法比经验设计法更为方便、合理。

逻辑设计法一般按以下步骤进行：

步骤 1 充分研究加工工艺过程，作出工作循环图或工作示意图。

步骤 2 按工作循环图作执行元件节拍表及检测元件状态表——转换表。

步骤 3 根据转换表，确定中间记忆元件的开关边界线，设置中间记忆元件。

步骤 4 列写中间记忆元件逻辑函数式及执行元件逻辑函数式。

步骤 5 根据逻辑函数式建立电路结构图。

步骤 6 进一步完善电路，增加必要的联锁、保护等辅助环节，检查电路是否符合原控制要求，有无寄生回路，是否存在竞争现象等。

完成以上 6 步，则可得一张完整的继电器控制原理图。若需实际制作，还需要对原理图上所有元件选择具体型号。热继电器、过电流继电器、时间继电器等需要按电力拖动的要求和具体的工艺循环去整定其动作值。将原理图编上线号，最后画出装配图，完成设计任务。

逻辑设计法一般仅完成前面 6 个步骤内容，以下举出两个具体例子说明如何进行逻辑设计。

例 2-1 龙门刨床横梁升降自动控制电路设计（不考虑回升）。

龙门刨横梁移动是操作工人根据需要按上升或下降按钮 SBH 或 SBL。首先横梁夹紧电动机 M 向放松方向运行，完全放松后碰 ST 开关，横梁转入上升或下降，即控制升降电动机的接触器 KM－U 或 KM－D 工作。到达需要位置时，松开 SBH 或 SBL，横梁停止移动，自动夹紧（即夹紧电动机 M 向夹紧方向运行），ST 复位。当夹紧力达一定程度时，过电流继电器 KS 动作，夹紧电动机停止工作。

按上述工艺过程可列出工艺循环图，以后按步骤设计。

1）工作循环图如图 2-28 所示。

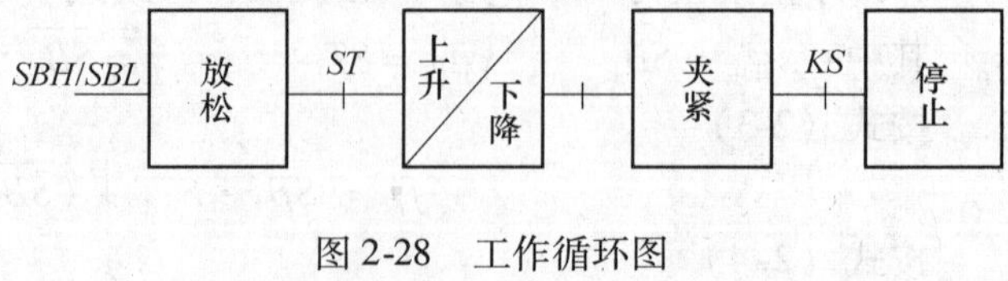

图 2-28 工作循环图

2）根据工作循环图列出状态表。状态表是按顺序把各程序输入信号（检测元件）的状态，中间元件状态和输出的执行元件状态用“0”、“1”表示出来，列成表格形式。它实际是由输入元件状态表，中间元件状态表，执行元件状态表综合在一起所组成的。元件处于原始状态为“0”状态，受激状态（开关受压动作，电器吸合）为“1”状态。将各程序元件状态一一填入，若一个程序之内状态有一到二次变化，则用$\frac{1}{0}$、$\frac{0}{1}$、$\frac{\frac{0}{1}}{0}$、$\frac{\frac{1}{0}}{1}$ 表示。为了清楚起见，将使程序转换的那些转换主令信号单列一行，同时也在转换主令信号转换的程序分界线上以粗黑线表示。

根据上面规定列表 2-4 如下。

表 2-4 龙门刨横梁升降状态表

程 序	名 称	执行元件状态			检测元件状态			转换主令信号
		$KM-U/KM-D$	$KM-A$	$KM-B$	ST	KS	SBH/SBL	
0	原位	0/0	0	0	0	0	0/0	
1	放松	0/0	1	0	0	0	1/1	SBH/SBL
2	上升/下降	1/1	0	0	1	0	1/1	ST
3	夹紧	0/0	0	1	$\frac{1}{0}$	$\frac{1}{0}$	0/0	SBH/SBL
4	停止	0/0	0	0	0	$\frac{1}{0}$	0/0	KS

表中原位时所有元件都不受激，当按 SBH/SBL（“/”表示“或”）后直到横梁升降停止前都保持其受激状态（受压）。进入第一程序，KM－A 吸合，夹紧电动机向放松方向运行。ST 受激，转入第二程序，视 SBH 还是 SBL 受激，以决定横梁是上升还是下降。松开 SBH/SBL，升降停止，转入第三程序，KM－B 吸合，夹紧电动机 M 向夹紧方向运动。此程序内，起动开始，起动电流使 KS 动作。完成起动后，KS 又释放，所以状态 KS 为$\frac{1}{0}$，状态 ST 也因电动机向夹紧方向运行而由受激转为常态，也为$\frac{1}{0}$。当横梁夹紧后，KS 动作，状态为“1”，转入第四程序，使全部元件处于常态，恢复初始状态。

3）决定待相区分组。在各个程序中由检测元件构成的二进制数称该程序的特征数。第一程序为 001；第二程序为 101；第二程序为$\frac{1}{0}\frac{1}{0}$0；实际上是三个特征数 110、100 和 000。这是在起动时间很短，当状态 KS 由 1→0 时，ST 仍保持为“1”的实际情况。相反，若状态 ST 由 1→0 时 KS 保持为 1，则特征数将为 110、010 和 000，实际这是不存在的，这两种情况实际上就是 KS 与 ST 的竞争。第四程序为 0 $\frac{1}{0}$ 0（实际是 010 和 000 两个特征数）。待相区分组为第三程序的 000 与第四程序的 000。

4）设置中间记忆元件——中间继电器，使待相区分组增加特征数，成为相区分组状态表中第三程序中有特征数 000，第四程序也有特征数 000，所以要增加中间单元 K。若第三程序 $K=1$，第四程序 $K=0$，则可区分，待相区分组转化为相区分组。其实 $KM-B$ 本身就具有记忆功能，可以用 $KM-B$ 代替需要增加的中间单元 K，省去另设一中间单元。也就是采用自锁功能，使第三程序由特征数 110、010 决定，则第三第四程序就属于可区分组了，因而第三程序本身是一定需要自锁的。

5）列中间单元及输出元件的逻辑函数式。上一节已经得出两种输出元件的一般逻辑函数表达式

$$f_K = (x_{关主} + x_{关约})(x_{开主} \cdot x_{开约} + K)$$

和

$$f_K = x_{开主} \cdot x_{开约} + (x_{开主} + x_{开约}) \cdot K$$

由状态表可直接看出，输出元件在某程序开启通电，开启所对应的上面横线称开启边界线；输出单元在某程序关断，关断所对应的下横线称关断线。开关边界线以内是该元件受激状态，状态表中填入“1”，开关边界线以外都是“0”状态。

由逻辑变量的“与”、“或”关系组成的逻辑输出函数就是要保证在开关边界线内取“1”，边界线外取“0”，这是选择逻辑变量组成逻辑函数的依据。

开启边界线转换主令信号是 $x_{开主}$。若转换主令信号由常态变为受激，则 $x_{开主}$ 取其动合触点；若转换主令信号由受激变为常态，则 $x_{开主}$ 取其动断触点。

关闭边界线转换主令信号是 $x_{关主}$。若转换主令信号由常态变为受激，则 $x_{关主}$ 取其动断触点；若转换主令信号由受激变为常态，则 $x_{关主}$ 取其动合触点。

$x_{开约}$、$x_{关约}$ 反映了电路的联锁以及可能产生的误动作的防止。$x_{开约}$ 原则上应是取开启线近旁的“1”状态，开关边界线外尽量为“0”状态的逻辑变量。$x_{关约}$ 应取在关断边界线近旁为“0”状态，在开关边界线外为“1”状态的逻辑变量。

是否要加自锁环节应视 $x_{开主} \cdot x_{开约}$ 为“1”状态的范围而定，若在开关边界线内 $x_{开主} \cdot x_{开约}$ 不能保持“1”状态，则要加自锁环节。若在开关边界线内始终为“1”，则不需要自锁环节。

根据以上原则，可以对 4 个输出元件（KM－U、KM－D、KM－B、KM－A）列出逻辑函数式。

程序 1　放松程序

$$KM-A = (SBH + SBL)\overline{ST}$$

若 SBH 或 SBL 作为 $x_{开主}$，其状态由常态到受激，所以取其动合触点。其关断边界线上为 SA 受激，所以取其动断触点的状态作为 $x_{关主}$。

程序 2　升降程序

$$KM-U = ST \cdot \overline{SBL} \cdot SBH$$

$$KM-D = ST \cdot \overline{SBH} \cdot SBL$$

横梁上升其转换主令信号为 ST，处于受激状态，所以 $x_{开主}$ 取 ST 动合触点的状态。为了防止升、降按钮同时按压的误操作，将 SBL 的动断触点的状态 $\overline{SBL}$ 作为 $x_{开约}$。在开关边界线内，$x_{开主} \cdot x_{开约} = ST \cdot \overline{SBL} = 1$，所以不需要自锁环节。$KM-D$ 的逻辑函数式原理上与此相同，只是选择 SBL 为下降按钮。

程序 3　夹紧程序

$$KM-B = \overline{SBH} \cdot \overline{SBL} \cdot ST + \overline{KS} \cdot KM-B$$

若横梁上升时转换主令信号为 SBH，它由受激转为常态；若横梁下降时，转换主令信号是 SBL，也是由受激转为常态。前者 $x_{开主} = \overline{SBH}$（SBH 的动断触点），$x_{开约} = ST \cdot \overline{SBL}$；后者 $x_{开主} = \overline{SBL}$（SBL 的动断触点），$x_{开约} = ST \cdot \overline{SBH}$。由于 ST 在开关边界线内由 1→0，所以需要自锁。KS 为关断主令信号，由常态到受激，所以取 KS 的动断触点的状态。其逻辑函数式也可由状态表校验，程序 3 的特征数为（$1\,\frac{1}{0}0$、000），而逻辑函数式中第一项 ST（KS +

$\overline{KS}$）·$\overline{SBH}\cdot\overline{SBL}$实为（1 $\frac{1}{0}$ 0）状态逻辑函数为“1”的组合，其中$\overline{SBH}$、$\overline{SBL}$作为最后一个“0”。$ST(KS+\overline{KS})\ \overline{SBH}\cdot\overline{SBL}$化简为 $ST\cdot\overline{SBL}\cdot\overline{SBH}$。$KS$ 在横梁夹紧后，因电动机堵转，电流加大超过其动作值而动作，利用其受激作为 $x_{关主}=\overline{KS}$，所以第二项为$\overline{KS}KM-B$。由于第三程序内$\overline{SBH}\cdot\overline{SBL}$始终为“1”，所以将上式演变为

$$KM-B=ST\,\overline{SBH}\,\overline{SBL}+\overline{KS}KM-B\,\overline{SBH}\,\overline{SBL}$$

$$=(ST+\overline{KS}\cdot KM-B)\,\overline{SBH}\cdot\overline{SBL}$$

6）画电路图。按上面求出的逻辑函数式画电路图，这时应注意元件的触点数。例如以上四序中三式内都有 ST，一个行程开关可能没有这么多触点，这时可利用中间继电器增加等效触点，或者分析可否找到等位点，对于上面的式子只要将 ST 置于最前面位置，成为 $KM-U$、$KM-D$、$KM-B$ 公共通路，则 ST 将包含在这三个逻辑函数式内。因为将 ST 合并，也就是将 $KM-B$ 的关断信号$\overline{KS}\cdot KM-B$ 与 ST 并联，因而要分析其影响。由于 $KM-U$、$KM-D$ 不工作时 SBH、$SBL=0$，所以这样并联对 $KM-U$、$KM-D$ 无影响，但可节省 ST 的一副动断触点。横梁升降电路之一如图 2-29 所示。

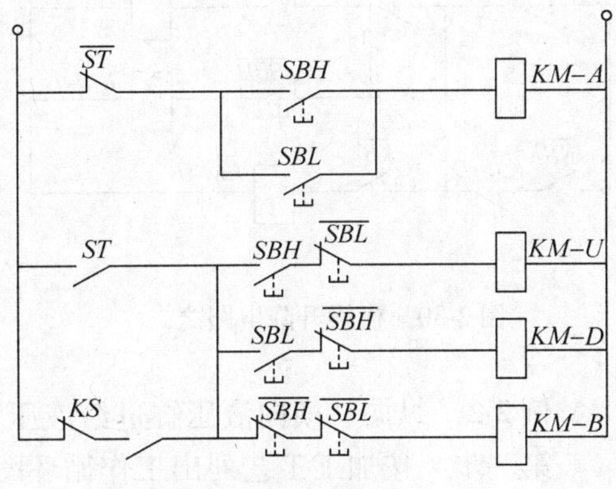

图 2-29　横梁升降电路之一

电路中 SBH、SBL 的触点是两动断、两动合，数量太多、元件难以满足要求，同时控制按钮到开关柜的距离也很远，穿线太多，应予简化。

若

$$KB=SBH+SBL$$

$$\overline{KB}=\overline{SBH+SBL}=\overline{SBH}\cdot\overline{SBL}$$

则

$$KM-A=\overline{ST}\cdot KB$$

$$KM-B=(ST+KM-B\cdot\overline{KS})\,\overline{KB}$$

$$KM-U=ST[SBH+(SBL\cdot\overline{SBL})]\,\overline{SBL}$$

$$=ST(SBH+SBL)\,\overline{SBL}=ST\cdot KB\cdot\overline{SBL}$$

同理可得

$$KM-D=ST\cdot KB\cdot\overline{SBH}$$

根据以上关系作横梁升降电路之二，如图 2-30 所示。

7）进一步完善电路，加上必要的联锁保护等辅助措施，校验电路在各种状态下是否满足工艺要求。最后得到完整电路（横梁升降电路之三），如图 2-31 所示。

必须说明，考虑到短时间压 SBH 或 SBL，则 ST 尚未触动，没有转入程序 2，也不能进入程序 3。但此时横梁已有松动，加工时易造成废品。产生这种现象的原因是列状态表时认为 SBH/SBL 在第一、第二程序内均为“1”，但这种误操作使 SBH/SBL 在第一程序内就由“1”→“0”，使横梁不能锁紧。为克服此缺点，横梁放松应加自锁环节，以保证放松后一定夹紧。至于其他保护、联锁、互锁等在经验设计法中已叙述，此处从略。

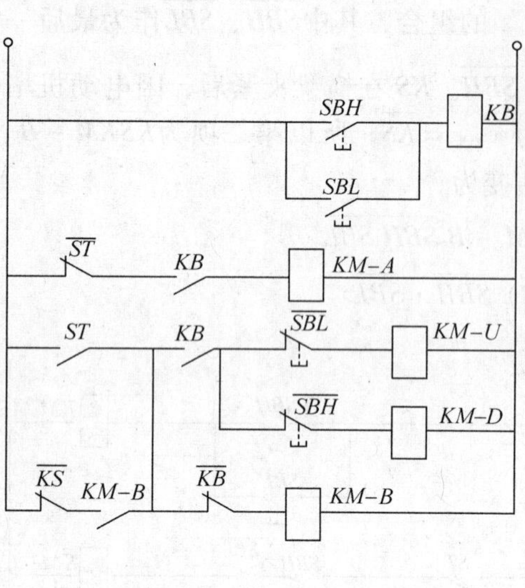

图 2-30　横梁升降电路之二

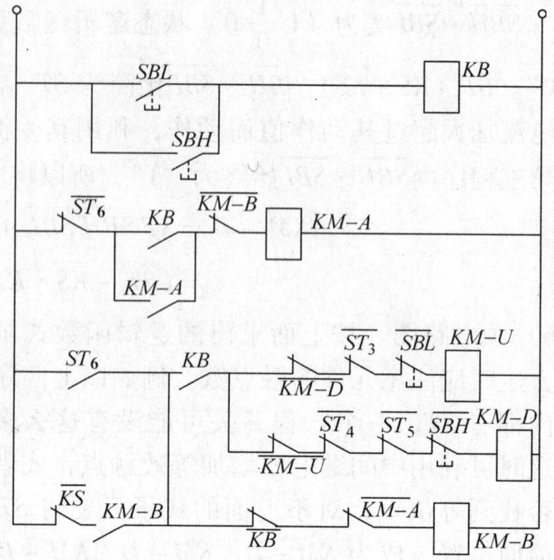

图 2-31　横梁升降电路之三

例 2-2　纵向、横向液压缸进给液压系统电气控制电路的逻辑设计。

第一步　按加工工艺列出工作循环图或示意图。进给系统的液压系统图如图 2-32 所示。

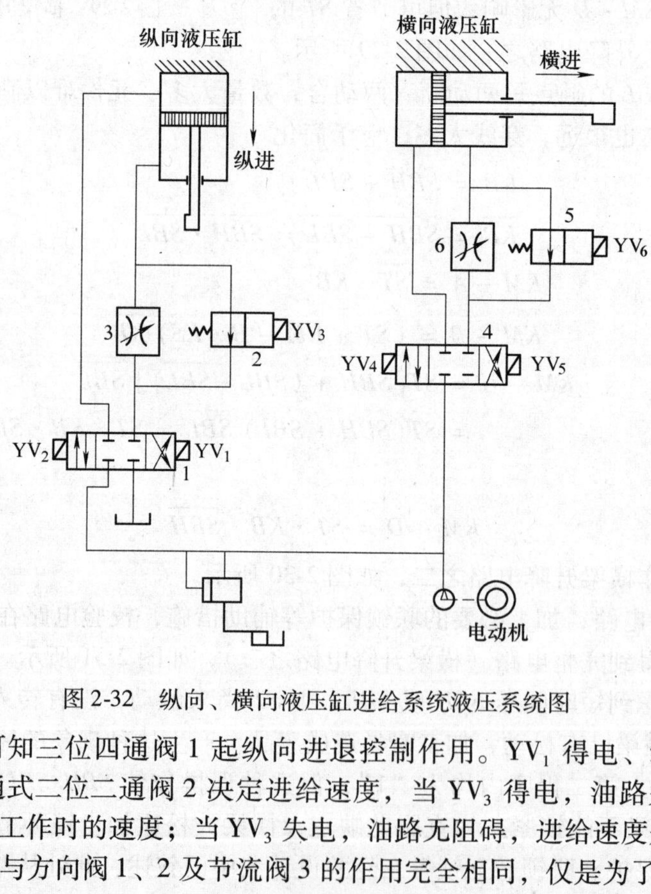

图 2-32　纵向、横向液压缸进给系统液压系统图

由液压系统图可知三位四通阀 1 起纵向进退控制作用。YV_1 得电、纵向进给，YV_2 得电，纵向后退。常通式二位二通阀 2 决定进给速度，当 YV_3 得电，油路关断，油流经节流阀3，其进给速度是工作时的速度；当 YV_3 失电，油路无阻碍，进给速度是高速。方向阀4、5 及节流阀 6 的作用与方向阀 1、2 及节流阀 3 的作用完全相同，仅是为了控制横向液压缸。

液压缸的进给工艺循环如下：按向前按钮后，纵向液压缸带动刀具快进（YV_1 得电，YV_3 失电），碰行程开关 ST_2，转为工作进给（YV_3 得电，YV_1 维持得电）。碰 ST_3，工进完成，利用死挡铁停留，保证加工工件的尺寸精度。纵向工作完成后转入横向快进（YV_4 得电、YV_6 失电）。工作进给完成后，碰 ST_6，横向液压缸快速退回沿途使 ST_5 复位（YV_5 失电为横向快退）。整个横向工作阶段，纵向液压缸电磁铁 YV_1、YV_3 始终得电。当横向液压缸退回原位时，压行程开关 ST_4，横向退回停止（YV_5 失电），转入纵向快速退回（YV_2 得电），ST_3、ST_2 先后复位。退至原位时，压行程开关 ST_1（YV_2 断电），纵退停止，完成一个工作循环。其工作循环如图 2-33 所示。

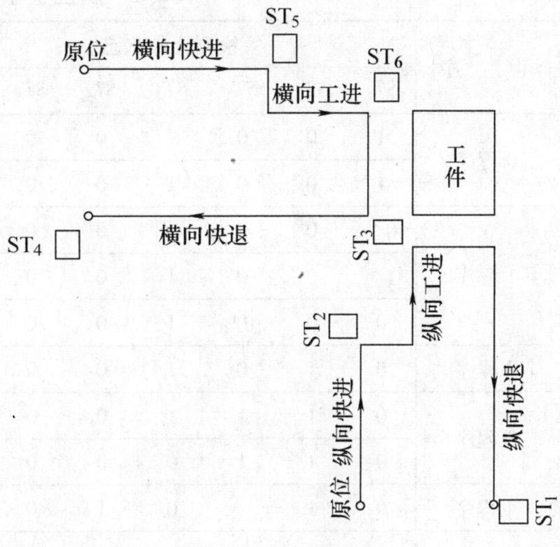

图 2-33　工作循环图

第二步　根据工艺循环，作出执行元件节拍表及检测元件状态表。按第一步叙述的工艺循环及液压系统图可列出节拍表及状态表如表 2-5 所示。

表 2-5　转换表

程　序	名　称	执行元件节拍表						检测元件状态表							转换主令
		YV_1	YV_2	YV_3	YV_4	YV_5	YV_6	ST_1	ST_2	ST_3	ST_4	ST_5	ST_6	SB	
0	原位	-	-	-	-	-	-	1	0	0	1	0	0	0	
1	纵快	+	-	-	-	-	-	$\frac{1}{0}$	0	0	1	0	0	$\frac{1}{0}$	SB
2	纵工	+	-	+	-	-	-	0	1	0	1	0	0	0	ST_2
3	横快	+	-	+	+	-	-	0	1	1	$\frac{1}{0}$	0	0	0	ST_3
4	横工	+	-	+	+	-	+	0	1	1	0	1	0	0	ST_5
5	横退	+	-	+	-	+	-	0	1	1	0	$\frac{1}{0}$	$\frac{1}{0}$	0	ST_6
6	纵退	-	+	-	-	-	-	0	$\frac{1}{0}$	$\frac{1}{0}$	1	0	0	0	ST_4
0′	原位	-	-	-	-	-	-	1	0	0	1	0	0	0	ST_1

第三步　找出待相区分组，确定中间记忆元件。按程序顺序分别写出其特征数，当两组特征数相同时，以拉丁字母 A、B、C、…命名组数，如表 2-6 所示。

表 2-6 以拉丁字母 *A*、*B*、*C*、…命名的组数

程序	检测元件状态							分组	分组
	ST_1	ST_2	ST_3	ST_4	ST_5	ST_6	SB		
0 程序	1	0	0	1	0	0	0	*A*	*A*
	1	0	0	1	0	0	1		
1 程序	0*	0	0	1	0	0	1		
	1*	0	0	1	0	0	0	*A*	*A*
	0	0	0	1	0	0	0	*F*	*F*
2 程序	0	1	0	1	0	0	0	*B*	*B*
3 程序	0	1	1	1	0	0	0	*C*	*C*
	0	1	1	0	0	0	0	*D*	*D*
4 程序	0	1	1	0	1	0	0	*E*	*E*
5 程序	0	1	1	0	1	1	0		
	0	1	1	0	1	0	0	*E*	*E*
	0	1	1	0	0	0	0	*D*	*D*
6 程序	0	1	1	1	0	0	0	*C*	*C*
	0	1	0	1	0	0	0	*B*	*B*
	0	0	0	1	0	0	0	*F*	*F*
0 程序	1	0	0	1	0	0	0		

注：* 两组特征数一组是按按钮时间较长，ST_1 已由 1→0；另一组是按的时间很短，$ST_1=1$，而 SB 由 1→0。

按程序转换顺序找出的待相区分组，就可方便的决定中间记忆单元。方法是画一长圈，使圈内包含的单个拉丁字母尽量多，长圈的上下两端就是中间记忆元件的上下开关边界线，由这样作图方案可以看出，第一组所画长圈包围了 *ABCDEF* 全部 6 个待相区分组，而且不重复，说明只要加一个继电器 K，其开关边界线在 0、1 程序与 4、5 程序之间。第二组画两个长圈，其开关边界线分别在 0、1 和 3、4 程序之间以及 4、5 和 5、6 程序之间，实际需要两个中间记忆单元，显然第一种区分办法更好。当然，实际上许多问题并不是仅画一个长圈就能区别，可作几个长圈。长圈上下两端即开关线应处于待相区分组之间。

第四步 列中间记忆元件开关逻辑函数及执行元件动作的逻辑函数式，并画出相应的控制电路图。

第一程序中间元件转换主令信号为 SB，是短信号，需要自锁，中间元件关断信号为 ST_6。起动应在纵、横液压缸的原点，利用 ST_1、ST_4 在原位受激作检测信号，所以 $x_{开主}=SB$；$x_{开约}=ST_1\cdot ST_4$；$x_{关}=\overline{ST_6}$（因为 ST_6 由“0”变为“1”），需要自锁，其逻辑函数式为

$$f_K=(SB\cdot ST_1\cdot ST_4+K)\ \overline{ST_6}$$

YV_1 的工作区间是程序 1 ~5，K 的工作区是程序 1 ~4，程序 5、6 间转换主令信号是 ST_4 由 0→1，所以取 YV_1 的逻辑函数为

$$YV_1=K+\overline{ST_4}$$

YV_2 的工作区是程序 6，原是待相区分组，所以在 $x_{开}=ST_4$，$x_{关}=ST_1$ 外增加区别单元

K，第五程序 K 不动作，用其常闭触点

$$YV_2 = \bar{K}SA_4\overline{ST_1}$$

YV_3 的工作区间为 2 ~5 程序，进入第二程序主令信号是 ST_2 由 0→1 变化，用它原变量作 $x_{开}$。第五程序的关闭是 ST_4，因是由 0→1 变化，用它的反变量作 $x_{关}$，由于 2、3 程序有关断信号（$\overline{ST_4}=0$），增加区分条件 K，所以 YV_3 的逻辑函数式为

$$YV_3 = ST_2 \cdot (ST_4 + K)$$

同理可写出 YV_4、YV_5、YV_6 的逻辑函数式

$$YV_4 = ST_3 \cdot K$$

（因为 K 在第四程序结束时，由 1→0）

$$YV_5 = \bar{K}ST_3\overline{ST_4}(x_{开主} = \bar{K} \quad x_{开约} = ST_3)$$

$$YV_6 = K \cdot ST_5(x_{开} = ST_5 \quad x_{关} = K)$$

第五步　根据以上逻辑函数作电路图

作图时注意用一个变量分散在几个表达式里，需要找出等位点，实际上就是调整触点前后位置。作出电路图如图 2-34 所示。

第六步　检查、化简与完善电路

这主要是检查寄生电路、触点竞争、电器元件触点是否够等。上面的逻辑式基本上是最简式，无需化简。电路再配上主电路就可进行工作。

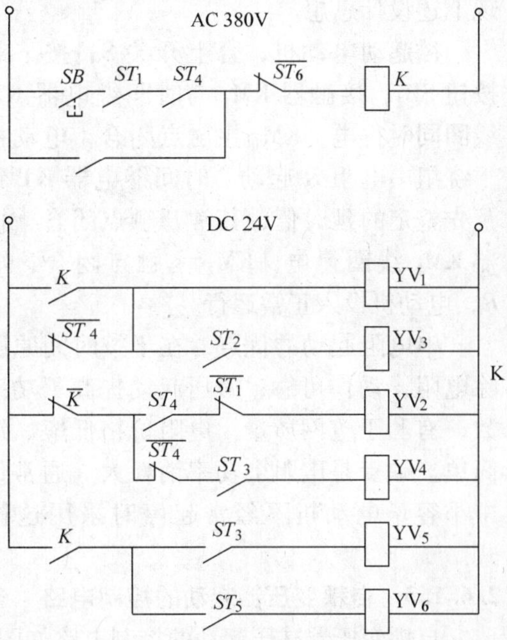

图 2-34　纵、横液压缸进给控制电路图

2.6　常用典型电气控制电路

本节介绍异步电动机常用典型控制电路。其中以笼型异步电动机的控制为重点，着重介绍其设计思想及典型环节，以供参考。

2.6.1　笼型异步电动机的起动控制电路

通常对中、小容量的异步电动机均采用直接起动方式。起动时将笼型异步电动机的定子绕组直接接在交流电源上，电动机在额定电压下直接起动。对于大容量的电动机，当电动机容量超过其供电变压器的某定值（变压器只供动力用时，取 25%；变压器供动力、照明公用时，取 5%），一般应采用减压起动方式，以防止过大的起动电流引起电源电压的下降。

2.6.1.1　直接起动的控制电路

直接起动时，电动机不可逆运转与可逆运转的控制电路分别见图 2-1、图 2-2。

2.6.1.2　串电阻起动的控制电路

串电阻起动的控制电路如图 2-35 所示。起动时，在三相定子电路中串入电阻 R，从而降低了电动机绕组上的电压。待起动后，再将电阻短接，使电动机在额定电压下正常工作。

这一电路的设计思想通常都是采用时间原则按时切除起动时串入的电阻以完成起动过程。在具体电路中可采用时间继电器来实现上述设计思想。

欲起动电动机，合上开关 S，按下起动按钮 SB_2，接触器 KM_1 与时间继电器 KT 的线圈同时得电，KM_1 主触点闭合，电动机定子绕组串电阻 R 起动。时间继电器 KT 到达预先整定的延时值，其常开触点闭合，接触器 KM_2 线圈得电，KM_2 主触点闭合，短接 R，电动机投入正常运行。

串电阻起动的优点，在于按时间原则切除电阻，动作可靠；减压起动提高了功率因数，有利于电网质量；电阻价格低廉、结构简单。缺点是电阻上功率消耗大。通常仅在中小容量电动机不经常起停时采用这样方式。

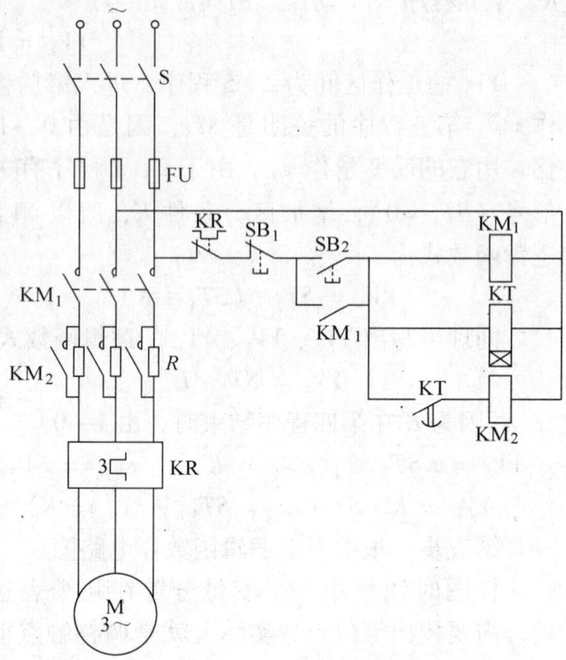

图 2-35 串电阻减压起动的控制电路

2.6.1.3 自耦变压器起动的控制电路

自耦变压器减压起动的控制电路如图 2-36 所示。

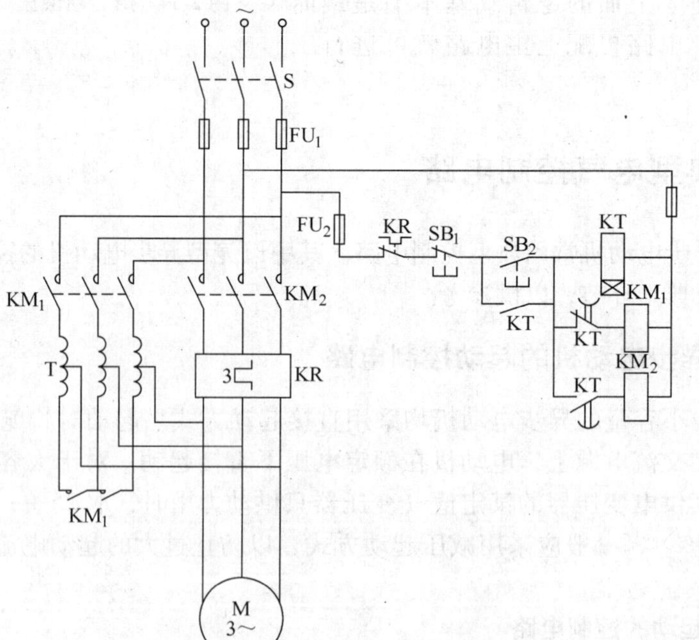

图 2-36 自耦变压器减压起动的控制电路

这一电路的设计思想和串电阻起动电路基本相同，也是采用时间继电器完成按时动作，所不同是起动时串入自耦变压器，起动结束自动切除。

欲起动电动机，合上开关 S，按下起动按钮 SB_2，接触器 KM_1 与时间继电器 KT 的线圈同时得电，KM_1 主触点闭合，电动机定子绕组经自耦变压器接至电源减压起动。时间继电器 KT 到达延时值，一方面其常闭的延时触点打开，KM_1 线圈失电，KM_1 主触点断开，将自耦变压器从电网上切除；同时，KT 常闭的延时触点闭合，接触器线圈 KM_2 得电，KM_2 主触点闭合，电动机投入正常运转。

串联自耦变压器起动的优点和串电阻起动相比，在同样的起动转矩时，对电网的电流冲击小；功率损耗小。缺点是自耦变压器相对电阻结构复杂，价格较贵。这种电路主要用于起动较大容量的电动机，以减小起动电流对电网的影响。

2.6.1.4　星形—三角形起动的控制

这一电路的设计思想仍是按时间原则控制起动过程，所不同的是起动时将电动机定子绕组接成星形。加在电动机每相绕组上的电压为额定值的 $1/\sqrt{3}$，从而减小了起动电流对电网的影响。待起动后期按预先整定的时间换接成三角形接法，使电动机在额定电压下正常运转。

星形—三角形减压起动电路如图 2-37 所示。欲起动电动机，合上开关 S，按下起动按钮 SB_2，接触器 KM、KM_Y 与时间继电器 KT 的线圈同时得电，接触器 KM_Y 的主触点将电动机接成星形并经 KM 的主触点接至电源，电动机减压起动。到达 KT 的延时值，KM_Y 线圈失电，KM_Δ 线圈得电，电动机主电路换接成三角形接法，电动机投入正常运转。

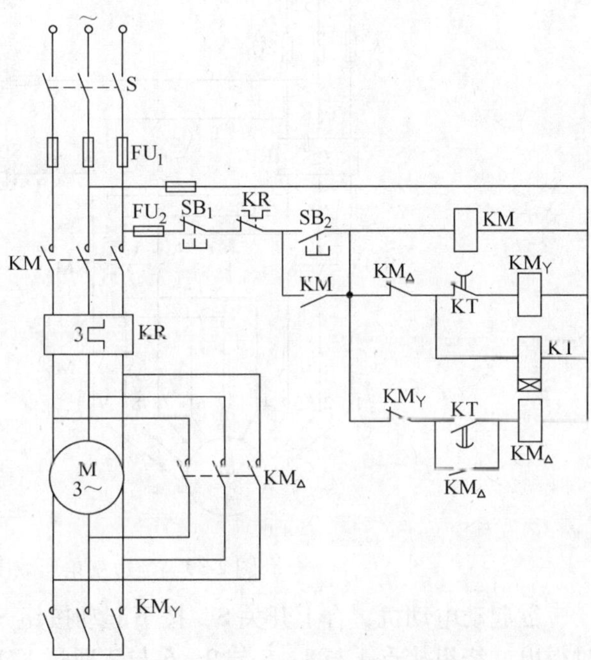

图 2-37　星形—三角形减压起动控制电路

星形—三角形起动的优点在于星形起动电流只是原来三角形接法的 1/3，起动电流特性好；结构简单、价格最便宜。缺点是起动转矩也相应下降为原来三角形接法的 1/3，转矩特性差。因而本电路适用于电网电压 380V，额定电压 660/380V，星形—三角形连接的电动机，轻载起动的场合。

2.6.1.5　延边三角形减压起动的控制电路

这一电路的设计思想是兼取星形连接与三角形连接的优点以期完成更为理想的起动过程。其转换过程仍按照时间原则来控制。

如前所述，星形—三角形起动有很多优点，但不足的是起动转矩太小，设想如果能兼取星形接法起动电流小，而三角形接法起动转矩大的优点，可在起动时将电动机定子绕组的一部分接成星形（如图 2-38a 中 1 ~ 7、2 ~ 4、3 ~ 9 所示），而另一部分接成三角形（如图 2-38a中 4 ~ 7、5 ~ 8、6 ~ 9 所示）。在起动结束以后，再换接成三角形连接（如图 2-38b 所示）。这就是所谓延边三角形起动方式。

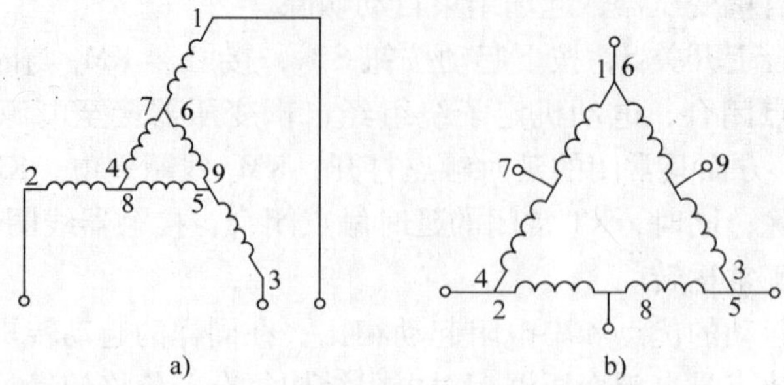

图 2-38 延边三角形—三角形电动机绕组连接

a）延边三角形连接 b）三角形连接

延边三角形减压起动的控制电路如图 2-39 所示。

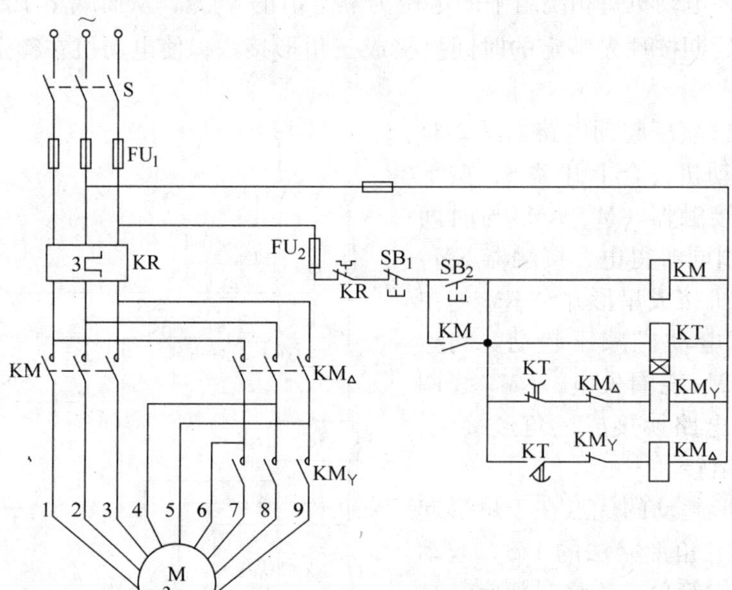

图 2-39 延边三角形减压起动的控制电路

欲起动电动机，合上开关 S，按下起动按钮 SB_2，接触器 KM、KM_Y 与时间继电器 KT 同时得电，绕组接点 4 与 8、5 与 9、6 与 7 通过 KM_Y 主触点接通，并通过 KM 的主触点将绕组接点 1、2、3 分别接至三相电源，这时电动机被接成延边三角形减压起动。到达 KT 延时值，接触器线圈 KM_Y 失电，$KM_{\triangle}$ 得电，主电路通过 KM_Y 与 $KM_{\triangle}$ 的主触点将绕组接点 1 与 6、2 与 4、3 与 5 相连而接成三角形并接至三相电源。

延边三角形起动的优点与星形—三角形连接相比，兼顾了二者优点，与自耦变压器接法相比，结构简单，因而这种减压起动的方式得到越来越广泛的应用。

综合以上几种起动电路，可见一般均采用时间继电器，按照时间原则切换电压实现减压起动。由于这种电路工作可靠；受外界因素如负载、飞轮转动惯量以及电网电压变化时的影响较小；电路及时间继电器的结构都比较简单，因而在电动机起动控制电路中多采用时间控制其起动过程。

此外，对于绕线转子异步电动机可以在转子中串电阻起动；或在转子中串频敏电阻起动。组成这类电路的基本方法与笼型异步电动机是大同小异的，这里不再详述。

2.6.2 笼型异步电动机的制动与反转控制电路

制动方式有电气的方法和电气机械结合的方法。前者如反接制动、能耗制动；后者如电磁机械抱闸等。

2.6.2.1 反接制动与反转的控制电路

反接制动与反转电路的工作原理在2.3节中已结合具体电路作了介绍，这里不重复。

由于反接制动电流较大时，当电动机容量较大，制动时则需在定子回路中串入电阻以减小制动电流；当电动机容量不大时，可以不串制动电阻以简化电路。这时，可以考虑选用比正常使用电流大的接触器以适应较大的制动电流。

由于反接制动采用了速度继电器，按转速原则进行制动控制，其制动效果较好，使用也较方便，笼型异步电动机制动常采用这一方式。

2.6.2.2 能耗制动的控制电路

其设计思想是制动时在定子绕组中任意两相通入直流电流，形成固定磁场，它与旋转着的转子中的感应电流相互作用，从而产生制动转矩。制动时间的控制由时间继电器来完成。

能耗制动控制电路如图2-40所示。电动机工作时接触器 KM_1 投入工作，KM_2 与时间继电器KT不工作。

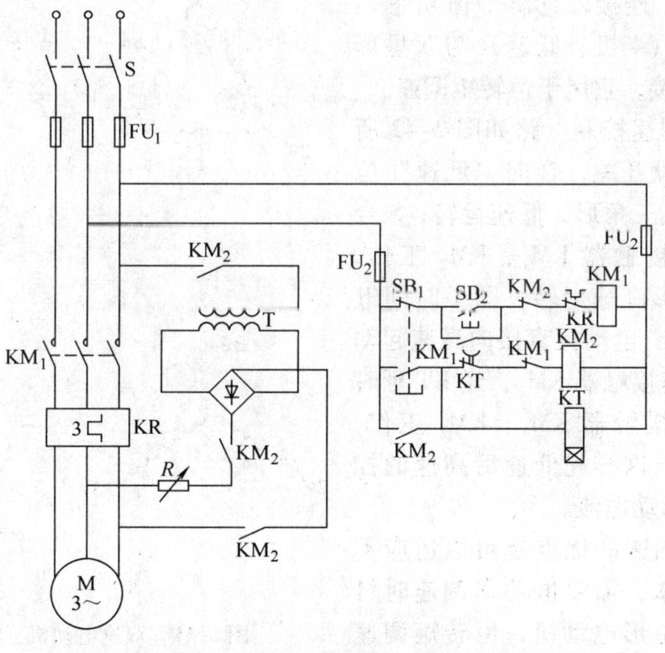

图2-40 能耗制动控制电路

欲使电动机停止，按下停止按钮 SB_1，KM_1 线圈失电，其主触点打开，使电动机切断电源，KM_2 与KT线圈得电，KM_2 主触点闭合，经整流后的直流电压通过电阻 R 加到电动机两相绕组上，使电动机制动。制动结束，KT 的延时触点动作，使 KM_2 与 KT 的线圈相继断电，电路停止工作。

能耗制动与反接制动相比，由于制动是利用转子中的储能进行的，所以能量损耗小；制动电流较小；制动准确，适用于要求平稳制动的场合。但需要整流电源；制动速度也较反接制动慢一些。

2.6.2.3 电磁机械抱闸制动

在制动时，将制动电磁铁的线圈接通，通过机械抱闸制动电动机。有时还可将电磁抱闸制动与能耗制动同时使用，以弥补能耗制动转矩较小的缺点，加强制动效果。

2.6.3 调速控制电路

在电器控制电路中，对于笼型交流电动机的调速，常采用多速机实现；而对于绕线转子电动机则可在转子中分级串电阻实现。

2.6.3.1 多速机的调速控制电路

这一电路的设计思想是通过改变电动机绕组的接线方式来达到调速的目的。速度的调节，即接线方式的改变，也是采用时间继电器按照时间原则来完成的。

多速电动机一般有双速、三速、四速之分，双速电动机定子装有一套绕组，三速、四速则为两套绕组。

双速电动机三相绕组连接图如图 2-41 所示。图 a 为三角形（4 极、低速）与双星形（2 极、高速）连接，它属于恒功率调速；图 b 为星形（4 极、低速）与双星形（2 极、高速）连接，它属于恒转矩调速。

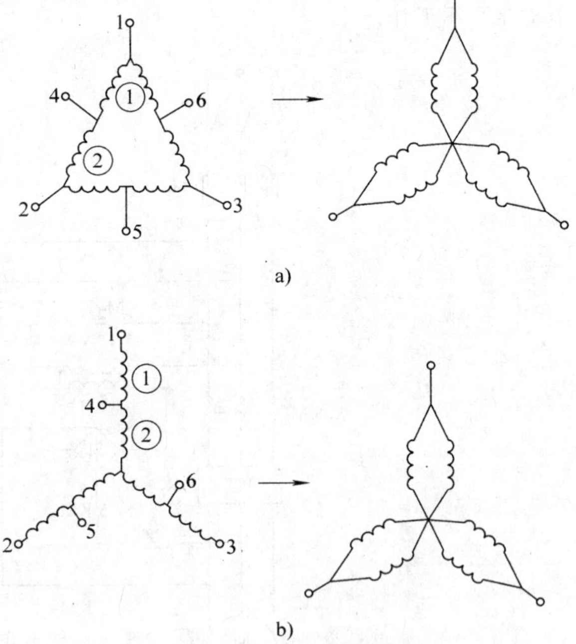

图 2-41 双速电动机三相绕组连接图

双速电动机调速控制电路如图 2-42 所示。图中 S 为双投开关，合向“低速”位置时，电动机接成三角形，低速运转；S 合向高速位置时，接触器 KM_1、KM_2 工作，电动机接成双星形高速运转。图中时间继电器 KT 的作用是：电动机直接向高速起动时，首先接通低速接触器 KM_3，经 KT 延时后，自动切换为接触器 KM_1、KM_2 工作，电动机高速运转，这样先低速后高速的控制，目的是限制起动电流。

双速电动机调速的优点是可以适应不同负载性质的要求，需要恒功率调速时可采用三角形—双星形电动机，恒转矩调速时用星形—双星形电动机，电路简单、维修方便。缺点是有级调速且价格较贵。多速机调速有一定使用价值，通常使用时与机械变速配合使用，以扩大其调速范围。

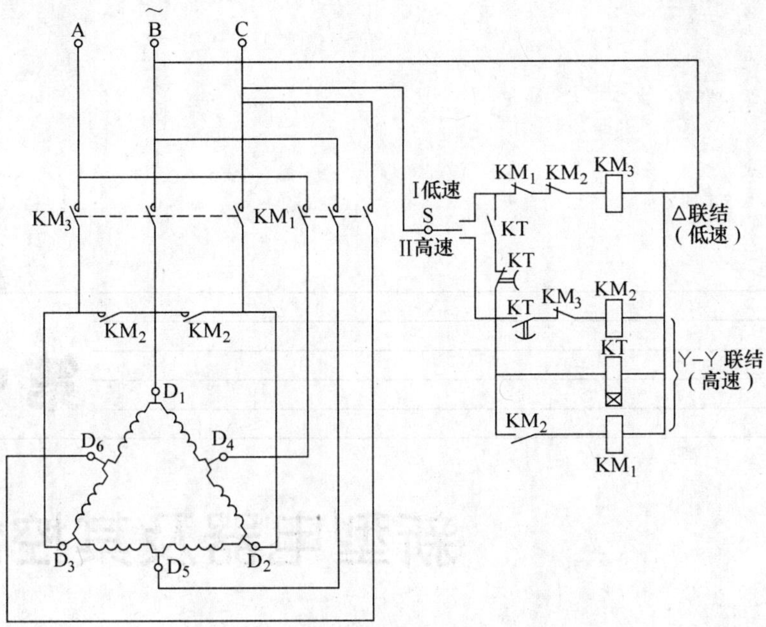

图 2-42　双速电动机调速控制电路图

2.6.3.2　绕线转子异步电动机转子串电阻的调速控制电路

绕线转子异步电动机可以在转子中串电阻起动，以减小起动电流；也可以在转子中串入不同的电阻值运转，使电动机工作在不同的人为特性上，以获得不同的转速，实现调速的目的。分段串电阻通常可用主令控制器来实现。这类电路主令控制器的触点位置较为繁琐。

2.6.3.3　其他调速方式

交流电动机除上述常用的简单调速方式外，也还有一些其他方式，如晶闸管调压调速、变频调速以及滑差电动机调速等，这些将在有关的选修教材中介绍。

第3章

新型电器及其控制系统

随着科学技术的日新月异和自动化技术的迅猛发展，电子电器、智能电器等新型电器不断相继问世，从而进一步充实了电气控制技术的内容，更大范围地满足了生产及科技发展的需求。这里仅就常用的相对成熟的新型电器及其控制系统，作简要介绍。

3.1 控制系统常用新型电器

3.1.1 电子式时间继电器

随着半导体技术的发展，产生了很多晶体管时间继电器。尽管其电路的形式不同，但其基本的原理大多以阻容充放电路为基础，图3-1a为JS20系列时间继电器的典型电路。

当接通电源后，变压器T低压侧交流电压经VD_1半波整流，电容C_1滤波，电阻R_1和稳压管VS稳压后形成直流电源，并通过RP_2和R_4、VD_2以极小的时间常数向C_2快速充电至近似R_5上电压U_{R5}。与此同时也通过RP_1、R_2向C_2充电，电容C_2上的电压在原有的近似R_5上电压U_{R5}的基础上按指数规律连续升高（见图3-1b）。当此电压大于单结晶体管V的峰值电压U_P时，单结晶体管导通，输出脉冲，晶闸管VT导通，于是使继电器线圈KA导通，控制其常开触点闭合。同时继电器的一对辅助触点KA切换至右方，使电容C_2迅速放电，以备下次起动时用。当辅助触点KA由左方接通切换至右方接通时，氖泡指示灯HL起辉发亮，指示线圈已接通。当切断电源时，KA释放，电路恢复到原来的状态。只要调节电位器RP_1和RP_2，改变充电时间常数就可以调整延时时间，如图3-1b中延时时间为$t_1 \sim t_2$。

表3-1为JS20系列时间继电器的主要技术参数，表3-2为拨码式数字显示JS14P系列时间继电器的主要技术参数。

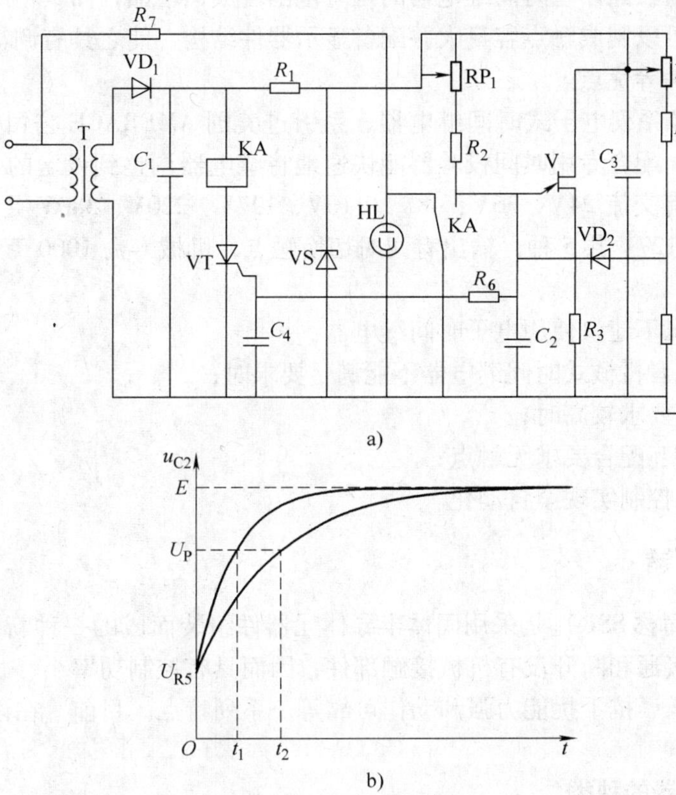

图 3-1　JS20 系列时间继电器电路和充电曲线

a）电路　b）充电曲线

表 3-1　JS20 系列时间继电器的主要技术参数

类型	额定工作电压/V		延时等级/s	延时重复误差（%）	消耗功率/W	机械寿命/万次	重复动作时间/s	最小通电时间/s
	交流	直流						
通电延时	36，110，127，220，380	24，48，110	1，5，10，30，60，120，180，240，300，600，900	≤±3	<5	60	>2	—
瞬动延时	36，110，127，220	24，48，110	1，5，10，30，60，120，180，240，300，600	≤±3	<5	60	—	—
断电延时	36，110，127，220，380	—	1，5，10，30，60，120，180	—	—	—	—	>2

表 3-2　JS14P 系列时间继电器的主要技术参数

型　　号	触点形式	重复误差（%）	电源波动误差（%）	温度误差（%）	安装方式	额定工作电压/V		延 时 范 围
						交流	直流	
JS14P-□/□ JS14P-□/□M	2 切换	≤1	≤3	≤3	装置式 面板式	36，110，220	—	0.1～9.9s，1～99s，0.1～9.9min，1～99min，0.1～9.9h
JS14P-□/□Z JS14P-□/□ZM	2 切换	≤1	≤3	≤3	装置式 面板式	—	48，110	0.1～9.9s，1～99s，0.1～9.9min，1～99min，0.1～9.9h

数字时间继电器较晶体管时间继电器的延时范围可成倍增加，而其精度可以提高两个数量级以上。此外还可以制成触点容量大并配备显示器件结构，使之具有调整方便、工作状态直观、指示清晰准确等优点。

此外，还有 JSF 系列电子式时间继电器，系引进美国 AMERACE 公司技术生产的产品，具有时钟信号输出，配合专用时间校验器能快速地将继电器调整到设定的延时时间。JSF 系列继电器额定电压有交流 24V、36V、48V、110V、127V、220V、380V 共 7 种，直流 24V、36V、48V、110V、127V 共 5 种，输出有两对切换触点，机械寿命 1000 万次，电寿命 50 万次。

一般在下列情况下建议使用电子时间继电器：

1）当电磁式或者机械式时间继电器不能满足要求时；

2）当延时精度要求较高时；

3）控制电路相互配合要求无触点；

4）要求计算机控制实现全自动化。

3.1.2　固态继电器

固态继电器（简称 SSR）是采用固体半导体元器件组装而成的一种新颖的无触点开关。由于固态继电器的接通和断开没有机械接触部件，因而具有控制功率小、开关速度快、工作频率高、使用寿命长、抗干扰能力强和动作可靠等一系列特点。目前，在许多自动控制装置中得到了广泛应用。

3.1.2.1　固态继电器的种类

固态继电器是四端器件，其中两端为输入端，两端为输出端，中间采用隔离器件，以实现输入与输出之间的电隔离。

1）按切换负载性质分，有直流固态继电器和交流固态继电器。

2）按输入与输出之间的隔离分，有光电隔离固态继电器和磁隔离固态继电器。

3）按控制触发信号方式分，有过零型和非过零型，有源触发型和无源触发型。

3.1.2.2　固态继电器的工作原理

现以光电耦合式 SSR 为例来说明。如图 3-2 所示，当无信号输入时，光电耦合器中的光电晶体管 V_1 截止，V_2 导通，晶闸管 VT_1 门极被钳位在低电位而关断。当有信号输入时，光电晶体管 V_1 导通，V_2 截止。当电源电压大于过零电压（约 ±25V），A 点电压大于 V_3 的

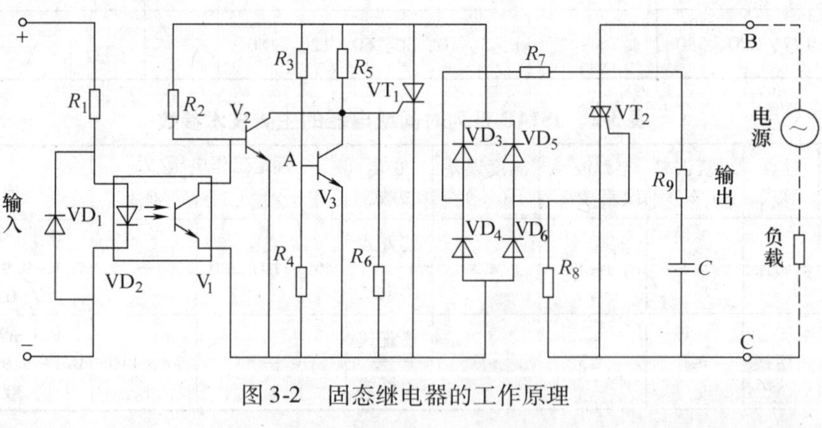

图 3-2　固态继电器的工作原理

U_{be3}，V_3 导通，VT_1 由于门极处于低电压而截止，输出端因双向晶闸管 VT_2 门极无触发信号而关断。当电源电压小于过零电压时，A 点电压小于 V_3 的 U_{be3}，V_3 截止，VT_1 门极通过 R_5、R_6 分压获得触发信号，VT_1 导通。若这时 B、C 间电压 U_{BC} 处于正半周，VT_2 门极获得从 R_7、VD_3、VT_1、VD_6、R_8 正方向的触发脉冲，使 VT_2 正方向导通；若这时 B、C 间电压 U_{BC} 处于负半周，VT_2 门极获得从 R_8、VD_5、VT_1、VD_4、R_7 反方向的触发脉冲，使 VT_2 反方向导通。VT_2 导通，即输出端 B、C 两点导通，接通负载电路；而这时由于 B、C 两点导通使 VD_3 ~ VD_6 整流桥输出电流小于 VT_1 维持电流，VT_1 关断，但半控器件 VT_2 仍继续导通。当输入信号取消后，V_2 导通，VT_1 关断，VT_2 中通过的负载电流随电源电压的下降而变化到 VT_2 的维持电流以下而关断，从而切断负载电路。图中 B、C 间虚线为用户自接。

输入端仅需较小的电压和电流就能切换几安培甚至几百安培的大电流，且与晶体管 TTL、CMOS 电路有较好的兼容性，可直接与弱电电路连接。常用的产品有 DJ 系列固态继电器，其主要技术指标如表 3-3 所示。

表 3-3　DJ 系列固态继电器的主要技术参数

额定电压/V	额定电流/A	输出高电压	输出低电压	门限值/kΩ
AC220 50Hz（1 ±10%）	1，3，5，19	≥95%电源电压	≤5%电源电压	0.5 ~ 10
环境温度/℃	开启时间/ms	关闭时间/ms	绝缘电阻/MΩ	击穿电压（AC）/V
−10 ~ +40	≤1	≥10	≥100	≥2500

3.1.2.3　固态继电器使用的注意事项

1）固态继电器的选择应根据负载的类型（阻性、感性）来确定，并要采用有效的过电压保护。

2）输出端要采用 RC 浪涌吸收电路或非线性压敏电阻吸收瞬变电压。

3）过电流保护应采用专门保护半导体器件的熔断器或用动作时间小于 10ms 的断路器。

4）安装时采用散热器，要求接触良好，且对地绝缘。

5）切忌负载侧两端短路，以免固态继电器损坏。

当然，尽管 SSR 有众多优点，但与传统的继电器相比，仍有不足之处，如漏电流大，接触电压大，触点单一，使用温度范围窄，过载能力差及价格偏高等。

3.1.3　热敏电阻式温度继电器

温度继电器又称温度开关，用于当测量点的温度达到设定值时给出一个控制信号。热敏电阻式温度继电器的外形同一般晶体管时间继电器相似，但作为温度检测元件的热敏电阻是装在电动机定子槽内或绕组的端部，而不装在继电器中。一个热敏电阻只能检测一相电动机绕组的温度，因此，一台三相电动机至少需要三个热敏电阻。每相绕组的各部分温升不会完全相同，热敏电阻应埋在温升最高的绕组端部，当发生匝间、相间的断路或接地故障时，绕组各处的温差很大，如果埋设的热敏电阻并非处于过热部位，则保护就会失效。因此对于大中型电动机和某些特种电动机，可在每相绕组的几个地方埋设热敏电阻。

热敏电阻并联组成的温度继电器电路如图 3-3 所示，每相热敏电阻 RT_A、RT_B、RT_C 分别与固定电阻 R_A、R_B、R_C 串联以进行分压，三相热敏电阻组成并联式测量电路，当热敏电阻 RT_A（RT_B 或 RT_C）随温度变化时，其上的分压比改变，于是从 RT_A（RT_B 或 RT_C）上获取信号电压，各相输出电压经二极管或门（$VD_3 \sim VD_5$）送至一个鉴幅器（稳压管 VS）。令各相的分压电阻 R_A、R_B、R_C 阻值相等，则只要三个热敏电阻的特性和参数相同，各相就能在相同的温度下工作。图 3-3 中，鉴幅器的下级电路是直接驱动继电器 K 的射极耦合触发器，随着电动机某相绕组（如 A 相）温度的升高，热敏电阻 RT_A 的阻值增大，RT_A 上的分压比提高，A 点的电位 U_A 下降，二极管 VD_5 导通，测量电路的输出信号电压 U_X 钳位至 U_A。当 U_X 低于鉴幅器的门限电压 U_d 时，稳压管 VS 被击穿，射极耦合触发器翻转为 V_1 导通、V_2 截止，于是 K 释放，发出温度控制信号。一般来说，在热敏电阻的功耗不大于允许值的条件下，改变鉴幅器的门限电压 U_d，可以改变电路的灵敏度。U_d 主要由触发器的射极电位提供，因此 U_d 的选择会受到后级触发器的限制。在电源-E 一定的情况下，不能过多地提高射极电位，否则继电器线圈将得不到所需的电压。

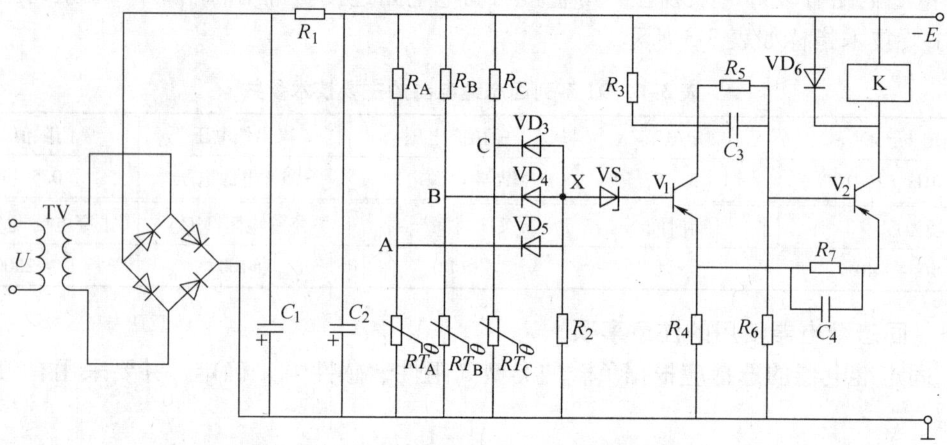

图 3-3 热敏电阻并联组成的温度继电器

3.1.4 电子式接近开关

电子式接近开关是一种毋需与运动部件进行机械接触而可以操作的位置开关，当物体接近开关的感应面达到动作距离时，不需要机械接触及施加任何压力即可使开关动作，从而驱动交流或直流电器或给计算机装置提供控制指令。电子式接近开关是一种无触点开关，它既有行程开关、微动开关的特性，同时又具有传感性能，且动作可靠、性能稳定、频率响应快、应用寿命长、抗干扰能力强等，并具有防水、防振、耐腐蚀等特点。产品有电感式、电容式、霍尔式、交流型、直流型。

电子式接近开关又称无触点接近开关，是理想的电子开关量传感器。当金属检测体接近开关的感应区域，开关就能无接触、无压力、无火花、迅速发出电气指令，准确反应出运动机构的位置和行程，即使用于一般的行程控制，其定位精度、操作频率、使用寿命、安装调整的方便性和对恶劣环境的适用能力，是一般机械式行程开关所不能相比的。它广泛地应用于机床、冶金、化工、轻纺和印刷等行业。在自动控制系统中可作为限位、计数、定位控制和自动保护环节。接近开关具有使用寿命长、工作可靠、重复定位精度高、无机械磨损、无火花、无噪声、抗振能力强等特点。因此，电子式接近开关的应用范围日益广泛，其自身的发展和创新的速度也极其迅速。

电子式接近开关由三大部分组成：振荡器、开关电路及放大输出电路。振荡器产生一个交变磁场。当金属目标接近这一磁场，并达到感应距离时，在金属目标内产生涡流，从而导致振荡衰减，以至停振。振荡器振荡及停振的变化被后级放大电路处理并转换成开关信号，触发驱动控制器件，从而达到非接触位置检测的目的。

目前应用较为广泛的接近开关按工作原理可以分为以下几种类型：①高频振荡型：用以检测各种金属体；②电容型：用以检测各种导电或不导电的液体或固体；③光电型：用以检测所有不透光物质；④超声波型：用以检测不透过超声波的物质；⑤电磁感应型：用以检测导磁或不导磁金属。

按其外形形状可分为：圆柱形、方形、沟形、穿孔（贯通）型和分离型。圆柱形比方形安装方便，但其检测特性相同。沟形的检测部位是在槽内侧，用于检测通过槽内的物体。贯通型在我国很少生产，而日本则应用较为普遍，可用于小螺钉或滚珠之类的小零件和浮标组装成水位检测装置等。

接近开关按供电方式可分为：直流型和交流型，按输出型式又可分为直流两线制、直流三线制、直流四线制、交流两线制和交流三线制。

电感式接近开关属于一种有开关量输出的位置传感器，它由 LC 高频振荡器和放大处理电路组成，利用金属物体在接近这个能产生电磁场的振荡感应头时，使物体内部产生涡流。这个涡流反作用于接近开关，使接近开关振荡能力衰减，内部电路的参数发生变化，由此识别出有无金属物体接近，进而控制开关的通或断。这种接近开关所能检测的物体必须是金属物体。

图 3-4 为 LJ2 系列电感式晶体管接近开关的电路图。开关的振荡器为电容耦合型，由晶体管 V_1、电感振荡线圈 L 及电容 $C_1 \sim C_3$ 组成。振荡器输出经电容 C_4 耦合加至晶体管 V_2 的基极上，放大后再经二极管 VD_1、VD_2 整流成直流信号，然后送至晶体管 V_3 基极，使 V_3 导通。晶体管 V_4、V_5 组成一个施密特单稳电路。V_3 导通，V_4 基极经 R_{10} 接低电平，故 V_4 截止。V_4 截止，V_5 就导通，并使末级晶体管 V_6 截止，其集电极无信号输出。如果有金属物体接近振荡线圈 L，则在金属物体中产生涡流，涡流产生磁场反过来使振荡电路的谐振阻抗和谐振频率发生变化而停振。也可以说这是由于金属物体的涡流吸收了振荡电路的能量而使之停振。振荡电路停振，使晶体管 $V_2 \sim V_6$ 的状态与前相反，此时 V_6 导通，产生输出信号，继电器 KA 线圈通电，改变其触点通断状态。

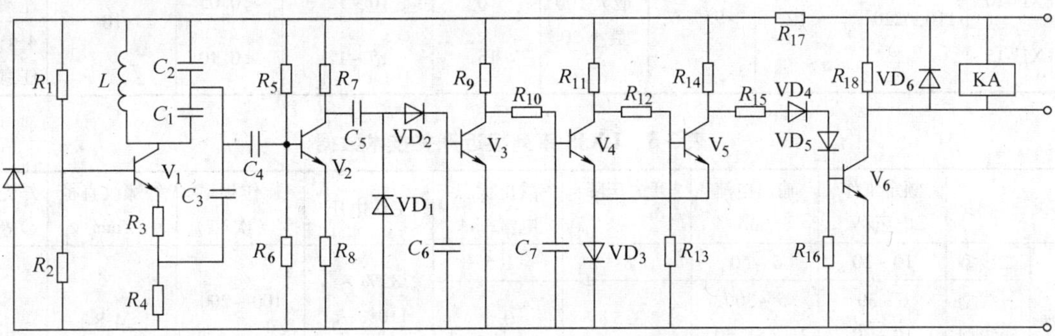

图 3-4　LJ2 系列电感式晶体管接近开关电路

图 3-5 为采用专用集成电路 TCA205A 构成的接近开关电路。当有金属物体接近由电感 L 和电容 C 组成的振荡回路时，由于金属部件内的涡流损耗而使振荡器停振。振荡信号经集成电路 TCA 内部整流就可得到直流电压，此电压从引脚 5（Q）或 7（$\bar{Q}$）输出即可驱动一个阈值开关（如继电器 KA）控制动作。

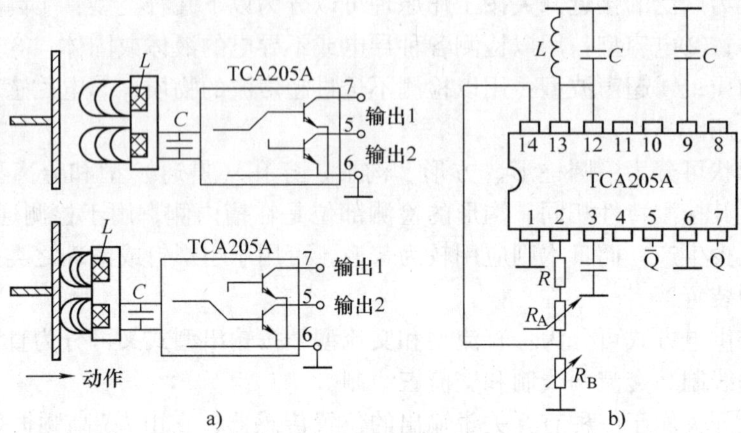

图 3-5　采用集成电路 TCA205A 构成的接近开关电路
a）原理　b）电路

该接近开关制成 70mm × 14.5mm 大小，电感量 L 约为 3900μH，用 ϕ0.3mm 铜漆包线绕 150 圈。振荡频率在 C = 560pF 时为 110kHz。开关动作距离为 40mm。

国产接近开关的型号有：①LXJ3 系列晶体管交流接近开关，其技术数据如表 3-4 所示；②LXJ5 系列（取代 LJ1、LJ2 老系列）晶体管型交流 30 ~ 220V 或直流 10 ~ 30V（二线型）和 6 ~ 30V（三、四线型）接近开关，其技术数据如表 3-5 所示；③JWK 系列集成电路接近开关，其工作电压直流 8 ~ 32V，交流 36V、110V、220V 等。

表 3-4　LXJ3 系列接近开关技术数据

型　号	交流电源电压/V	输出电压/V		输出电流/mA	动作距离/mm	动作距离允许整定范围/mm	重复定位精度/mm	最高工作频率/（次/s）	感应面方向
		“1” 态	“0” 态						
LXJ3-5	110 ~ 220	<10	>95% U_e	最大 100 最小 20	5	5 ~ 7	<0.03	10	顶端底端
LXJ3-10					10	10 ~ 12	<0.05		左端右端
LXJ3-15					15	15 ~ 17	<0.10		4 个方向任意调节

表 3-5　LXJ5 系列接近开关技术数据

类　型		额定工作电压/V	输出电流/mA	开关压降/V	截止状态电流/mA	工作电压	操作频率/（次/s）	外螺纹直径/mm	外壳防护等级
直流	二线型	10 ~ 30	5 ~ 50	8	1.5	85% ~ 110% U_N	100 ~ 200	M18 M30	IP65
	三线型	6 ~ 30	5 ~ 300	3.5	0.5				
	四线型	10 ~ 30	2 × (5 ~ 50)						
交流		30 ~ 220	20 ~ 30	10	2.5	80% ~ 110% U_N	5		

从德国西门子公司引进技术生产的3SG系列接近开关有直流10～30V和交流30～220V、重复定位精度0.02～0.5mm、操作频率15～800Hz以及输出线数和常开与常闭触点数不等的各种型号。

3.1.5　软起动器

传统的三相异步电动机的起动电路比较简单，不需要增加额外起动设备，但其起动电流冲击一般很大，起动转矩较小而且固定不可调。电动机停机时都采用控制接触器触点断开，切掉电动机电源，电动机自由停车，这样也会造成剧烈的电网波动和机械冲击。表3-6给出了传统起动方法起动转矩和起动电流相对额定值的倍数。传统起动方法经常用于对起动特性要求不高的场合。

表3-6　传统起动方法的起动转矩和起动电流的比较

名　称	直接起动	定子串电阻减压起动	自耦变压器减压起动	星形—三角形减压起动
$\frac{\text{起动转矩}}{\text{额定转矩}}$	0.5～1.5	0.5～0.75	0.4～0.85	0.5～0.9
$\frac{\text{起动电流}}{\text{额定电流}}$	4～8	1.5～6	1.6～4	1.8～2.5

在一些对起动要求较高的场合，可选用软起动器控制异步电动机起动。其主要特点是：具有软起动和软停车功能，起动电流、起动转矩可调节，还具有电动机过载保护等功能。

3.1.5.1　软起动器的工作原理

如图3-6所示为软起动器原理示意图。它主要由三相交流调压电路和控制电路构成。其基本原理是利用晶闸管的移相控制原理，通过控制晶闸管的导通角，改变其输出电压，达到通过调压方式来控制起动电流和起动转矩的目的。控制电路按预定的不同起动方式，通过检

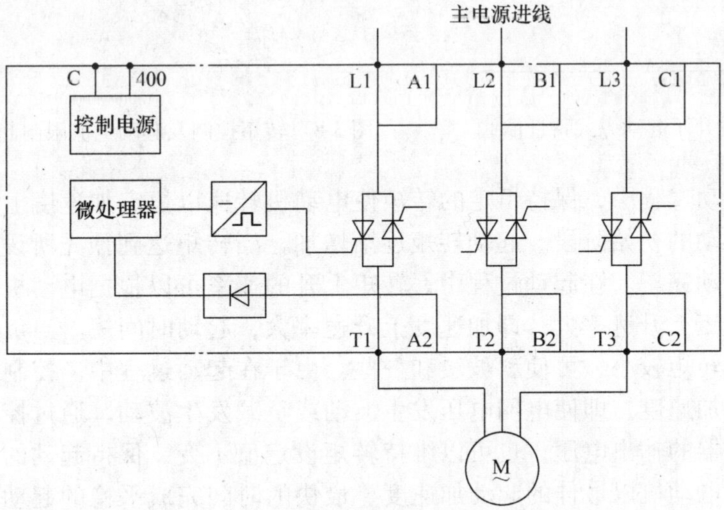

图3-6　软起动器原理示意图

测主电路的反馈电流，控制其输出电压，可以实现不同的起动特性。最终软起动器输出全压，电动机全压运行。由于软起动器为电子调压并对电流实时检测，因此还具有对电动机和软起动器本身的热保护、限制转矩和电流冲击、三相电源不平衡、缺相、断相等保护功能，并可实时检测并显示如电流、电压、功率因数等参数。

3.1.5.2 软起动器的控制功能

异步电动机在软起动过程中，软起动器通过控制加到电动机上的电压来控制电动机的起动电流和转矩，起动转矩逐渐增加，转速也逐渐增加。一般软起动器可以通过改变参数设定得到不同的起动特性，以满足不同的负载特性要求。

1. 斜坡升压起动方式

斜坡升压起动方式特性曲线如图 3-7 所示。此种起动方式一般可设定起动初始电压 U_{qo} 和起动时间 t_1。这种起动方式断开电流反馈，属开环控制方式。在电动机起动过程中，电压线性逐渐增加，在设定的时间内达到额定电压。这种起动方式主要用于一台软起动器并接多台电动机或电动机功率远低于软起动器额定值的应用场合。

2. 转矩控制及起动电流限制起动方式

转矩控制及起动电流限制特性曲线如图 3-8 所示。此种起动方式一般可设定起动初始转矩 M_{qo}、起动阶段转矩限幅 M_{L1}、转矩斜坡上升时间 t_1 和起动电流限幅 I_{L1}，这种起动方式引入电流反馈，通过计算间接得到负载转矩，属闭环控制方式。由于控制目标为转矩，故软起动器输出电压为非线性上升。图 3-8 同时给出起动过程中转矩 M、电压 U、电流 I 和电动机转速 n 的曲线，其中转速曲线为恒加速度上升。

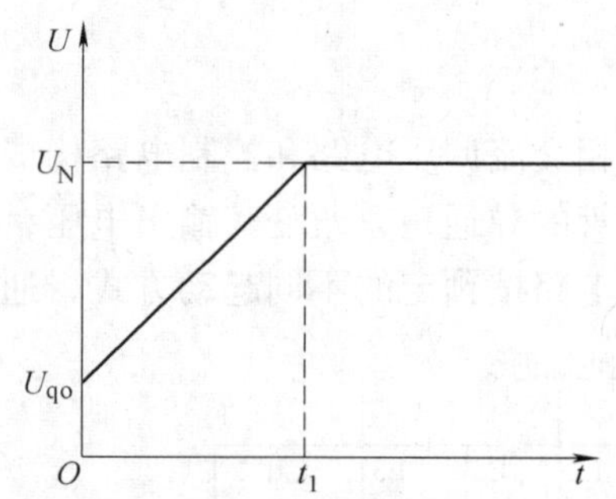

图 3-7 斜坡升压起动方式特性曲线

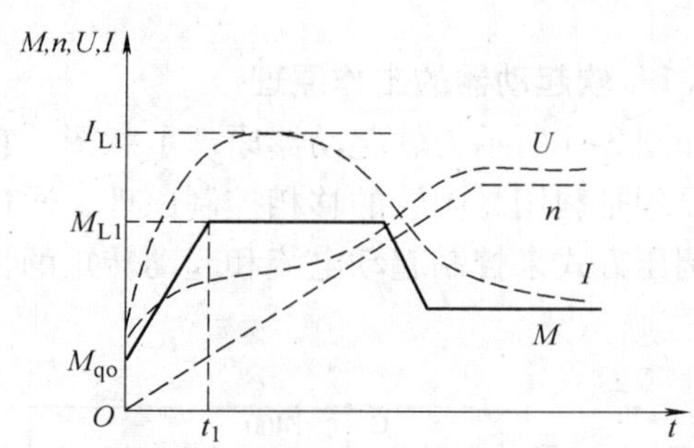

图 3-8 转矩控制及起动电流限制起动方式特性曲线

在电动机起动过程中，保持恒定的转矩使电动机转速以恒定加速度上升，实现平稳起动。在电动机起动的初始阶段，起动转矩逐渐增加，当转矩达到预先所设定的限幅值后保持恒定，直至起动完毕。在起动过程中，转矩上升的速率可以根据电动机负载情况调整设定。斜坡陡，转矩上升速率大，即加速度上升速率大，起动时间短。当负载较轻或空载起动时，所需起动转矩较小，可使斜坡缓和一些。由于在起动过程中，控制目标为电动机转矩，即电动机的加速度，即使电网电压发生波动或负载发生波动，通过控制电路自动通过增大或减小起动器的输出电压，也可以维持转矩设定值不变，保持起动的恒加速度。此种控制方式可以使电动机以最佳的起动加速度、最快的时间完成平稳的起动，是应用最多的起动方式。

随着软起动器控制技术的发展，目前它大多采用转矩控制方式，也有采用电流控制方式，即电流斜坡控制及恒流升压起动方式。此种方式通过控制电动机电流来达到控制转矩目的，与转矩控制方式相比起动效果略差，但控制相对简单。

3. 电压提升脉冲起动方式

电压提升脉冲起动方式特性曲线如图 3-9 所示。此种起动方式一般可设定电压提升脉冲限幅 U_{L1}。升压脉冲宽度一般为 5 个电源周波，即 100ms。在起动开始阶段，晶闸管在极短时间内按设定升压幅值起动，可得到较大的起动转矩，此阶段结束后，转入转矩控制及起动电流限制起动。该起动方法适用于重载并需克服较大静摩擦的起动场合。

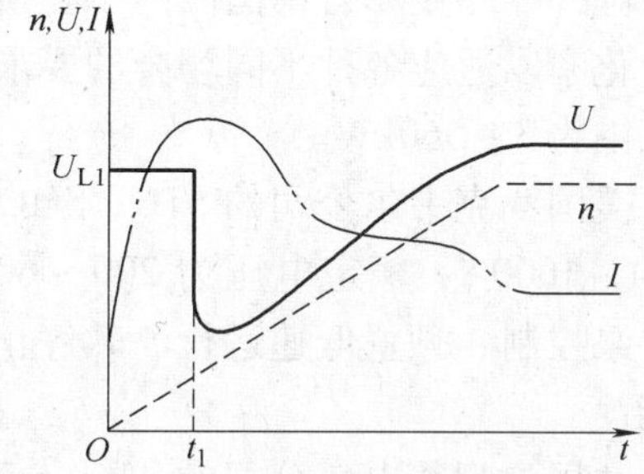

图 3-9　电压提升脉冲起动方式特性曲线

4. 转矩控制软停车方式

当电动机需要停车时，立即切断电动机电源，属自由停车。传统的控制方式大都采用这种方法。但许多应用场合，不允许电动机瞬间停机。如高层建筑、楼宇的水泵系统，要求电动机逐渐停机，采用软起动器可满足这一要求。

软停车方式通过调节软起动器的输出电压逐渐降低而切断电源，这一过程时间较长且一般大于自由停车时间，故称为软停车方式。转矩控制软停车方式，是在停车过程中，匀速调整电动机转矩的下降速率，实现平滑减速。如图 3-10 所示为转矩控制软停车方式特性曲线。减速时间 t_1 一般是可设定的。

5. 制动停车方式

当电动机需要快速停机时，软起动器具有能耗制动功能。在实施能耗制动时，软起动器向电动机定子绕组通入直流电，由于软起动器是通过晶闸管对电动机供电，因此很容易通过改变晶闸管的控制方式而得到直流电。如图 3-11 所示为制动停车方式特性曲线，一般可设定制动电流加入的幅值 I_{L1} 和时间 t_1，但制动开始到停车时间不能设定，时间长短与制动电流有关，应根据实际应用情况，调节加入的制动电流幅值和时间来调节制动时间。

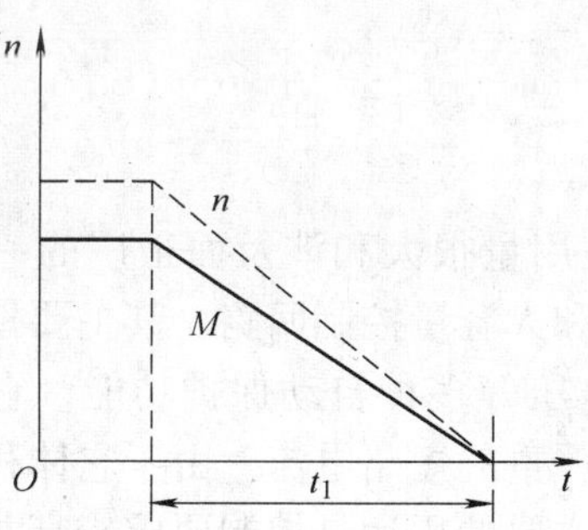

图 3-10　转矩控制软停车方式特性曲线

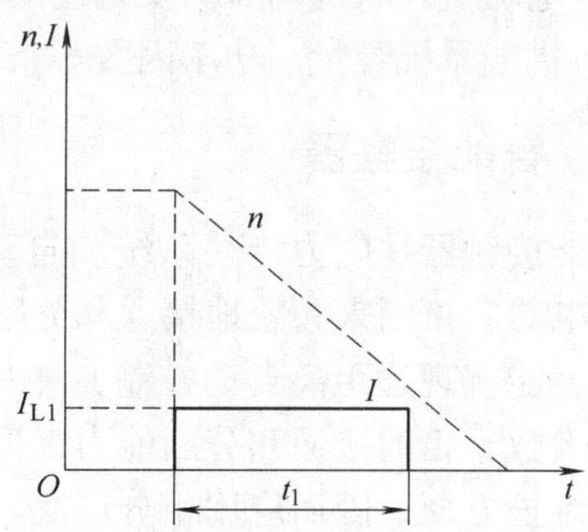

图 3-11　制动停车方式特性曲线

3.1.5.3　软起动器的产品型号和选用

我国早期研究开发的电动机功率因数控制器就包括了软起动技术。现在这些技术已经成熟并有多种产品系列推出，如 JKR 系列软起动器、JQ、JQZ 型交流电机固态节能起动器等，其最大容量可达800kW。这些软起动器具有斜坡电压恒流起动、阶跃电压恒流起动、脉冲电压恒流起动及软停止等功能。同时还可根据负载变化调整电动机工作电压，使电动机运行在最佳状态。经测量，上述软起动器在电动机空载运行时节电率可达60%以上。此外，该系列软起动器还具有过载保护和缺相保护等功能。

国外产品主要有德国西门子公司的3RW22系列软起动器，有多种功能可改变其上升电压变化率以适应各种不同场合的要求，其额定电流范围为7～1200A，400V下电动机额定功率范围为3～560kW。

美国罗克韦尔公司的STC、SMC-2、SMC-PLUS和SMC Dialog PLUS 4个系列，额定电流为24～1000A，额定电压为200～600V，具有斜坡起动、限流起动、全压起动、双斜坡起动、泵控制、预置低速运行、软停止、准确停止以及节能运行等功能，此外还具有故障诊断功能。

法国施耐德电气公司的Altistart3软起动—软停止单元最大额定功率范围，在220V时为1.8～355kW，在380V时为3～630kW，额定电流范围为7～1200A。除有一般工业应用电动机软起动器外，还有专门应用于泵的1.8～800kW电动机软起动器。

ABB公司PSA、PSD和PSDH系列软起动器常用电动机容量范围为7.5～450kW，其主要功能有起动斜坡时间设定、初始电压设定、停止斜坡时间设定、级落电压设定、起动电流限制设定、脉冲突跳起动以及大电流开断等，此外还有故障、运行等多种显示。

其他国外产品有英国欧陆MS2系列软起动器，电动机功率为7.5～800kW共22种额定值；英国CP公司SX系列产品以及德国AEG公司的3DA、3DM系列产品等。

在根据需要正确选用软起动器时，应当重点考虑以下技术数据：

1）电动机电压、频率以及接入的相数（三相或两相）。

2）电动机的类型及工作周期及负荷情况。

3）电动机转速。

4）电动机的起动转矩、加速转矩以及在工作周期内不同阶段的运行转矩。

5）电动机拖动负载的最大输出功率。

6）电动机及软起动器的安装使用环境（温度、湿度等）。

7）供电系统容量、功率因数等条件。

3.1.6 智能接触器

智能接触器是电力传动系统和自动控制系统中使用量很大和涉及面很广的一种很实用的控制电器，可用来频繁地接通和分断交直流主回路和大容量控制回路。其主要控制对象是电动机，能实现远距离自动控制，并具有欠（零）电压等多种自动保护功能，它具有比工作电流大数十倍的接通和分断能力，但不能分断极其严重的短路电流。由于它体积小、价格便宜和维护方便，因而应用十分广泛。智能接触器最主要的用途是控制要求较高并且比较复杂电动机驱动的电控系统和机、液、电等装置组合的控制系统，因此它是电控系统中很重要也是最常用的控制电器之一。

智能接触器一般由基本的电磁接触器及附件构成。附件包括智能控制模块、辅助触点组，机械联锁机构、报警模块、测量显示模块、通信接口模块等，所有智能化功能都集成在一块以微处理器或单片机为核心的控制板上。从外形结构上看，与传统产品不同的是智能接触器在出线端位置增加了一块带中央处理器及测量线圈的机电一体化的电路板。

3.1.6.1 智能化电磁系统

智能接触器的核心是具有智能化控制的电磁系统，对接触器的电磁系统进行动态控制。由接触器的工作原理可见，其工作过程可分为吸合过程、保持过程、分断过程三部分，是一个变化规律十分复杂的动态过程。电磁系统的动作质量依赖于控制电源电压，阻尼机构和反力弹簧等，并不可避免地存在不同程度的动、静铁心的“撞击”、“弹跳”等现象，甚至造成“触点熔焊”和“线圈烧损”等，即传统的电磁接触器的动作具有被动的“不确定”性。智能接触器是对接触器的整个动态工作过程进行实时控制，根据动作过程中检测到的电磁系统的参数，如线圈电流、电磁吸力、运动位移、速度和加速度、正常吸合门槛电压和释放电压等参数，进行实时数据处理，并依此选取事先存储在控制芯片中相应控制方案以实现“确定”的动作，从而完成同步吸合、保持和分断三个过程，保证触点开断过程的电弧量最小，实现三过程的最佳实时控制。检测元件主要是采用了高精度的电压互感器和电流互感器，但这种互感器与传统的互感器有所区别，如电流互感器是通过测量一次侧电流周围产生的磁通量并使之转化为二次测的开路电压，依此确定一次侧的电流 I，再通过计算得出 I^2 及 I^2t 值，从而获取与控制对象相匹配的保护特性，并具有记忆、判断功能，能够自动调整、优化保护特性。经过对被控制电路的电压和电流信号的检测、判别和变换过程，实现对接触器电磁线圈的智能化控制，并可实现过载、断相或三相不平衡、短路、接地故障等保护功能。

3.1.6.2 双向通信与控制接口

智能接触器能够通过通信接口直接与自动控制系统的通信网络相连，通过数据总线可输出工作状态参数、负载数据和报警信息等，另一方面可接受上位控制计算机及可编程序控制器（PLC）的控制指令，其通信接口可以与当前工业上应用的大多数低压电器数据通信规约兼容。

已面世的智能接触器产品有日本富士电机公司的 NewSC 系列交流接触器，美国西屋公司的“A”系列智能接触器，ABB 公司的 AF 系列智能接触器、金钟一默勒公司的 DIL-M 系列智能接触器等。我国已有将单片机引入交流接触器的控制技术。

3.1.7 智能断路器

智能断路器是指具有智能化控制单元的低压断路器。

智能断路器与普通断路器一样，也有基本框架（绝缘外壳）、触点系统和操作机构。所不同的是普通断路器上的脱扣器现在换成了具有一定人工智能的控制单元，或者叫智能型脱扣器。这种智能型控制单元的核心是具有单片机功能的微处理器，其功能不但覆盖了全部脱扣器的保护功能（如短路保护、过电流过热保护、漏电保护、缺相保护等），而且还能够显示电路中的各种参数（电流、电压、功率、功率因素等）。各种保护功能的动作参数也可以显示、设定和修改。保护电路动作时的故障参数，可以存储在非易失存储器中以便查询。还扩充了测量、控制、报警、数据记忆及传输、通信等功能，其性能大大优于传统的断路器产品。

随着集成电路技术的不断提高，微处理器和单片机的功能越来越强大，成为智能型可通信断路器的核心控制技术。专用集成电路和漏电保护、缺相保护专用集成电路、专用运算电路等的采用，不仅能减轻 CPU 的工作负荷，而且能够提高系统的相应速度。另外，断路器要完成上述的保护功能，就要有相应的各种传感器。要求传感器有较高的精度、较宽的动态范围，同时又要求体积小，输出信号还要便于与智能控制电路接口。新型的智能化、集成化传感器的采用可使智能化电气开关的整体性能提高一个档次。智能断路器是以微处理器为核心的机电一体化产品，使用了系统集成化技术。它包括供电部分（常规供电、电池供电、电流互感器供电）、传感器、控制部分、调整部分以及开关本体。各个部分之间相关联又相互影响。如何协调与处理好各组成部分之间的关系，使其既满足所有的功能，又不超出现有技术条件所允许的范围（体积、功耗、可靠性、电磁兼容性等），就是系统集成技术的主要内容。

智能断路器原理框图如图 3-12 所示。

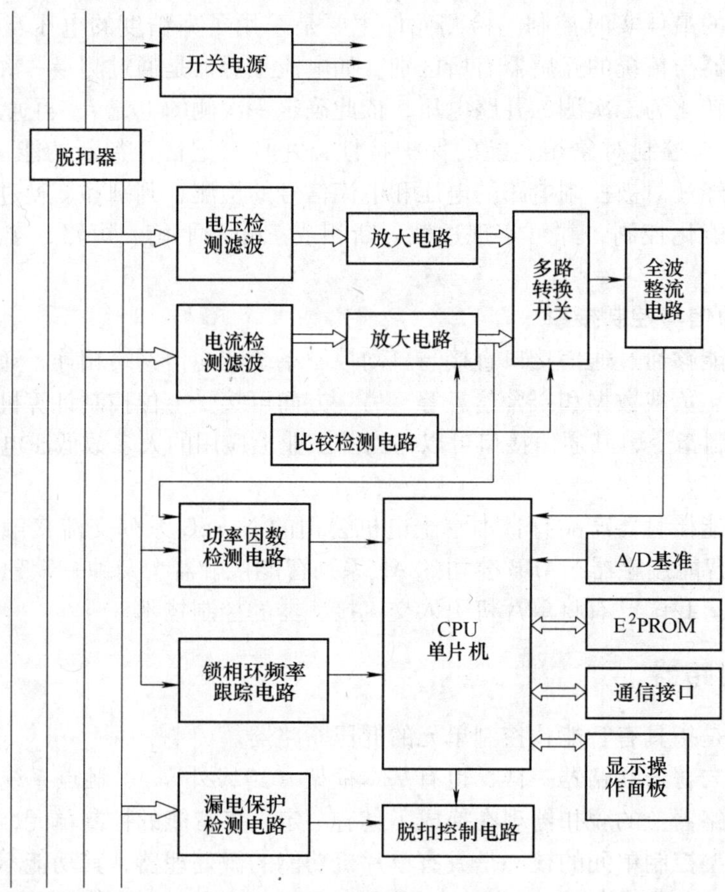

图 3-12 智能断路器原理框图

单片机对各路电压和电流信号进行规定的检测。当电压过高或过低时发出缺相脱扣信号。当缺相功能有效时，若三相电流不平衡超过设定值，发出缺相脱扣信号，同时对各相电流进行检测，根据设定的参数实施三段式（瞬动、短延时、长延时）电流热模拟保护。

国内生产的智能断路器有框架式和塑料外壳式两种。框架式智能断路器主要用于智能化自动配电系统中的主断路器，塑料外壳式智能断路器主要用在配电网络中分配电能和作为线路及电源设备的控制与保护，亦可用作三相笼型异步电动机的控制。传统的断路器保护功能是利用了热核效应原理，通过机械系统的动作来实现的。智能断路器的特征是采用了以微处理器或单片机为核心的智能控制器（智能脱扣器），它不仅具备普通断路器的各种保护功能，同时还具备实时显示电路中的各种电气参数（电流、电压、功率、功率因数等）对电路进行在线监视、自行调节、测量试验、自诊断、可通信等功能；能够对各种保护功能的动作参数进行显示、设定和修改，保护电路动作时的故障参数能够存储在非易失存储器中以便查询，国内DW45、DW40、DW914（AH）、DW18（AE-S）、DW48、DW191（3WE）、DW17（ME）等智能化框架断路器和智能化塑料外壳式断路器都配有ST系列智能控制器及配套附件。它采用积木式配套方案，可直接安装于断路器本体中，无需重复二次接线，并可多种方案任意组合。其中ST100系列智能控制器配套框架式断路器、ST1100系列智能控制器可配套多种塑料外壳式断路器，ST型显示模块可安装于抽屉柜的抽屉面板或柜门上，以方便监视断路器的运行及故障状态，通过ST到手持编程器可进行各种参数的设定，配用ST-DP型通信接口模块可联网通信。

智能控制器具有以下功能：

（1）4段保护功能　包括过载长延时、短路瞬时和短延时、单相接地等4段保护功能。

（2）电流表功能　显示各种运行电流及接地故障电流、显示正常运行最大相电流及整定、试验的电流值或时间值。

（3）电压表功能　显示各线电压，正常显示最大值。

（4）远端监控和诊断功能　脱扣器具有本机故障诊断功能，当本机发生故障时能发出出错显示或报警，同时重新起动。局部环境温度过高、过载、接地、短路、负载监控、预报警、脱扣指示等信号通过触点或光铝箔发出报警。

（5）整定功能　可对脱扣器各种参数进行整定，整定时能显示被整定区域（段）的电流、时间和区段类别。

（6）试验功能　可对脱扣器各种保护特性进行检查。试验功能分“脱扣”、“不脱扣”两种。断路器主电路正常工作时，可使用“不脱扣”功能进行试验，以保证主电路不断电，此时脱扣器按保护特性整定值正常工作并显示。

（7）负载监控功能　设置两种整定值：第一种为反时限特性，第二种为定时限特性。用于当电流接近过载整定值时分断下级不重要负载；或当电流超过某一整定值时，延时分断下级不重要负载，并使电流下降，使主电路和重要负荷电路保持供电，当电流下降到另一整定值时，经一定延时后发出指令再次接通下级已切除过的电路，恢复整个系统的供电。

（8）热记忆功能　脱扣器过载或短路延时脱扣后，在脱扣器未断电之前，具有模拟双金属片特性的记忆功能。过载能量30min释放结束，短延时能量15min释放结束。在此期间发生过载、短延时故障，脱扣时间可变短，脱扣器断电，能量自动清零。

（9）通信接口功能　断路器具有串行通信接口，通过专用接口与计算机、可编程序控制器、CRT、打印机、语音系统等连接，可把断路器编号、分合状态、脱扣器多种设定值、运行电流、电压、故障电流、动作时间及故障状态等多种参数进行网络传输，实现遥测、遥调、遥控、遥讯功能。通信波特率最高达 1Mbit/s，通信距离不小于 1.4km。端口遵守 RS485 协议，支持双工、半双工通信方式。数据传输方式为串行同步及串行异步方式。支持 8 位、9 位数据传输方式，支持奇偶校验及并行通信方式。通信协议属于应用层、数据链路层；各层协议专用。

3.2 新型电器典型应用控制电路

3.2.1 软起动器控制电路

异步电动机起动器控制电路简单，但是起动转矩基本固定且不可调，起动过程切换又带来二次冲击电流和冲击转矩，并且受电网电压波动的影响较大。如果电网电压下降大，甚至会造成电动机停转和起动困难。为了克服这些缺点，需采用软起动器控制异步电动机的起动。下面介绍软起动器的控制原理、计算及与使用有关的问题。

3.2.1.1 软起动器的基本组成原理和控制规律

软起动器的基本组成原理如图 3-13 所示。主电路采用三相晶闸管反并联调压方式，它串联在三相供电电源 L1、L2、L3 和电动机三个端子 U、V、W 之间。通过改变晶闸管的触发延迟角来改变加在电动机定子绕组上的电压。异步电动机的转矩与定子电压的平方成正比，定子电流近似与定子电压成正比，因此，在起动的整个过程中，采用不同的控制定子电压的规律，就可以达到所希望有的起动转矩和电流的变化规律。为了能让定子电压和电流按所设定的规律变化，并且能对过电压及过电流等故障进行保护，必须要随时检测定子电压和电流，为此采用了电压互感器和电流互感器。电压互感器将电网电压变换为标准电压（通常为 5V）信号，送至电压保护电路。一旦供电线路发生三相不平衡、掉相或相序不对称故障，保护电路立即动作，封锁加至晶闸管的 6 路触发脉冲，使电动机断电。电流互感器将检测到的负载电流变换为小电流，再由电流变换器变换为电压信号。此信号一方面加至过电流保护电路，一旦发生电流超过允许值故障，也立即封锁晶闸管触发脉冲，防止

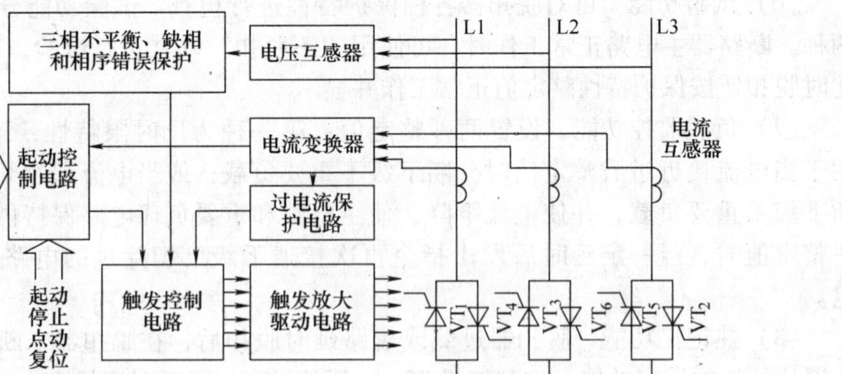

图 3-13　软起动器的基本组成原理

事故扩大；另一方面，该信号又送至起动控制电路，作为实际电流值跟踪反馈用。起动控制电路是整个软起动器的控制核心，通常由单片机构成，完成对输入参数和控制方式的设定以及接收输入控制指令。输入参数和控制方式的设定主要包括规定电压或电流上升速度、起动转矩、电流限制值、起动方式选择等，一般由电位器、转换开关、双位开关和按键等操作元件完成。输入控制指令包括起动、停止、点动、复位、正转/反转以及过热报警等，一般由按钮操作。为了同 PC、外围设备以及现场总线装置通信，在面板上还附有一个或几个串行接口插座。

图 3-14a、b 分别给出定子绕组加 U_N、$0.75U_N$ 和 $0.5U_N$ 等不同固定值时（虚线）的电动机转矩曲线和电流曲线。如果采用软起动器，让定子绕组加的电压不是固定的，而是时间 t 的函数，则可获得如图中实线所示的曲线。其中 M_{st} 和 I_{st} 分别为额定电压 U_N 时的起动转矩和起动电流。

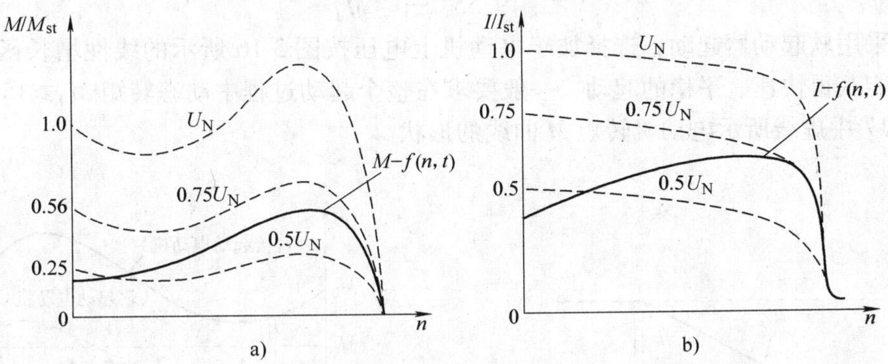

图 3-14　恒定电压（虚线）和变化电压（实线）时的特性曲线

a）转矩曲线　b）电流曲线

3.2.1.2　软起动器起动时间的计算

为了能计算起动时间，需要知道电动机和负载两者的转矩-转速特性曲线。首先来看直接起动即定子直接加额定电压起动时的情况。图 3-15 中两条虚线分别为电动机作用转矩 M 和负载反作用转矩 M_L（这里以风机为例）曲线。根据运动平衡方程式，电动机作用转矩 M 与负载反作用转矩 M_L 之差产生动态转矩 M_d，即

$$M - M_L = M_d = J\frac{d\Omega}{dt}$$

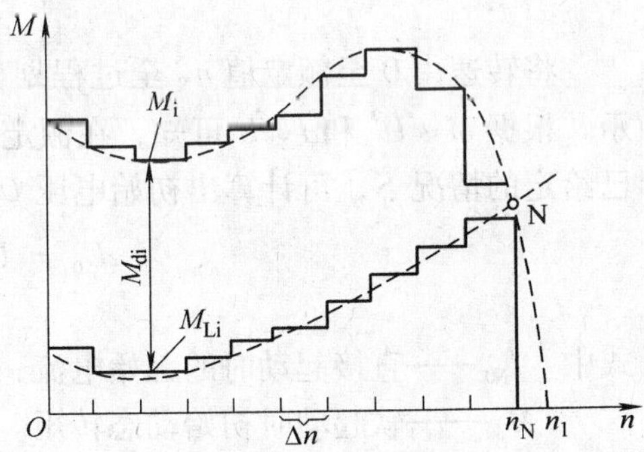

图 3-15　直接起动时起动时间的计算

在起动过程中 $M > M_L$，故 $d\Omega/dt > 0$，即系统在作加速度运动。M_d 又称加速转矩。由于 $\Omega = 2\pi n/60$，故又有

$$M - M_L = \frac{2\pi}{60}J\frac{dn}{dt}$$

$$M_d = \frac{1}{9.55} J \frac{dn}{dt}$$

式中 M——电动机作用转矩（N·m）；

M_L——电动机反作用转矩（N·m）；

J——系统总转动惯量（$kg \cdot m^2$）；

n——转速（r/min）。

由上式可求出 n 由 0 至额定转速 n_N 所需的时间为

$$t_{st} = \frac{1}{9.55} J \int_0^{n_N} \frac{1}{M_d} dn$$

将积分写成增量形式，即将 $0 \sim n_N$ 分成间隔为 Δn 的 k 个小段，M 和 M_L 曲线用折线代替，于是有

$$t_{st} = \frac{1}{9.55} J \sum_{i=1}^{k} \frac{\Delta n(i)}{M_d}$$

现在采用软起动器起动，选择加于电动机上电压按图 3-16 所示的线性增长函数变化规律。为了能获得快速、平稳的起动，一般要求在整个起动过程中动态转矩 $M_d \geqslant 15\% M_N$。因此有图 3-17 中虚线所示电动机转矩 M 曲线的形状。

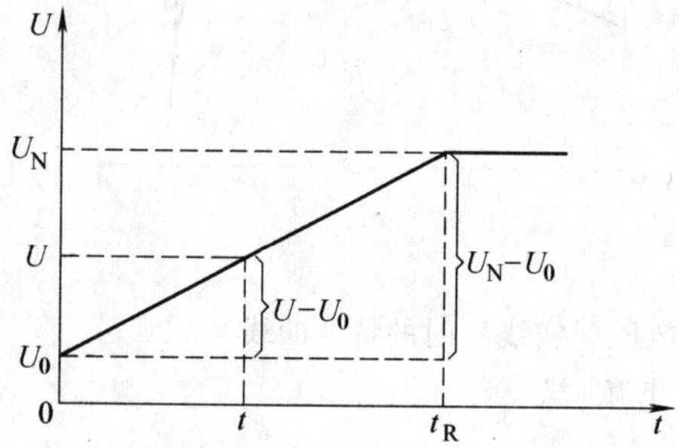

图 3-16 线性增长电压曲线

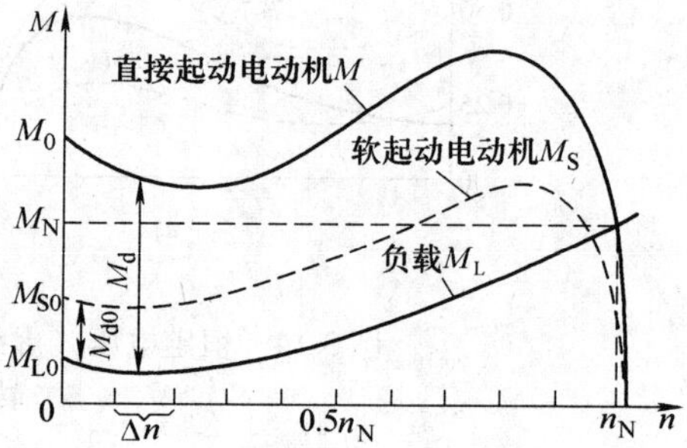

图 3-17 采用软起动器时起动时间的计算

将转速由 0 至额定值 n_N 全过程划分为 k 个等 Δn 区间。第一个区间起始值用下角 0 表示。根据 $M \propto U^2$ 和 $I \propto U$ 可知，在额定电压 U_N，初始负载转矩 M_{L0} 以及初始电动机转矩 M_0 已给定的情况下，可计算出初始电压 U_0 和初始电流 I_0

$$U_0 = U_N \sqrt{(M_{d0} + M_{L0})/M_0}$$

$$I_0 = I_{N0} U_0 / U_N$$

式中 I_{N0}——直接起动时的起始电流；

M_{d0}——软起动时初始动态转矩。

通过第一段时间间隔 Δn 所需的时间为

$$t_1 = \frac{1}{9.55} J \frac{\Delta n}{M_{d0}}$$

在此后的时间间隔内，定子电压 U 可以由下式导出：

$$\frac{U - U_0}{U_N - U_0} = \frac{t}{t_R}$$

$$U = \frac{t}{t_R}(U_N - U_0) + U_0$$

$$\frac{U}{U_N} = \frac{t}{t_R}\left(1 - \frac{U_0}{U_N}\right) + \frac{U_0}{U_N}$$

式中　t、t_R——分别为某时刻累计时间和总电压上升时间。

第 i 段区间电压为

$$U_i = \frac{\sum_{k=1}^{i} t_k}{t_R}\left(1 - \frac{U_0}{U_N}\right)U_N + U_0$$

由上述电压值可求出第二个转速区间的动态转矩为

$$M_{d1} = \left(\frac{U}{U_N}\right)^2 M_1 - M_{L1}$$

式中　M_1、M_{L1}——分别为第二个转速区间的电动机转矩和负载转矩值。

这样，在 M_{d1} 作用下电动机升高转速 Δn 所需的时间可求出为

$$t_2 = \frac{1}{9.55}J\frac{\Delta n}{M_{d1}}$$

在此期间流过的电流为

$$I_1 = I_{N0}\frac{U}{U_N}$$

式中　I_1——软起动过程第二个区间的初始电流；

I_{N0}——直接起动时的起动电流。

其余区间计算方法同上。这样就可以求出总的起动时间。

3.2.1.3　软起动器的软停止和快速制动停止

电动机突然切断电源，将靠惯性自由运行到停止。对于大惯性负载其自由停车的时间可能太长；对于小惯性负载或不允许快速停止的负载有时又觉得自由停止的时间太短。这两种停止的情况都是不可以控制的，甚至会对安全以及材料造成损害。采用软起动器的软停止功能和制动功能可以按所要求的规律和时间停止，就克服了上述缺点。

软起动器的软停止功能是在停止指令下达后按线性减小（斜坡向下）的规律来改变电压的，如图 3-18 中所示，下降时间 t_{sp} 以及下降开始时电压 U_{sp1} 和下降结束时电压 U_{sp2} 均可通过电位器等设定。

软停车功能在水泵类负载中应用具有重要的意义。正在运转中的泵拖动电动机突然断电时，由于离心泵的惯性很小，泵会迅速停车，排出口的水量急剧减小，而管道系统中的止回阀又快速关闭，从而引起流体状况发生很大变化。但是流体的惯性又企图维持原有运行状态，这样一拉一推，使水在管道系统中形成了所谓水击或称水锤现象，产生很大声音并有可能造成机械损害，影响阀门或挡板等的使用寿命。

采用软起动器软停止功能，使电动机和泵的转速一点点降下来，就可以解决上述问题。

图 3-19 所示为采用软起动器上专有的“泵停止”功能使定子电压下降的曲线。由图可见，下降的过程比较缓慢。

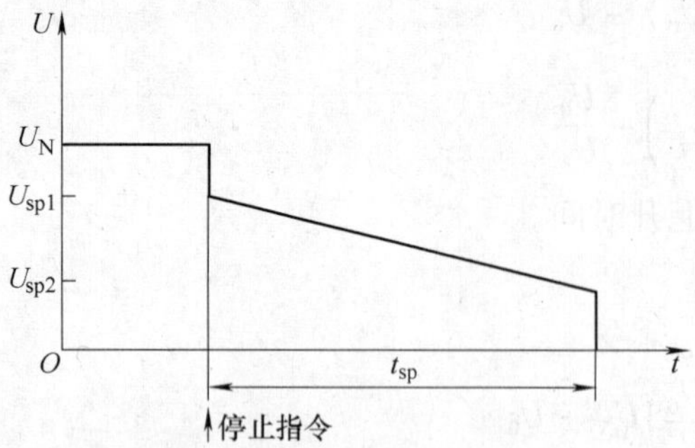

图 3-18　软起动器的软停止功能

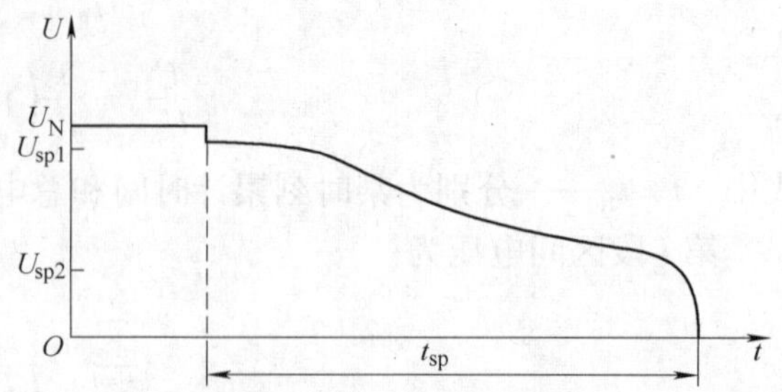

图 3-19　采用“泵停止”功能时的电压下降曲线

与上述情况相反，对有些负载（如定位机械）我们希望尽快停止，这时就应当采取制动方法。

在软起动器中常采用直流制动，即给电动机两相绕组通以直流电的方法。这时要给 6 个晶闸管中两个（如 VT_1 和 VT_2）加直流触发脉冲使其恒导通而其余 4 个晶闸管不加触发脉冲使其恒关断。定子绕组中直流电产生固定的直流磁场，依靠惯性旋转的转子绕组切割直流磁场，产生阻碍运动的制动转矩，使电动机迅速停止。

在软起动器中通常也是通过电位器设定制动转矩和制动时间的，且这二者相互成反比。例如要求最长的制动时间 18s，则必然有最小的制动转矩。反之，如果要求 3s 制动停止，则制动转矩必然最大。

图 3-20 为采用直流制动时电流、制动转矩和制动时间最大和最小的对应关系。

图 3-21 为电动机自由停止、软停止和直流制动时的速度曲线。

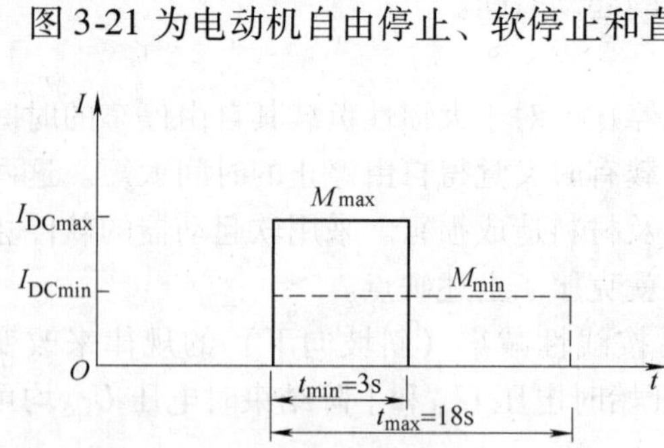

图 3-20　直流制动时电流、制动转矩和制动时间的关系

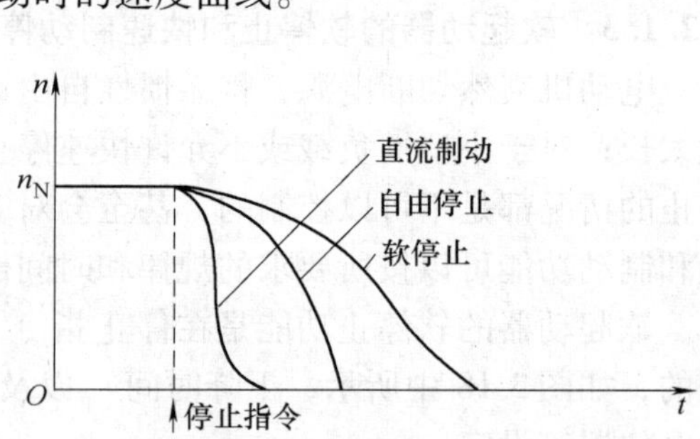

图 3-21　自由停止、软停止和直流制动时的速度曲线

3.2.1.4　节能运行

传统的起动器在设计时，很少考虑节能问题。电动机耗电量占全国总发电量的一半以上，起动器效率低、负荷率低和功率因数低会严重浪费国家电力资源。在实际中，电动机在满载运行时，其效率和功率因数都是较高的。但是有些场合，电动机大部分时间都不在满载下工作，甚至有相当长时间工作在无载或局部负载下。即使空载时电动机允许断电，但频繁断电起动也不经济。这时采用软起动器降压节能运行，会取得良好的效果。

电动机的损耗同电压的关系一般有以下几个因素需要考虑：

1）运行电压降低，铁损耗也降低：$P_{Fe}=P_{FeN}\ (U/U_N)^2$，式中的 P_{FeN} 和 U_N 分别为额定运行时的铁损耗和电压。

2）在负载和负载率一定的情况下，电压降低，电动机的定子铜损耗、转子铝损耗以及杂散损耗之总和将会增大。但如果负载和负载率很低，例如小于额定值的40%，则电压降低，电流减小，反而会使铜损耗减小。

3）运行电压过低，即使轻载，也会因为定子铜损耗、转子铝损耗和杂散损耗的急剧增大而使总损耗增大。

综上考虑，可以认为，对于某一特定负载有一恰当的电压值，电动机此时总损耗最小，这一电压称为经济运行电压。

软起动器节能运行方式的原理，类似于电动机的功率因数控制器的工作原理。它以检测和计算电压和电流的相位角即功率因数角作为调节电动机端电压的参数，使电动机产生刚好能拖动负载转矩的能量。端电压大小不断地与负载相适应，就可实现控制和改善功率因数、降低损耗的目的。而一旦负载增大，软起动器会立即增大输出电压，不会使电动机转速因转矩突增而有明显的降低。

软起动器实际能节省的能量与电动机的设计结构、额定输出功率的大小以及工作周期有关。图3-22为4极电动机的节能曲线。在10%额定负载时分别节能4%和20%。此外，一般极对数较多，转差率较大的电动机，节能效果会比较明显。

3.2.1.5　软起动器的连接和使用

尽管软起动器的电路组成本身有电流控制内环（见图3-13），会随时检测电动机电流的变化来限制电流，以及设置有过电流检侧电路，来防止过载造成损坏，但是一般在软起动器进线侧还是要接上断路器、熔断器和过载继电器等保护电器来作后备保护，如图3 23所示。

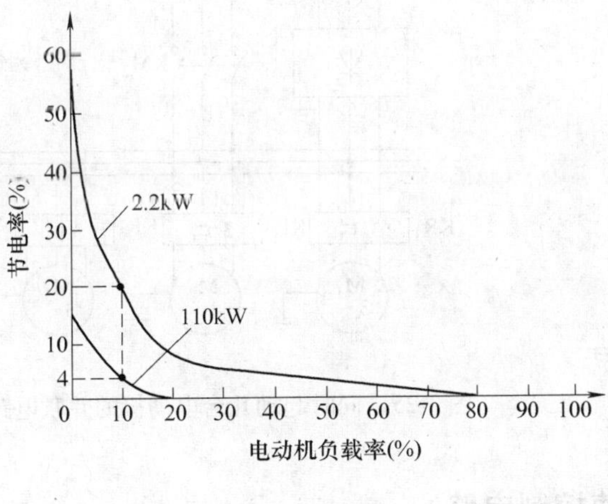

图3-22　4极电动机的节能曲线

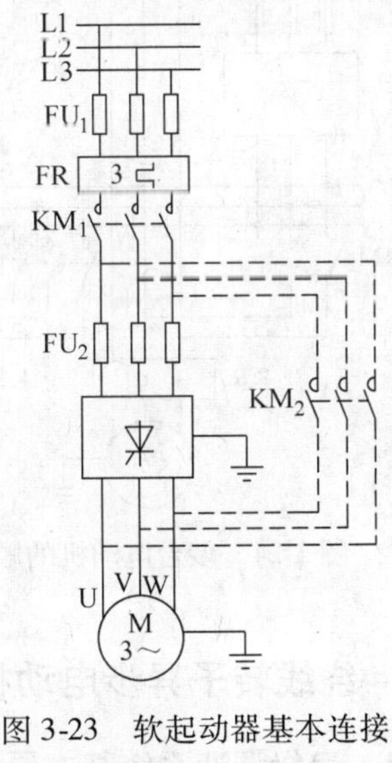

图3-23　软起动器基本连接

当软起动器按程序起动完电动机以后，电动机加全电压，软起动器上各相反并联的两个晶闸管处于全导通状态。即使在这种状态下，软起动器还要连续监控负载电流和电压，检测有可能出现的不正常现象。但这种长期把软起动器串挂在电流电路中，结果使晶闸管流过全电流，其上有管压降，有热损耗，易过热，影响软起动器使用寿命。如果在起动完毕约2s后，经由软起动器内部的“起动结束”继电器控制旁路接触器 KM_2 常开触点闭合（见图3-23虚线）可以把软起动器切除，使软起动器断电退出运行，既可节电和提供冷却时间，又可减少这一期间的谐波污染。一旦电动机停车，软起动器再次处于准备投入运行状态。

主电路上的主接触器 KM_1 按 AC3 类别负载选择，而旁路接触器 KM_2 可按 AC-1 类别负载选择。因为后者仅需通过电动机运行电流，不通过起动电流。

尽管上述装有旁路接触器，但是在运行中如果需要由软起动器控制停止（自由停止、软停止或直流制动），仍然可以将其切换回来，此时旁路接触器 KM_2 常开触点断开。

如果用一台软起动器起动多台电动机，则可以采用图3-24所示的顺序起动电路。首先主接触器 KM_1 和电动机 M_1 接触器 KM_4 的触点闭合，起动电动机 M_1。起动完毕后旁路接触器 KM_2 闭合，接触器 KM_4 触点断开，接触器 KM_5 触点闭合，起动电动机 M_2。起动完毕后旁路接触器 KM_3 闭合，而接触器 KM_5 触点断开。如果有第三台电动机则也可以仿照此过程顺次起动。

在顺序起动多台电动机时，软起动器的功率必须按至少要大于那台最大电动机的功率来选取。

如果要想同时起动多台电动机，则应采用并联起动电路（见图3-25）。这时软起动器的功率至少要大于所有被起动的电动机功率的总和。

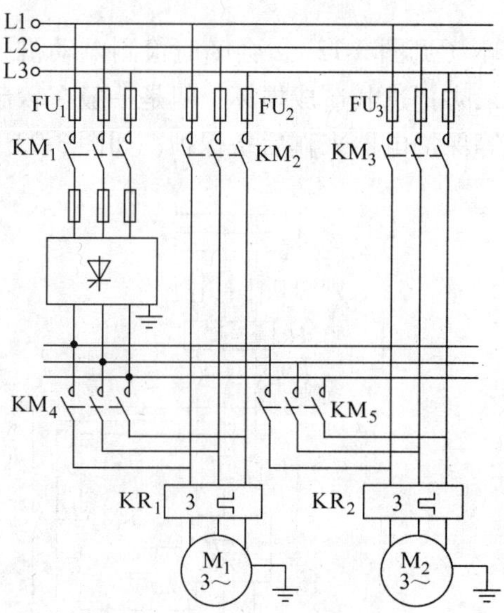

图3-24 多台电动机的顺序起动

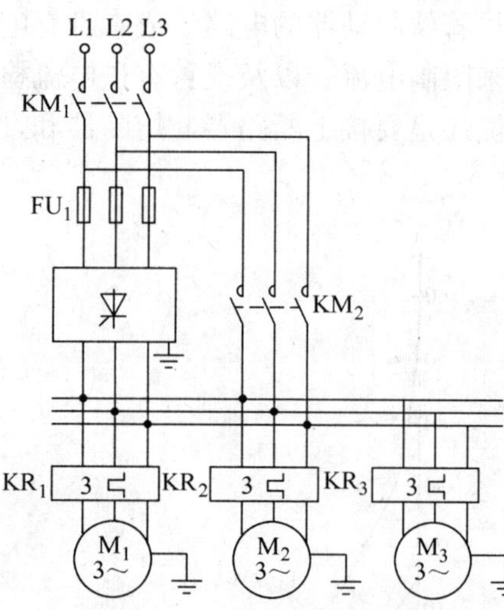

图3-25 同时起动几台电动机的并联电路

3.2.2 绕线转子异步电动机串级调速控制电路

3.2.2.1 串级调速系统基本原理

对于绕线转子异步电动机的调速方式，人们最熟悉的是转子回路串电阻调速法。这种方法是靠改变外界电阻的大小，以增减转子电路电流，从而改变消耗在转子电路的转差功率，进而影响转差率，达到调速的目的。但转差功率是一种无益的热能损失，它使系统的整体效率降低，因此，这种系统只适用于小功率绕线转子异步电动机及调速范围不宽的场合。

如果不在转子电路串接电阻，而是引入一个附加电动势 E_f，且令 E_f 的频率和转子电动势的频率相等，则转子电路的总电动势即为转子电动势 E_2 和附加电动势 E_f 的代数和，从而使转子电流随着二者的相互关系而变化。如果对电动势的方向及数值加以控制，就会得到性能远比转子串电阻调速法优越的结果。首先是节省了电阻上的热能损耗；其次是改变附加电动势的大小和方向十分灵活、方便，可做到平滑无级调速。

这里以绕线转子异步电动机为例进行讨论。

根据串级调速系统的工作原理，由于异步电动机转子电路中加入了整流器，它的输出量 U_d、I_d 都与异步电动机的转速、转矩有一定的关系，因此，可先从转子电路工作状态入手，进而研究系统的工作特性。

图 3-26 中，异步电动机的转子绕组电动势是转子整流器的供电电源，它相当于整流变压器的二次绕组，异步电动机转子整流电路的工作与一般具有整流变压器的整流电路的工作极为相似，因此在“电力电子技术”中对整流电路的理论分析也均适用。但两者之间也存在差异，主要有以下三点：

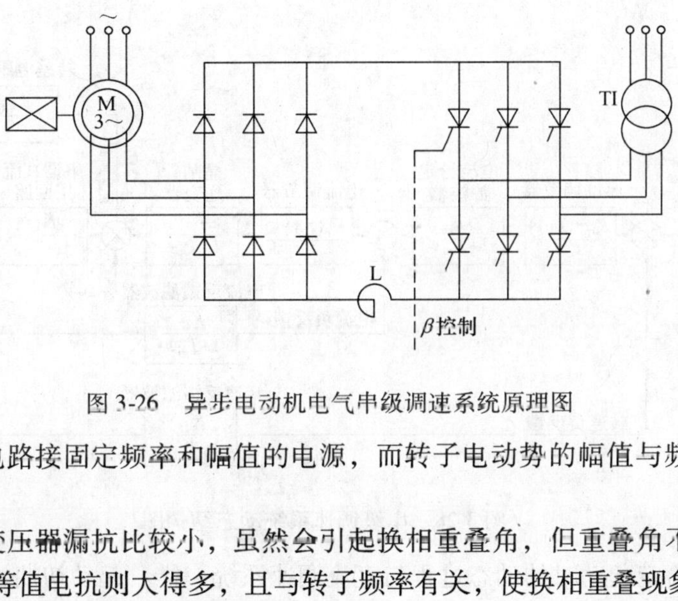

图 3-26 异步电动机电气串级调速系统原理图

1）一般整流电路接固定频率和幅值的电源，而转子电动势的幅值与频率则随异步电动机的转速而变化。

2）专用整流变压器漏抗比较小，虽然会引起换相重叠角，但重叠角不大，而异步电动机折算至转子侧的等值电抗则大得多，且与转子频率有关，使换相重叠现象严重，甚至会造成强迫换流延迟现象，必须专门加以考虑。

3）正常的整流器工作在额定负载以下，而异步电动机转子电路内的电流变化则很大，起动电流或过载电流往往超过额定值很多，这不仅加重了换相重叠现象，而且对元件参数选择也有影响。

3.2.2.2 双闭环控制的串级调速系统

由于串级调速系统静态特性的静差率较大，所以开环控制系统只能用于对调速精度要求不高场合。为了提高静态调速精度以及获得较好的动态特性，可以采用反馈控制。与直流调速系统一样，通常采用具有电流反馈与转速反馈的双闭环控制方式。由于串级调速系统的转子整流器是不可控的，所以系统不能产生电气制动作用。而所谓动态性能的改善一般只是指起动与加速过程性能的改善，而减速过程只能靠负载作用自由降速。

1. 闭环控制系统的组成

图 3-27 所示为双闭环控制的串级调速系统原理图。图中转速反馈信号取自与异步电动机机械上连接的测速发电机，电流反馈信号取自逆变器交流侧，也可通过霍尔变换器或直流互感器取自转子直流回路。为防止逆变器逆变颠覆，在电流调节器 ACR 输出电压为零时，应整定触发脉冲输出相位角为 $\beta=\beta_{\min}$。图 3-27 所示系统的工作与直流不可逆双闭环调速系统一样，具有静态稳速与动态恒流的作用。所不同的是它的控制作用都是通过异步电动机转子回路实现的。

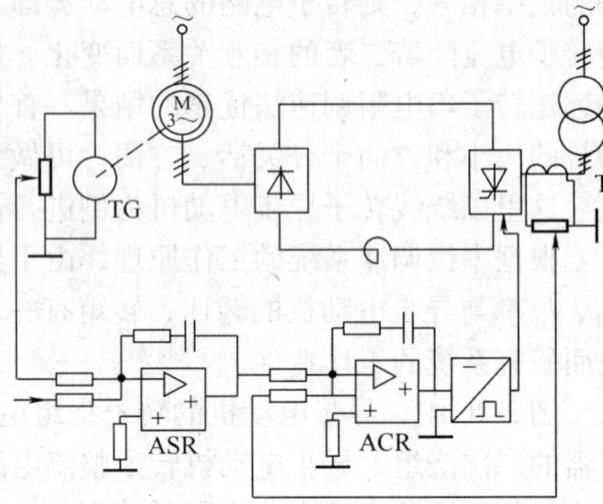

图 3-27　双闭环控制的串级调速系统原理图

2. 串级调速系统的动态结构

在图 3-27 中，电流调节器与转速调节器一般都采用 PI 调节器。再考虑给定滤波环节等就可直接画出双闭环控制的串级调速系统动态结构图，如图 3-28 所示。

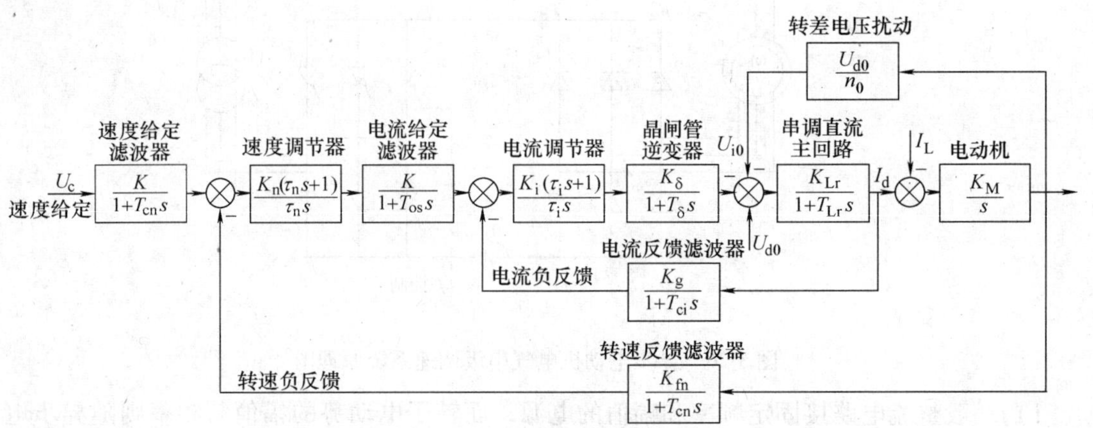

图 3-28　串级调速系统动态结构图

系统在突加给定起动时的动态过程与直流调速系统一样。起动初期，速度调节器处于饱和输出状态，系统相当于转速开环。随着起动过程的进行，电流调节器的输出增大，使逆变器的逆变角 β 增大，逆变电压 U_i 减小，打破了起动开始瞬间逆变电压大于异步电动机转子不动时的整流电压 U_{d0} 的条件，产生直流电流 I_d，使异步电动机产生电磁转矩而加速起动，在异步电动机转速未到达给定值以前，调速系统始终由电流环起电流跟踪作用以维持动态电流 I_d 为恒定，并使加速过程中逆变电压与转子整流器输出电压的变化速率相同。直到异步电动机的转速超调，速度调节器退出饱和，转速环才投入工作，以保证最终获得与给定转速相一致的实际转速。

3.2.3　电子式异步电动机保护电路

电气控制系统对国民经济的发展和人民生活的影响都很大。因此提高电气控制系统的可靠性和安全性是从事电气工作人员的重要任务。为了提高电气控制系统运行的可靠性，在电气控制系统的设计和运行中，都必须考虑到系统有发生故障和不正常工作情况的可能性。因为发生这些情况时，会引起电流增大，电压和频率降低或升高，致使电气设备和电能用户的正常工作遭到破坏。

在三相交流电力系统中，最常见和最危险的故障是各种形式的短路，其中包括三相短路、两相短路、一相接地短路以及电动机和变压器一相绕组上的匝间短路等。除此之外，配电线路，电动机和变压器还可能发生一相或两相断线以及上述几种故障同时发生的复杂故障。电气系统故障可能引起下列严重后果：

1）短路电流通过短路点将燃起电弧，使电气设备烧坏甚至烧毁，严重引起火灾。

2）短路电流通过故障设备和非故障设备时，产生热和电动力的作用，致使其绝缘遭到损坏或缩短使用寿命。

3）造成电网电压下降，波及其他用户和设备，使正常工作和生产遭到破坏甚至使事故扩大，造成整个配电系统瘫痪。

4）最常见的不正常工作情况是过负荷。长时间过负荷会使载流设备和绝缘的温度升高，而使绝缘加速老化或设备遭受损坏，甚至引起故障。故障和不正常工作情况都可能在电气系统中引起事故，发生事故的原因是多种多样的，其中大多数是由于设备缺陷、设计错误和安装、检修质量不高以及运行维护不当等引起的。为此，只要正确地进行设计、制造与安装，加强设备维修，就有可能把事故消灭在发生之前，防患于未然。我国许多行业已经创造的连续多年安全运行记录，就证明了这一点。

电气系统各设备之间是电和磁的关系，当某一设备发生故障时，在极短的时间内就会影响到同一电气系统的非故障设备。为了防止电气系统事故的扩大，保证非故障部分仍然可靠运行，必须尽快切除故障，切除故障的时间有时甚至要求短到百分之几秒。在这样短促的时间内，由运行人员来发现故障设备并将故障设备切除是不可能的。

电气系统建立初期，通常采用熔断器作为保护装置。随着电气设备容量的增大，以及电气系统愈来愈复杂，熔断器已不能满足要求。因而各种电气保护装置得到了应用和发展，这些电气保护装置是能反应电气系统各电气设备故障或不正常工作情况，并作用于自动电器跳闸或发出信号的一种自动装置。由此可见，电气保护装置在电气系统中的作用是：

1）借自动动作电器将故障设备与电气系统的非故障设备自动隔离，使系统的运行恢复正常，但对于某些不正常工作情况（例如，小倍数过载），在许多情况下，为了不影响设备工作的连续性，保护装置可只作用于信号。

2）反应电气设备的不正常工作情况，并根据不正常工作情况和设备运行维护条件的不同发出信号，以便值班人员进行处理，或由装置自动地进行调整，或将那些继续运行而会引起事故的电气设备予以切除。反应不正常工作情况的保护装置一般是带一定的延时动作。

电气保护装置是电气系统自动化的重要组成部分，是保证电气系统安全可靠运行的主要措施之一。在现代电气系统中，如果没有专门的电气保护装置，要想维持系统正常工作是根本不可能的。因此，所有电气控制系统均应具有完善的保护环节，用以保护电网、电动机、电器以及其他电路元件等。

电气系统发生短路和过电流等故障时，电压、电流等将发生下述变化：

1）电流增大。在短路点与电源间直接联系的电气设备电流会增大。

2）电压降低。系统故障相的相电压或相间电压会下降，而且离故障点愈近，电压下降愈多，甚至降为零。

3）电流电压间的相位角会发生变化。例如，正常运行时，同相的电流与电压间的相位角为负，约2°左右；三相短路时电流与电压间的相位角则为线路阻抗角，对于架空线路电流与电压的相位角约是60°~85°等。

利用短路时这些电气量的变化，可以构成各种作用原理的电气保护。例如，利用电流增大的特点可以构成过电流保护；利用电压降低的特点可以构成低电压保护；利用电流电压间的相位角的变化特点可以构成断相保护、漏电保护等。常用的保护环节有过电流、短路、过载、过电压、失电压、断相保护等。有时还设有合闸、分闸、正常工作、事故等指示信号。下面从电气设计角度讨论电气故障的类型、产生原因及常用的电气保护方法。

1. 电流型保护

在正常工作中，电气设备通过的电流一般不超过额定电流，若少量超过额定电流，在短时间内，只要温度不超过允许值也是允许的，这也是各种电器设备或元器件应具有的过载能力。

但当通过电器设备或元器件的电流过大，将因发热而使温升超过绝缘材料的承受能力，就会造成事故，甚至烧毁电器设备。在散热条件一定的情况下，温升决定于发热量，而发热量不仅决定于电流大小，而且还与通电时间密切相关。电流型保护就是基于这一原理构成的，它是通过传感器件检测过电流信号，经过信号变换、放大后控制执行机构及被保护对象动作，切断故障电路。属于电流型保护的主要有短路、过电流、过载和断相保护等。

（1）短路保护　当电器或线路绝缘遭到损坏、负载短路、接线错误时，将产生短路现象。短路时产生的瞬时故障电流可达到额定电流的几十倍，使电气设备或配电线路因过电流而产生电动力因而损坏，甚至因电弧而引起火灾。短路保护要求具有瞬动特性，即要求在短时间内切断电源。当电路发生短路时，短路电流引起电器设备绝缘损坏和产生强大的电动力，使电路中各种电器设备产生机械性损坏。因此当电路出现短路电流时，必须迅速可靠地断开电源。短路保护的常用方法是采用熔断器、低电压断路器或采用专门的短路保护装置。在主电路采用三相四线制或变压器采用中性点接地的三相三线制的电路中，必须采用三相短路保护。若主电路容量较小，其电路中的熔断器可同时作为控制电路的短路保护；若主电路容量较大，则控制电路一定要单独设置短路保护熔断器。

（2）过电流保护　过电流保护是区别于短路保护的一种电流型保护。所谓过电流是指电动机或电器元件超过其额定电流的运行状态，不正确的起动和负载转矩过大，也常常引起电动机出现很大的电流。由此引起的过电流，一般比短路电流小，不超过$6I_N$。在过电流情况下，电器元件并不是马上损坏，只要在达到最大允许温升之前，电流值能恢复正常，还是允许的。较大的冲击负载，将使电路产生很大的冲击电能，以致损坏电器设备，同时，过大的电流引起电路中的电动机转矩很大也会使机械的转动部件受到损坏，因此要瞬时切断电源。在电动机运行中，产生这种过电流比发生短路的可能性要大，特别是在频繁起动、正反转、重复短时工作的电动机，更是如此。通常，过电流保护可以采用低压断路器、热继电器、电动机保护器、过电流继电器等。其中，过电流继电器是与接触器配合使用，即将过电流继电器线圈串联在被保护电路中，电路电流达到其整定值时，过电流继电器动作，其常闭触点串联在接触器控制回路中，由接触器去切断电源。这种控制方法，既可用于报告用户，也可达到一定的自动控制目的。这种保护主要应用于绕线转子异步电动机控制电路中。

（3）过载保护　过载保护是过电流保护中的一种，也属于电流型保护。过载也是指电动机的运行电流大于其额定电流，但超过额定电流的倍数更小些，通常在1.5倍以内。引起电动机过载的原因很多，如负载的突然增加，缺相运行以及电网电压降低等。若电动机长期过载运行，其绕组的温升将超过允许值而使绝缘老化、损坏。异步电动机过载保护应采用热继电器或电动机保护器作为保护元件。热继电器具有与电动机相似的反时限特性，但由于热惯性的关系，热继电器不会受短路电流的冲击而瞬时动作。当有6倍以上额定电流通过热继电器时，需经5s后才动作，这样，在热继电器动作前，就可能使继电器的发热元件先烧坏，所以，在使用热继电器作过载保护时，还必须装有熔断器或低压断路器配合使用。由于过载保护特性与过电流保护不同，故不采用过电流保护方法来进行过载保护，因为引起过载保护的原因往往是一种暂时因素，例如，负载的临时增加而引起过载，过一段时间又转入正常工作，对电动机来说，只要过载时间内绕组不超过允许温升是允许的。如果采用过电流保护，势必要影响生产机械的正常工作，生产效率及产品质量会受到影响。过载保护要求保护电器具有与电动机反时限特性相吻合的特性，即根据电流过载倍数的不同，其动作时间是不同的。它随着电流的增加而减小。

（4）断相保护　异步电动机在正常运行中，由于电网故障或一相熔断器熔断引起对称三相电源缺少一相，电动机将在缺相电源中低速运转或堵转，定子电流很大，这是造成电动机绝缘及绕组烧损的常见故障之一。断相时，由于负载的大小、绕组的接法等因素，而引起相电流与线电流的变化差异较大。对于正常运行采用三角形连接的电动机，如负载在53%～67%之间，发生断相故障，会出现故障的线电流小于对称性负载保护电流动作值，但相绕组最大相电流却已超过额定值。热继电器热元件是串接在三相电流进线中，其断相保护功能采用专门为断相运行而设计的断相保护机构构成的。

图3-29所示是一种电子式异步电动机保护电路原理图。电路由断相取样、短路取样、电流取样、延时、射极耦合双稳态触发器、功率推动晶体管V_3、接触器KM、直流稳压电源等部分组成。在正常运行时，接触器KM工作，电动机运转。触发器V_1管的基极输入信号较小，V_1截止，V_2和V_3导通，使接触器KM动作，KM的常开触点闭合。

根据三相交流平衡时其零序电压为零的原理，用R_1、R_2、R_3三个电阻形成一个零序点0，三相电压平衡时该点电位趋于零，当发生断相或三相严重不平衡时，电压U_0升高，经VD_1、C_2整流滤波后送至电位器RP_2，在RP_2上取出电压U_1经二极管VD_2加到V_1的基极，使V_1导通，V_2和V_3截止，接触器KM释放，KM常开触点断开，将电源切除，达到断相保护的目的。调节RP_2使三相不平衡值小于某值，如5%时，U_1不足以使V_1导通。

电流信号由三个电流变换器TA_1、TA_2、TA_3取得，电流变换器的一次绕组串接在电动机定子三相电路里，二次绕组产生的交流电压，经三相桥式整流、滤波后得到一直流电压U_2。当电动机短路时，电流很大，U_2升高，由RP_1上引出的电压U_3也随即升高，它经过二极管VD_3，加到V_1基极，使V_1导通，V_2、V_3截止，KM释放，KM常开触点断开，以实现过载保护。RP_1用以调整被保护电路的短路电流值，当电动机电流超过额定值时，增大的U_2克服稳压管VS的稳压值，经电阻R_3和电容C_3等组成的充电环节使U_{C3}升高，它经二极管VD_4使V_1导通，V_2、V_3截止，接触器KM线圈释放，接触器KM常开触点断开，达到短路保护的目标。

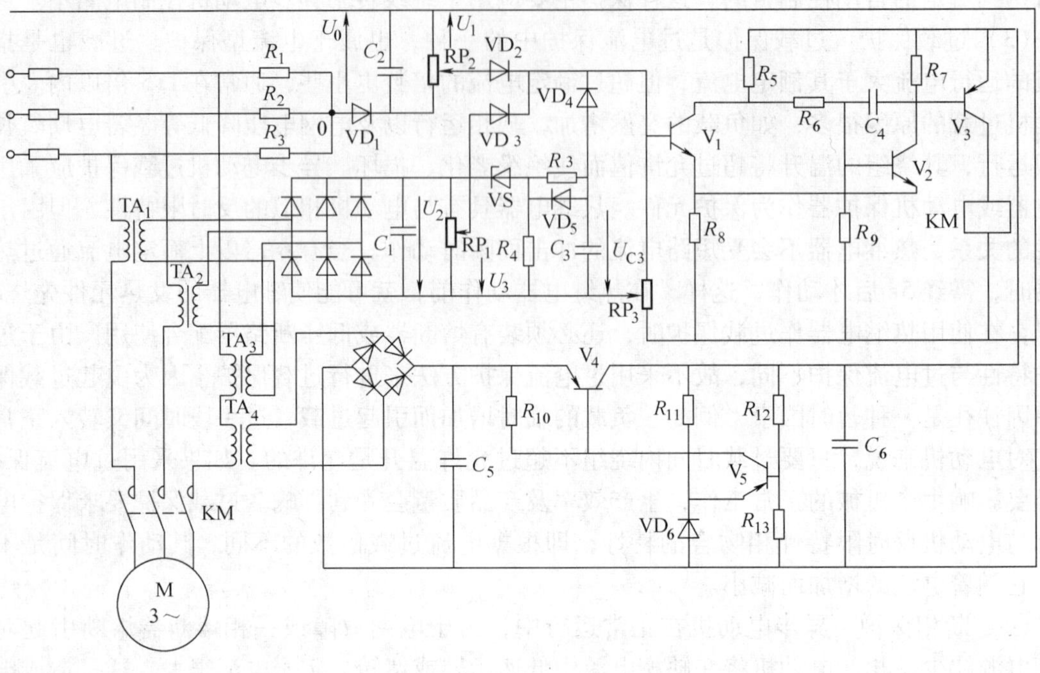

图 3-29　电子式异步电动机保护电路原理图

2. 电压型保护

电动机或电器元件都是在一定的额定电压下才能正常工作，电压过高，过低或者工作过程中非人为因素的突然断电，都可能造成生产机械的损坏或人身事故，因此在电器控制电路设计中，应根据要求设置各种电压保护。

（1）失电压保护　电动机正常工作时，如果因为电源电压失去而停转，在电源电压恢复时，就可能自行起动，电动机的自行起动将造成人身事故或机械设备损坏。对电网来说，许多电动机同时起动，也会引起不允许的过电流和过大的电压降，而电热类电器则可能引起火灾。为防止电压恢复电动机的自行起动或电器元件自行投入工作而设置的保护，称为失电压保护。采用接触器和按钮电动机的起、停，就具有失电压保护作用。因为，如果正常工作中，电网电压消失，接触器就会自动释放而切断电动机电源，当电网恢复正常时，由于接触器自锁电路已断开，不会自行起动。但如果不是采用按钮，而是用自动复位的手动开关、行程开关等控制接触器，必须采用专门的零电压继电器。

（2）欠电压保护　电动机或电器元件在有些应用场合，当电网电压降到额定电压 U_N 以下，如 60% ~80% U_N 时，就要求能自动切除电源而停止工作，这种保护称为欠电压保护。因为电动机在电网电压降低时，其转速、电磁转矩都将降低甚至堵转。在负载一定情况下，电动机电流将增加，不仅影响产品加工质量，还会影响设备正常工作，使机械设备损坏，造成人身事故。另一方面，由于电网电压的降低，如降到 U_N 的 60%，控制电路中的各类交流接触器、继电器既不释放又不能可靠吸合，处于抖动状态并产生很大噪声，线圈电流增大，甚至过热造成电器元件和电动机的烧毁。

除上述采用接触器及按钮控制方式时，利用接触器本身的欠电压保护作用外，还可以采用低压断路器或专门的电磁式电压继电器来进行欠电压保护，其方法是将电压继电器线圈跨接在电源上，其常开触点中接在接触器控制回路中。当电网电压低于整定值时，电压继电器动作使接触器释放。

（3）过电压保护　电磁铁、电磁吸盘等大电感负载及直流电磁机构、直流继电器等，在通断时会产生较高的感应电动势，较高的感应电动势易使工作线圈绝缘击穿而损坏。因此，必须采用适当的过电压保护措施。通常过电压保护的方法是在线圈两端并联一个电阻，电阻串电容或二极管串电阻等形式，以形成一个放电回路，从而实现过电压保护。

第4章

可编程序控制器及其控制技术

4.1 可编程序控制器的产生与发展

4.1.1 可编程序控制器的产生

1968 年，美国最大的汽车制造商——通用汽车公司（GM 公司）为了适应生产工艺不断更新的需要，要求寻求一种比继电器更可靠、功能更齐全、响应速度更快的新型工业控制器，并从用户角度提出了新一代控制器应具备的 10 大条件，立即引起了开发热潮。这 10 大条件是：

1）编程方便，可现场修改程序。

2）维修方便，采用插件式结构。

3）可靠性高于继电器控制装置。

4）体积小于继电器控制盘。

5）数据可直接送入管理计算机。

6）成本可与继电器控制盘竞争。

7）输入可为市电。

8）输出可为市电，容量要求在 2A 以上，可直接驱动接触器等。

9）扩展时原系统改变最少。

10）用户存储器大于 4KB。

1969 年，美国数字设备公司（DEC 公司）研制出了世界上第一台可编程序控制器 PDP-14，在美国通用汽车公司的生产线上试用成功，并取得了满意的效果，可编程序控制器自此诞生。

可编程序控制器自问世以来，发展极为迅速。1971 年，日本开始生产可编程序控制器。

1973 年，欧洲开始生产可编程序控制器。到现在，世界各国的一些著名电气工厂几乎都在生产可编程序控制器。可编程序控制器已作为一个独立的工业设备被列入生产中，成为当代电控装置的主导。

4.1.2 可编程序控制器的发展

早期的可编程序控制器主要由分立元件和中小规模集成电路组成，它采用了一些计算机技术，但简化了计算机的内部电路，对工业现场环境适应性较好，指令系统简单，一般只具有逻辑运算的功能。随着微电子技术和集成电路的发展，特别是微处理器和微型计算机的迅速发展，在 20 世纪 70 年代中期，美国、日本、德国等国的一些厂家在可编程序控制器中开始更多地引入微机技术，微处理器及其他大规模集成电路芯片成为其核心部件，使可编程序控制器的性能价格比产生了新的突破。现在的可编程序控制器都采用了微处理器（CPU）、只读存储器（ROM）、随机存储器（RAM）或是单片机作为其核心。近来，可编程序控制器的发展更为迅速，更新换代周期大约为 3 年左右，其结构不断改进，功能日益增强，性能价格比越来越高。展望未来，可编程序控制器在规模和功能上将向两大方向发展：一方面，大型可编程序控制器不断向高速、大容量和高功能方向发展。如有的扫描速度可高达0. 1ms/k 步（0. 1μs/步），可处理几万个开关量 I/O 信号和多个模拟量 I/O 信号，用户程序存储器容量最大达十几兆字节。另一方面，发展简易经济的超小型可编程序控制器，以适应单机控制、小型自动化的需要。另外，不断增强其对过程控制的功能（模拟量控制能力）；研制采用工业标准总线，使同一工业控制系统中能连接不同的控制设备，分别执行不同的任务；增强可编程序控制器的联网通信功能，便于分散控制与集中控制的实现。

4.1.3 可编程序控制器的定义

可编程序控制器（Programmable Controller）缩写为 PC，为了与个人计算机相区别，把可编程序控制器缩写为 PLC。

可编程序控制器一直在发展中，因此直到目前为止，还未能对其下最后的定义。美国电气制造商协会（National Electrical Manufacturers Association，NEMA）在 1980 年给 PLC 作了如下的定义：

“PLC 是一个数字式的电子装置，它使用了可编程序的记忆体以储存指令，用来执行诸如逻辑、顺序、计时、计数和演算等功能，并能通过数字或模拟的输入和输出，以控制各种机械或生产过程。一部数字电子计算机若是用来执行 PLC 之功能者，亦被视同为 PLC，但不包括鼓式或机械式顺序控制器。”

国际电工委员会（IEC）曾于 1982 年 11 月颁发了可编程序控制器标准草案第一稿，1985 年 1 月又颁发了第二稿，1987 年 2 月颁发了第三稿。草案中对可编程序控制器的定义是：

“可编程序控制器是一种数字运算操作的电子系统，专为在工业环境下应用而设计。它采用了可编程序的存储器，用来在其内部存储执行逻辑运算、顺序控制、定时、计数和算术操作等面向用户的指令，并通过数字式或模拟式的输入/输出，控制各种类型的机械或生产过程。可编程序控制器及其有关外围设备，都按易于与工业系统连成一个整体、易于扩充其功能的原则设计。”

定义强调了可编程序控制器是“数字运算操作的电子系统”，即它也是一种计算机。它是“专为在工业环境下应用而设计”的工业计算机。这种工业计算机采用“面向用户的指令”，因此编程方便。

定义强调了可编程序控制器能完成逻辑运算、顺序控制、定时、计数和算术操作，还具有“数字量或模拟量的输入/输出控制”的能力，并且非常容易与“工业控制系统连成一体”，易于“扩充”。

定义强调了可编程序控制器直接应用于工业环境，它需具有很强的抗干扰能力、广泛的适应能力和应用范围。这也是区别于一般微机控制系统的一个重要特征。

4.2 可编程序控制器的基本结构与原理

4.2.1 可编程序控制器的基本结构

可编程序控制器的基本结构由输入/输出模块、中央处理单元、电源部件和编程器等组成，其结构框图如图 4-1 所示。由图可见，PLC 与计算机的基本组成相一致，因为 PLC 实际上就是一种工业控制计算机。

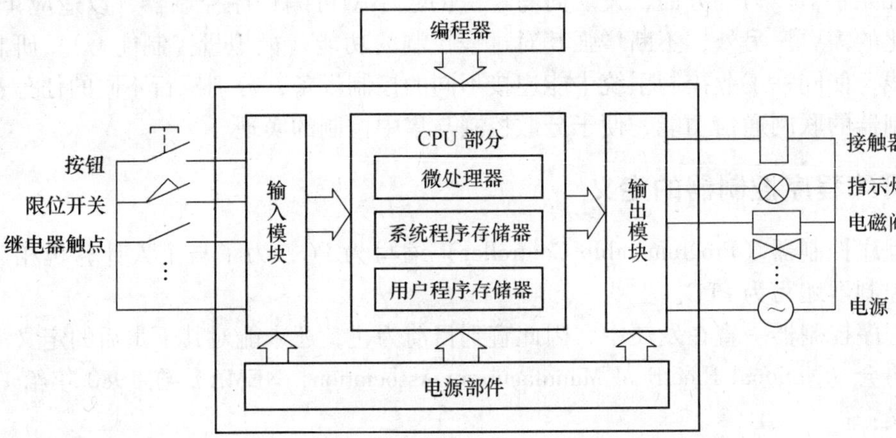

图 4-1 PLC 的基本结构

4.2.1.1 输入/输出模块（I/O 模块）

在 PLC 中，CPU 是通过输入/输出部件与外围设备连接的。输入模块用于将控制现场输入信号变换成 CPU 能接受的信号，并对其进行滤波、电平转换、隔离和放大等；输出模块用于将 CPU 的决策输出信号变换成驱动控制对象执行机构的控制信号，并对输出信号进行功率放大、隔离 PLC 内部电路和外部执行元件等。I/O 模块一般包括：数字量输入模块（DI）、数字量输出模块（DO）、模拟量输入模块（AI）和模拟量输出模块（AO）等。按用途来区分，输入/输出模块还包括：数据传送/校验、串/并行转换、电平转换、电气隔离、A/D 转换、D/A 转换以及其他功能模块等。输出模块通常有三种型式：继电器式、晶体管式和晶闸管式。

4.2.1.2　中央处理单元（CPU部分）

中央处理单元包括微处理器、系统程序存储器和用户程序存储器。

1. 微处理器（CPU）

微处理器是PLC的核心部件，整个PLC的工作过程都是在中央处理器的统一指挥和协调下进行的，它的主要任务是按一定的规律和要求读入被控对象的各种工作状态，然后根据用户所编制的应用程序的要求去处理有关数据，最后再向被控对象送出相应的控制（驱动）信号。

PLC常用的CPU主要采用通用微处理器、单片机或位片式微处理器。在PLC中常用的通用微处理器有8位和16位的，如Z80A、8085、8086、6502、M6800、M6809、M68000等。常用的单片机有8039、8049、8031、8051等。位片式微处理器常用的有AM2900、AM2901、AM2903等。有些厂家还采用自己开发的专用微处理器。

小型PLC大多采用8位微处理器或单片机；中型PLC大多采用16位微处理器或单片机或采用双CPU；而大型PLC则多采用高速位片机。采用双CPU的PLC中，其中一个CPU作为主处理器，主要用于处理字节操作指令、控制系统总线、监视扫描时间、管理内部计数器/定时器、输入输出接口、编程接口等，以及协调位处理器。另一个CPU则作为从处理器，用来处理位操作指令，完成源程序向目标代码程序的转换等。

2. 存储器

在PLC中，存储器是保存系统程序、用户程序和工作数据的器件。系统程序存储器用以存放系统程序或监控程序、管理程序、指令解释程序、功能应用子程序、系统诊断程序等，此外还用以存放输入/输出电路、内部继电器、定时器/计数器、移位寄存器等各部分固定参数。系统存储器常用ROM和EPROM。用户程序存储器是用来存放用户程序即应用程序的。常用的用户程序存储器有RAM、EPROM和EEPROM。数据存储器主要用来存放控制现场的工作数据和PLC决策运算的结果。

4.2.1.3　电源部件

电源部件是把交流电转换成直流电源的装置，它向PLC提供所需的高质量直流电源。

4.2.1.4　编程器

编程器是PLC必不可少的重要外围设备。编程器上提供了用于编程的各种按键、指示灯或显示屏，它通过通信端口与CPU相联系，完成人机对话的功能，用于编辑与输入用户程序，调试与修改用户程序，并用来监控PLC运行工作状态。

编程器有简易型和智能型两类。简易型编程器一般只能联机编程，只能以梯形图语言编辑用户程序；而智能型编程器既可联机编程又可脱机编程，同时，既可以用梯形图语言编辑用户程序又可以用语句语言或更高级的图形语言来编程。目前推出的PLC，普遍以普通个人计算机配以专门的编程软件，通过计算机屏幕对话方式进行编程。

4.2.2　可编程序控制器的基本工作原理

4.2.2.1　循环扫描工作原理

PLC实施控制实质上是采用了对整个用户程序循环执行的工作方式即循环扫描方式，即执行用户程序不是只执行一遍，而是一遍一遍不停地循环执行。每执行一遍称为扫描一次，扫描一遍全部用户程序的时间叫做扫描周期。扫描周期的长短，与程序中指令的数量以及每条指令执行时间的长短有关。应保障用户程序的扫描周期足够短，以确保在前一次扫描中刚好未捕捉到的某变量的变化状态，在下一次扫描过程中必定被捕捉到。

PLC 的扫描工作方式可以按固定的顺序运行，即每扫描一遍立即执行一遍，这种方法多用于小型 PLC，其优点是提高了系统抗干扰能力；而对于大型系统，当 I/O 点数很多时，响应的及时性则较难于满足。此时，也可以采用分时分批扫描执行的方法，以缩短扫描周期、提高系统实时响应性。此外，也可以直接使用专门指令执行一个 I/O 映像区的及时采样输入、直接刷新输出，或中断输入输出，或运用专门的智能化快速响应 I/O 模板等方法来提高系统实时响应性。

4.2.2.2 PLC 扫描周期的执行过程

PLC 是在其系统软件的支持下按扫描原理工作的，它的工作过程就是周期性的循环扫描过程，每一个扫描周期均分为自诊断、采样输入、执行用户程序、输出刷新、通信 5 个阶段，如图 4-2 所示。

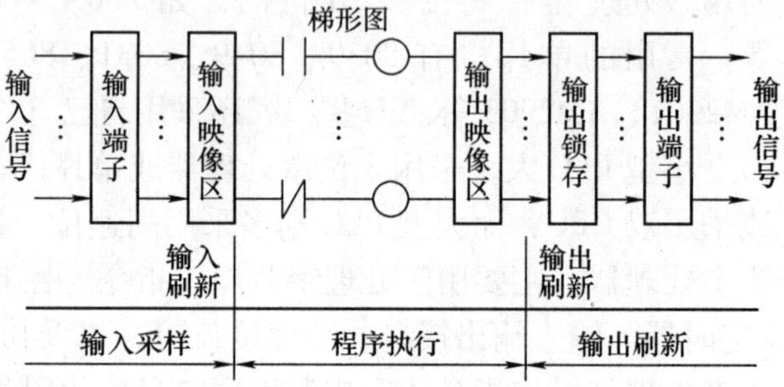

图 4-2 PLC 的工作过程

1. 自诊断

PLC 在上电后和进行每一次扫描之前都要执行自诊断程序以保证设备的可靠性。诊断包括校验系统软件的校验和、CPU 测试、存储器测试、I/O 接口测试和总线动态测试等。如果自诊断发现异常情况，PLC 将全部输出置为 OFF 状态，保留当前相关状态，然后停止 PLC 运行。PLC 除了上述自诊断功能外，往往还使用一个硬件时钟即时间监视器 WDT（Watchdog Timer）来辅助自诊断，即在每一次扫描之前均复位 WDT。如果 CPU 出现故障，或用户程序执行时间太长，使扫描周期时间超过 WDT 的设定时间，WDT 将使 PLC 停止运行，复位输入输出，并给出报警信号。而 WDT 的主要功能是针对 CPU 工作过程中出现受外界干扰而产生程序跑飞，以后始终不能再进行正常扫描循环的严重情况而设置的。

2. 采样输入阶段

在采样阶段，PLC 以顺序扫描的方式采样所有输入的状态，并存入存储器输入映像区中，然后转入程序扫描执行阶段，这个过程称为采样。在程序扫描执行期间，用户程序中所有的输入值是输入映像区的值，即使外部输入状态发生变化，输入映像区的内容也不会随之改变，这种变化只能在下一扫描周期输入采样时才能再读入。

3. 用户程序执行阶段

PLC 处于运行状态时，一个扫描周期中包含了用户程序执行过程。在程序扫描执行阶段，先从存储器输入映像区中读入程序中所需的输入状态，从存储器输出映像区中读入程序中所需的输出状态，以及程序中规定要读入的内部辅助继电器、定时器、计数器的状态。然后，按照程序的安排进行逻辑运算，并将运算结果存入存储器输出映像区。由于使用了输入输出状态映像区，用户程序具有三个明显特点：

1）由于在同一扫描周期内，对每一输入状态只采样一次，其在整个扫描周期内是一致的，因而不会造成在同一扫描周期内运算结果的混乱。

2）在同一扫描周期内，对每一输出状态一般只运算并存储一次，如果程序中运算、存储多次，则仅最后一次有效。

3）在同一扫描周期内，每一存储在输出状态映像区中的输出状态，在用户程序中亦可作为逻辑运算的条件使用。

4. 输出刷新阶段

在程序扫描执行阶段完成以后，存储器输出映像区中已存储了所有输出继电器的状态。在输出刷新阶段，将存储器输出映像区中所有输出继电器的状态转存到输出锁存电路，并驱动所有外部输出电路，至此，才真正完成了驱动外部负载的功能，这就是输出刷新。

为了便于现场调试，PLC 一般提供有输入输出控制功能，即用户可以通过编程器关闭或打开输入输出扫描过程或强制向外部负载输出开或关的驱动信号。

5. 通信

配有网络通信的 PLC，在扫描周期的通信阶段中，进行 PLC 之间以及 PLC 与计算机之间的数据信息交换。

在扫描周期的通信阶段中，用户可以通过编程器修改内存程序、启动或停止 CPU、读 CPU 状态、清内存、封锁或开放输入输出。PLC 亦将欲显示的状态、数据、逻辑变量和数字变量、误码等发送给编程器。

4.2.3　可编程序控制器的性能指标及分类

4.2.3.1　PLC 的性能指标

PLC 的性能通常可以采用以下这些指标来综合评述。不同品种规格的 PLC 其性能指标是不尽相同的。

1. 编程语言

PLC 常用的编程语言有梯形图语言、助记符语言、流程图语言及某些高级语言等，目前使用最多的是前两者。不同的 PLC 可能采用不同的语言。

2. 指令种类和总条数

用以表示 PLC 的编程和控制功能。

3. I/O 总点数

PLC 的输入和输出量有开关量和模拟量两种。对于开关量，I/O 用最大 I/O 点数表示，而对模拟量，I/O 点数则用最大 I/O 通道数表示。

4. PLC 内部继电器的种类和点数

包括输入继电器、输出继电器、辅助继电器、特殊继电器、定时器、计数器、状态继电器、数据寄存器等，且每种继电器点数也不一样。

5. 用户程序存储量

用户程序存储器用于存储通过编程器输入的用户程序，其存储容量通常是以字为单位来计算的。规定 16 位二进制数为一个字（注意一般微处理器是以 8 位为一个字节的），每 1024 个字为 1K 字。中小型 PLC 的存储容量一般在 8K 字以下，大型 PLC 的存储容量有的已达 256K 字以上。编程时，通常对于一般的逻辑操作指令，每条指令占一个字，计时、计数和位移指令占 2 个字，对于一般的数据操作指令，每条指令占 2 个字。需指出，有的 PLC 其用户程序存储容量是用编程的步数来表示的，每编一条语句为一步。

6. 扫描速度

以 ms/K 字为单位表示。例如：20ms/K 字表示扫描 1K 字的用户程序需要的时间为 20ms。

7. 工作环境

PLC 一般都能在温度 0 ~ 55℃，相对湿度小于 85%（无结露）的环境条件下工作。

8. 特殊功能

有的 PLC 还具有某些特殊功能，例如自诊断功能，通信联网功能，监控功能，特殊功能模块，远程 I/O 能力等。

9. 其他

还有其他一些指标，比如输入/输出方式、某些主要硬件（如 CPU、存储器）的型号等。

4.2.3.2 PLC 的分类

目前 PLC 的品种很多，规格性能不一，且还没有一个权威的统一分类标准，准确分类是困难的。但是目前一般按下面几种情况进行大致分类。

1. 按结构形式分类

按 PLC 结构形式分类，可分为整体式和模块式两种。

整体式（箱体式）PLC，将 PLC 的电源、中央处理器、输入/输出部件等集中配置在一起，有的甚至全部安装在一块印制电路板上，装在一个箱体内，通常称为主机。例如 F_1 系列 PLC、A-B 的 MicroLogix 系列 PLC 等。整体式结构紧凑、体积小、重量轻、价格低，但主机 I/O 点数固定，使用不灵活。小型 PLC 常使用这种结构。

模块式（积木式）PLC，它把 PLC 的各部分以模块形式分开，如电源模块、CPU 模块、输入模块、输出模块、通信模块等，把这些模块插到机架底板上，组装在一个机架内。这种结构配置灵活，装配方便，便于扩展。一般中型和大型 PLC 常采用这种结构。例如西门子 S7-300 型、S7-400 型、A-B SLC 500 型、ControlLogix 等。这种结构较复杂，造价高。

2. 按输入/输出点数和存储容量分类

按输入/输出点数和存储容量来分，PLC 大致可分为大、中、小型三种。

小型 PLC 的输入/输出点数在 256 点以下，用户程序存储器容量在 2K 字以下。

中型 PLC 的输入/输出点数在 256 ~ 2048 之间，用户程序存储器容量一般为 2 ~ 8K 字。

大型 PLC 的输入/输出点数在 2048 以上，用户程序存储器容量达 8K 字以上。

3. 按功能分类

按 PLC 功能强弱来分，可大致分为低档机、中档机和高档机三种。

低档机 PLC 具有逻辑运算、定时、计数等基本功能，有的还增设模拟量处理、算术运算、数据传送等功能。可实现逻辑、顺序、计时计数控制等。

中档机 PLC 除具有低档机的功能外，还具有较强的模拟量输入/输出、算术运算、数据传送、通信联网等功能。可完成既有开关量又有模拟量控制的任务。

高档机 PLC 除具有中档机的功能外，增设有带符号算术运算、矩阵运算等，使运算能力更强，还具有模拟调节、联网通信、监视、记录和打印等功能，使 PLC 的功能更多更强，能进行智能控制、远程控制、大规模过程控制，构成分布式控制系统成为整个工厂的自动化网络。

4.2.4　可编程序控制器与其他工业控制系统的区别

4.2.4.1　PLC 与继电接触器控制系统的区别

从某种意义上看，PLC 是从继电接触器控制发展而来的。两者既有相似性又有不同之处。

1）继电接触器控制全部用硬器件、硬触点和“硬”线连接，为全硬控制；PLC 内部大部分采用“软”电器、“软”接点和“软”线连接，为软件控制。

2）继电接触器控制系统体积大；PLC 控制系统结构紧凑，体积小。

3）继电接触器控制全为机械式触点，动作慢；PLC 内部全为“软接点”，动作快。

4）继电接触器控制功能改变，需拆线、接线乃至更换元器件，比较麻烦；PLC 控制功能改变，一般仅修改程序即可，极其方便。

5）PLC 控制系统的设计、施工与调试比继电接触器控制系统周期短。

6）PLC 控制的自检和监控功能比继电接触器控制的强。

7）PLC 的适用范围比继电接触器控制的广泛。

8）PLC 可靠性比继电接触器控制的高。

4.2.4.2　PLC 与微型计算机的区别

PLC 是随着微型机算计的发展而发展的，PLC 实质上就是一台专为工业生产控制设计的专用计算机。两者既有相近性又有差别，主要区别表现在以下几个方面：

1）PLC 输入/输出接口较多，中大型 PLC 输入/输出接口更多，便于多路多点控制，主要用于工业控制。微型计算机除了用在控制领域外，还大量用于科学计算、数据处理、计算机通信等方面。

2）PLC 编程简便，因为 PLC 采用的是易于用户理解、接受和使用的梯形图编程语言，指令又不太多，而计算机使用汇编语言或其他高级语言编程，比 PLC 编程复杂。

3）PLC 可靠性高，因为 PLC 是为工作环境条件比较恶劣的工业控制设计的，设计与制造 PLC 时已采取了多种有效的抗干扰和提高可靠性措施。而微型计算机对环境要求较高，一般要在干扰小，具有一定的温度和湿度要求的机房内使用。

4）PLC 技术较容易掌握，使用维护方便，对使用者的技术水平要求比使用计算机的用户要求低。

5）PLC 因接口的响应速度慢而影响数据处理速度，一般 PLC 接口响应速度为 2ms，巡回检测速度为 8ms/K 字。微型计算机运算速度快，一般为微秒级。

6）PLC 的软件少，所编程序也简短，故需要的存储容量小。微型计算机因有大量的系统软件和应用软件，故需要的存储容量大。

4.2.4.3　PLC 与集散控制系统的区别

1）PLC 是由继电器控制逻辑发展而来的，而集散控制系统（TDCS）是由回路仪表控制发展而来的，但两者的发展均与计算机控制技术有关。

2）早期的 PLC 在开关量控制、顺序控制方面有一定的优势，而集散控制系统在回路调节、模拟量控制方面有一定优势。

如今，二者相互渗透、互为补充，PLC 与 TDCS 的差别已不太明显，它们都能构成复杂的分级控制。从趋势来看，二者的归宿和统一将是全分布式计算机控制系统。

简言之，PLC 是专门为工作环境条件恶劣的工业应用而设计的工业计算机。这种工业计算机采用面向用户的指令，实现逻辑运算、顺序控制、定时、计数和算术操作等功能，编程方便；通过数字量或模拟量的输入/输出控制接口，非常容易与“工业控制系统联成一体”；在设计制造时采取了多层次多种有效措施来提高 PLC 的可靠性，抗干扰能力很强，适应能力和应用范围广泛。

4.3 可编程序控制器控制系统的设计方法

4.3.1 可编程序控制器的系统设计

可编程序控制器的结构和工作方式与通用微型计算机不完全一样。因此，用可编程序控制器设计自动控制系统与微机控制系统开发过程也不完全相同，需要根据可编程序控制器的特点进行系统设计。可编程序控制器与继电器控制系统也有本质区别，硬件和软件可分开进行设计是可编程序控制器的一大特点。

4.3.1.1 确定控制对象和控制范围

要应用可编程序控制器，首先要详细分析被控对象、控制过程与要求，熟悉了解工艺流程后列出控制系统的所有功能和指标要求，与继电器控制系统和工业控制计算机进行比较后加以选择，如果控制对象的工业环境较差，而安全性、可靠性要求特别高，系统工艺复杂，输入输出以开关量为多，而用常规的继电器、接触器难以实现，工艺流程有要经常变动的对象和现场，用可编程控制器进行控制是合适的。

可编程序控制器不仅处理开关量，而且对模拟量的处理能力也很强，故在很多情况下，已可代替工业控制计算机。

控制对象确定后，可编程序控制器的控制范围还要进一步明确。一般而言，能够反映生产过程的运行、能用传感器进行直接测量的参数，用人工进行控制工作量大、操作复杂、容易出错的或者操作过于频繁、人工操作不容易满足工艺要求的，往往由 PLC 控制。另外一些情况，如紧急停车，是由可编程序控制器控制还是手动控制，不同的控制方式和硬件设计与编程关系密切。

4.3.1.2 可编程序控制器控制系统设计的基本原则

任何一种电气控制系统都是为了实现被控对象（生产设备或生产过程）的工艺要求，以提高生产效率和产品质量。在设计 PLC 控制系统时，应遵循以下基本原则：

1）最大限度地满足被控对象的控制要求。设计前，应深入现场进行调查研究，搜集资料，并与机械部分的设计人员和实际操作人员密切配合，共同拟订电气控制方案，协同解决实际中出现的各种问题。

2）在满足控制要求的前提下，力求使控制系统简单、经济、使用及维修方便。

3）保证控制系统的安全、可靠。

4）考虑到生产的发展和工艺的改进，在选择 PLC 容量时，应适当留有裕量。

4.3.1.3 可编程序控制器控制系统设计的一般步骤

可编程序控制器系统设计流程图如图 4-3 所示，具体设计步骤为

1）根据生产的工艺过程分析控制要求。如需要完成的动作（动作顺序、动作条件、必

须的保护和连锁等），操作方式（手动、自动、连续、单周期、单步等）。

2）根据控制要求确定所需要的输入/输出设备，据此确定 I/O 点数。

3）选择 PLC。

4）分配 PLC 的 I/O 点，设计 PLC 的 I/O 与设备的 I/O 连接图。

5）进行 PLC 程序设计。

PLC 程序设计的步骤是：

1）对于较复杂的控制系统，需绘制系统控制流程图，用以清楚地表明动作的顺序和条件。对于简单的控制系统，也可省去这一步。

2）设计梯形图。这是程序设计的关键一步，也是比较困难的一步。要设计好梯形图，首先要十分熟悉控制要求，同时还要有一定的电气设计的实践经验。

3）根据梯形图编制程序清单（若使用的编程器可直接输入梯形图，则可省去此步）。

4）用编程器将程序键入到 PLC 的用户存储器中，并检查键入的程序是否正确。

5）对程序进行调试和修改，直到满足要求为止。

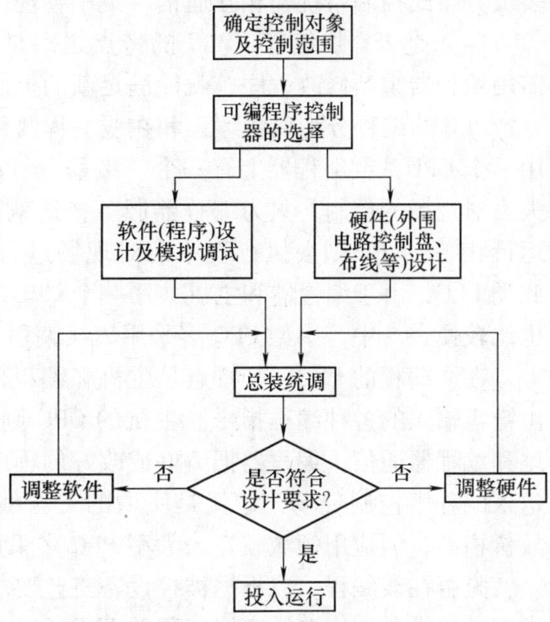

图 4-3　可编程序控制器系统设计流程图

6）进行联机调试。如不满足要求，再回去修改程序或检查接线，直到满足要求为止。

7）编制技术文件。

8）交付使用。

4.3.1.4　可编程序控制器的选择

随着 PLC 的推广普及，PLC 产品的种类越来越多，而且功能也日趋完善。PLC 的品种繁多，其结构形式、性能、容量、指令系统、编程方法、价格等各不相同，适用场合也各有侧重。因此，合理选择 PLC，对于提高 PLC 控制系统的技术经济指标起着重要的作用。

1. 机型的选择

机型选择的基本原则应是在功能满足要求的情况下，保证可靠、维护使用方便以及最佳的性能价格比。具体应考虑以下几方面：

（1）结构合理　对于工艺过程比较固定、环境条件较好（维修量较小）的场合，选用整体式结构 PLC；其他情况则选用模块式结构 PLC。

（2）功能合理　对于开关量控制的工程项目，对其控制速度无须考虑，一般的低档机就能满足要求。对于以开关量为主、带少量模拟量控制的工程项目，可选用带 A/D、D/A 转换、加减运算、数据传送功能的低档机。

对于控制比较复杂、控制功能要求高的工程项目，例如要求实现 PID 运算、闭环控制、通信联网等，可视控制规模及复杂的程度，选用中档或高档机。其中高档机主要用于大规模过程控制、PLC 的全分布式控制系统以及整个工厂的自动化等。

（3）机型统一　因为同一机型的 PLC，其模块可互为备用，便于备品备件的采购和管理；其功能及编程方法统一，有利于技术力量的培训、技术水平的提高和功能的开发；其外部设备通用，资源可共享，配以上位计算机后，可把控制各独立系统的多台 PLC 连成一个多级分布式控制系统，相互通信、集中管理。

（4）是否在线编程 PLC 的特点之一是使用灵活。当被控设备的工艺过程改变时，只需用编程器重新修改程序，就能满足新的控制要求，给生产带来很大方便。

PLC 的编程分为离线编程和在线编程两种。离线编程的 PLC，其特点是主机和编程器共用一个 CPU，在编程器上有一个“编程/运行”选择开关或按键，选择编程状态时，CPU 将失去对现场的控制，只为编程器服务，这就是所谓的“离线”编程。程序编好后，如选择运行状态，CPU 则去执行程序而对现场进行控制，这时，CPU 对编程指令按步作出响应。此类 PLC，由于编程器和主机共用一个 CPU，因此节省了大量的硬件和软件，编程器的价格也比较便宜。中、小型 PLC 多采用离线编程。

在线编程的 PLC，其特点是主机和编程器各有一个 CPU，编程器的 CPU 可以随时处理由键盘输入的各种编程指令。主机的 CPU 则是完成对现场的控制，并在一个扫描周期的末尾和编程器通信，编程器把编好或改好的程序发送给主机，在下一个扫描周期主机将按照新送入的程序控制现场，这就是所谓的“在线”编程。此类 PLC，由于增加了硬件和软件，故价格高，但应用领域较宽。大型 PLC 多采用在线编程。

是否在线编程，应根据被控设备工艺要求的不同来选择。对于产品定型的设备和工艺不常变动的设备，应选用离线编程的 PLC；反之，可考虑选用在线编程的 PLC。

2. 输入/输出的选择

（1）可编程序控制器控制系统 I/O 点数估算：

1）控制电磁阀等所需的 I/O 点数。由电磁阀的动作原理可知，1 个单线圈电磁阀用可编程序控制器控制时需 2 个输入及 1 个输出点；1 个双线圈电磁阀需 3 个输入及 2 个输出点；1 个按钮需 1 个输入点；1 个光电开关需 1 个或 2 个输入点；1 个信号灯需 1 个输出点；波段开关，有几个波段就需几个输入点；一般情况，各种位置开关都需占用 2 个输入点。

2）控制交流电动机所需的 I/O 点数。用可编程序控制器控制交流电动机时，是以主令信号和反馈信号作为可编程序控制器的输入信号；以可编程序控制器作为控制器，用它的输出信号驱动执行元件来完成对交流电动机的控制。例如，用可编程控制器控制一台Y-△起动的交流电动机，一般需占用可编程控制器的 4 个输入点及 3 个输出点。用可编程控制器控制一台单向运行的笼型电动机，需占用 4 个输入点及 1 个输出点。控制一台可逆运行的笼型电动机，需 5 个输入点及 2 个输出点。控制一台单向运行的变极调速电机，需 5 个输入点及 2 个输出点。控制一台单向运行的绕线转子交流电动机，需 3 个输入点及 4 个输出点。控制一台可逆运行的绕线转子交流电动机，需 4 个输入点及 5 个输出点。

3）控制直流电动机所需的 I/O 点数。晶闸管直流电动机调速系统是直流调速的主要形式，它采用晶闸管整流装置对直流电机供电。用可编程序控制器控制的直流传动系统中，可编程序控制器的输入除考虑主令信号外，还需考虑合闸信号、传动装置综合故障信号、抱闸信号、风机故障信号等。可编程序控制器的输出主要考虑速度指令信号正向 1～3 级、反向 1～3级、允许合闸信号、抱闸打开信号等。一般地，一个用可编程序控制器控制的可逆直流传动系统大约需 12 个输入点和 8 个输出点。一个不可逆的直流传动系统需 9 个输入点和 6 个输出点。表 4-1 是典型传动设备及电气元件所需可编程序控制器 I/O 点数表。此表在实际确定控制对象的 I/O 点数时有一定的参考价值。

表 4-1　典型传动设备及电气元件所需可编程序控制器 I/O 点数

序　号	电气设备、元件	输入点数	输出点数	I/O 总点数
1	星形-△起动的笼型电动机	4	3	7
2	单向运行的笼型电动机	4	1	5
3	可逆运行的笼型电动机	5	2	7
4	单向变极电动机	5	3	8
5	可逆变极电动机	6	4	10
6	单向运行的直流电动机	9	6	15
7	可逆运行的直流电动机	12	8	20
8	单线圈电磁阀	2	1	3
9	双线圈电磁阀	3	2	5
10	比例阀	3	5	8
11	按钮开关	1	—	1
12	光电开关	2	—	2
13	信号灯	—	1	1
14	拨码开关	4	—	4
15	三档波段开关	3	—	3
16	行程开关	1	—	1
17	接近开关	1	—	1
18	抱闸	—	1	1
19	风机	—	1	1
20	位置开关	2	—	2

确定 I/O 点数一般是设计中必须说明的首要问题。估算出被控对象的 I/O 点数后，就可选择点数相当的可编程序控制器。I/O 点数是衡量可编程序控制器规模大小的重要指标。选择相应规模的可编程序控制器并留有 10% ~15% 的 I/O 裕量。

（2）输入/输出模块的选择　可编程序控制器输入模块的任务是检测并转换来自现场设备（按钮、限位开关、接近开关等）的高电平信号为机器内部电平信号，模块类型分直流 5V、12V、24V、68V、60V 几种，交流 115V 和 220V 两种。由现场设备与模块之间的远近程度选择电压的大小。一般 5V、12 V、24V 属低电平，传输距离不宜太远，例如 5V 的输入模块最远不能超过 10m，也就是说，距离较远的设备选用较高电压的模块比较可靠。另外，高密度的输入模块如 32 点、64 点，同时接通点数取决于输入电压和环境温度。一般而言，同时接通点数不得超过 60%。为了提高系统的稳定性，必须考虑门槛（接通电平与关断电平之差）电平的大小。门槛电平值越大，抗干扰能力越强，传输距离也就越远。

输出模块的任务是将机器内部信号电平转换为外部过程的控制信号。对于开关频率高、电感性、低功率因数的负载，推荐使用晶闸管输出模块，缺点是模块价格高，过载能力稍差。继电器输出模块的优点是适用电压范围宽，导通压降损失小，价格低；其缺点是寿命较短，响应速度较慢。输出模块同时接通点数的电流累计值必须小于公共端所允许通过的电流值。输出模块的电流值必须大于负载电流的额定值。

3. 内存估计

用户程序所需内存容量将受到内存利用率、开关量输入/输出点数、模拟量输入/输出点数和用户的编程水平等因素的影响。

（1）内存利用率　用户程序通过编程器键入主机内，最后是以机器语言的形式存放在内存中。同样的程序，不同厂家的产品，在把用户程序变成机器语言存放时所需的内存数是不同的。我们把一个程序段中的接点数与存放该程序段所代表的机器语言所需要的内存字数的比值称为内存利用率。高的内存利用率给用户带来好处。同样的程序可以减少内存量，从而降低内存投资。另外，同样的程序可缩短扫描周期时间，从而提高系统的响应。

（2）开关量输入/输出总点数　可编程序控制器开关量输入/输出总点数是计算所需内存容量的重要根据。一般系统中，开关量输入和开关量输出的比为6:4。这方面的经验公式是根据开关量输入、开关量输出的总点数给出的。

$$\text{所需内存字数} = \text{开关量（输入} + \text{输出）总点数} \times 10$$

（3）模拟量输入/输出总点数　在只有模拟量输入的系统中，一般要对模拟量进行读入，数字滤波，传送和比较运算。在模拟量输入输出同时存在的情况下，就要进行较复杂的运算，一般是闭环控制，内存要比只有模拟量输入的情况需要量大。在模拟量处理中，常常把模拟量读入、滤波及模拟量输出编成子程序使用，这样会使所占内存大大减少，特别是在模拟量路数比较多时，每一路模拟量所需的内存数会明显减少。下面给出一般情况下的经验公式：

只有模拟量输入时：　　所需内存字数 = 模拟量点数 ×100

模拟量输入输出同时存在：　　所需内存字数 = 模拟量点数 ×200

这些经验公式的算法是在10点模拟量左右，当点数小于10时，内存字数要适当加大，点数多时，可适当减少。

（4）程序编写质量　用户程序优劣对程序长短和运行时间都有较大影响。对于同样的系统，不同用户编写的程序可能会使程序长短和执行时间差距很大。一般来说，对初学者应为内存多留一些裕量，而对有经验的编程者可少留一些裕量。

综上所述，推荐下面的经验计算公式：

$$\text{总存储器字数} = \text{（开关量输入点数} + \text{开关量输出点数）} \times 10 + \text{模拟量点数} \times 150$$

然后按计算存储器字数的25%考虑裕量。

4. 响应时间

对于过程控制，扫描周期和响应时间必须认真考虑。可编程控制器顺序扫描的工作方式使它不能可靠地接收持续时间小于扫描周期的输入信号。例如某产品有效检测宽度为3cm，产品传送速度为30m/min，为了确保不会漏检经过的产品，要求可编程序控制器扫描周期不能大于产品通过检测点的时间间隔60ms［$T = 3\text{cm}/(30\text{m/min})$］。

系统响应时间是指输入信号产生时刻与由此使输出信号状态发生变化时刻的时间间隔。

$$\text{系统响应时间} = \text{输入滤波时间} + \text{输出滤波时间} + \text{扫描时间}$$

4.3.2 可编程序控制器的硬件与软件设计一般方法

在确定了控制对象的控制任务和选择好可编程序控制器的机型后，就可进行控制系统流程图设计，画出流程图，进一步说明各信息流之间的关系，然后具体安排输入、输出的配置，并对输入、输出进行地址分配。配置与地址分配这两部分工作安排得合理，会给硬件设计、程序编写和系统调试带来很多方便。

4.3.2.1　硬件设计一般方法

1. 输入点进行地址分配时应注意的问题

1）把所有的按钮、限位开关分别集中配置，同类型的输入点可分在同一组内。

2）按照每一种类型的设备号，按顺序定义输入点地址号。

3）如果输入点有多余，可将每一个输入模块的输入点都分配给一台设备或机器。

4）尽可能将有高噪声的输入信号的模块插在远离 CPU 模块的插槽内，因此，这类输入点的地址号较大。

2. 输出点配置和地址分配也应注意的几点

1）同类型设备占用的输出点地址应集中在一起。

2）按照不同类型的设备顺序地指定输出点地址号。

3）如果输出点有多余，可将每一个输出模块的输出点都分配给一台设备或机器。

4）对彼此有关的输出器件，如电动机正转、反转，电磁阀的前进与后退等，其输出地址号应连写。

输入输出地址分配确定后，再画出可编程序控制器端子和现场信号联络图表，这样进行系统设计时便可将硬件设计、程序编写两项工作平行地进行。

4.3.2.2　软件设计的一般方法

用户编写程序的过程就是软件设计过程。在系统的实现过程中，用户常面临 PLC 的编程问题，用户应当对所选择的产品的软件功能有所了解。一般地，一个系统的软件总是用于处理控制器具备的控制硬件，也有应用系统需要控制硬件部件以外的软件功能。

1. PLC 内部元器件的功能及其规定地址编号

PLC 的逻辑指令一般都是针对 PLC 内某一个元器件状态而言的，这些元器件的功能是相互独立的，在编制用户程序时，必须熟悉每条指令涉及的元器件的功能及其规定地址编号。

每种功能的元器件用一定的字母来表示。如：I 表示输入继电器，Q 表示输出继电器，M 表示辅助继电器，V 表示变量寄存器，T 表示定时器，C 表示计数器，AC 表示累加器等等，并对这些元器件给予一定的编号。这些元器件编号是采用八进制数码，即元器件状态存放在指定地址的内存单元中，供编程时调用。如：“I 字节．位（I0.0 ~ I7.7）” 表示元器件的输入继电器功能及其编址方式，“Q 字节．位（Q0.0 ~ Q7.7）” 表示元器件的输出继电器功能及其编址方式，“M 字节．位（M0.0 ~ M15.7）” 表示元器件的辅助继电器功能及其编址方式，“T-bit（T0 ~ T255）” 表示元器件的定时器功能及其编址方式，“C-bit（C0 ~ C255）” 表示元器件的计数器功能及其编址方式等。

2. PLC 编程语言

可编程序控制器的控制功能都是以程序的形式来体现，所以必须把控制要求变换成 PLC 能接受并执行的程序。PLC 常用的编程语言有以下几种：梯形图语言、助记符语言、逻辑功能图语言和某些高级语言，但目前使用最多最普遍的是梯形图语言及助记符语言。

3. PLC 常用程序设计方法

程序设计通常采用逻辑设计法，它是以布尔代数为理论基础，根据生产过程各工步之间各检测元件状态的不同组合和变化，确定所需的中间环节（如中间继电器）。再按各执行元件所应满足的动作节拍表，分别列写出各自用相应的检测元件及中间环节状态逻辑值表示的布尔表达式，最后用接点的串并联组合在电路上进行逻辑表达式的物理实现。可编程序控制器的辅助继电器、定时器、计数器、状态器数量相当大，且这些器件的接点为无限多个，给程序设计带来很大方便，只要程序容量和扫描时间允许，程序的复杂程度并不影响程序的可靠性。

4.3.2.3 PLC 常用编程语言规则

1. 梯形图编程语言

（1）梯形图　梯形图是一种图形语言，它沿用继电器的触点、线圈、串并联等术语和图形符号，并增加了一些继电接触器控制图中没有的符号，因此梯形图与继电接触器控制图的形式及符号有许多相同或相仿的地方。梯形图按自上而下，从左到右的顺序排列，最左边的竖线称为起始母线也叫左母线，然后按一定的控制要求和规则连接各个节点，最后以继电器线圈结束，称为逻辑行或“梯级”，一般在最右边还加一竖线，这竖线称为右母线。通常一个梯形图中有若干逻辑行（梯级），形似梯子，梯形图由此而得名。梯形图比较形象直观，容易掌握，用得很多，堪称用户第一编程语言。

梯形图中接点只有常开和常闭接点，通常是 PLC 内部继电器接点或内部寄存器、计数器等的状态，不同 PLC 内每种接点有自己特定的号码标记，以示区分；梯形图中的继电器线圈包括输出继电器、辅助继电器线圈等，其逻辑动作只有线圈接通之后，才能使对应的常开或常闭接点动作；梯形中接点可以任意串联或并联，但继电器线圈只能并联而不能串联；内部继电器、计数器、定时器等均不能直接控制外部负载，只能作中间结果供 PLC 内部使用；PLC 是按循环扫描方式沿梯形图的先后顺序执行程序的，在同一扫描周期中的结果保留在输出状态暂存器中，所以输出点的值在用户程序中可以当作条件使用。

（2）梯形图编程中两个基本概念　在 PLC 梯形图编程中，应用了两个基本概念。

1）软继电器　PLC 的梯形图设计，主要是利用“软继电器”线圈的“吸～放”功能以及触点的“通～断”功能来进行的。实际上，PLC 内部并没有继电器那样的实体，只有内部寄存器中每位触发器。根据计算机对信息的“存～取”原理来读出触发器的状态，或在一定条件下改变它的状态。对“软继电器”的线圈定义号只能有一个，而对它的接点状态（常开或常闭），可作无数次的读出。

2）能流　在梯形图中，并没有真实的电流流动。为了便于分析 PLC 的周期扫描原理以及信息存储空间分布的规律，假想在梯形图中有“电流”流动，这就是“能流”。“能流”在梯形图中只能作单方向流动即从左向右流动，层次的改变只能先上后下。

（3）梯形图设计规则

1）接点应画在水平线上，不能画在垂直分支上。如图 4-4 所示，图 a 中接点 3 被画在垂直线上，就难于正确识别它与其他接点间的关系，也难判断通过接点 3 对输出线圈的控制方向。因此应根据从左到右、自上而下的原则和对输出线圈的几种可能控制路径画成如图 b 所示的形式。

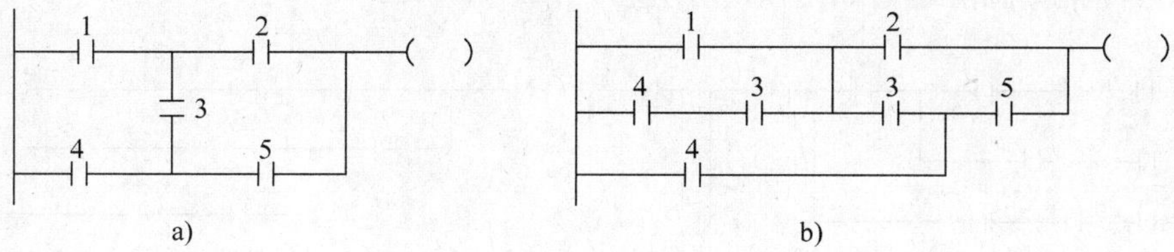

图 4-4　梯形图画法之一

a）不正确　b）正确

2）不包含接点的分支应放在垂直方向，不可放在水平位置，以便于识别接点的组合相对输出线圈的控制路径，如图 4-5 所示。

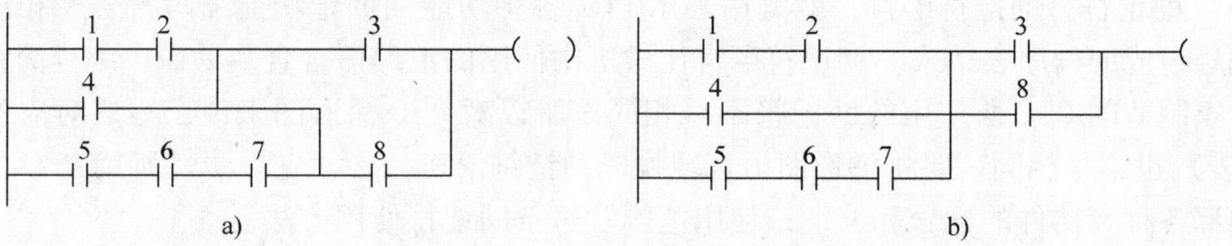

图 4-5　梯形图画法之二

a）不正确　b）正确

3）在有几个串联回路相并联时，应将接点最多的那个串联回路放在梯形图的最上面。在有几个并联回路相串联时，应将接点最多的并联回路放在梯形图的最左面。这种安排所编写的程序简洁明了，指令较少，如图 4-6 所示。

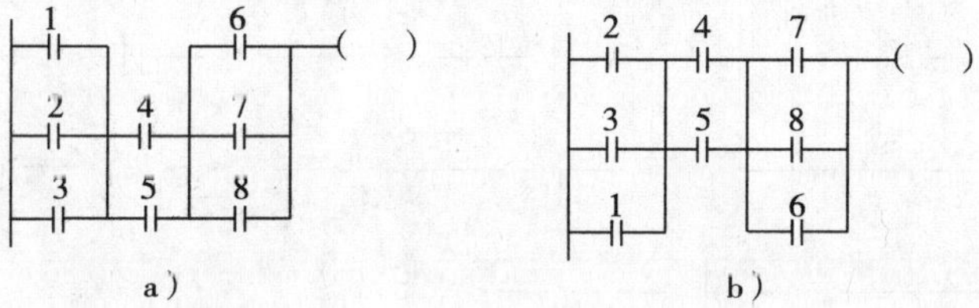

图 4-6　梯形图画法之三

a）不正确　b）正确

4）不能将接点画在线圈的右边，只能在接点的右边接线圈，如图 4-7 所示。

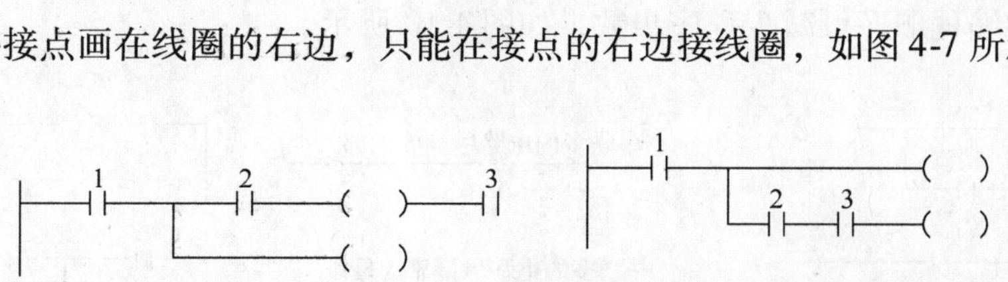

图 4-7　梯形图画法之四

a）不正确　b）正确

5）梯形图推荐画法之一如图 4-8 所示。

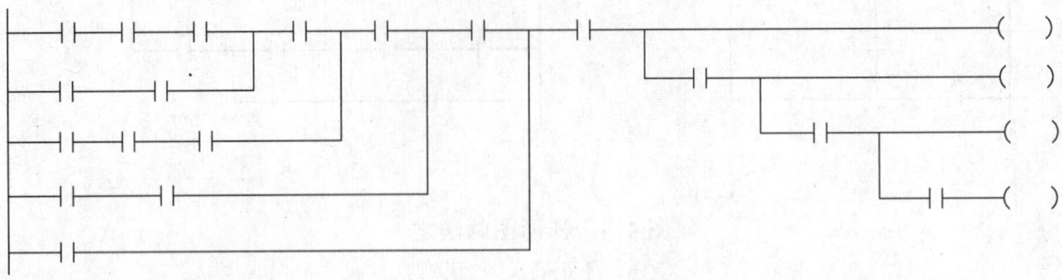

图 4-8 梯形图推荐画法之一

2. 助记符编程语言

（1）助记符 助记符语言，就是用表示 PLC 各种功能的助记功能缩写符号和相应的元器件编号组成的程序表达式。助记符语言比微机中使用的汇编语言直观易懂，编程简单。但不同厂家制造的 PLC 所使用的助记符不尽相同，所以对同一梯形图来说，写成对应的程序（语言表）也不尽相同，要将梯形图语言转换成助记符语言，必须先弄清楚所用 PLC 的型号以及内部各种元器件的标号和编址，使用范围及每条助记符使用方法。

（2）指令表编程规则

1）利用 PLC 基本指令对梯形图编程时，必须按照从左到右、自上而下的原则进行。梯形图的编程顺序展现如图 4-9 所示。

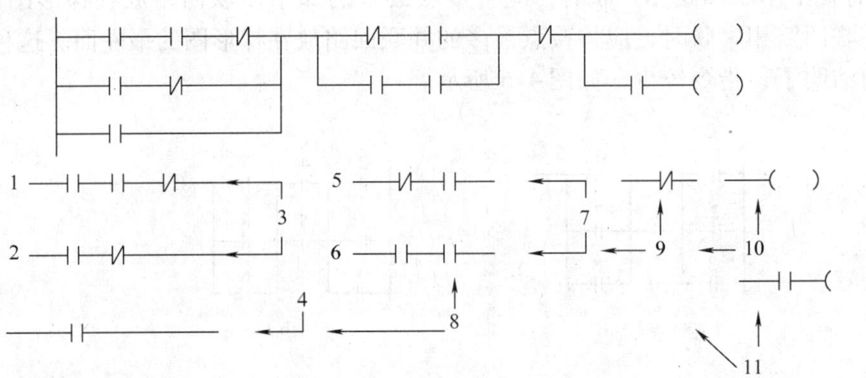

图 4-9 编程顺序

2）恰当的编程顺序可减少程序步数，如图 4-10 所示。

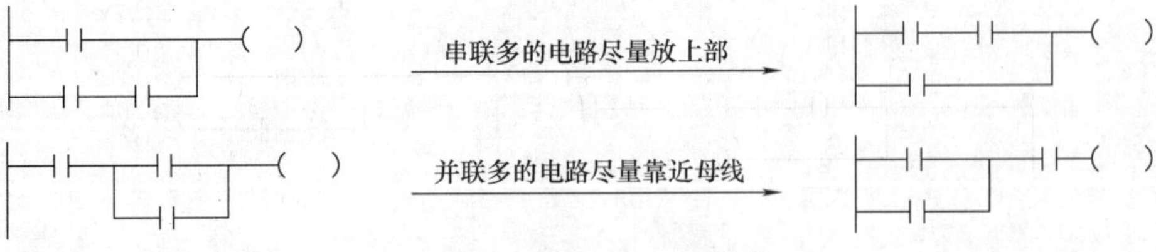

图 4-10 梯形图推荐画法之二

3）对于不可编程电路必须作重新安排，以便于正确应用PLC基本指令来进行编程。

4.3.3　可编程序控制器的安装与调试一般方法

1. PLC系统的安装注意事项

为保证PLC系统能长期正常可靠工作，安装时必须做到正确、可靠、安全和采取抗干扰措施。

（1）安装环境

1）环境温度要适当，一般不要低于0℃或高于55℃。安装时应远离热源和阳光直接照射，注意散热通风。

2）注意防潮、防尘、防腐、防震，固定要牢靠。

3）PLC应尽可能远离高压电源线或高压设备，以避免电磁干扰。

（2）电源与接地

1）PLC的供电线路应与其他大功率用电设备或产生强干扰设备（如弧焊机等）分开。

2）如果PLC的供电电源带有干扰，可在PLC供电线路上接入低通滤波器，或安装一个一、二次侧之间带有隔离层的、电压比为1的隔离变压器。

3）交流电源线和交流信号线不能与直流信号线和模拟量信号线同一线槽走线。

4）PLC最好安装专用的地线，如果此要求达不到，也必须做到PLC与其他设备公共接地，接地点应尽可能靠近PLC，绝对不能与其他设备串联接地。

5）若用屏蔽电缆，则其屏蔽层应在靠近PLC一端接地，而不能两端接地。

（3）输入端子的接线

1）外部输入信号的电流和电压应符合PLC的要求，绝不能超出额定值。

2）PLC所能接受的脉冲信号宽度应大于扫描周期。

3）输入线一般不宜超过30m，输入、输出不能用同一条电缆，要分开走线。

4）特别要注意，输入的COM端绝不能与输出的COM端连接。

（4）输出端子的接线

1）为了防止连接PLC输出元件的负载短路而烧坏PLC板，应在PLC输出回路中串入熔断器，作为短路保护。

2）输出端子连接的用户电源，应根据PLC的输出方式选定。

3）若PLC以外的触点串接于负载电路中，则外部触点应接在负载侧。

4）输出端接入负载电流和电压应符合PLC的要求，负载电流超过或小于要求时，应采用相应的方法予以满足。

5）安装外部紧急停车电路。

2. PLC系统的调试运行

PLC系统的调试运行是可编程序控制器构成控制系统的最后一个设计步骤。用户程序在实际统调前需进行模拟调试。用装在可编程序控制器上的模拟开关模拟输入信号的状态，用输出点的指示灯模拟被控对象，检查程序无误后便把可编程序控制器接到实际系统里去，进行调试运行。

（1）通电前的检查　通电调试运行之前，应先对可编程序控制器外部接线作仔细检查，外部接线一定要准确、无误、牢固。PLC上工作方式选择开关的位置、各有关数据的设置是否符合要求。

（2）调试运行　通电试运行时，先做“模拟运行”或“空运行”。如果用户程序还没有送到机器里去，可用自行编写的试验程序对外部接线作扫描通电检查，查找接线故障。为了安全可靠起见，常常先将主电路断开，进行预调，当确认接线无误再接主电路，将模拟调试好的程序送人用户存储器进行调试，直到各部分的功能调试都正常，并能协调一致成为一个完整的整体控制为止。最好将运行成功的程序保存起来，以便以后查阅、修改和完善程序。

4.4　西门子 S7-200 可编程序控制器

PLC 的种类和规格很多，它们的基本结构与工作原理大体相同，但不同厂家、不同系列、不同型号的 PLC 的结构功能不尽相同。下面几节选择了几种功能强、结构紧凑、可靠性高的常用典型 PLC 具体介绍。

4.4.1　概述

S7-200 系列 PLC 是超小型化的 PLC，它适用于各行各业，各种场合中的自动检测及控制等。S7-200 系列 PLC 的强大功能使其无论在独立运行，或相连成网络都能实现复杂控制功能，使用范围可覆盖从替代继电器的简单控制到更复杂的自动化控制。S7-200 系列 PLC 实物外形图如图 4-11 所示。

图 4-11　S7-200 系列 PLC 实物外形图

4.4.1.1　型号及系统构成

S7-200 系列 PLC 的型号表示为

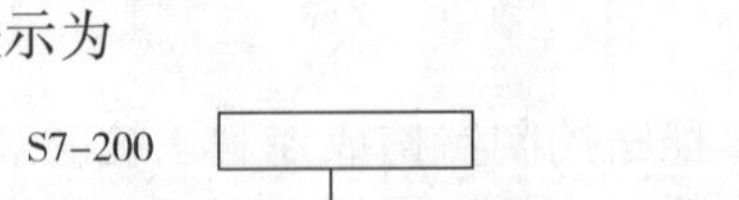

例如，S7-200 CPU214 表示：S7-200 系列的 PLC，它的 CPU 型号是 214。

S7-200 系列可提供 4 种不同的基本单元和 6 种型号的扩展单元。其系统构成除基本单元、扩展单元外，还有编程器、存储器卡、写入器、文本显示器等。

1. 基本单元

S7-200 系列中 CPU21X 的基本单元有 4 种型号，其输入/输出点数的分配如表 4-2 所示。

表 4-2　S7-200 系列 PLC 中 CPU21X 的基本单元

型　号	输入点数	输出点数	可带扩展模块数	可带模拟量扩展模块数
S7-200CPU212	8	6	2	1
S7-200CPU214	14	10	7	4
S7-200CPU215	14	10	7	4
S7-200CPU216	24	16	7	4

2. 扩展单元

S7-200 系列主要有 6 种扩展单元，扩展单元内部没有 CPU、ROM 和 RAM 等部分，不能单独使用，作为基本单元输入/输出点数的扩充，仅能与基本单元相连接使用。不同的基本单元加上不同的扩展单元，可以方便地构成各种输入/输出点数的控制系统，以适应不同工业控制的需要。S7-200 系列扩展单元型号及输入/输出点数的分配如表 4-3 所示。

表 4-3　S7-200 系列 PLC 扩展单元型号及输入/输出点数

类　型	型　号	输入点数	输出点数
数字量扩展单元	EM221	8	无
	EM222	无	8
	EM223	4/8/16	4/8/16
模拟量扩展单元	EM231	3	无
	EM232	无	2
	EM235	3	1

3. 编程器

PLC 在正式运行时，不需要编程器。编程器是用来进行用户程序的编制、存储、调试，并把用户程序送入 PLC 中。在 PLC 调试时，编程器还可用作监控及故障检测。专用的编程器分为简易型和智能型两种。

简易型编程器是袖珍型的，有简单的操作键及小面积的液晶显示屏，具有用户程序输入、编辑、检索的功能，可在线作系统监控及故障检测，具有简单实用，价格低廉的优点。但毕竟其显示功能较差，只能用指令表方式输入，所以使用不够方便。

智能型的编程器，实际上是装有全部所需软件的工业现场用便携式计算机。其程序编辑、管理的功能强。可以挂在 PLC 网络上，对网上各站进行监控、调试和管理，但价格较高。

目前普遍采用的办法是将专用的编程软件装入通用计算机内，把个人计算机作为智能型的编程器来使用（S7-200 系列的专用编程软件有 STEP 7-Micro/DOS 和 STEP 7-Micro/WIN 两种）。通过一条 PC/PPI 电缆将用户程序送入 PLC 中。

4. 程序存储卡

S7-200 系列中 CPU214 以上单元设有外接 EEPROM 卡盒接口。通过该接口可以将卡盒的内容写入 PLC 内，也可将 PLC 内的程序及重要参数传到外部 EEPROM 卡盒作备份。程序存储卡 EEPROM 有 6ES7 291-8GC00-0XA0 和 6ES7 291-8GD00-0XA0 两种型号，存储容量分别为 8KB 和 16KB 程序步。

5. 写入器

写入器的功能是实现 PLC 和 EPROM 之间程序传送，即 PLC 中 RAM 区程序通过写入器固化到程序存储卡中，或将程序存储卡中程序传送到 PLC 的 RAM 区中去。

6. 文本显示器

文本显示器 TD 200 不仅是一个用于显示系统信息的显示器，还是操作控制单元，它可以在执行程序的过程中修改某个量的参数，也可直接设置输入或输出量。文本信息的显示用选择/确认的方法，最多可显示 80 条信息，每条信息最多 4 个变量的状态。过程参数可在显示器上显示，并随时修改。TD 200 面板上的 8 个可编程序的功能键，每个都已分配了一个存储器位，这些功能键在启动和测试系统时，可以进行参数设置和诊断。

4.4.1.2 结构特点

S7-200 系列属于整体式结构，其特点是非常紧凑。它将所有的模板都装入一个机体内，构成一个整体。这样体积小巧，成本低，安装方便。整体式 PLC 可以直接装入机床或电控柜中，它是机电一体化特有产品。例如，S7-200 系列在一个机体内集中了 CPU 板、输入板、输出板和电源板等。

应当指出的是，小型 PLC 的最新发展也开始吸收模块式结构的特点。各种不同点数的 PLC 都做成同宽同高不同长度的模块，这样几个模块拼装起来后就成了一个整齐的长方体结构。西门子 S7-200 系列就是采用这种结构。

4.4.2 S7 系列 PLC 的 STEP7 编程软件简介

近年来，计算机技术发展迅速，利用计算机进行 PLC 的编程、通信更具有优势，计算机除可以进行 PLC 的编程外，还可作为一般计算机的用途，兼容性好，利用率高。因此采用计算机进行 PLC 的编程已成为一种趋势，几乎所有生产 PLC 的企业，都研究开发了 PLC 的编程软件和专业通信模块。

STEP7 编程软件用于 SIMATIC S7、C7、M7 和基于 PC 的 WinAC，是供它们编程、监控和参数设置的标准工具。STEP7-Micro/WIN 编程软件是由西门子公司专为 SIMATIC 系列 S7-200 PLC 研制开发的编程软件，它可以使用个人计算机作为图形编程器，用于在线（联机）或离线（脱机）开发用户程序，并可在线实时监控用户程序的执行状态，是西门子 S7-200 用户不可缺少的开发工具。

单台 PLC 与个人计算机的连接或通信，只需要一根 PC/PPL 电缆，将 PC/PPL 电缆的 PC 端连接到计算机的 RS-232 串行通信口，另一端连接到 PLC 的 RS-485 通信口。在个人计算机上配置 MPI 通信卡或 PC/MPL 通信适配器，可以将计算机连接到 MPI 或 PROFIBUS 网络，通过通信参数的设置可以对网络上 PLC 上传和下载用户程序和组态数据，实现网络化编程。

STEP7-Micro/WIN 的基本功能是在 Windows 平台编制用户应用程序，它主要完成下列任务：

1）离线（脱机）方式下创建、编辑和修改用户程序。在离线方式下，计算机不直接与 PLC 联系，可以实现对程序的编辑、编译、调试和系统组态，此时所有的程序和参数都存储在计算机的存储器中。

2）在线（连接）方式下通过联机通信的方式上传和下载用户程序及组态数据，编辑和修改用户程序，可以直接对 PLC 进行各种操作。

3）编辑程序过程中具有简单语法检查功能。利用此功能可提前避免一些语法和数据类型方面的错误。

4）具有用户程序的文档管理和加密等一些工具功能。

5）直接用编程软件设置 PLC 的工作方式、运行参数以及进行运行监控和强制操作等。

使用 STEP7-Micro/WIN 编程软件编辑、调试 S7-200 PLC 应用程序主要包括以下几步：

1. 以项目的形式建立程序文件

根据实际需要确定 CPU 主机型号、添加子程序或中断程序、更改子程序或中断程序名、上传或下载程序文件等。

2. 编辑程序

1）一般采用梯形图编程。编程元素包括线圈、接点、指令框，标号和连线等。

2）使用符号表可将直接地址编号用具有实际含义的符号代替，有利于程序清晰易懂。

3）使用带参数的子程序调用指令时要用到局部变量表。

4）梯形图编辑器中的“网络（Network）”标志每个梯级，同时又是标题栏，可以在此为该梯级加标题或必要的注释说明，使程序清晰易读。

5）编程软件可实现 STL、LAD 或 FBD 三种编程器之间的切换，使用最多的是 STL 和 LAD 之间互相切换，STL 的编程可以不按网络块的机构顺序编程，但 STL 只有严格按照网络块编程的格式编程才可切换到 LAD，否则无法实现转换。

6）STEP7-Micro/WIN 提供一些特殊功能配置工具，利用向导（Wizard）使下列特殊功能的编程更加容易，自动化程度更高：

- PID 向导为闭环控制定义 PID 提供指导。
- NETR/NETW 向导为网络中多个 S7-200 PLC 之间通信配置提供指导。
- HSC 向导根据需要高速计数器应用程序的要求，为不同的模式和中断事件之间进行选择指导。
- TD200 向导配置选用的 TD200 操作员接口设备，建立 TD200 信息。
- 位置控制完成，可进行离线编译，编译无误后，可将程序下载到 PLC 中。

3. 调试及运行监控

成功完成下载程序后，在软件环境下可以调试并监视用户程序的执行。可以采取单次扫描或多次扫描以及强制输出等措施调试程序，三种程序编辑器都可以在 PLC 运行时监视程序的执行过程和各元器件的执行结果，并可监视操作数的数值。

4.4.3　S7-200 系列 PLC 内部元器件

PLC 的逻辑指令一般都是针对 PLC 内某一个元器件状态而言的，这些元器件的功能是相互独立的，每种元器件用一定的字母来表示，例如 I 表示输入继电器，Q 表示输出继电器，T 表示定时器，C 表示计数器，AC 表示累加器等等，并对这些元器件给予一定的编号。这种编号是采用八进制数码，即元件状态存放在指定地址的内存单元中，供编程时调用。在编制用户程序时，必须熟悉每条指令涉及的元器件的功能及其规定编号。

为此，在介绍S7-200系列PLC指令系统之前，将主要使用的元器件的功能和字母表示及其规定的编址作一介绍。

4.4.3.1 输入继电器I

输入继电器是PLC中专门用来接收从外部敏感元件或开关元件发来的信号。它与PLC的输入端子相连，可以提供许多（无限制）常开常闭接点，供编程时使用（实际上是调用该元件的状态）。输入点的状态，在每次扫描周期开始时采样，采样结果以“1”或“0”的方式写入输入映像寄存器，作为程序处理时输入点状态“通”或“断”的根据。

S7-200系列PLC的指令集还支持直接访问实际I/O。使用立即输入指令时，绕过输入映像寄存器直接读取输入端子上的通、断状态，且不影响输入映像寄存器的状态。

输入继电器采用“字节.位”编址方式。CPU212、CPU214、CPU215及CPU216输入映像寄存器地址编码如图4-12所示。

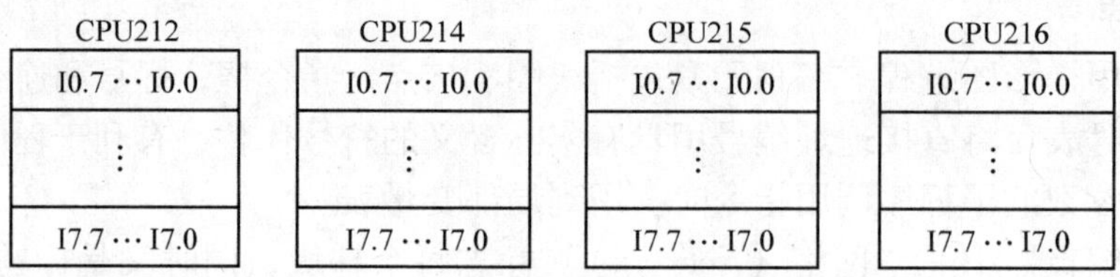

图4-12 输入映像寄存器

如编号为I0.0的输入继电器的等效电路图如图4-13所示，输入由外部按钮信号驱动，其常开、常闭接点供编程时使用。编程时应注意，输入继电器只能由外部信号所驱动，而不能在程序内部用指令来驱动，其接点也不能直接输出带动负载。

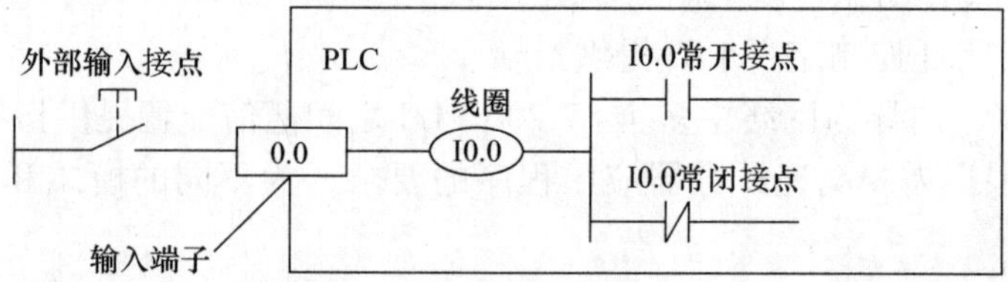

图4-13 输入继电器电路

4.4.3.2 输出继电器Q

PLC的输出端子是PLC向外部负载发出控制命令的窗口。输出继电器的外部输出触点接到输出端子，以控制外部负载。输出继电器的输出方式有三种：继电器输出、晶体管输出和晶闸管输出。

在每次扫描周期的最后，CPU才以批处理方式将输出映像寄存器（PIQ）的内容传送到输出端子去驱动外部负载。

使用立即输出指令时，除影响输出映像寄存器相应bit位的状态外，还立即将其内容传送到实际输出端子去驱动外部负载。

输出继电器采用“字节.位”编址方式。CPU212、CPU214、CPU215及CPU216输出映像寄存器地址编码如图4-14所示。

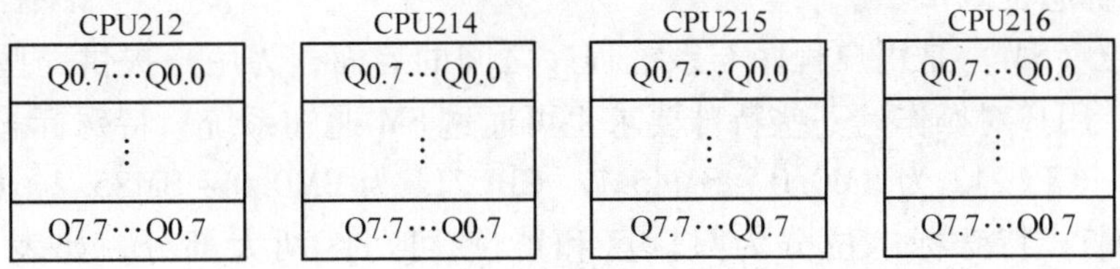

图 4-14　输出映像寄存器

输出继电器由程序执行结果所激励，它只有一对触点输出，直接带动负载。这对触点的状态对应于输出刷新阶段锁存电路的输出状态。同时，它还有供编程使用的内部常开、常闭接点。内部使用的常开、常闭接点对应输出映像寄存器中该元件的状态（内存中）。如输出继电器 Q0. 0 的等效电路如图 4-15 所示。

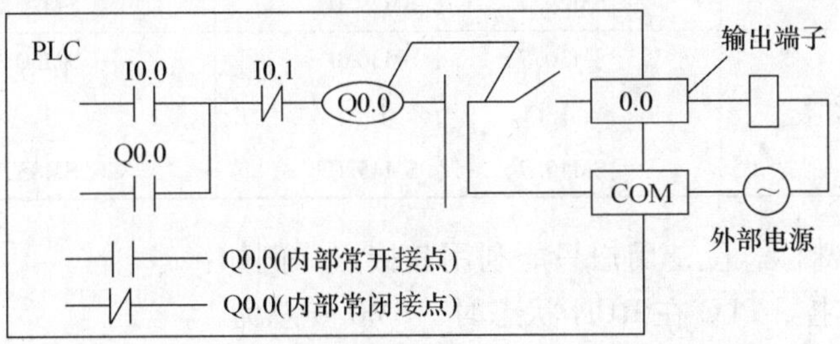

图 4-15　输出继电器的 Q0. 0 电路

4. 4. 3. 3　变量寄存器 V

S7-200 系列 PLC 有较大容量的变量寄存器，用于模拟量控制、数据运算、设置参数等。变量寄存器可以 bit 为单位使用，也可按字节、字、双字为单位使用。其数目取决于 CPU 的型号，CPU212 为 V0. 0 ~ V1023. 7，CPU214 为 V0. 0 ~ V4095. 7，CPU215/216 为 V0. 0 ~ V5119. 7。

4. 4. 3. 4　辅助继电器 M

在逻辑运算中经常需要一些中间继电器，这些继电器并不直接驱动外部负载，只起到中间状态的暂存作用。在 S7-200 系列 PLC 中，中间继电器也称作内部标志位（Marker）。CPU 型号不同其数量也不同，如 CPU212 中有辅助继电器 M 共 16Byte（即 128bit），而 CPU214 以上则有 32Byte（即 256bit）。辅助继电器电路如图 4-16 所示。

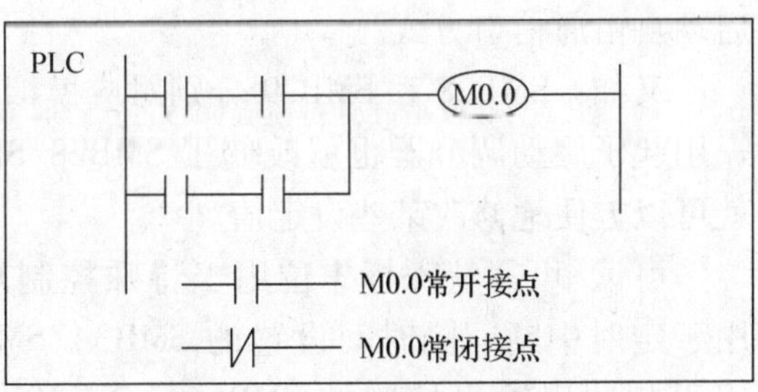

图 4-16　辅助继电器电路

辅助继电器 M 也采用“字节. 位”编址方式，例如，M10. 3 中 M 为元件符号，10 为字节号，3 为位编号（位编号可为 0 ~7）。辅助继电器一般以位为单位使用，即等同于一个中间继电器。也可以字节、字、双字为单位，作存储数据用。

辅助继电器 M 的数目取决于 CPU 的型号，CPU212 为 M0. 0 ~ M15. 7/MB0 ~ MB15，CPU214/215/216 为 M0. 0 ~ M31. 7/MB0 ~ MB31。

4.4.3.5 特殊标志位 SM

特殊标志位（SM）是用户程序与系统程序之间的界面，为用户提供一些特殊的控制功能及系统信息，用户对操作的一些特殊要求也可通过 SM 通知系统。特殊标志位的数目取决于 CPU 的型号，CPU212 为 SM0.0 ~ SM45.7，CPU214 为 SM0.0 ~ SM85.7，CPU215/216 为 SM0.0 ~ SM149.7。特殊标志位分为只读区和可读/可写区两大部分，如表 4-4 所示（以 CPU212、CPU214 为例）。

表 4-4 特殊标志位

	CPU212	CPU214
SM 只读区	SM0.7，…，SM0.0 ⋮ ⋮ SM29.7，…，SM29.0	SM0.7，…，SM0.0 ⋮ ⋮ SM29.7，…，SM29.0
SM 可读/可写区	SM30.7，…，SM30.0 ⋮ ⋮ SM45.7，…，SM45.0	SM30.7，…，SM30.0 ⋮ ⋮ SM85.7，…，SM85.0

在只读区的特殊标志位，用户只能利用其接点。例如：

SM0.0 RUN 监控，PLC 在 RUN 状态时，SM0.0 总为 1。

SM0.1 初始脉冲，PLC 由 STOP 转为 RUN 时，SM0.1 ON 一个扫描周期。

SM0.2 当 RAM 中保存的数据丢失时，SM0.2 ON 一个扫描周期。

SM0.3 PLC 上电进入 RUN 状态时，SM0.3 ON 一个扫描周期。

SM0.4 分脉冲，占空比为 50%，周期为 1min 的脉冲串。

SM0.5 秒脉冲，占空比为 50%，周期为 1s 的脉冲串。

SM0.6 扫描时钟，一个扫描周期为 ON，下一个周期为 OFF，交替循环。

SM0.7 指示 CPU 上 MODE 开关的位置，0 = TERM，1 = RUN，通常用来在 RUN 状态下启动自由通信口方式。

又如：SMB28 和 SMB29 分别对应模拟调节器 0 和 1 的当前值，数值范围为 0 ~ 255。用户用起子旋动调节器也就改变了 SMB28/SMB29 的值。在程序中恰当地安排 SMB28/SMB29 就可以方便地修改某些设定值。

可读/可写特殊标志位用于特殊控制功能用。例如：用于自由通信口设置的 SMB30，用于定时中断间隔时间设置的 SMB34/SMB35，用于高速计数器设置的 SMB36 ~ SMB65，用于脉冲串输出控制的 SMB66 ~ SMB85，其使用详情在各对应功能指令解释时加以说明。

4.4.3.6 定时器 T

PLC 中的定时器的作用相当于时间继电器。定时器的设定值由程序赋予。每个定时器有一个 16bit 的当前值寄存器以及一个状态 bit，称为 T-bit，如图 4-17 所示。

定时器的数目取决于 CPU 的型号，CPU212 为 T0 ~ T63，CPU214 为 T0 ~ T127，CPU215/216 为 T0 ~ T255。定时器的定时精度分别为 1ms、10ms 和 100ms 三种，可由用户编程时确定。表 4-5 列出了定时器有关技术指标。

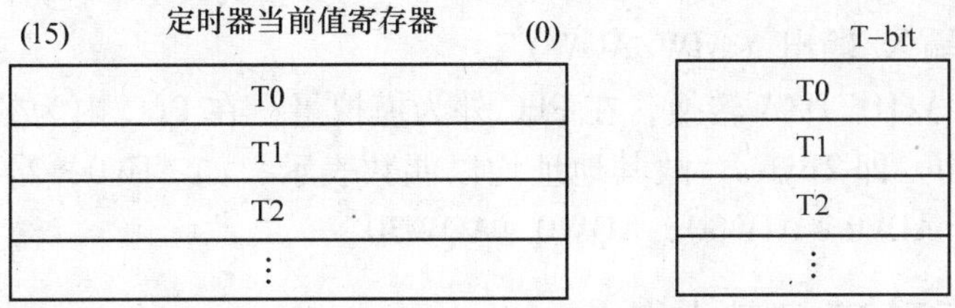

图 4-17　PLC 中的定时器

表 4-5　定时器有关技术指标

型　　号	CPU212	CPU214	CPU215	CPU216
定时器	64 T0 ~ T63	128 T0 ~ T127	256 T0 ~ T255	256 T0 ~ T255
保持型延时通定时器 1ms	T0	T0，T64	T0，T64	T0，T64
保持型延时通定时器 10ms	T1 ~ T4	T1 ~ T4 T65 ~ T68	T1 ~ T4 T65 ~ T68	T1 ~ T4 T65 ~ T68
保持型延时通定时器 100ms	T5 ~ T31	T5 ~ T31 T69 ~ T95	T5 ~ T31 T69 ~ T95	T5 ~ T31 T69 ~ T95
延时通定时器 1ms	T32	T32，T96	T32，T96	T32，T96
延时通定时器 10ms	T33 ~ T36	T33 ~ T36 T97 ~ T100	T33 ~ T36 T97 ~ T100	T33 ~ T36 T97 ~ T100
延时通定时器 100ms	T37 ~ T63	T37 ~ T63 T101 ~ T127	T37 ~ T63 T101 ~ T255	T37 ~ T63 T101 ~ T255

4.4.3.7　计数器 C

计数器的结构与定时器基本一样。其设定值在程序中赋予。它有一个 16bit 的当前值寄存器及一个状态 bit，称为 C-bit。计数器用来数输入端子或内部元件送来的脉冲数。一般计数器的计数频率受扫描周期的影响，不可以太高。高频信号的计数可用指定的高速计数器（HSC）。计数器数目也取决于 CPU 型号，CPU212 为 C0 ~ C63，CPU214 为 C0 ~ C127，CPU215/216 为 C0 ~ C255。

4.4.3.8　高速计数器 HSC

高速计数器的区域地址符为 HC。与高速计数器对应的数据只有 1 个，即计数器当前值。它是一个带符号的 32 位（bit）的双字类型的数据。

目前，CPU212 中只有 1 个高速计数器，用 HC0 表示；CPU214 ~ CPU216 中有三个高速计数器，分别用 HC0 ~ HC2 表示，对应的数据共占用 12B。

4.4.3.9　累加器 AC

S7-200 系列 PLC 提供 4 个 32bit 累加器（AC0 ~ AC3）。累加器支持字节（B）、字（W）和双字（D）的存取。以字节或字为单位存取累加器时，是访问累加器的低 8 位或低 16 位。

4.4.3.10　状态元件 S

状态元件 S 是使用步进控制指令编程时的重要元件，通常与步进指令 LSCR、SCRT、SCRE 结合使用，实现顺序功能流程图编程即 SFC（Sequentinal Function Chart）编程。状态元件的数目取决于 CPU 型号。例如：CPU212 中 S 元件的数目为 S0.0 ~ S7.7，CPU214 中 S

元件的数目为 S0.0 ~ S15.7，CPU215/216 中 S 元件的数目为 S0.0 ~ S31.7。

4.4.3.11　模拟量输入/输出（AIW/AQW）

模拟量信号经 A/D、D/A 转换，在 PLC 外为模拟量，在 PLC 内为数字量。在 PLC 内的数字量字长为 16 bit，即 2Bytes，故其地址均以偶数表示，如 AIW0，2，4，…；AQW0，2，4，…。地址范围：AIW0 ~ AIW30，AQW0 ~ AQW30。

4.4.4　S7-200 系列 PLC 基本指令

本节以 S7-200 系列 PLC 的基本指令为例，说明指令的含义、梯形图的编制方法及对应的指令表形式。SIMATIC S7-200 系列 PLC 基本指令包括 27 条逻辑指令和 15 条控制指令。

4.4.4.1　S7-200 系列 PLC 的逻辑指令

1. 逻辑取及线圈驱动指令 LD、LDN、=

LD（Load）：常开接点逻辑运算开始。

LDN（Load Not）：常闭接点逻辑运算开始。

=（Out）：线圈驱动。

上述三条指令的梯形图及指令表的用法如图 4-18 所示。

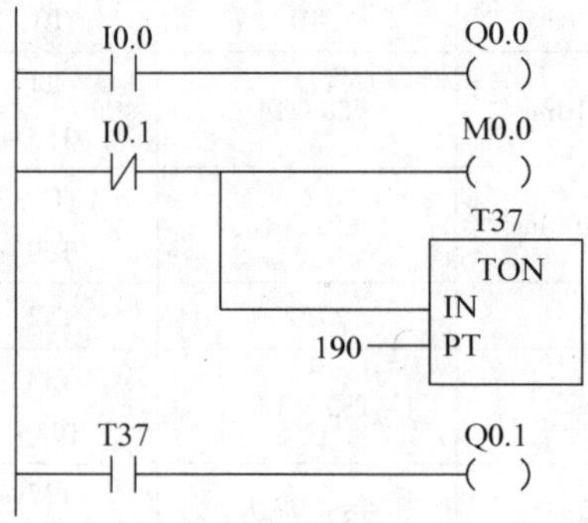

LD	I0.0
=	Q0.0
LDN	I0.1
=	M0.0
TON	T37,190
LD	T37
=	Q0.1

图 4-18　LD、LDN、= 指令的应用

LD、LDN、= 指令使用说明：

1）LD、LDN 指令用于与输入公共线（输入母线）相连的接点，也可以与 OLD、ALD 指令配合使用于分支回路的开头。

2）= 指令用于输出继电器、辅助继电器、定时器及计数器等，但不能用于输入继电器。

3）并联的 = 指令可以连续使用任意次。

4）LD、LDN 的操作数为：I，Q，M，SM，T，C，V，S。OUT 的操作数为：Q，M，SM，T，C，V，S。

2. 接点串联指令 A、AN

A（And）：常开接点串联连接。

AN（And Not）：常闭接点串联连接。

上述两条指令的梯形图及指令表的用法如图 4-19 所示。

A、AN 指令使用说明：

1）A、AN 是单个接点串联连接指令，可连续使用。

2）若要串联多个接点组合回路时，须采用后面说明的 ALD 指令。

3）若按正确次序编程，可以反复使用 = 指令，如图 4-19 中，= Q0.1。但如果按图 4-20 次序编程就不能连续使用 = 指令。

4）A、AN 的操作数为：I，Q，M，SM，T，C，V，S。

3. 接点并联指令 O、ON

O（Or）：常开接点并联连接。

ON（Or Not）：常闭接点并联连接。

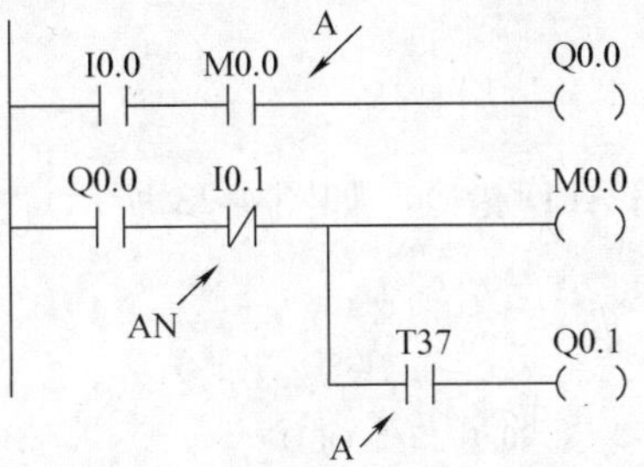


```
LD    I0.0
A     M0.0
=     Q0.0
LD    Q0.0
AN    I0.1
=     M0.0
A     T37
=     Q0.1
```

图 4-19　A、AN 指令的应用

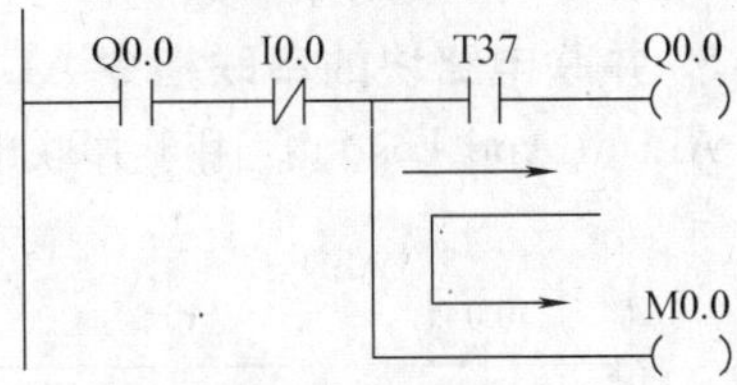

图 4-20　编程错误次序示例

上述两条指令的梯形图及指令表的用法如图 4-21 所示。

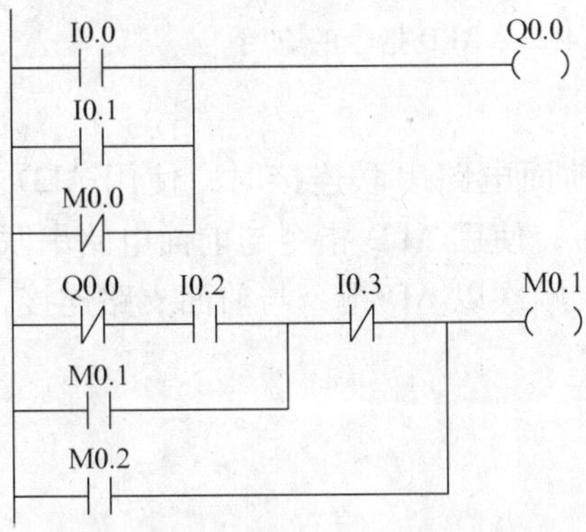


```
LD    I0.0
O     I0.1
ON    M0.0
=     Q0.0
LDN   Q0.0
A     I0.2
O     M0.1
AN    I0.3
O     M0.1
=     M0.1
```

图 4-21　O、ON 指令的应用

O、ON 指令使用说明：

1）O、ON 指令可作为一个接点的并联连接指令，紧接在 LD、LDN 指令之后，即对其前面 LD、LDN 指令所规定的接点再并联一个接点，可以连续使用。

2）若要将两个以上接点的串联回路与其他回路并联时，须采用后面说明的 OLD 指令。

3）O、ON 的操作数为：I，Q，M，SM，T，C，V，S。

4. 串联电路块的并联指令 OLD

OLD（Or Load）：用于串联电路块的并联连接。使用 OLD 指令，如图 4-22 所示。

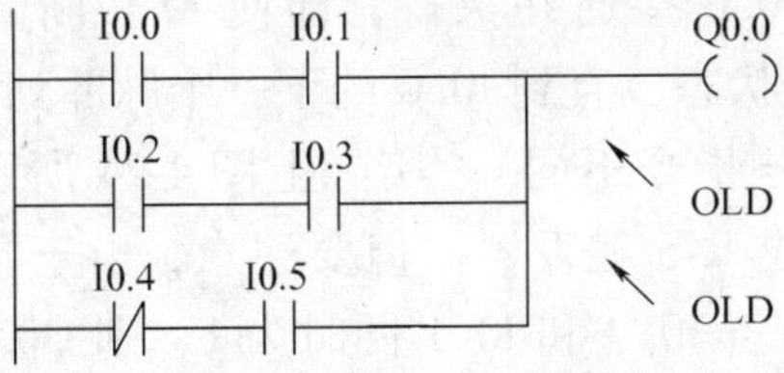


```
LD    I0.0      LDN   I0.4
A     I0.1      A     I0.5
LD    I0.2      OLD
A     I0.3      =     Q0.0
OLD
```

图 4-22　OLD 指令的应用

OLD 指令使用说明：

1）几个串联支路并联连接时，其支路的起点以 LD、LDN 开始，支路终点用 OLD 指令。

2）如需将多个支路并联，从第二条支路开始，在每一支路后面加 OLD 指令。用这种方法编程，对并联支路的个数没有限制。

3）OLD 指令无操作数。

5. 并联电路块的串联指令 ALD

ALD（And Load）：用于并联电路块的串联连接。使用 ALD 指令，如图 4-23 所示。

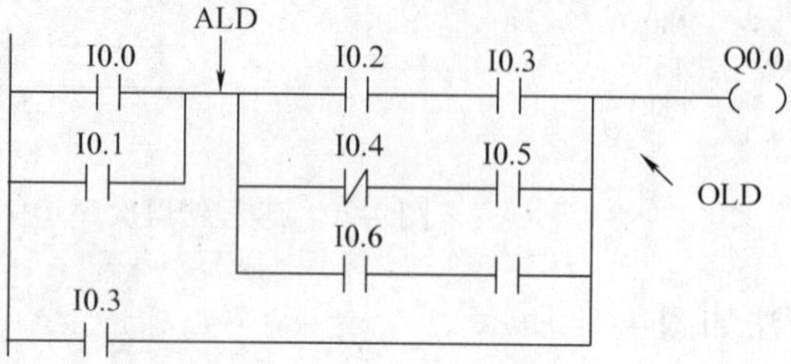


```
LD    I0.0      OLD
O     I0.1      O     I0.6
LD    I0.2      ALD
A     I0.3      O     I0.3
LDN   I0.4      =     Q0.0
A     I0.5
```

图 4-23　ALD 指令的应用

ALD 指令使用说明：

1）分支电路（并联电路块）与前面电路串联连接时，使用 ALD 指令。分支的起始点用 LD、LDN 指令，并联电路块结束后，使用 ALD 指令与前面电路串联。

2）如果有多个并联电路块串联，顺次以 AD 指令与前面支路连接，支路数量没有限制。

3）ALD 指令无操作数。

6. 置位/复位指令 S/R

S/R 指令表，如表 4-6 所示。

表 4-6　S/R 指令表

STL	LAD	功　能
S　S-BIT，N	S-BIT ——(S) N	从 S-BIT 开始的 N 个元件置 1 并保持
R　S-BIT，N	S-BIT ——(S) N	从 S-BIT 开始的 N 个元件清 0 并保持

如图 4-24 所示例子，I0. 0 的上升沿令 Q0. 0 接通并保持，即使 I0. 0 断开也不再影响 Q0. 0。I0. 1 的上升沿使 Q0. 0 断开并保持断开状态，直到 I0. 0 的下一个脉冲到来。

对同一元件可以多次使用 S/R 指令（与 = 指令不同）。实际上图 4-24 所示的例子组成一个 S-R 触发器，当然也可把次序反过来组成 R-S 触发器。但要注意，由于是扫描工作方式，故写在后面的指令有优先权。如此例中，若 I0. 0 和 I0. 1 同时为 1，则 Q0. 0 为 0。R 指令写在后因而有优先权。

S/R 指令的操作数为：Q，M，SM，V，S。

7. 脉冲生成指令 EU/ED

脉冲生成指令表如表 4-7 所示。

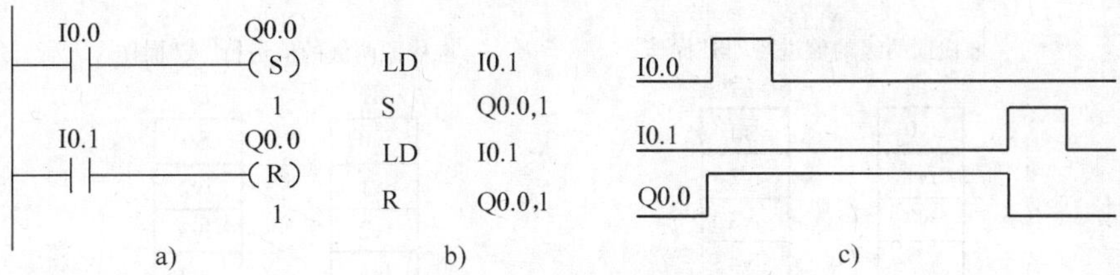

图4-24　S/R指令应用示例

a）梯形图　b）指令表　c）时序图

表4-7　脉冲生成指令表

STL	LAD	功　能	操作元件
EU（Edge Up）	─┤P├─( )	上升沿微分输出	无
ED（Edge Down）	─┤N├─( )	下降沿微分输出	无

EU指令在对应EU指令前的逻辑运算结果有一个上升沿时（由OFF到ON）产生一个宽度为一个扫描周期的脉冲，驱动其后面的输出线圈，对应图4-25所示例子，即为当I0.0有上升沿时，EU指令产生一个宽度为一个扫描周期的脉冲，驱动其后的输出线圈M0.0。

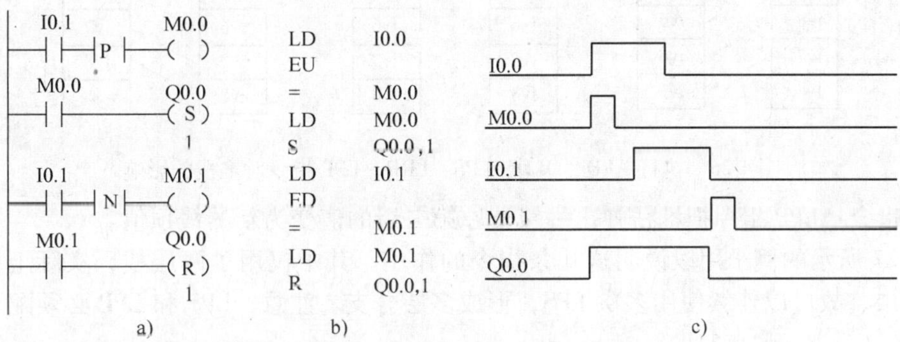

图4-25　脉冲生成指令应用示例

a）梯形图　b）指令表　c）时序图

而ED指令则在对应输入（I0.1）有下降沿时产生一宽度为一个扫描周期的脉冲，驱动其后的输出线圈（M0.1）。规范的宽度为一个扫描周期的脉冲常常用作后面应用指令的执行条件。

8. 逻辑堆栈的操作

S7-200系列PLC中有一个9层堆栈，图4-26所示为逻辑堆栈指令的操作。

ALD指令：ALD指令把逻辑堆栈第一、第二级的值作“与”操作，结果置于栈顶。ALD执行后堆栈减少一级。

OLD指令：OLD指令把逻辑堆栈第一、第二级的值作“或”操作，结果置于栈顶。OLD执行后堆栈减少一级。

LPS指令：LPS指令把栈顶值复制后压入堆栈，栈底值压出丢失。

LRD指令：LRD指令把逻辑堆栈第二级的值复制到栈顶，堆栈没有压入和弹出。

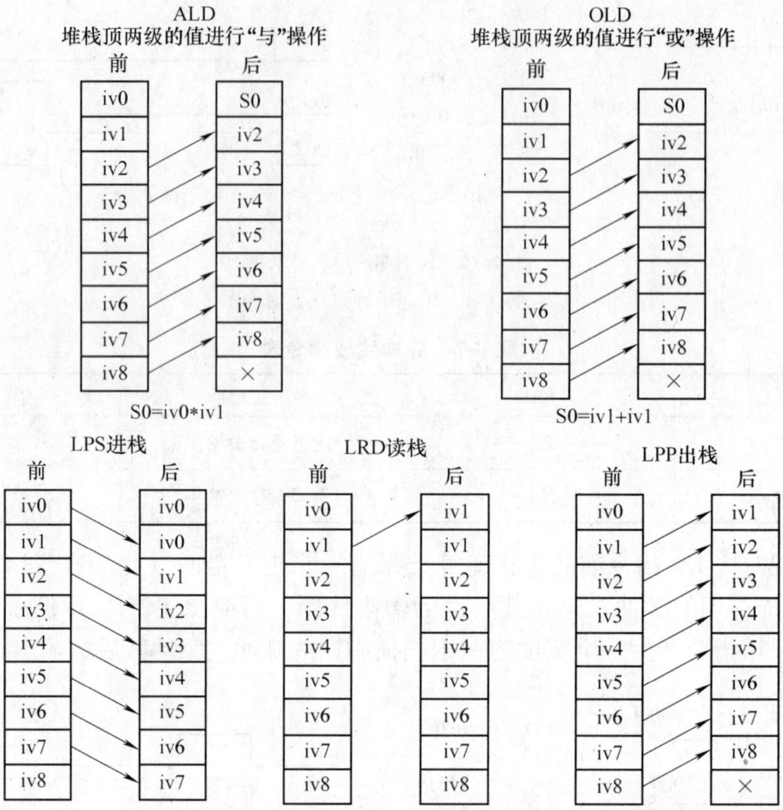

图 4-26 执行 ALD、OLD、LPS、LRD、LPP 指令对堆栈的影响

LPP 指令：LPP 指令把堆栈弹出一级，原第二级的值变为新的栈顶值。

图 4-27 所示的例子用以说明这几条指令的作用。其中仅用了两层栈，实际上因为逻辑堆栈有 9 层，故可以连续使用多次 LPS，形成多层分支。注意，LPS 和 LPP 必须配对使用。

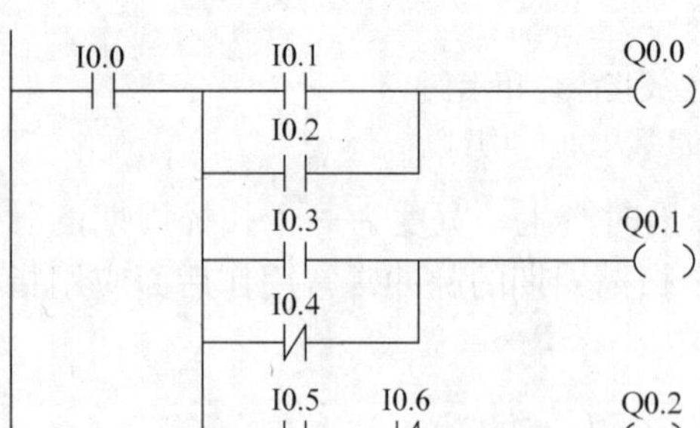


```
LD    I0.0        LPP
LPS               A     I0.5
LD    I0.1        AN    I0.6
O     I0.2        =     Q0.2
ALD
=     Q0.0
LRD
LD    I0.3
ON    I0.4
ALD
=     Q0.1
```

图 4-27 LPS、LRD、LPP 指令应用示例

9. 定时器

S7-200 系列 PLC 按工作方式分有两大类定时器：

TON：延时通定时器（On Delay Timer）。

TONR：保持型延时通定时器（Retentive On Delay Timer）。

延时通定时器指令应用示例如图 4-28 所示。

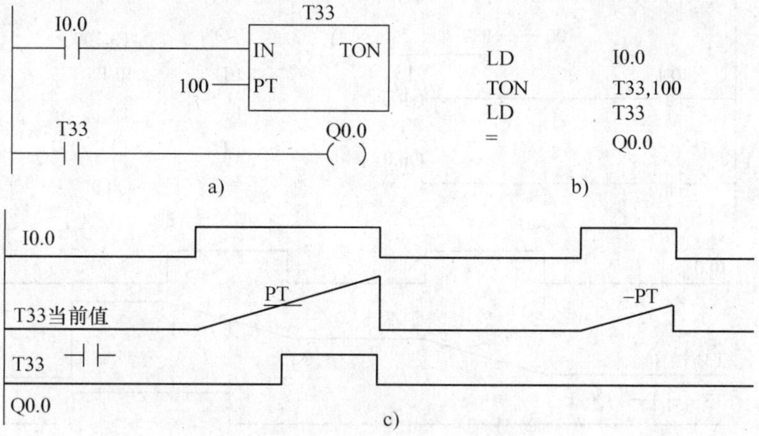

图 4-28　延时通定时器指令应用示例

a）梯形图　b）指令表　c）时序图

每个定时器均有一个 16bit 当前值寄存器及一个 1bit 的状态位 T-bit（反映其触点状态）。在图 4-28 所示例中，当 I0. 0 接通时，即驱动 T33 开始计时（数时基脉冲）；计时到设定值 PT 时，T33 状态 bit 置 1，其常开接点接通，驱动 Q0. 0 有输出；其后当前值仍增加，但不影响状态 bit。当 I0. 0 分断时，T33 复位，当前值清 0，状态 bit 也清 0，即恢复原始状态。若 I0. 0 接通时间未到设定值就断开，则 T33 跟随复位，Q0. 0 不会有输出。

当前值寄存器为 16bit，最大计数值为 32767，由此可推算不同分辨率的定时器的设定时间范围。按时基脉冲分，则有 1ms、10ms、100ms 三种定时器。详细元件类型与元件号对应关系如表 4-5 所示。

保持型延时通定时器指令应用示例如图 4-29 所示。

对于保持型延时通定时器 T3，则当输入 IN 为 1 时，定时器计时（数时基脉冲）；当 IN 为 0 时，其当前值保持（不像 TON 一样复位）；下次 IN 再为 1 时，T3 当前值从原保持值开始再往上加，将当前值与设定值 PT 作比较，当前值大于等于设定值时，T3 状态 bit 置 1，驱动 Q0. 0 有输出；以后即使 IN 再为 0 也不会使 T3 复位，要令 T3 复位必须用复位指令。

必须注意的是：对于 S7-200 系列 PLC 的定时器，1ms、10ms、100ms 定时器的刷新方式是不同的。

1ms 定时器由系统每隔 1ms 刷新一次，与扫描周期及程序处理无关，即采用中断刷新方式。因而，当扫描周期较长时，在一个周期内可能被多次刷新，其当前值在一个扫描周期内不一定保持一致。

10ms 定时器则由系统在每个扫描周期开始时自动刷新。由于是每个扫描周期只刷新一次，故在每次程序处理期间，其当前值为常数。

100ms 定时器则在该定时器指令执行时被刷新。因此要注意，如果该定时器线圈被激励而该定时器指令并不是每个扫描周期都执行，那么该定时器不能及时刷新，丢失时基脉冲，造成计时失准。如果同一个 100ms 定时器指令在一个扫描周期中多次被执行，则该定时器就会多数时基脉冲，此时相当于时钟走快了。

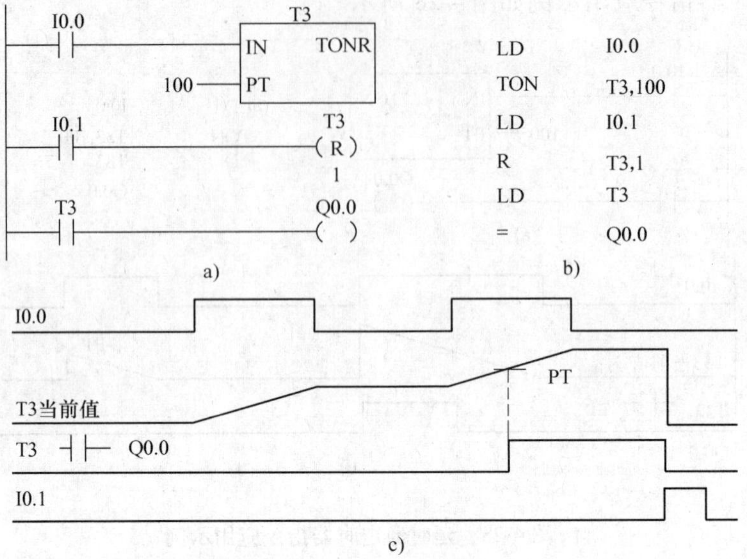

图 4-29 保持型延时通定时器指令应用示例

a）梯形图 b）指令表 c）时序图

10. 计数器

S7-200 系列 PLC 有两种计数器：

CTU：加计数器。

CTUD：加/减计数器。

计数器的 STL、LAD 形式如表 4-8 所示。

表 4-8 计数器的 STL、LAD 形式

STL	LAD	操作数
CTU C × × ×，PV	C××× CTU：CU、R、PV	C× × × 0～255 PV：VW，T，C，IW，QW，MW，SMW，AC，AIW，K，* VD，* AC，SW
CTUD C × × ×，PV	C××× CTUD：CU、CD、R、PV	CTU/CTUD 指令使用要点： ①在 STL 形式中，CU、CD、R 的顺序不能错 ②CU、CD、R 信号可为复杂逻辑关系

每个计数器有一个 16bit 的当前值寄存器及一个状态位 C-bit。CU 为加计数脉冲输入端，CD 为减计数脉冲输入端，R 为复位端，PV 为设定值。当 R 端为 0 时，计数脉冲有效；当 CU 端（CD 端）有上升沿输入时，计数器当前值加 1（减 1）。当计数器当前值大于或等于设定值时，C-bit 置 1，即其常开接点闭合。R 端为 1 时，计数器复位，即当前值清零，C-bit 也清零。计数范围为 -32768～32768，当达到最大值 32768 时，再来一个加计数脉冲，则当前值转为 -32768。同样，当达到最小值 -32768 时，再来一个减计数脉冲，则当前值转为最大值 32768。计数器应用示例如图 4-30 所示。

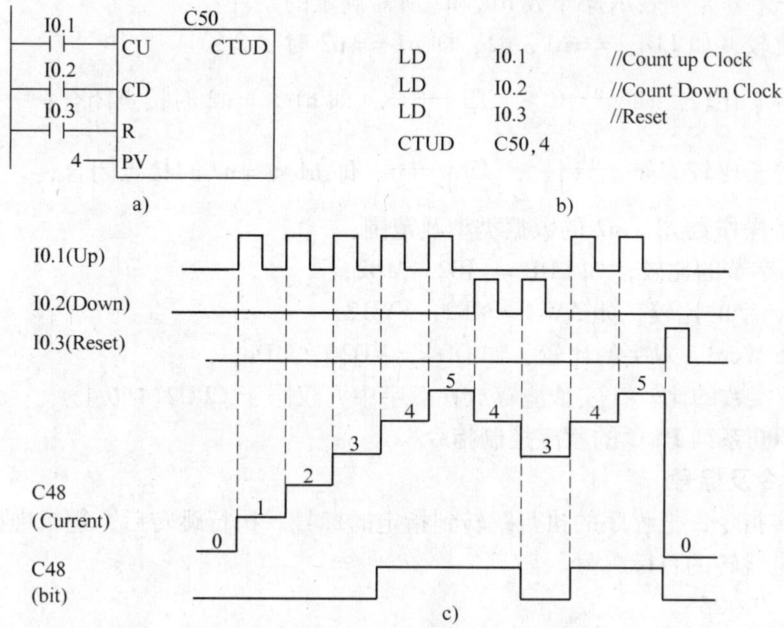

图 4-30　计数器应用示例

a）梯形图　b）指令表　c）时序图

11. NOT 与 NOP 指令

NOT 及 NOP 指令如表 4-9 所示。

表 4-9　NOT 及 NOP 指令

STL	LAD	功　能	操作元件
NOT	─┤NOT├─	逻辑结果取反	无
NOP	──(NOP)	空操作	无

NOT 为逻辑结果取反指令，在复杂逻辑结果取反时为用户提供方便。NOP 为空操作，对程序没有实质影响。

12. 比较指令

比较指令是将两个操作数按指定的条件作比较，条件成立时，接点就闭合。其 STL、LAD 形式及功能如表 4-10 所示。比较指令为上、下限控制等提供了极大的方便。

表 4-10　比较指令的 STL、LAD 形式及功能

STL	LAD	功　能
LD□×× n1，n2	n1 ×× □ n2	比较接点接起始总线
LD n A□×× n1，n2	n ─┤├─ n1 ×× □ n2	比较接点的“与”
LD n O□×× n1，n2	n ─┤├─ 并联 n1 ×× □ n2	比较接点的“或”

表4-10 中“××”表示操作数 n1，n2 所需满足的条件：

== 等于比较，如 LD□ == n1，n2，即 n1 == n2 时闭合；

>= 大于等于比较。如 n1 —| >= □ |— n2，即 n1 > = n2 时接点闭合；

<= 小于等于比较。如 n1 —| <= □ |— n2，即 n1 < = n2 时接点闭合；

“□”表示操作数 n1，n2 的数据类型及范围：

B　Byte，字节的比较，如 LDB == IB2，MB2；

W　Word，字的比较，如 AW >= MF2，VW12；

D　Double Word，双字的比较，如 OD <= VD24，MDø；

R　Real，实数的比较（实数应存放在双字中，仅限于 CPU214 以上）。

4.4.4.2　S7-200 系列 PLC 的程序控制指令

1. 跳转指令及标号

JMP：跳转指令，把程序的执行跳转到指定的标号。执行跳转后，逻辑堆栈顶总为 1。

LBL：指定跳转的目标标号。

操作数 n：0～255。

表 4-11 所示为跳转指令及标号形式，图 4-31 为跳转指令及标号的例子。

表 4-11　跳转指令及标号形式

LAD	STL
n —(JMP)	JMP　n
n |—[LBL]	LBL　n

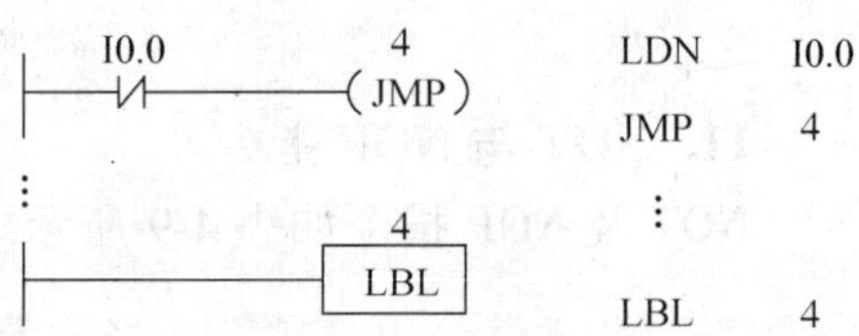

图 4-31　跳转指令及标号的例子

必须强调的是，跳转指令及标号必须同在主程序内，或在同一子程序、同一中断服务程序内，不可由主程序跳转到中断服务程序或子程序中，也不可由中断服务程序或子程序跳转到主程序中。

2. 结束指令 END

END：条件结束指令，执行条件成立（左侧逻辑值为 1）时结束主程序，返回主程序起点。

MEND：无条件结束指令，结束主程序，返回主程序起点。表 4-12 所示为结束指令形式。

操作数：无。

用户程序必须以无条件结束指令结束主程序。

表 4-12　结束指令形式

LAD	STL
—(END)	END
|—(END)	MEND

条件结束指令用在无条件结束指令前结束主程序。

MEND 为无条件结束指令，在编程结束时一定要写上该指令，否则会出错；在调试程序时，在程序的适当位置插入 MEND 指令可以实现程序的分段调试。

必须指出的是，STEP7-Micro/WIN32 没有无条件结束指令，但它会自动加一无条件结束指令到每一个主程序的结尾。

3. 停止指令 STOP

STOP：停止指令，执行条件成立（左侧逻辑位为 1）时停止执行用户程序，令 CPU 状态由 RUN 转到 STOP。

表 4-13 所示为停止指令形式。

操作数：无。

表 4-13　停止指令形式

LAD	STL
—(END)	END
├—(END)	MEND

4. 警戒时钟刷新指令（WDR）

WDR：警戒时钟刷新指令，WDR 把警戒时钟刷新，以延长扫描周期。

表 4-14 所示为警戒时钟刷新指令形式。

操作数：无。

表 4-14　警戒时钟刷新指令形式

LAD	STL
—(WDR)	WDR

使用警戒时钟刷新指令（WDR）时应注意，使用 WDR 指令应当非常小心，若在 FOR、NEXT 循环中写入 WDR 指令，则可能使一次扫描的时间拖得很长。而在第一次扫描结束之前，下面的处理是被禁止的：

1）通信（自由口通信除外）。

2）I/O 刷新（直接 I/O 除外）。

3）强制刷新。

4）特殊标志位刷新（SM0，SM5～SM29 均不可刷新）。

5）运行时间诊断。

6）扫描时间超过 25s 时，10ms、100ms 定时器不能正确计时。

7）不处理中断程序中的 STOP 指令。

注：若希望扫描周期超过 300ms，或希望中断时间超过 300ms，则必须用 WDR 指令。

将模式开关拨到 STOP 位置，则 CPU 在 1.4s 内转到 STOP 状态。

STOP、END 和 WDR 指令应用示例如图 4-32 所示。

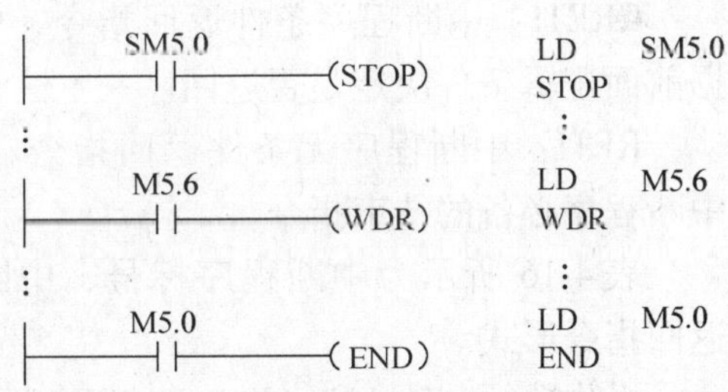

图 4-32　STOP、END 和 WDR 指令应用示例

1）当检测到 I/O 出错时，强制转到 STOP 状态。

2）当 M5.6 为 ON 时，刷新警戒时钟，延长扫描时间。

3）当 M5.0 为 ON 时，结束主程序。

5. 子程序调用、子程序入口和子程序返回指令

CALL：转子程序调用指令，CALL 将程序执行到子程序 n 处。

SBR：子程序入口指令，SBR 标示 n 号子程序的开始位置。

CRET：子程序条件返回指令，CRET 条件成立时结束该子程序，返回原调用处。

RET：子程序无条件返回指令，RET 无条件结束该子程序，返回原调用处。子程序必须以本指令作结束。

表 4-15 所示为子程序调用、子程序入口和子程序返回指令形式。

操作数 n：0 ~ 63。图 4-33 为转子程序示例。

表 4-15 子程序调用、子程序入口和子程序返回指令形式

LAD	STL
n —(CALL)	CALL n
n ├─ SBR	SBR n
—(CRET)	CRET
├─(RET)	RET

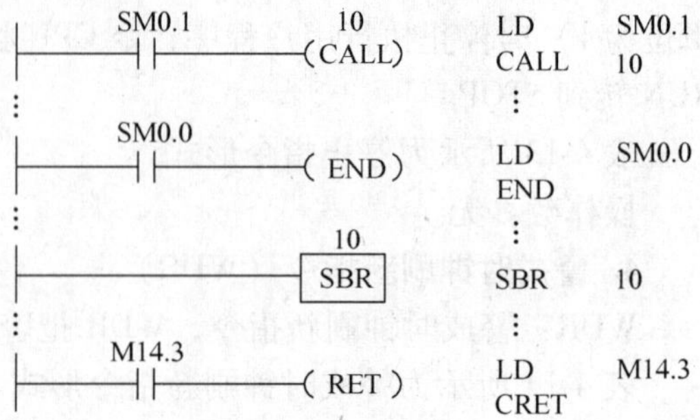

图 4-33 转子程序示例

必须指出的是，STEP7-Micro/WIN32 没有子程序无条件返回指令，但它会自动加一无条件返回指令到每一个子程序的结尾。

当子程序结束时，程序执行应返回原调用指令（CALL）的下一条指令。子程序可以嵌套，嵌套层数可达 8 层。不禁止自调用（子程序调用自己），但使用时应特别小心。

当一个子程序被调用时，整个逻辑堆栈另存别处，然后栈顶置 1，其余栈位置 0，程序执行转到被调用的子程序。子程序执行完毕，逻辑堆栈恢复原调用点的值，程序执行返回到主调用程序。因为调用子程序后，栈顶总为 1，所以跟随 SBR 指令后的输出线圈或功能框可直接接到梯形图左边母线上，在指令表中，跟在 SBR 后的 Load 指令可省略。

累加器值可在主、子程序间自由传递，调用子程序时无需对累加器作存储及重装操作。

6. 中断程序标号、中断程序的返回指令

INT：中断程序标号，INT 标示 n 号中断程序的开始（入口）。

CRETI：中断程序条件返回指令，CRETI 根据前面逻辑条件决定是否返回。

RETI：中断程序无条件返回指令，RETI 是中断程序必备的结束指令。

表 4-16 所示为中断程序标号、中断程序的返回指令形式。

表 4-16 中断程序标号、中断程序的返回指令

LAD	STL
n ├─ INT	INT n
—(RETI)	CRETI
├─(RETI)	RETI

操作数 n：0 ~ 127（取决于 CPU 型号）。

必须指出的是，STEP7-Micro/WIN32 没有中断程序无条件返回指令，但它会自动加一无条件返回指令到每一个中断程序的结尾。

7. 开中断、关中断指令

ENI：开中断指令，ENI 允许所有中断事件中断。

DISI：关中断指令，DISI 禁止所有中断事件中断。

操作数：无。

表 4-17 所示为开中断、关中断指令形式。

表 4-17 开中断、关中断指令形式

LAD	STL
—(ENI)	ENI
—(DISI)	DISI

CPU 进入 RUN 状态时，禁止中断。但可通过执行 ENI 指令全面开放中断。执行关中断指令 DISI 后，中断队列仍然会产生，但不执行中断程序。

4. 4. 4. 3　PLC 逻辑指令应用示例

1. 延时断开电路

控制要求：输入 I0. 0 满足（ON），则输出 Q0. 0 接通（ON）；当输入条件不满足（I0. 0 = OFF），则输出 Q0. 0 延时一定时间后才断开。

图 4-34 所示是输出延时断开的梯形图、指令表和时序图。在梯形图中用到一个 PLC 内部定时器，编号为 T37 定时值 5s。该定时器的工作条件是输出 Q0. 0 = ON，并且输入 I0. 0 = OFF。定时器工作 5s 后，定时器接点闭合，使输出 Q0. 0 断开。图 4-34 中，输入 I0. 0 = ON 时，Q0. 0 = ON，并且输出 Q0. 0 的接点自锁保持，直到 T37 定时时间 5s 到，Q0. 0 才断开。

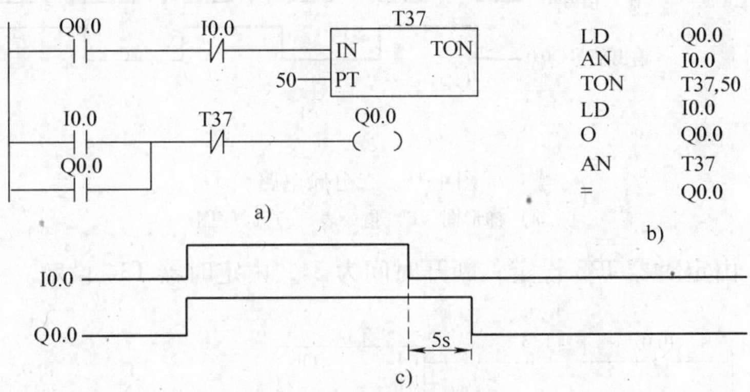

图 4-34　延时断开电路

a）梯形图　b）指令表　c）时序图

2. 分频电路

在许多控制场合，需要对控制信号进行分频。下面以二分频为例来说明 PLC 是如何来实现分频的。假设输入 I0. 1 引入信号脉冲，要求输出 Q0. 0 引出的脉冲是前者的二分频。

图 4-35 所示是二分频电路的梯形图、指令表和时序图。在梯形图中用了三个辅助继电器，编号分别是 M0. 0、M0. 1、M0. 2。其工作过程如下：

当输入 I0. 1 在 t_1 时刻接通（ON），此时内部辅助继电器 M0. 0 上将产生单脉冲。然而输出线圈 Q0. 0 在此之前并未得电，其对应的常开接点处于断开状态。因此，程序扫描至第三行时，尽管 M0. 0 得电，内部辅助继电器 M0. 2 也不可能得电。扫描至第四行时，Q0. 0 得电并自锁。此后这部分程序虽多次扫描，但由于 M0. 0 仅接通一个扫描周期，M0. 2 不可能得电。

等到 t_2 时刻，输入 I0. 1 再次接通（ON），M0. 0 上再次产生单脉冲。因此，在扫描第三行时，内部辅助继电器 M0. 2 条件满足得电。M0. 2 对应的常闭接点断开。执行第四行程序时，输出线圈 Q0. 0 失电，输出信号消失。

在 t_3 时刻，输入 I0. 1 第三次出现（ON），M0. 0 上又产生单脉冲，输出 Q0. 0 再次接通；t_4 时刻，输出 Q0. 0 再次失电，等等，循环往复。输出信号正好是输入信号的二分频。这种逻辑每当有控制信号时就将状态翻转（ON/OFF/ON/OFF），因此也可用作触发器。

3. 振荡电路

图 4-36 为一振荡电路。当输入 I0. 0 接通时，输出 Q0. 0 闪烁，接通和断开交替进行。

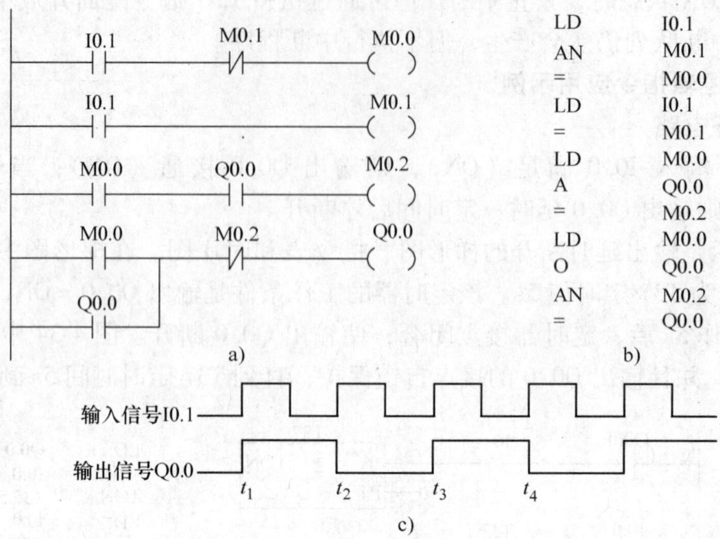

图 4-35　二分频电路

a）梯形图　b）指令表　c）时序图

接通时间为 1s，由定时器 T33 设定；断开时间为 2s，由定时器 T34 设定。

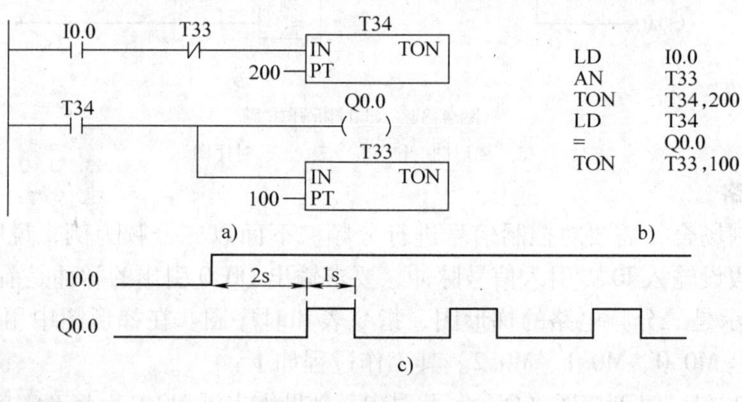

图 4-36　振荡电路

a）梯形图　b）指令表　c）时序图

4. 6 位计数电路

PLC 中绝大多数的计数器是 3 位数计数器。这里介绍将计数器串级构成一个 6 位数的加法计数器。本例中构成的 6 位数是 123456。计数器输入脉冲 I0. 1 计满 123456 次后输出 Q0. 0 接通。图 4-37 是 6 位数计数电路图。

4. 4. 5　功能图及步进控制指令

4. 4. 5. 1　功能图及步进控制指令简介

采用梯形图及指令表方式编程深受广大电气技术人员的欢迎，且电路工作比较直观。但这种编程方式也有缺点，即对步进控制程序设计很困难，电路工作也不易理解，且编程难度较大。功能图编程就是针对这些问题而问世的。

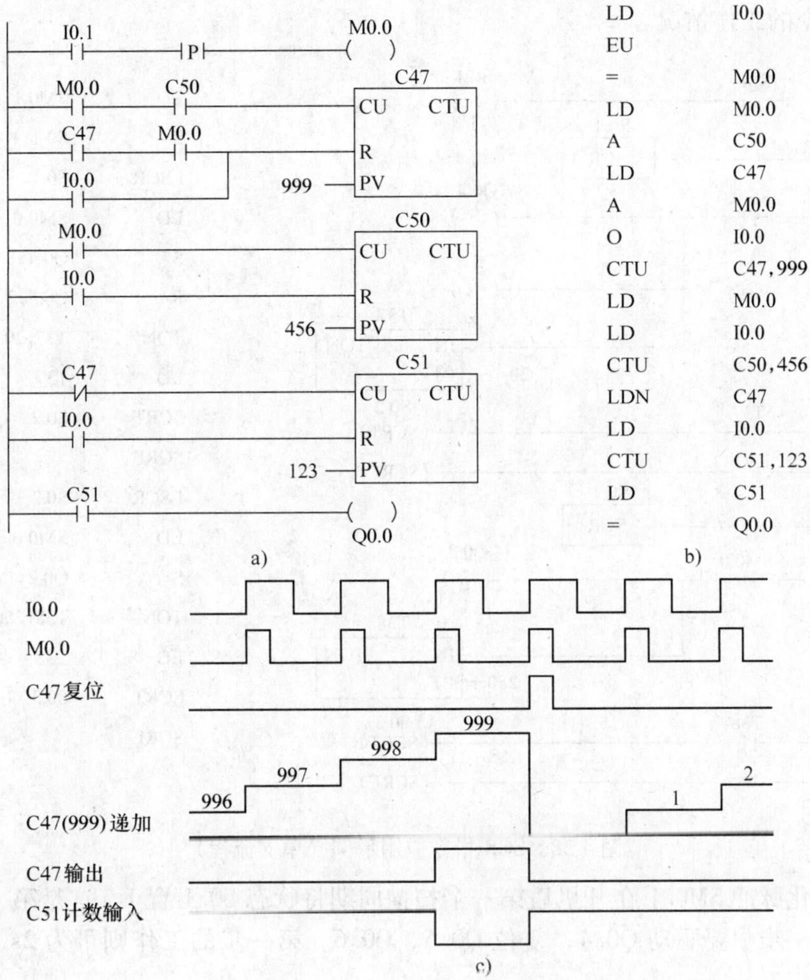

图 4-37　6 位数计数电路图

a）梯形图　b）指令表　c）时序图

若利用 IEC 标准的功能图（SFC）语言来编制步进控制程序，则初学者也很容易编写复杂的步进控制程序，使工作效率大大提高。并且，这种编程方法为调试、试运行带来极大的方便，故深受欢迎。S7-200 系列 PLC 有三条简单的步进控制指令，如表 4-18 所示。

表 4-18　步进控制指令的形式及功能

STL	LAD	功　能	操作元件
LSCR	├─[SCR]	顺控状态开始	S
SCRT	──(SCRT)	顺控状态转移	S
SCRE	──(SCRE)	顺控状态结束	无

步进控制指令 SCR 仅仅对于状态元件 S 有效，而对于状态元件能够使用 LD、LDN、A、AN、O、ON、=、S、R 等指令。因此，状态元件 S 具有一般辅助继电器的功能。

步进控制指令 SCR 具有其独特性，与其他指令比较有一定的特点。图 4-38 所示例子说明了 SCR 指令的工作情况。

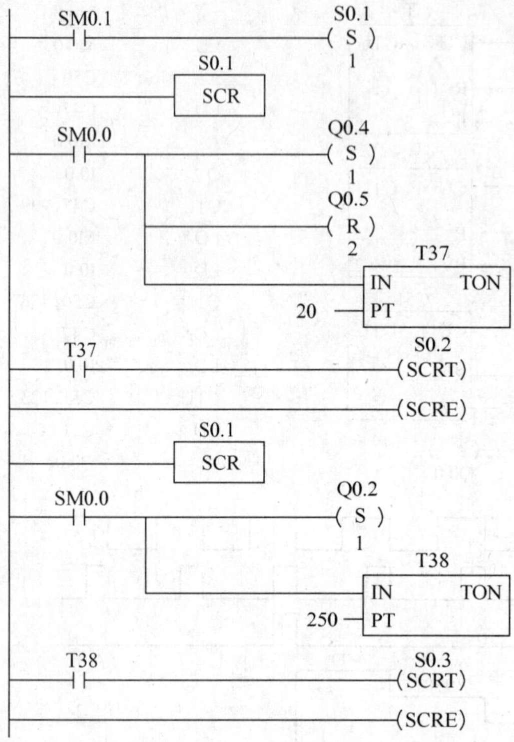

LD	SM0.1
S	S0.1,1
LSCR	S0.1
LD	SM0.0
S	Q0.4,1
R	Q0.5,2
TON	T37,20
LD	T37
SCRT	S0.2
SCRE	
LSCR	S0.2
LD	SM0.0
S	Q0.2,1
TON	T38,250
LD	T38
SCRT	S0.3
SCRE	

图 4-38 SCR 指令应用示例（单支流程）

1）初始化脉冲 SM0.1 在开机后第一个扫描周期将状态 S0.1 置 1，这是第一步。

2）在第一步中要驱动 Q0.4，复位 Q0.5，Q0.6。第一步的工作则可为 2s，因而开 T37 计时。

3）2s 时间到，转移到第二步。通过 T37 常开接点将状态 S0.2 置 1，同时将原工作状态 S0.1 清 0。

4）在第二步中要驱动 Q0.2。第二步的工作时间为 25s，因而开 T38 计时。

5）25s 时间到，转移到第三步。通过 T38 常开接点将状态 S0.3 置 1，同时自动将原工作状态 S0.2 清 0。

6）每一个状态提供了三种功能：①驱动处理，即在这一步要做什么；②转移条件，即满足该条件则转移到下一步；③转移后状态自动复位，即置位转移后的状态，并自动复位原状态。

4.4.5.2 功能图主要类型

1. 单支流程

单支流程图如图 4-39 所示，其中，状态号没有必要按过程号的次序安排。

2. 选择分支和连接

图 4-40 是选择分支和连接的功能图、梯形图及指令表。图中，状态元件 S0.2 或 S0.4 接通，则状态元件 S0.1 自动复位。状态元件 S0.6 由状态元件 S0.3 或 S0.5 置位。状态元件 S0.6 置位，则状态元件 S0.3 或状态元件 S0.5 自动复位。

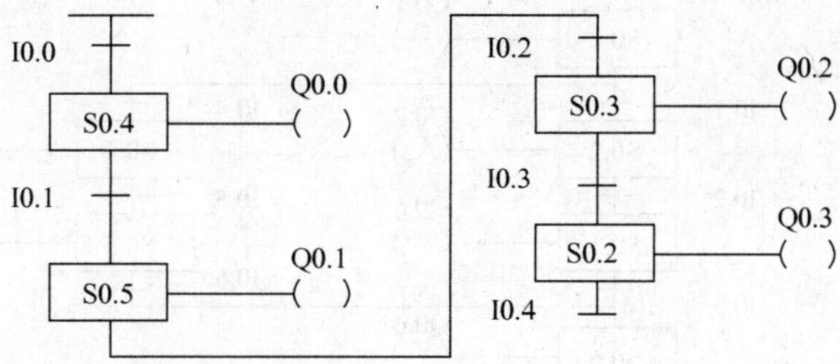

a)

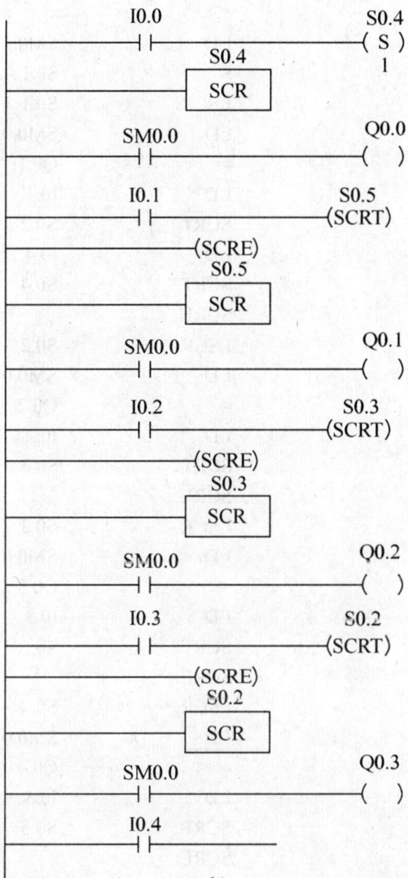

b)

LD	I0.0
S	S0.4 ,1
LSCR	S0.4
LD	SM0.0
=	Q0.0
LD	I0.1
SCRT	S0.5
SCRE	
LSCR	S0.5
LD	SM0.0
=	Q0.1
LD	I0.2
SCRT	S0.3
SCRE	
LSCR	S0.3
LD	SM0.0
=	Q0.2
LD	I0.3
SCRT	S0.2
SCRE	
LSCR	S0.2
LD	SM0.0
=	Q0.3
LD	I0.4
⋮	

c)

图 4-39　单支流程图

a）功能图　b）梯形图　c）指令表

3. 并行分支和连接

图 4-41 为并行分支连接图。图中，状态元件 S0. 2 和状态元件 S0. 4 同时接通，则状态元件 S0. 1 自动复位。状态元件 S0. 6 由状态元件 S0. 3 和状态元件 S0. 5 置位。在状态元件 S0. 3 和状态元件 S0. 5 同时接通且转移条件满足的情况下，状态元件 S0. 6 被置位。S0. 6 置位后，S0. 3 和 S0. 5 自动复位。

4. 跳转和循环

图 4-42 为跳转和循环图。

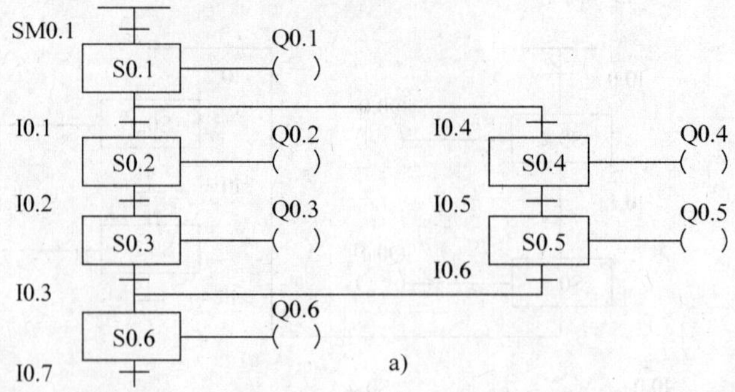

a)

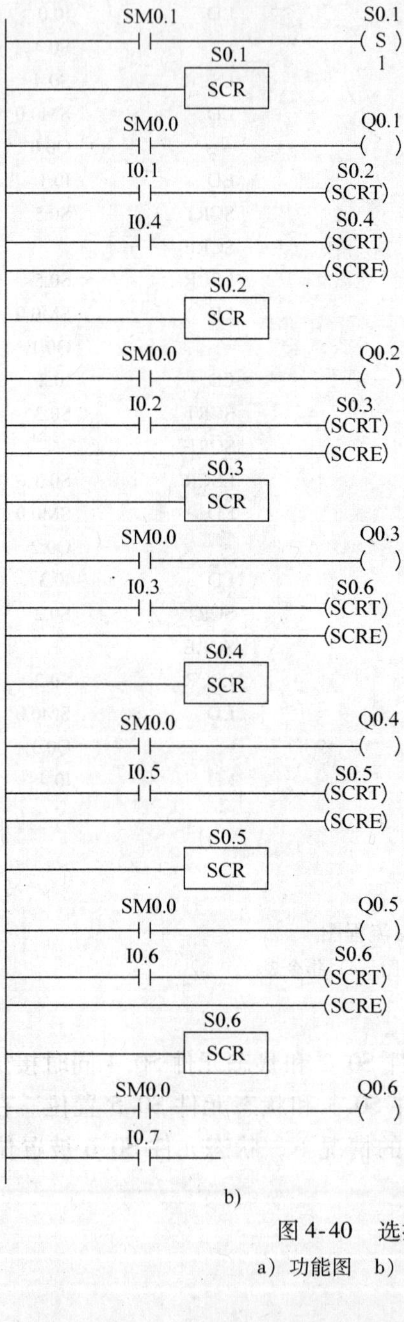

b)

```
LD      SM0.1
S       S0.1,1
LSCR    S0.1
LD      SM0.0
=       Q0.1
LD      I0.1
SCRT    S0.2
LD      I0.4
SCRT    S0.4
SCRE
LSCR    S0.2
LD      SM0.0
=       Q0.2
LD      I0.2
SCRT    S0.3
SCRE
LSCR    S0.3
LD      SM0.0
=       Q0.3
LD      I0.3
SCRT    S0.6
SCRE
LSCR    S0.4
LD      SM0.0
=       Q0.4
LD      I0.5
SCRT    S0.5
SCRE
LSCR    S0.5
LD      SM0.0
=       Q0.5
LD      I0.6
SCRT    S0.6
SCRE
LSCR    S0.6
LD      SM0.0
=       Q0.6
LD      I0.7
⋮
```
c)

图 4-40　选择分支和连接图

a）功能图　b）梯形图　c）指令表

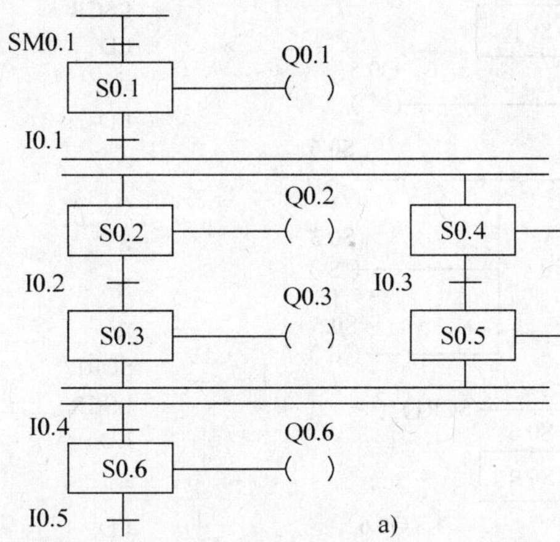

a)

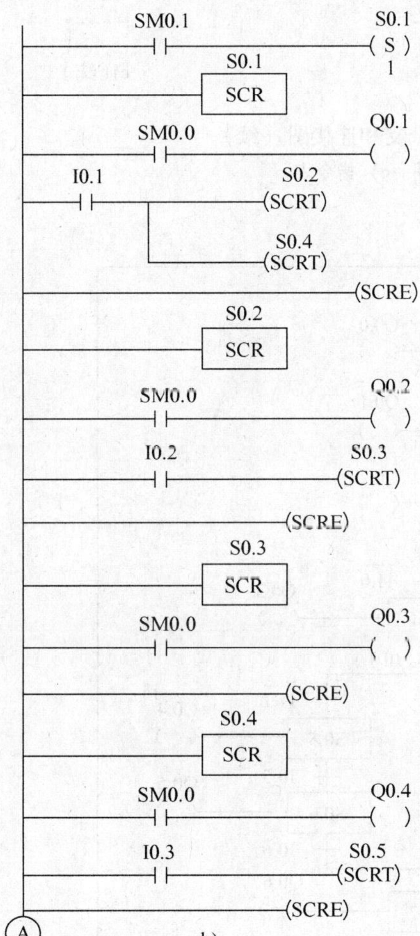

b)

```
LD      SM0.1
S       S0.1,1
LSCR    S0.1
LD      SM0.0
=       Q0.1
LD      I0.1
SCRT    S0.2
SCRT    S0.4
SCRE
LSCR    S0.2
LD      SM0.0
=       Q0.2
LD      I0.2
SCRT    S0.3
SCRE

LSCR    S0.3
LD      SM0.0
=       Q0.3
SCRE    S0.4
LSCR    SM0.0
LD      Q0.4
=       I0.3
LD      S0.5
SCRT
SCRE
```

c)

图 4-41　并行分支和连接图

a）功能图

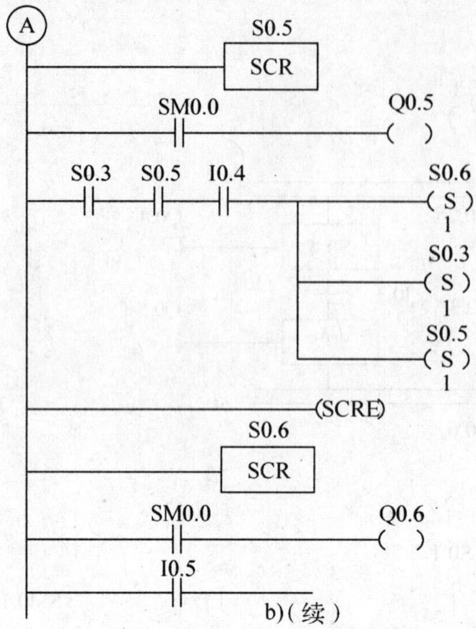

b)（续）

```
LSCR    S0.5
LD      SM0.0
=       Q0.5
LD      S0.3
A       S0.5
A       I0.4
S       S0.6,1
R       S0.3,1
R       S0.5,1
SCRE
LSCR    S0.6
LD      SM0.0
=       Q0.6
LD      I0.5
  ⋮
```

c)（续）

图 4-41 并行分支和连接图（续）

b）梯形图 c）指令表

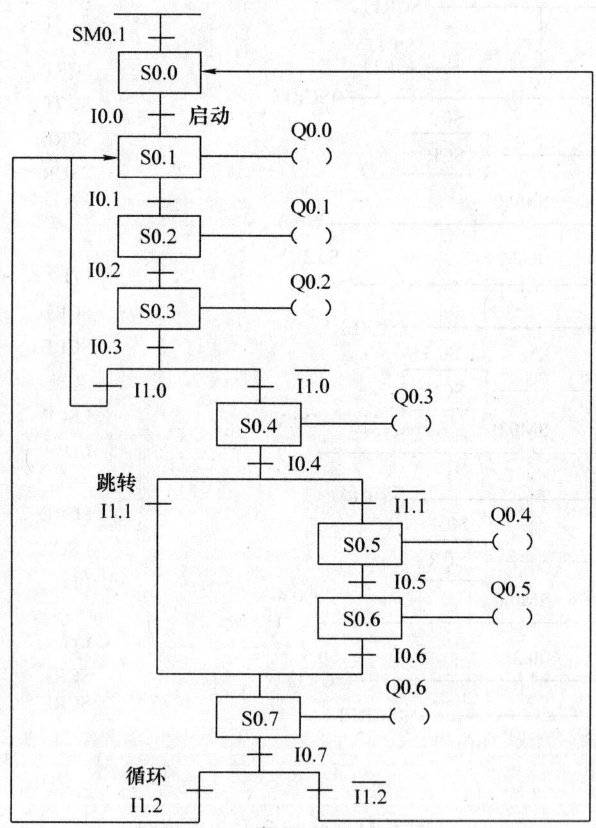

a)

图 4-42 跳转和循环图

a）功能图

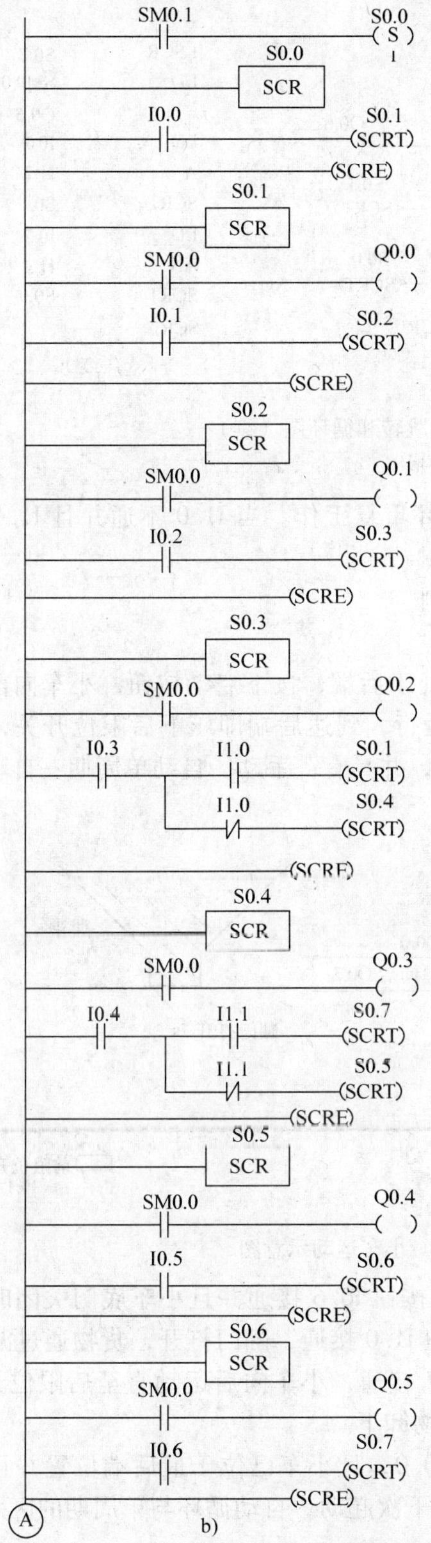

b)

```
LD      SM0.1
S       S0.0,1
LSCR    S0.0
LD      I0.0
SCRT    S0.1
SCRE
LSCR    S0.1
LD      SM0.0
=       Q0.0
LD      I0.1
SCRT    S0.2
SCRE
LSCR    S0.2
LD      SM0.0
=       Q0.1
LD      I0.2
SCRT    S0.3
SCRE
LSCR    S0.3
LD      SM0.0
=       Q0.2
LD      I0.3
A       I1.0
SCRT    S0.1
LD      I0.3
AN      I1.0
SCRT    S0.4
SCRE
LSCR    S0.4
LD      SM0.0
=       Q0.3
LD      I0.4
A       I1.1
SCRT    S0.7
LD      I0.4
AN      I1.1
SCRT    S0.5
SCRE
LSCR    S0.5
LD      SM0.0
=       Q0.4
LD      I0.5
SCRT    S0.6
SCRE
LSCR    S0.6
LD      SM0.0
=       Q0.5
LD      I0.6
SCRT    S0.7
SCRE
```

c)

图 4-42　跳转和循环图（续）

b）梯形图　c）指令表

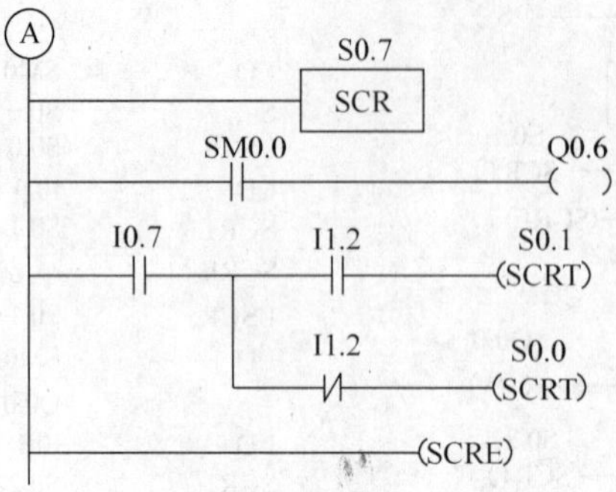

b)(续)

```
LSCR    S0.7
LD      SM0.0
=       Q0.6
LD      I0.7
A       I1.2
SCRT    S0.1
LD      I0.7
AN      I1.2
SCRT    S0.0
SCRE
```

c)(续)

图 4-42 跳转和循环图（续）

b）梯形图 c）指令表

图中，当 I1.0 接通，S0.1 ~ S0.3 循环重复工作。当 I1.0 不通并且 I1.1 接通时，S0.5 和 S0.6 不工作，程序跳转。

4.4.5.3 功能图及步进控制指令应用实例

1. 小车运动控制

图 4-43 是小车运动示意图。当小车处于后端，按下启动按钮，小车向前运行，压下前限位开关后，翻门打开，7s 后小车向后运行，到达后端即压下后限位开关，打开小车底门 5s，完成一次动作。要求控制小车的运行，并具有：手动、自动单周期、自动循环三种工作方式。

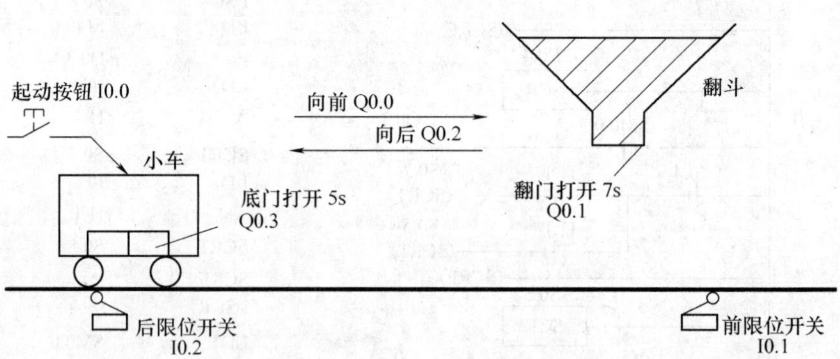

图 4-43 小车运动示意图

手动控制包括以下几方面：手动向前按钮 I0.6 接通并且小车底门关闭时，小车向前运行直到前限位开关 I0.1 接通；开翻门按钮 I1.0 接通，翻门打开，货物通过漏斗卸下，7s 后自动关闭漏斗的翻门；手动向后按钮 I0.7 接通，小车向后运动直至后限位开关 I0.2 接通；开底门按钮 I1.1 接通，底门打开 5s 将货物卸下。

自动单周期运行是指按下起动按钮 I0.0，且小车已位于最后端位置并且小车底门已关闭，小车将往复运行一周后停在后端等待下次起动。自动循环与单周期的区别在于它不只是完成一次循环而是将连续自动循环下去。

输入/输出点分配如表 4-19 所示。

表 4-19　输入/输出点分配

工作方式选择		输 入 点	
手动	I0.3	起动	I0.0
单循环	I0.4	前限位开关	I0.1
自动循环	I0.5	后限位开关	I0.2
手动操作按钮		输 出 点	
小车向前	I0.6	向前运动	Q0.0
小车向后	I0.7	向后运动	Q0.2
翻门打开	I1.0	翻门打开	Q0.1
底门打开	I1.1	底门打开	Q0.3

程序结构如图 4-44 所示。手动操作的梯形图如图 4-45 所示。小车自动运行的功能图如图 4-46 所示。

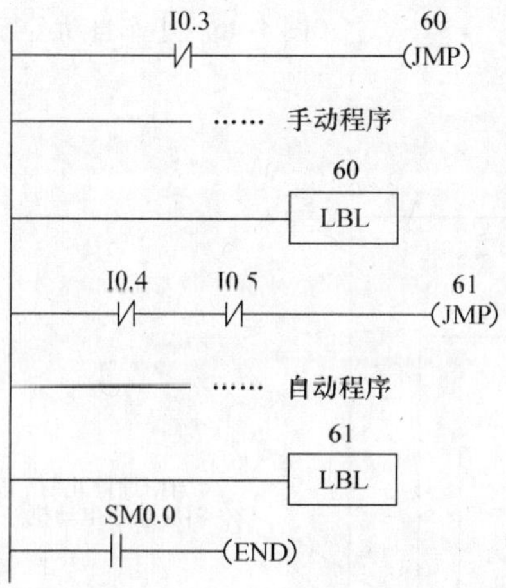


```
LDN     I0.3
JMP     60
手动程序
LBL     60
LDN     I0.4
AN      I0.5
JMP     61
自动程序
LBL     61
LD      SM0.0
END
```

图 4-44　程序结构

2. 电动机顺序起动和停止

表 4-20 为输入/输出点分配。

表 4-20　输入/输出点分配

起动按钮	I0.0	停止按钮	I0.1
电动机 M_1	Q0.1	电动机 M_2	Q0.2
电动机 M_3	Q0.3	电动机 M_4	Q0.4

图 4-47 为电动机顺序起动及反方向顺序停止示意图。

图 4-48 为电动机顺序起动和停止功能图。图 4-49 是电动机起动和停止梯形图和指令表。

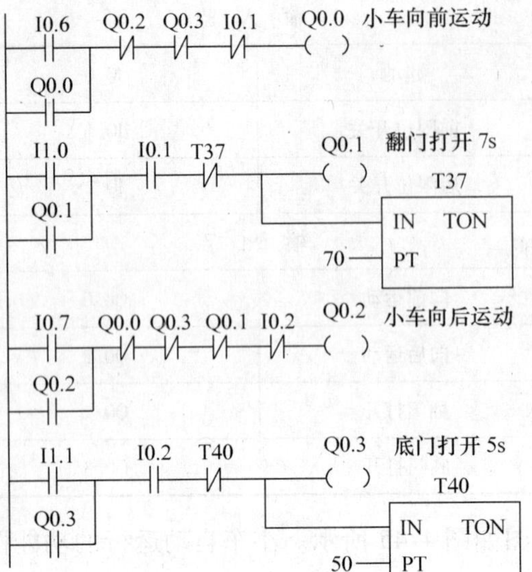

图 4-45 手动操作的梯形图

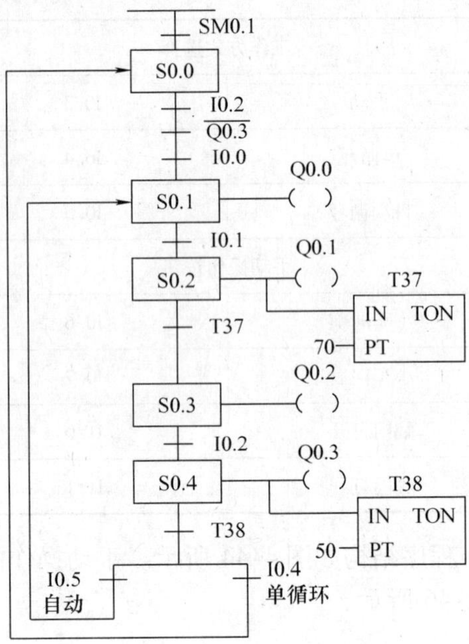

图 4-46 小车自动运行的功能图

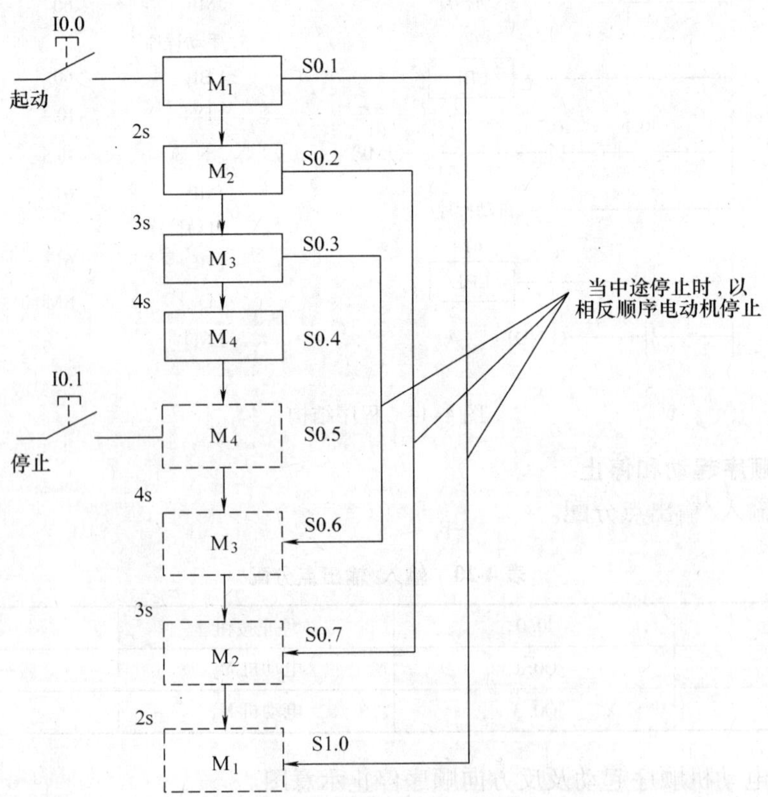

图 4-47 电动机起动和停止示意图

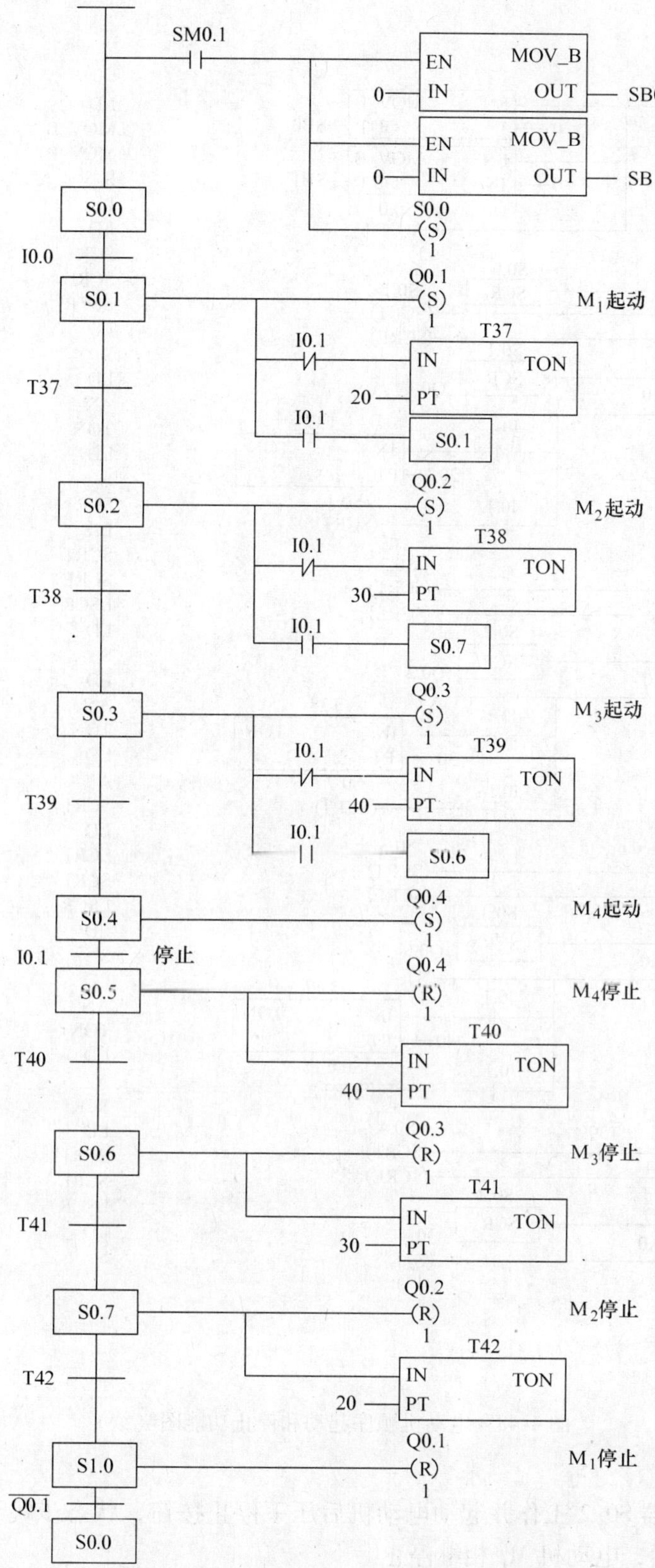

图 4-48　电动机顺序起动和停止功能图

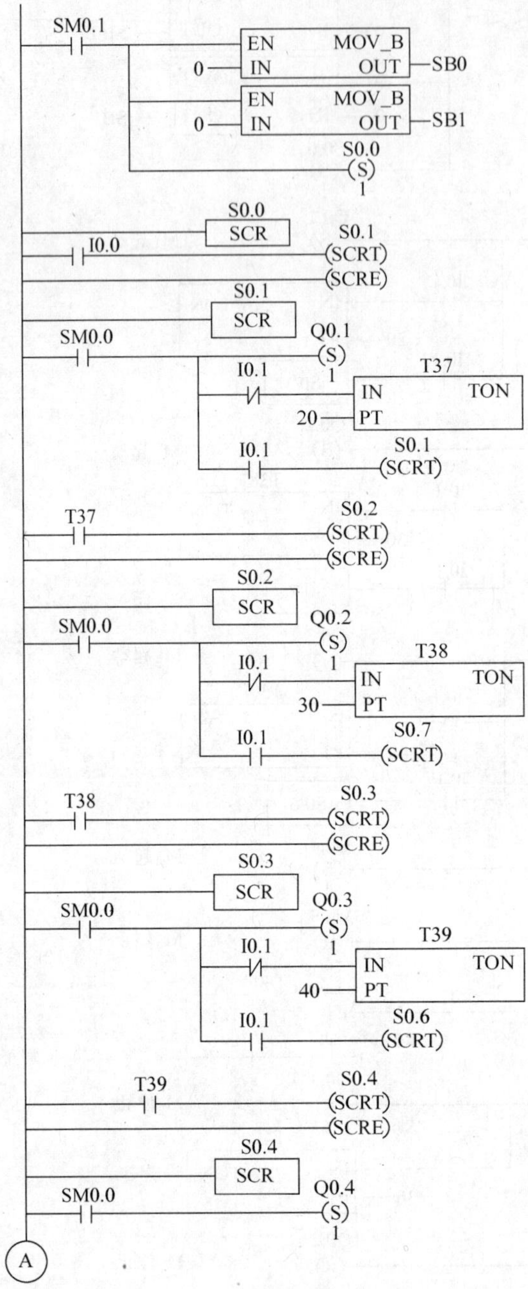


```
LD        SM0.1
MOV_B     0,SB0
MOV_B     0,SB1
S         S0.0,1
LSCR      S0.0
LD        I0.0
SCRT      S0.1
SCRE
LSCR      S0.1
LD        SM0.0
S         Q0.1,1
LD        SM0.0
AN        I0.1
TON       T37,20
LD        SM0.0
A         I0.1
SCRT      S0.1
LD        T37
SCRT      S0.2
SCRE
LSCR      S0.2
LD        SM0.0
S         Q0.2,1
LD        SM0.0
AN        I0.1
TON       T38,30
LD        SM0.0
A         I0.1
SCRT      S0.7
LD        S38
SCRT      S0.3
SCRT
LSCR      S0.3
LD        SM0.0
S         Q0.3,1
LD        SM0.0
AN        I0.1
TON       T39,40
LD        SM0.0
A         I0.1
SCRT      S0.6
LD        T39
SCRT      S0.4
SCRE
LSCR      S0.4
LD        SM0.0
S         Q0.4,1
```

图 4-48　电动机顺序起动和停止功能图（续）

图中，在状态器 S0.2 工作并起动电动机后压下停止按钮，状态步跳到 S0.7。此时，电动机 M_2 停止。之后，电动机 M_1 相继停止。

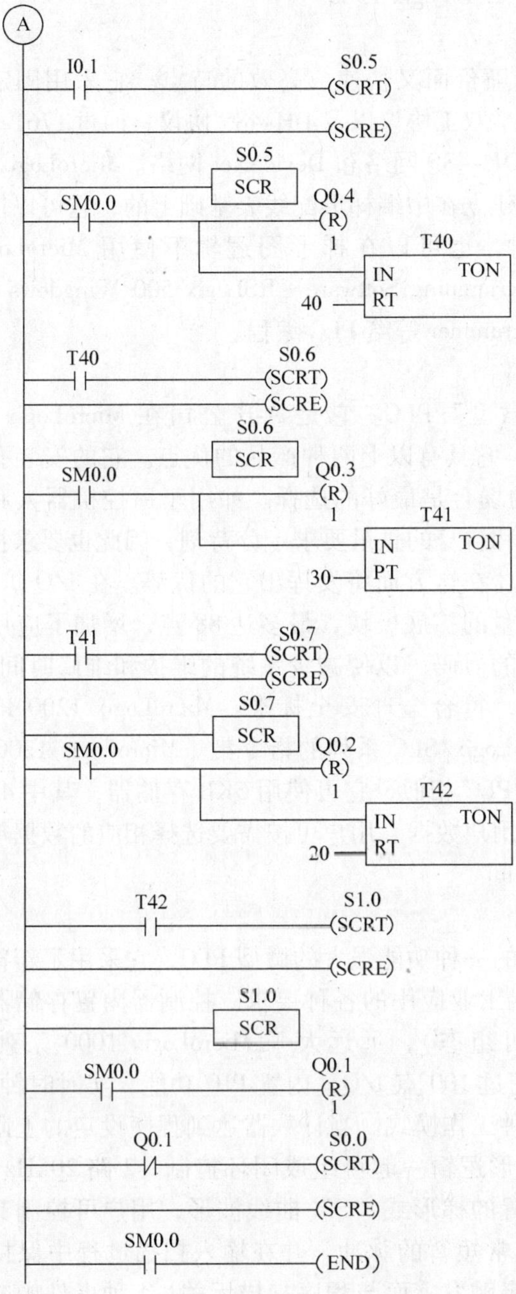


```
LD      I0.1
SCRT    S0.5
SCRE
LSCR    S0.5
LD      SM0.0
R       Q0.4,1
TON     T40,40
LD      T40
SCRT    S0.6
SCRE
LSCR    S0.6
LD      SM0.0
R       Q0.3,1
TON     T41,30,1
LD      T41
SCRT    S0.7
SCRE
LSCR    S0.7
LD      SM0.0
R       Q0.2,1
TON     T42,20
LD      T42
SCRT    S1.0
SCRE
LSCR    S1.0
LD      SM0.0
R       Q0.1,1
LON     Q0.1
SCRT    S0.0
SCRE
LD      SM0.0
END
```

图 4-49　电动机起动和停止梯形图及指令表

4.5　罗克韦尔 A-B MicroLogix 系列可编程序控制器

4.5.1　MicroLogix 系列 PLC 简介

美国罗克韦尔 A-B 自动化公司的几款微型 PLC 主要是针对小型场合开发的，目前的型号为 MicroLogix 1000、MicroLogix 1200 和 MicroLogix 1500。

4.5.1.1 MicroLogix 1000 PLC

MicroLogix 1000 系列 PLC 具有小型、廉价而又快速、高效的特点。它采用固定式控制器，内置 RS-232 口，支持 DF-1 全双工和半双工协议以及 DH-485 协议，通过 1761-NET-AIC 转换器和 1761-NET-DNI 接口模块连接到 DH-485 网络和 DeviceNet 网络。MicroLogix 1000 可以在梯形图逻辑下编程，这种符号语言是建立在中继梯形配线表基础上的，它可以使控制程序的创建和问题解决变得很简单。同时，也可以在梯形图逻辑下使用 MicroLogix 1000 A. I. Series Software、PLC-5 A. I. Series Programming Software、RSLogix 500 Wingdows Programming Software 或 MicroLogix Hand-Held Programmer 等给 PLC 编程。

4.5.1.2 MicroLogix 1200 PLC

MicroLogix 1200 是真正意义上的"微型"PLC。它是 A-B 公司在 MicroLogix 1000 和 MicroLogix 1500之后，又推出的一款 PLC，它具有以上两种产品的优点。它的安装孔距只有 90mm×110mm，对于严格限制空间尺寸的场合是最好的选择。如用于遥控机器人和一些旋转设备上，由于这类控制对象本身的空间和自身的重量要求十分苛刻，因此也要求控制设备也尽可能小巧和轻便，MicroLogix 1200 PLC 在这方面将发挥出它的优势。在 I/O 扩展方面，MicroLogix 1200 PLC 可使用离散量和模拟量的扩展模块，最多达 88 点，增加了应用的灵活性。可拆卸的 I/O 标签，可记录现场设备的号码，以便减少系统的维护和维修时间。另外，防手指接触的接线端子块，操作更安全，符合全球安全标准。MicroLogix 1200 PLC 作为 MicroLogix/SLC系列的一员，它采用 MicroLogix/SLC 系列的指令集。MicroLogix 1200 PLC 具有永久性的大存储器，与 MicroLogix 1500 PLC 相似，它可使用 6KB 存储器，其中 4KB 用于存储用户程序和组态数据，2KB 用于存储用户数据。用户可按需要选择相应的数据单元，这样就扩大了 MicroLogix 1200 PLC 的应用空间。

4.5.1.3 MicroLogix 1500 PLC

MicroLogix 1500 是目前 A-B 公司生产的一种功能强大的微型 PLC，它采用了新颖的两块式组合结构，可以扩展 Compact I/O，满足工业应用的各种要求。控制器内置存储器容量为 8KB（用户数据 4KB、程序数据 4KB，可组态），远远大于 MicroLogix 1000 系列的容量（1KB），通过连接 Compact I/O，可扩展超过 100 点 I/O，内置 PID 功能，实时时钟（RTC）功能。2 路 20kHz 的高速计数器，具有 8 种工作模式。当计数器达到程序设定的上限或下限时，可控制输出。这些计数器与 PTO、梯形逻辑一起可组成闭环控制。2 路 20kHz 的 PWM 输出或 2 路 32 位的 PTO 输出，均具有内置的梯形或"S"曲线波形，用户可控制其加速度和减速度。脉冲触发式输入，可以捕获非常短暂的脉冲，并在输入扫描过程中保持状态不变。可选择的定时中断 STI，允许时间预定触发，而与程序扫描无关。4 种事件中断，允许任何 8 路高速输入作为中断源。

MicroLogix 1500 PLC 除了具有以上特性外，还内置 2 路模拟量微调电位器——3/4 圈可在 0～250 之间调节输出值。它还使用带插拔接口的数据存储仪 DAT（可选件），用户可以数字监视和调节 48 个整数数据及 48 位 I/O 的位置，两个附加的功能键可作为瞬间转换按钮。程序可加密，防止操作员修改数据。LRP 型控制器还新增加了一个串行通信口。

MicroLogix 1500 PLC 的维护和使用性能也比以前任何时候都简单，具有手指保护功能的可拆卸端子块，符合 NEMA 标准，增强了安装、更换的安全性。PLC 单元可单独更换，无须拆卸电路接线。操作系统可采用固件升级，无须更换硬件。PLC 和扩展模块可采用 DIN 标准导轨安装或面板安装，部件更换更灵活，I/O 模块安装更容易，因为 Compact I/O 模块无须机架，使用卡槽和舌簧即可进行正面插入和拆卸。

4.5.2　MicroLogix 1500 系列 PLC 的结构与技术参数

A-B 公司推出的 MicroLogix 1500 型 PLC 除了自身带有的 16 个输入点和 12 个输出点（数字量）外，还可以带 8 个输入、输出模块（1769-IQ16-16 点直流离散量输入、1769-IQ16-16 点直流离散量输出、1769-IF4-4 路模拟量输入、1769-OF2-2 路模拟量输出），可以按需要调节输入/输出点的数量，使用起来十分灵活。

与 MicroLogix 1000 PLC 系列相比，MicroLogix 1500 系列 PLC 还采用了两块式组合结构，包括 PLC 和带导轨的基座，两者通过导轨滑槽装配，形成一个完整的控制器单元。它不仅继承了 MicroLogix 1000 PLC 体积小、价格低的优点而且还增加了带扩展 I/O 模块的功能，以满足复杂的、不断发展的应用场合。

4.5.2.1　MicroLogix 1500 PLC 的硬件

MicroLogix 1500 PLC 包括：电源、控制器、基本单元、数据存取仪、存储模块/实时时钟、扩展 I/O、通信选件以及一些附件（如电缆）。其中控制器（控制器和一种基本单元的组合）具备 24 点 I/O 和 28 点 I/O 组态功能。MicroLogix 1500 PLC 实物外形如图 4-50 所示。

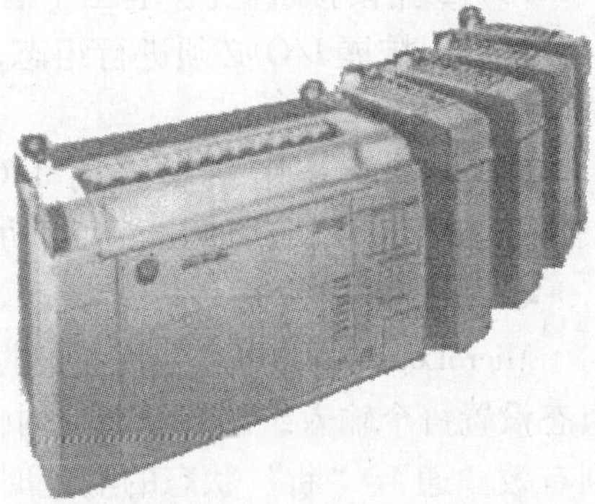

图 4-50　MicroLogix 1500 PLC 实物外形图

4.5.2.2　MicroLogix 1500 PLC 输入/输出的使用

MicroLogix 1500 PLC 除了各种基本单元具有 I/O 以外，控制器也允许扩展 I/O 模块。

1. 嵌入式 I/O

嵌入式 I/O 就是 MicroLogix 1500 控制器内置的离散量 I/O。不同的基本单元，MicroLogix 1500 有不同的嵌入式 I/O，具数据表如表 4-21 所示。对于直流型嵌入式 I/O，用户可组态成多种特殊功能，如：可选的输入滤波、高速计数、事件中断、脉冲锁定输入和高速输出（只用于 FET 晶体管输出型）。所有嵌入式 I/O 已自动组态为制造厂的默认值，无需用户设置。

表 4-21　I/O 数据表

控制器	输入		输出	
	数量	类型	数量	类型
1764-24BWA	12	DC24V	12	继电器
1764-24AWA	12	AC120V	12	继电器
1764-28BXB	16	DC24V	12	6 点继电器 6 点 FET 晶体管型

2. 扩展 I/O

如果 PLC 提供的嵌入式 I/O 点数不够，用户可以最多增加 8 个 Compact™扩展模块。这些袖珍型 Compact™I/O 模块（1769 系列）可以提供离散量输入/输出、模拟量输入/输出。对于以后可能出现的特殊模块，MicroLogix 1500 PLC 可增加的扩展 I/O 数量则由这些模块中的 I/O 所需要的电流决定。

目前可提供的模块有：

1）16 点 AC 120V 输入。

2）8 点 AC 120/240V 输出。

3）12 点 AC 240V 输入。

4）16 点 DC 24V 灌入/拉出电流型输入。

5）16 点 DC 24V 拉出电流型输出。

6）16 点 DC 24V 灌入电流型输出。

7）8 点继电器型输出。

8）组合式：16 点 DC 24V 输入；4 点继电器型输出。

9）4 路模拟量电流/电压输入。

10）2 路模拟量电流/电压型输出。

注意：扩展 I/O 必须进行组态，用户可以通过 RSLogix 500 软件实现手动或自动组态。

3. I/O 强置

I/O 强置就是用户直接对 I/O 置值，而与 I/O 实际状态无关。MicroLogix 1500 和 RSLogix 500 均支持这种 I/O 强制功能。

4. 输入滤波

MicroLogix 1500PLC 允许用户将输入组态为高速输入和普通输入方式，同时还允许用户组态设置每个输入组的滤波响应时间。滤波响应时间决定了 PLC 识别外部输入电压是否达到有效“通”、“断”状态的响应时间。滤波时间越长，则控制器识别该输入点状态的时间就越长，滤波也就越干净，常用于消除环境的电磁干扰。时间越短，滤波越少，常用于监测很快、很短的脉冲信号。

5. 脉冲锁定输入

MicroLogix 1500 PLC 可以分别将输入点 0 ~ 7 组态为脉冲捕获或脉冲锁定输入。脉冲锁定输入，就是捕获一个很短的脉冲信号，并保持在一个扫描周期内信号状态不变。

4.5.2.3 MicroLogix 1500 PLC 主要技术参数

通过上述介绍，我们将 MicroLogix 1500 归纳总结出了一些主要特性，如表 4-22 所示。

表 4-22 主要技术参数附表

说　明	1764-24BWA +1764-LSP	1764-24AWA +1764-LSP	1764-24BXB +1764-LSP
存储器	4KB 用户数据，4KB 程序数据（可组态）		
嵌入 I/O 点数	12 输入 12 输出	12 输入 12 输出	16 输入 12 输出
供电电源	AC85/265V	AC85/265V	DC24V
嵌入的输入类型	DC24V 灌入/拉出电流型	AC120V	DC24V 灌入/拉出电流型

（续）

说　明	1764-24BWA +1764-LSP	1764-24AWA +1764-LSP	1764-24BXB +1764-LSP
机座输出类型	继电器	继电器	6 点继电器 6 点 FET 晶体管型
高速计数特性	2 路 20kHz 高速计数器		
	2 路 20kHz 高速计数器输出（PTO&PWM）		
通信	DeviceNet（通过 1761-NET-DNI 接口模块）		
	DH485（通过 1761-NET-AIC 接口模块）		
	DF1 全双工		
	DF1 半双工（从）		
编程软件	RSLogix 500		
可选项	数据存取仪（DAT）		
	存储器模块		
	实时时钟 RTC 模块		
	通过 Compact I/O 控制的模拟量功能模块		

4.5.3 MicroLogix 编程工作方式

MicroLogix 系列控制器除了微处理器以外，还包括存储器，其中包括用户程序存储器和工作数据存储器。用户程序存储器用来存放用户程序文件，而工作数据存储器用来存放数据文件。

1. MicroLogix 程序文件

程序存储器用来存放用户程序文件，它包括控制器信息、梯形图主程序、中断子程序和其他一些子程序。MicroLogix 系列控制器可以有 256 个程序文件（MicroLogix1000 除外），用 0～255（十进制数）表示。其中文件 0 用来存放系统信息以及用户的编程信息，如处理器型号、I/O 组态、处理器文件名以及口令，属系统文件。文件 1 一般予以保留；文件 2 是梯形图主程序，包括定义控制器如何操作的用户编程指令；文件 3～255 为用户自行创建的梯形图子程序，可根据梯形图主程序文件内的调用子程序指令而运行。

2. MicroLogix 通用数据文件

处理器在执行过程中所检查和控制的所有数据均存储在内存的数据文件中，数据文件包括与外部 I/O 以及所有梯形图主程序、子程序使用的指令相关的状态信息。另外还存储了涉及处理器操作的信息。如果需要，可使用这些文件存储配方及查询表。它们包括：

1）从输入模块接收的数据。

2）发送到输出模块的数据，它们表示了程序运算的最终结果。

3）程序运算的中间结果。

4）预先装入的数据。

5）与指令有关的状态信息。

6）与处理器有关的信息等。

数据文件存在多种类型，为了编址的方便，每个文件均用一个字母（识别符）和一个文件号（数字）进行标识。数据文件包括系统默认和用户定义两部分。一般 0 ~ 8 号文件是系统为用户建立的默认文件，其数据文件类型、识别符、文件号三者之间的关系如表 4-23 所示。

表 4-23　系统默认数据文件类型

文件类型	识别符	文件号	文件类型	识别符	文件号
输出	0	0	计数器	C	5
输入	I	1	控制	R	6
状态	S	2	整数	N	7
位	B	3	浮点	F	8
计时器	T	4			

输出文件（0 号文件）、输入文件（1 号文件）、状态文件（2 号文件）三个文件是唯一固定的，不允许重新建立。允许用户重新建立的文件有：位文件 B、计时器文件 T、计数器文件 C、整数文件 N、浮点数文件 F、ASCⅡ文件 A、BCD 文件 D、块传输文件 BT、控制文件 R、信息文件 MG、PID 文件 PD、SFC 状态文件 SC、ASCⅡ串文件 ST。

数据文件的地址由下列文件名称、文件号、元素名、字号及位构成，相互之间用一定的界符分开，不同数据类型的每个元素具有的字数是不同的。如一个计数器文件是一个三字元素，格式如图 4-51 所示。

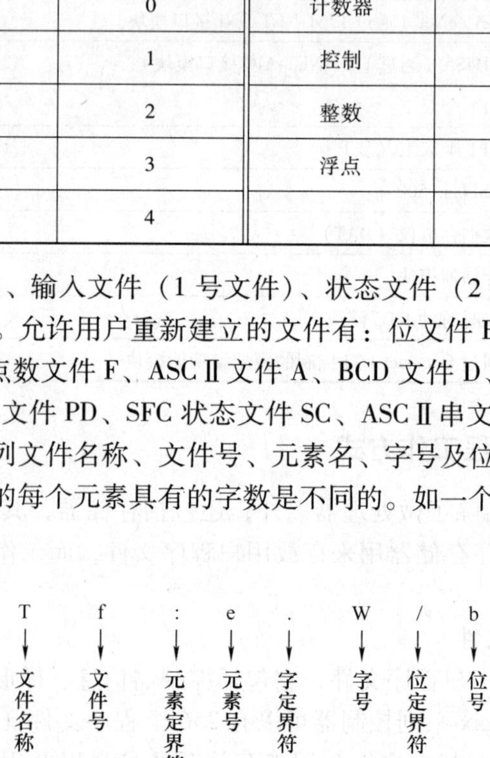

图 4-51　格式

（1）输入数据文件 I1 和输出数据文件 O0 的一般格式　输入/输出的数据文件表示了物理框架中的 I/O 模块在 I/O 映像表中的存储位置，寻址输入/输出的数据文件就是用逻辑地址来表示物理地址，输入/输出文件地址的一般格式如图 4-52 和图 4-53 所示。

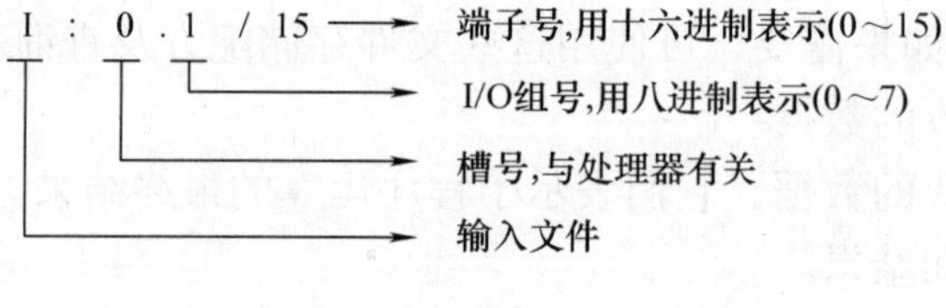

图 4-52　输入文件地址的一般格式

有关输入/输出的数据文件直接寻址应注意以下几点：

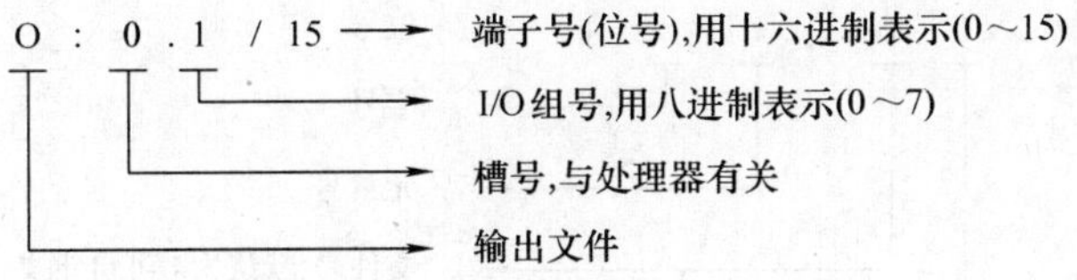

图 4-53　输出文件地址的一般格式

1）当一个槽的 I/O 点数超过 16 个时，寻址位有两种表示方法：使用字、位寻址和直接位寻址。如 MicroLogix 1500 系列 0 槽输出有 64 点。寻址 O：0. 2/13 时，也可写为 O：0/45。

2）默认值：用户编程设备显示的地址格式将更加正规。例如：当分配地址 O：5/0 时，编程设备将显示为 O：5. 0/0（输出文件：槽 5、字 0、端子 0）。

（2）状态文件 S2 一般格式　系统状态文件向用户提供与用户程序中所使用的指令有关的信息。状态文件不能被增加或删除，寻址状态文件的位和字的一般格式如图 4-54 所示。

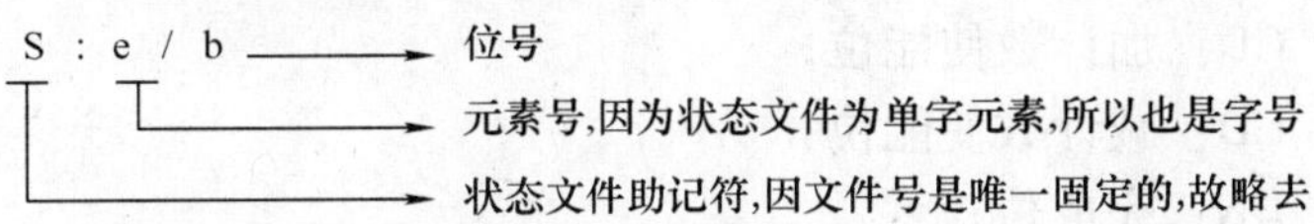

图 4-54　寻址状态文件的位和字的一般格式

（3）位文件 B 一般格式　位文件主要用于继电器逻辑指令、移位寄存器指令和顺序器指令，其中的每一位都可以作为一个中间继电器来使用。位文件的一般格式如图 4-55 所示。

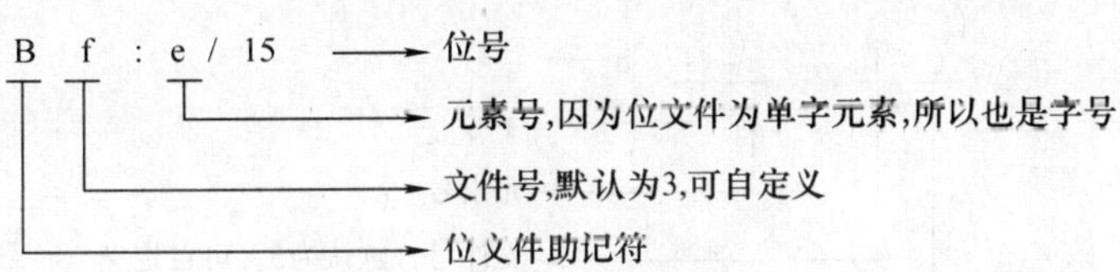

图 4-55　位文件的一般格式

（4）计时器文件 T 一般格式　每个计时器地址由　个二字元素组成，其中 EN：使能位，TT：计时位，DN：完成位。具体定义如表 4-24 所示。

表 4-24　计时器文件字定义

	15	14	13	12	11	10	9	8	7	6	5	4	3	2	1	0
字 0	EN	TT	DN	内部使用，不可编址												
字 1	PRE（预置值）															
字 2	ACC（累计值）															

计时器文件的一般格式如图 4-56 所示。

（5）计数器文件 C 格式　计数器文件用在计数器指令中，系统将 5 号文件默认为计数器文件，用 C5 表示，计数器也是三字元素；字 0 是控制字，字 1 存储预置值，字 2 存储累计值。具体含义如表 4-25 所示。

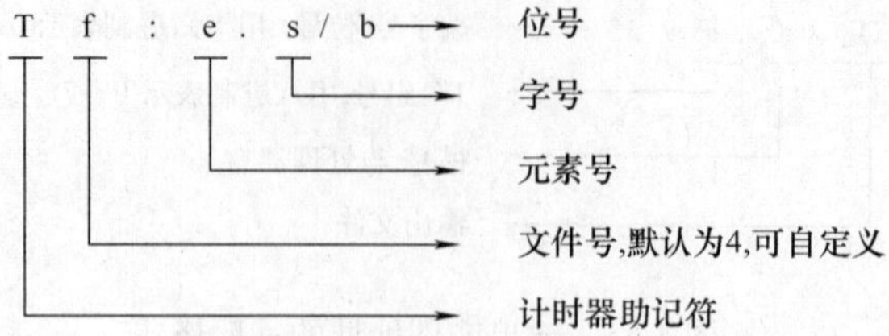

图 4-56　计时器文件的一般格式

表 4-25　计数器文件字定义

	15	14	13	12	11	10	9	8	7	6	5	4	3	2	1	0
字 0	CU	CD	DN	OV	UN	UA	内部使用									
字 1	PRE（预置值）															
字 2	ACC（累计值）															

在表 4-25 中，CU：加计数使能位；

CD：减计数使能位；

DN：完成位；

OV：上溢出位；

UN：下溢出位；

UA：更新累计值位（只用于固定式控制器的 HSC 指令）。

计数器编址如图 4-57 所示。

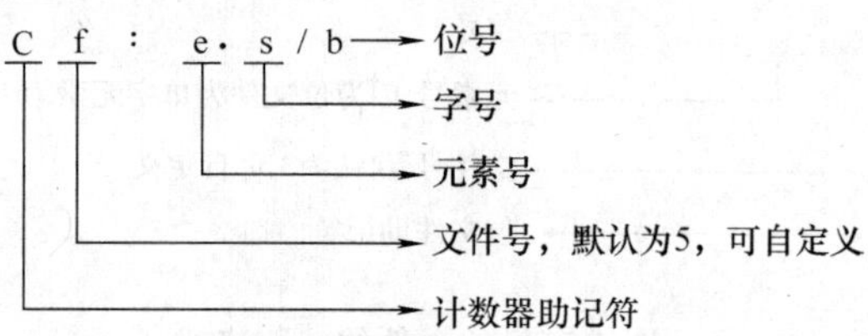

图 4-57　计数器文件的一般格式

（6）控制文件 R 的格式　控制文件用在需要文件操作（不是位操作，也不是字操作）的一些指令上，如移位寄存器指令、文件指令、顺序器指令，系统将 6 号文件默认为控制文件，用 R6 表示。这是一个 3 字元素；字 0 是状态字，字 1 指明存储数据的长度，字 2 指明目前指令正在操作的数据位置。具体定义如表 4-26 所示。

表 4-26　控制文件字定义

	15	14	13	12	11	10	9	8	7	6	5	4	3	2	1	0
字 0	EN	EU	DN	EM	ER	UL	IN	FD	错误代码							
字 1	位阵列或文件的长度（LEN）															
字 2	位指针或位置（POS）															

控制文件的一般格式如图 4-58 所示。

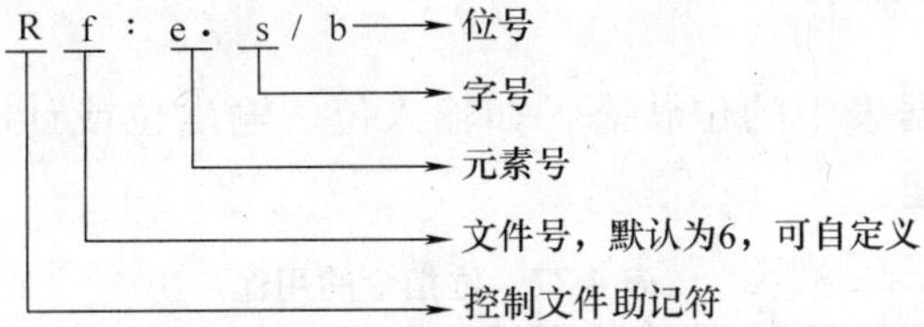

图 4-58　控制文件的一般格式

（7）整数文件 N 的格式　整数文件用于放置一个 16 位的字，系统将 7 号数据文件默认为整数文件，用 N7 表示。整数文件可在元素及位上进行编址、寻址，如图 4-59 所示。

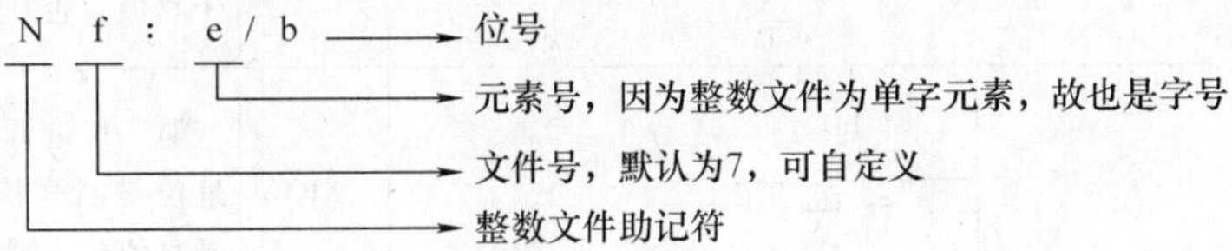

图 4-59　整数文件的一般格式

（8）浮点文件 F 的格式　浮点文件用于放置一个 32 位的字，系统将 8 号数据文件默认为浮点文件，用 F8 表示。一般来说，浮点文件只寻址到元素，如图 4-60 所示。

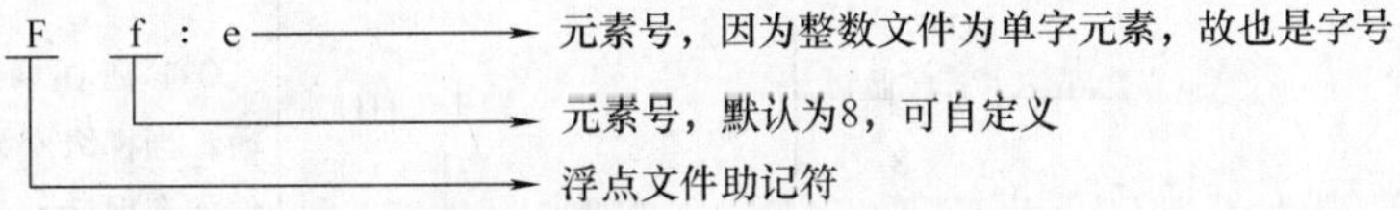

图 4-60　浮点文件的一般格式

3. 在 RSLogix500 软件下编程、下载、上传和运行

（1）新建程序文件

1）进入编程。编程时，先运行 RSLogix500 编程软件，单击 File→New，弹出 Select Processor Type 对话框，进入梯形图编程界面，界面上有各种梯形图符号供使用。

2）检查程序的合法性。编程完成后，选择“Edit→Verify File ”对程序进行语法检查，当出现错误时，在窗口下方有显示，更改检查，直至出现“Verify has completed , no errors found ”为止。

3）保存程序。选择“ File→Save As ”，输入文件名，在 Save as type 框中选择 file type 为（ *. RSS），单击 Save。

（2）下载程序　单击“ Comms→System Comms”，弹出通信窗口，单击 Download 按钮，程序就下载到了控制器。

（3）上传程序　与下载相同，只是单击 Upload。

（4）运行程序　在 Offline 菜单处，有下载、上传运行的菜单，选择 RUN，就进入程序运行。当修改程序时，必须在此菜单下，选择 Program 命令。

4.5.4　MicroLogix 1500 PLC 的指令系统

4.5.4.1　位指令

位指令用于监控数据表中的位状态，如输入位、输出位或计时器控制字的位。表 4-27 所示给出了位指令的用途。

表 4-27　位指令的用途

指令			作用
名称	梯形图	语句表	
检查是否闭合	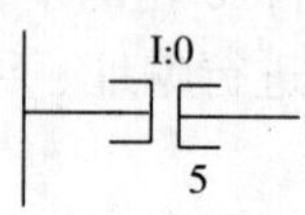	XIC	对一位进行 On 状态检测。如果寻址位是导通状态（1），则指令被赋予真值；否则，被赋予假值
检查是否断开	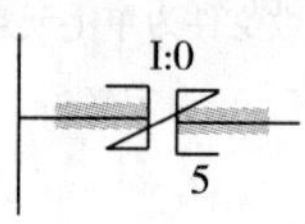	XIO	对一位进行 Off 状态检测。如果寻址位是断开状态（0），则指令被赋予真值；否则，被赋予假值
输出激励	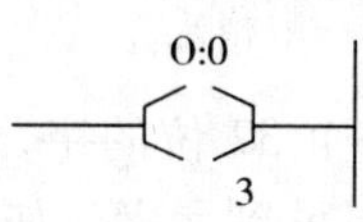	OTE	使一位导通或断开，类似于继电器的输出线圈
输出锁存/解锁	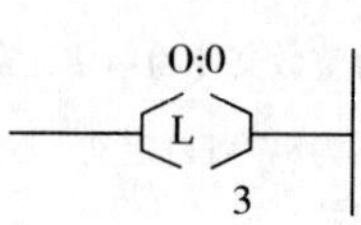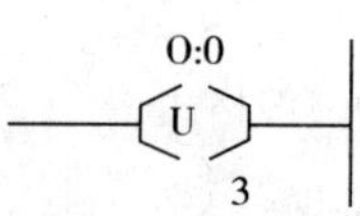	OTL OTU	OTL 所在梯级执行时，使一位导通，当梯级变为假或重新上电时，该位状态保持不变；OUT 所在梯级执行时，使一位断开，当梯级变为假或重新上电时，该位状态保持不变
上升沿一次响应	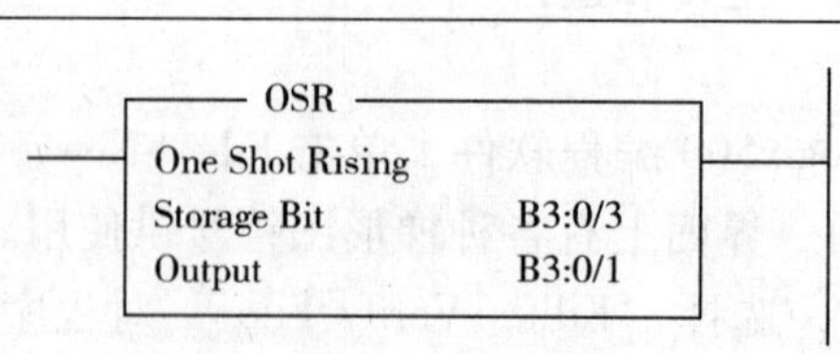	OSR	当梯级条件由假变到真变化时，上升沿动作，属于输出指令
下降沿一次响应	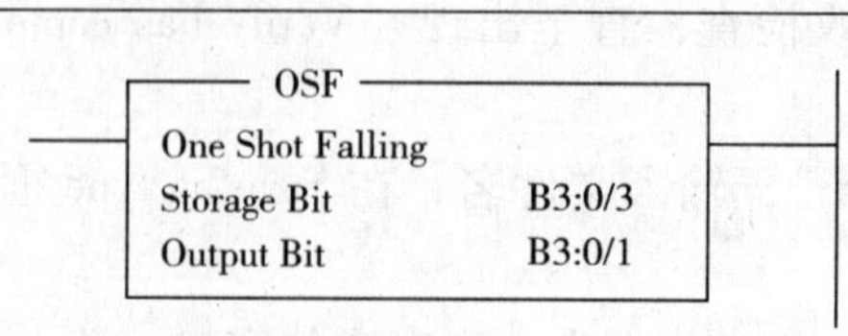	OSF	当梯级条件由假变到真变化时，下降沿动作，属于输出指令

4.5.4.2　计时器/计数器指令

计时器和计数器指令用于控制基于时间和事件计数的操作，属于输出指令。表 4-28 所示给出了计时器和计数器指令的用途。

表 4-28　计时器和计数器指令的用途

指令 名称	梯形图	语句表	作　用
延时导通计时器	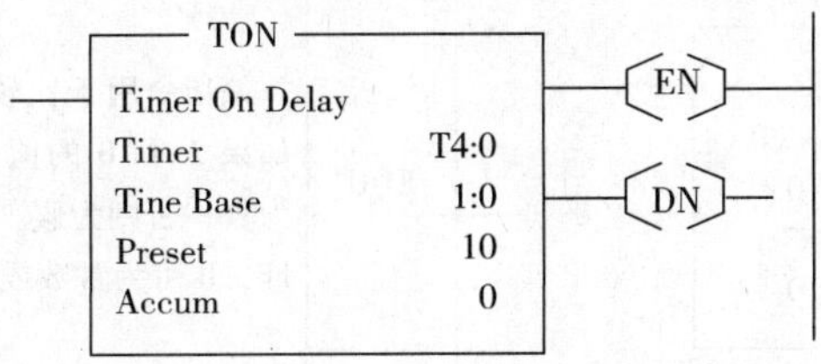	TON	当指令为真时，以时间基值为单位进行计器，相当于通电延时继电器。不论计时器是否计器，条件变假时计时器复位累计值
延时断开计时器	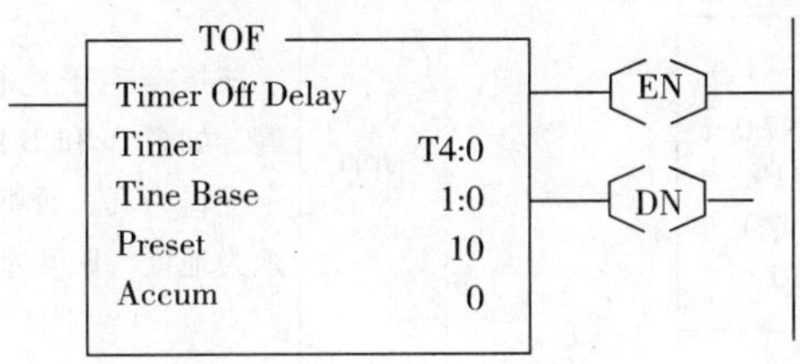	TOF	当指令为假器，以时间基值为单位进行计器，相当于断电延时继电器。不论计时器是否计器，条件变真时定时器复位累计值
保持计时器	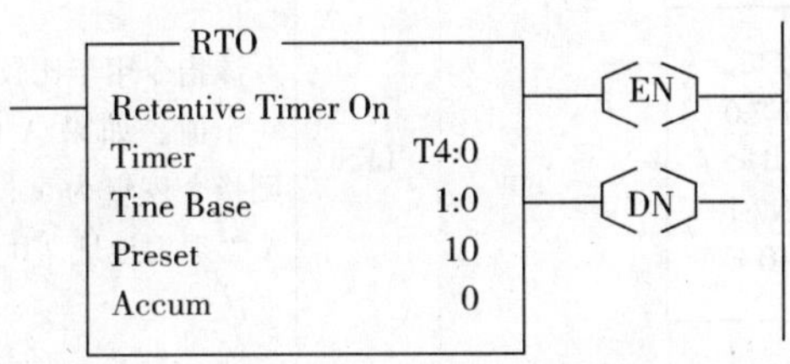	RTO	当指令为真时，以时间基值为单位进行计器；并且指令变为假或重新上电时，累加值保持不变
加计数器	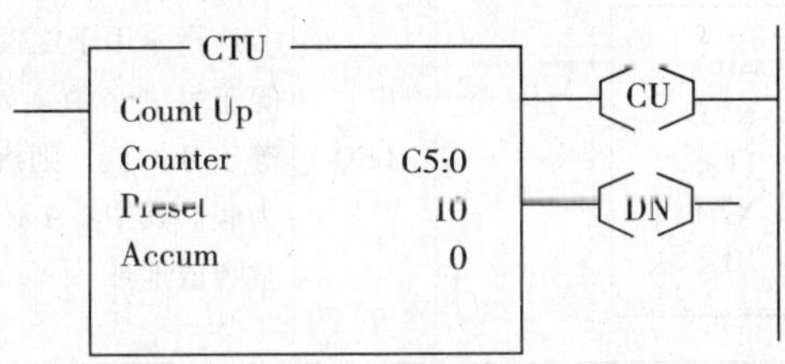	CTU	每次梯级条件由假变真时 CTU 累计值加 1，并且指令变为假或重新上电时，累计值保持不变；当累计值等于或超过预置值时，CTU 指令置位完成 DN
减计数器	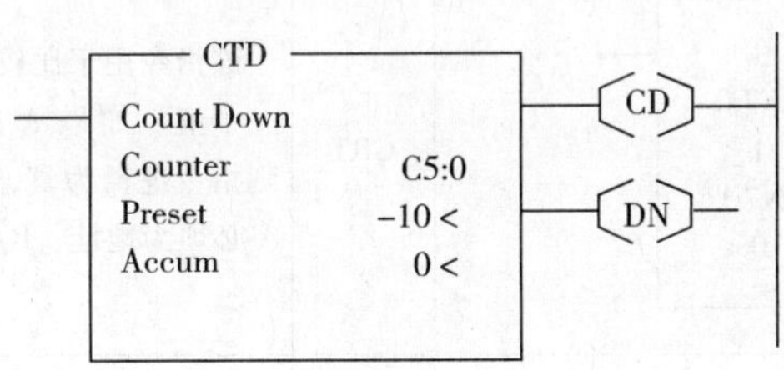	CTD	每次梯级条件由假变真时 CTU 累计值减 1，并且指令变为假或重新上电时，累计值保持不变；当累计值等于或超过预置值时，CTU 指令置位完成 DN
复位	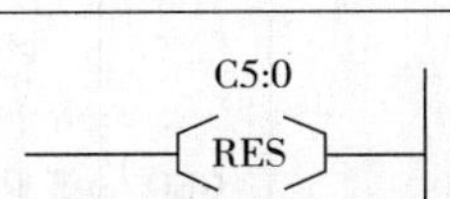	RES	复位定时器或计数器的累加值和状态。不能用于 TOF 计时器指令

4.5.4.3　比较指令

比较指令属于输入指令，用于比较两值作为逻辑梯级连续的条件，如表 4-29 所示。

表 4-29 比较指令

指令			作用
名称	梯形图	语句表	
等于	EQU Equal Source A N7:0 10 < Source B N7:1 10 <	EQU	该指令用于比较两个值是否相等。如果 A 和 B 的值相等，则指令逻辑为真，否则为假。其中：A 必须为地址，B 可为常数或地址
不等于	NEQ Not Equal Source A N7:0 11 < Source B N7:1 10 <	NEQ	该指令用于比较两个值是否不相等。如果 A 和 B 的值不相等，则指令逻辑为真，否则为假。其中：A 必须为地址，B 可为常数或地址
小于	LES Less Than（A < B） Source A N7:0 11 < Source B N7:1 10 <	LES	该指令用于比较一个值是否小于另一个值。如果 A 的值小于 B 的值，则指令逻辑为真，否则为假。其中：A 必须为地址，B 可为常数或地址
小于或等于	LEQ Less Than or Eq1（A < =B） Source A N7:0 11 < Source B N7:1 10 <	LEQ	该指令用于比较一个值是否小于或等于另一个值。如果 A 的值小于或等于 B 的值，则指令逻辑为真，否则为假。其中：A 必须为地址，B 可为常数或地址
大于	GRT Greater Than（A > B） Source A N7:0 11 < Source B N7:1 10 <	GRT	该指令用于比较一个值是否大于另一个值。如果 A 的值大于 B 的值，则指令逻辑为真，否则为假。其中：A 必须为地址，B 可为常数或地址
大于或等于	GEQ Grtr Than or Eq1（A > =B） Source A N7:0 11 < Source B N7:1 10 <	GEQ	该指令用于比较一个值是否大于或等于另一个值。如果 A 的值大于或等于 B 的值，则指令逻辑为真，否则为假。其中：A 必须为地址，B 可为常数或地址

（续）

指　令			作　用
名　称	梯　形　图	语句表	
相等屏蔽比较	MEQ Masked Equal Source I:0.0 273 < Mask 00FFh 255 < Compare N7:0 24 <	MEQ	该指令比较源地址中的数据和比较地址中的数据，允许被一个独立字屏蔽。相当于把源值和比较值的数据部分别与屏蔽字作位与位的逻辑与操作，然后比较两个所得结果，如果相等，指令逻辑为真，否则为假
极限比较	LIM Limit Test LowLim -10 -10 < Test N7:0 0 < High Lim 10 10 <	LIM	该指令根据用户设定的极限值，比较某值是在指定范围之内或之外

4.5.4.4　算术与转换指令

算术与转换指令属于输出指令，当梯级条件为真时，执行指定的运算，输出结果存放到一个指定的存储单元，并根据结果自动设置状态位。算术与转换指令如表 4-30 所示。

表 4-30　算术与转换指令

指　令			作　用
名　称	梯　形　图	语句表	
加	ADD Add Source A N7:10 3 < Source B N7:11 2 < Dest N7:12 5 <	ADD	该指令使源地址 A 的值和源地址 B 的值相加，并把结果存放到目的地址内
减	SUB Subtract Source A N7:10 3 < Source B N7:11 2 < Dest N7:13 1 <	SUB	该指令使源地址 A 的值减去源地址 B 的值，并把结果存放到目的地址内

（续）

名称	指令：梯形图	指令：语句表	作用
乘	MUL Multiply Source A N7:10 3 < Source B N7:11 2 < Dest N7:14 6 <	MUL	该指令使源地址 A 的值和源地址 B 的值相乘，并把结果存放到目的地址内
除	DIV Divide Source A N7:10 3 < Source B N7:11 2 < Dest N7:15 2 <	DIV	该指令使源地址 A 的值除以源地址 B 的值，并把商四舍五入存放到目的地址内
取反	NEG Negate Source N7:10 3 < Dest N7:17 -3 <	NEG	该指令改变源值的符号并存放到目的地址内
平方根	SQR Square Root Source N7:10 10 < Dest N7:16 3 <	SQR	该指令计算源值绝对值的平方根，并把结果四舍五入存放到目的地址内
清零	CLR Clear Dest N7:12 0 <	CLR	该指令把目的地址的值清为零
整数转换成 BCD 码	TOD To BCD Source N7:10 3 < Dest N7:18 0003h <	TOD	该指令把源值的 16 位整数值转换成 BCD 码格式，并存放到目的地址内。如果源值的整数是负数，则转换其绝对值

（续）

指　令			作　用
名　称	梯　形　图	语句表	
BCD 码转换成整数	FRD From BCD Source　N7:10 0003h < Dest　N7:19 3 <	FRD	该指令把源值的 BCD 码转换成 16 位整数并存放到目的地址内。如果源值不符合 BCD 格式，则发生处理器出错
参数整定	SCP Scale w/Parameters Input　I:1.2 15500< Input Min　-32768 -32768< Input Max　32768 32768< Scaled Min　-10000 -10000< Scaled Max　10000 10000< Output　N7:0 4730<	SCP	该指令可对一个数进行参数整定。Input 为整定的输入值。Input Min ~ Input Max 为设定的输入值范围。Scaled Min ~ Scaled Max 为希望得到的整定结果的范围 当梯级条件为真时，则把输入值（Input）线性整定到 Scaled Min ~ Scaled Max 中
数据整定	SCL Scale Source　N7:0 600 < Rate [/10000]　5000 5000 < Offset　120 120 < Dest　N7:1 420 <	SCL	该指令把源值乘以比率（Rate），再加上一个偏移量（Offset），并把结果存放到目的地址内
1 ~ 4 编码器	ENC Encodel of 16 to 4 Source　B3:0 0000000100000000 < Dest　N7:0 0008h <	ENC	该指令把一个 16 位的源值（只能有一位为 1）编码成一个 4 位数值，结果存放到目的地址内
4 ~ 1 编码器	DCD Decode 4 to 1 of 16 Source　N7:0 0008h < Dest　B3:0 0000000100000000 <	DCD	该指令把一个源值数据的最低 4 位转化为一个 16 位的数值，结果存放到目的地址内

4.5.4.5 传送和逻辑指令

传送和逻辑指令属于输出指令，当梯级条件为真时，执行相应的传送或逻辑操作，并根据结果自动设置状态位。传递和逻辑指令如表 4-31 所示。

表 4-31 传送和逻辑指令

指令			作用
名称	梯形图	语句表	
传送	MOV Move Source N7:0 7 < Dest N7:10 7 <	MOV	该指令将数据从源地址传送到目的地址。只要梯级条件为真，则每次扫描指令都将重新传送数据
屏蔽传送	MVM Masked Move Source N7:0 9 < Mask 0AFFh 2815 < Dest N7:11 9 <	MVM	该指令将数据从源地址传送到目的地址，并且允许部分目的数据被一个独立的字屏蔽。只要梯级条件保持为真，则每次扫描该指令都将重新传送数据
逻辑与	AND Bitwise AND Source A N7:0 0009h < Source B N7:1 0007h < Dest N7:2 0001h <	AND	该指令使源地址 A 的值与源地址 B 的值执行位与位的逻辑与操作，其结果存储在目的地址内。源 A 与源 B 的参数可以是字地址或常数，但两者不能都是常数，目的地址必须是字地址
逻辑或	OR Bitwise Inclusive OR Source A N7:0 0009h < Source B N7:1 0007h < Dest N7:3 000Fh <	OR	该指令使源 A 与源 B 执行位与位的逻辑或操作，结果存储在目的地址内
逻辑异或	XOR Bitwise Exclusive OR Source A N7:0 0009h < Source B N7:1 0007h < Dest N7:4 000Eh <	XOR	该指令使源 A 与源 B 执行位与位的逻辑异或操作，其结果存储在目的地址内
逻辑非	NOT NOT Source N7:0 9 < Dest N7:5 -10 <	NOT	该指令使源值执行逻辑非操作，结果存储在目的地址内

4.5.4.6　移位和顺序进出指令

位移和顺序进出指令属于输出指令。当每一次梯级条件由假变真时，位移指令把指定地址内的所有位都移动一个位的位置，顺序进出指令完成一次顺序进出或比较操作。移位和顺序进出指令如表 4-32 所示。

表 4-32　移位和顺序进出指令

指令			用　途
名　称	梯形图	语句表	
位左移	BSL Bit Shift Left File #B3:1 Control R6:53 Bit Address I:0/12 Length 58 (EN) (DN)	BSL	当梯级条件由假变真时，该指令对 File 文件指定的数据向左（最高位）移动 1 位，由 Bit Address 指定的 1 位被移入最右位（最低位）
位右移	BSR Bit Shift Right File #B3:2 Control R6:52 Bit Address I:0/6 Length 38 (EN) (DN)	BSR	当梯级条件由假变真时，该指令对 File 文件指定的数据向右（最低位）移动 1 位，由 Bit Address 指定的 1 位被移入最左位（最高位）
顺序器装入	SQL Sequencer Load File #N7:30 Source I:0.1 Control R6:4 Length 4 Position 2 (EN) (DN)	SQL	当梯级条件由假变真时，该指令从数据源读入 16 位数据，把它存入顺序器装入文件。如梯级条件保持为真，每次扫描时，继续装入当前数据进入这一位置，当前数据被写到对应的目的字内
顺序器比较	SQC Sequencer Compare File #B3:11 Mask FFF0 Source I:1.0 Control R6:0 Length 4 Position 2 (EN) (DN) (FD)	SQC	当梯级条件由假变真时，指令指向顺序器文件的下一步（字）。其存储的数据通过屏蔽与对应的源数据进行相等的比较，然后传送到指令指定的目的地址。如果源数据等于参考数据，SQC 的控制计数器的 FD 位被置位
顺序器输出	SQO Sequencer Output File #B10:1 Mask 0F0Fh Dest O:0.0 Control R6:20 Length 4 Position 2 (EN) (DN)	SQO	当梯级条件由假变真时，指令指向顺序器文件的下一步（字）。其存储的数据通过屏蔽传送到指令指定的目的地址。如梯级条件保持为真，在每次扫描时，当前数据被写到对应的目的字内

（续）

名称	指令 梯形图	语句表	用途
FIFO 装入	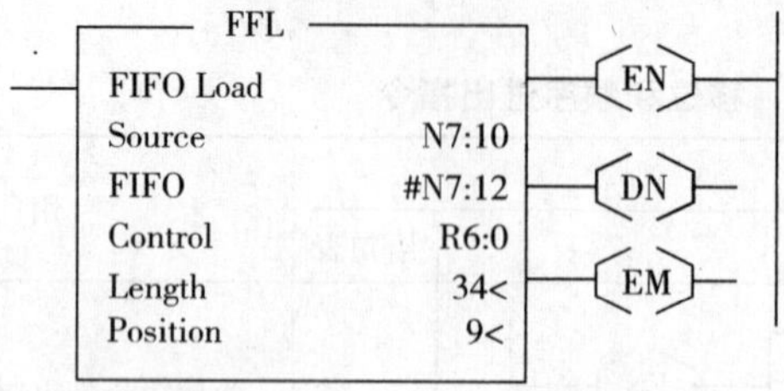	FFL	FFL 指令把字装入用户创建的称作 FIFO 堆栈的文件内，它实际为对数据结构队列（FIFO，First In First Out，先进先出）的操作，相当于进队操作
FIFO 卸出	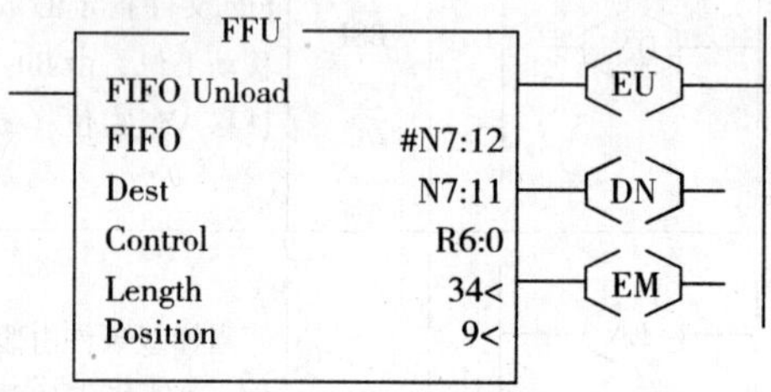	FFU	FFU 指令把字按照与它们进入时相同的顺序从 FIFO 堆栈卸出，它实际为对数据结构队列（FIFO，First In First Out，先进先出）的操作，相当于出队操作
LIFO 装入	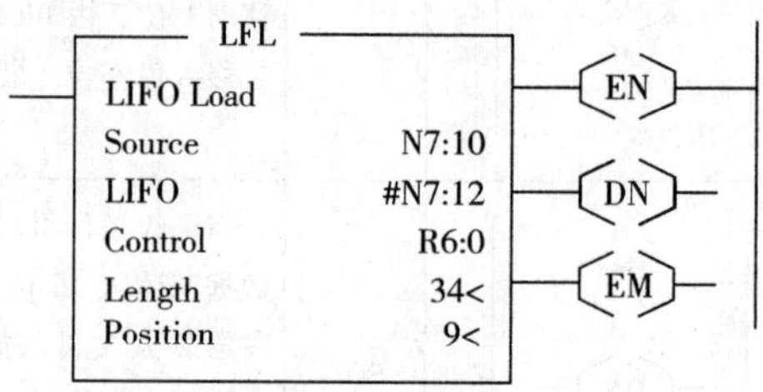	LFL	LFL 指令把字装入用户创建的称作 LIFO 堆栈的文件内，它实际为对数据结构中堆栈（LIFO，Last In First Out，后进先出）的操作，相当于进栈操作
LIFO 卸出	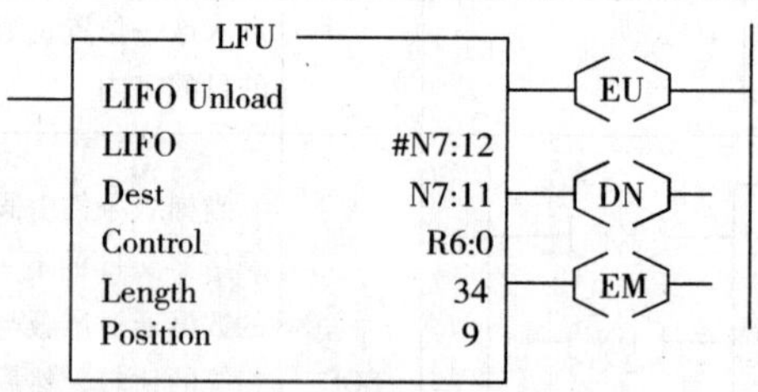	LFU	LFU 指令把字按照与它们进入时相反的顺序从 LIFO 堆栈卸出，它实际为对数据结构中堆栈（LIFO，Last In First Out，后进先出）的操作，相当于出栈操作
复制文件	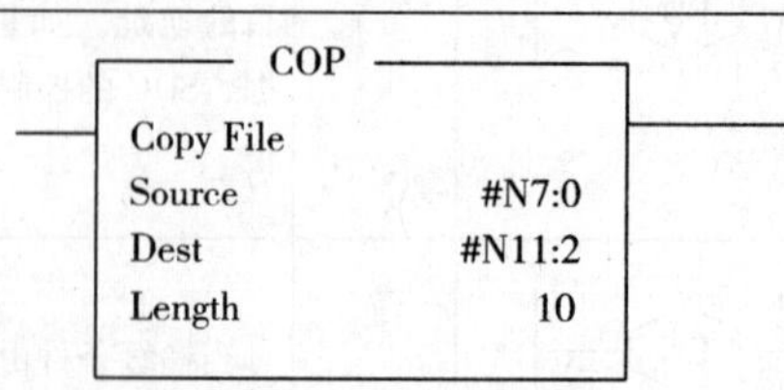	COP	该指令属于输出指令。当梯级条件为真时，它把源文件复制到目的文件中。源文件和目的文件的长度至少要有 Length 指定的长度，且可为不同的文件类型
填充文件	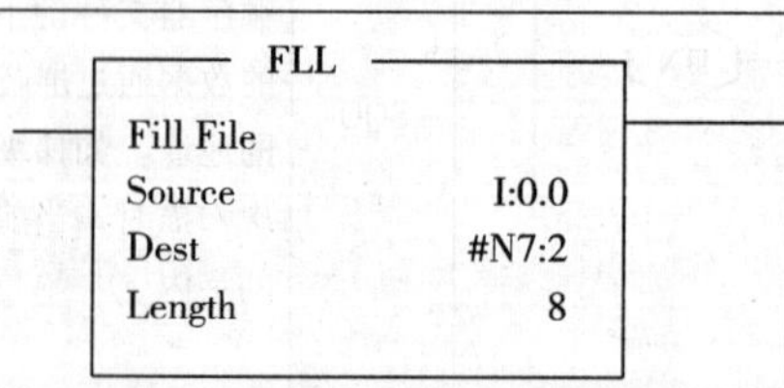	FLL	该指令属于输出指令。当梯级条件为真时，来自源值的所有元素以上升的顺序被填入到指定的目标文件中

4.5.4.7　程序流程指令

程序流程指令控制梯形图程序执行的顺序，控制指令允许改变处理器扫描梯形图程序的顺序。程序流程指令如表 4-33 所示。

表 4-33　程序流程指令

指令			用　途
名　称	梯　形　图	语句表	
程序跳转和标号	JMP LBL	JMP 和 LBL	JMP 指令使处理器在执行梯形图程序时跳过一些梯级，LBL 指令是具有相同标号的 JMP 指令的跳转目标
跳转到子程序和子程序返回	JSR Jump To Subroutine SBR File Number U:5 SBR Subrotine RET Return	JSR、SBR 和 RET	JSR 指令使处理器跳到指定的子程序文件；SBR 指令必须在子程序的第一条指令的第一梯级，是否使用该指令是可选的，为使程序清晰，建议使用该指令；在子程序的末尾用 RET 指令返回到主程序
暂停	TND	TND	当 TND 梯级条件为真时，处理器停止扫描程序的其余部分并更新 I/O
中断	SUS Suspend Suspend ID　4444	SUS	在程序调试和系统故障检测时用这一指令可获得或查明具体条件
主控程序	MCR	MCR	成对使用 MCR 指令可创建一个程序区域。该指令可关断此区域内所有非保持性输出
立即输入	IIM Immediate Input w/Mask Slot　I:0.0 Mask　00DBh Length　1	IIM	该指令可优先于正常的扫描顺序刷新输入值。当它使能，程序扫描被中断，从指定输入口中读取数据，经过屏蔽后，刷新其数据文件的值，再恢复程序扫描
立即输出	IOM Immediate Output w/Mask Slot　O:0.0 Mask　00DBh Length　1	IOM	该指令可优先于正常的扫描顺序刷新输出值。当它使能，程序扫描被中断，从输出数据文件中读取数据，经过屏蔽后，刷新指定的输出口，再恢复程序扫描

（续）

指令			用途
名称	梯形图	语句表	
通信服务	SVSC Service Communications Channel Select 0001h	SVC	用于优于正常扫描周期执行通信程序。当使能时，程序扫描被中断以执行操作周期的通信程序
刷新 I/O	REF	REF	当 REF 指令使能，它中断程序的正常扫描，执行 I/O 扫描（读输入口，写输出口）

4.5.4.8 中断指令

中断指令如表 4-34 所示。

表 4-34 中断指令

指令			用途
名称	梯形图	语句表	
I/O 中断子程序	INT I/O Interrupt	INT	该指令把一个程序文件作为中断子程序而不是一般的 SBR 子程序
STI 中断起动	STS Selectable Timed Start Time 2300	STS	该指令使 STI（Selectable Timed Interrupt）进入运行方式时有条件的起动，而不是自动起动
用户中断屏蔽	UID User Interrupt Disable Interrupt Types 0	UID	该指令用于屏蔽用户中断。当使能时，可屏蔽 STI 中断、高速计数中断和事件输入中断等
用户中断使能	UIE User Interrupt Enable Interrupt Types 0	UIE	当梯级条件使能时，该指令就会使能所选择的中断类型。UIE 和 UID 指令成对使用
用户中断	UIF User Interrupt Flush Interrupt Types 0	UIF	该指令用于激活那些已被挂起的中断类型

4.6 三菱 F_1 系列可编程序控制器

4.6.1 F_1 系列 PLC 概述

日本三菱公司生产的 F_1 系列 PLC，设计合理，结构紧凑，体积小，重量轻，具有很强的抗干扰能力和负载能力及优良的性能价格比，在我国是应用比较多，影响比较广泛的 PLC 之一。另外，我国很多高校实验室的实验教学装置选用三菱可编程序控制器，因此本节将介

绍三菱 F_1 系列 PLC。

4.6.1.1　F_1 系列 PLC 的型号

为了满足用户不同的控制要求，F_1（F）系列 PLC 有多种型号规格，其型号表示方法如下：

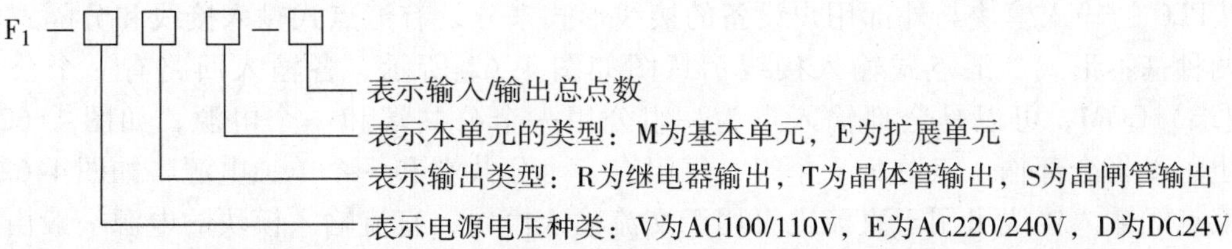

例如：F_1-20MR-E 表示具有 20 个输入/输出点、采用继电器输出、工作电压为 220V 的基本型 F_1 可编程序控制器。三菱 F_1 系列 PLC 实物外形图如图 4-61 所示。

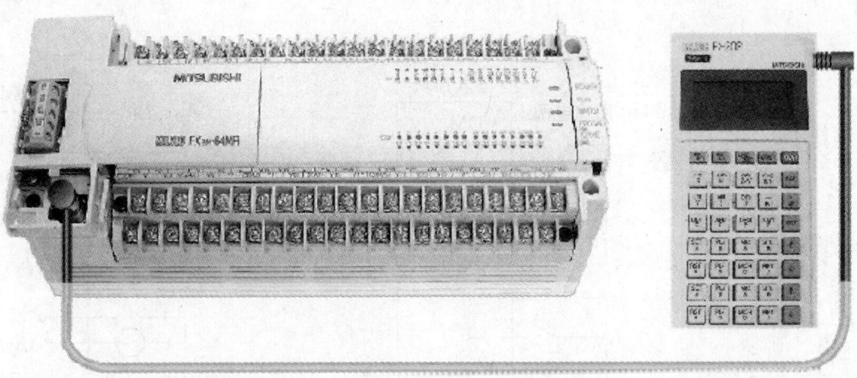

图 4-61　三菱 F_1 系列 PLC 实物外形图

4.6.1.2　基本单元、扩展单元和特殊单元

基本单元又称为主机，F_1 基本单元的类型如表 4-35 所示。

扩展单元又叫扩展机，它没有中央处理器，不能单独使用，只能通过扁平电缆与主机相连，以增加输入输出点数。扩展单元的外型与基本单元大体相同，F_1 扩展单元的类型如表 4-36 所示。根据需要，可采用基本单元和扩展单元的组合成不同输入输出点数的 PLC 控制系统。此外，还有特殊单元，如高速计数器、计时器、模拟量单元及通信接口等。

表 4-35　F_1 基本单元的类型

型　号	输入点数	输出点数
F_1-12M	6	6
F_1-20M	12	8
F_1-30M	16	14
F_1-40M	24	16
F_1-60M	36	24

表 4-36　F_1 扩展单元的类型

型　号	输入点数	输出点数
F_1-10E	4	6
F_1-20E	12	8
F_1-40E	24	16
F_1-60E	36	24

4.6.1.3 输入输出方式

1. 输入方式

PLC 输入方式按输入回路电流来分，有直流输入和交流输入两种，有的 PLC 还有交直流输入方式。

按PLC 的输入模块与外部用户设备的接线形式来分，有汇点式输入接线和分隔式输入接线两种基本形式。汇点式输入接线示意图如图 4-62 所示，各输入回路有一个公共端（汇集端）COM，可以是全部输入点为一组公用一个公共端和一个电源，如图 4-62a 所示；也可以将全部输入点分为 n 个组，每组有一个公共端和一个单独电源，如图 4-62b 所示。汇点式输入接线可用于直流也可用于交流输入模块，直流输入模块的电源一般由 PLC 内自身的电源提供，而交流输入模块的电源通常由用户提供。分隔式输入接线如图 4-63 所示，每一个输入回路有两个接线端，由单独的一个电源供电，这一交流电源由用户提供。控制信号是通过用户输入设备（如开关、按钮、位置开关、继电器和传感器等）的触点输入的。

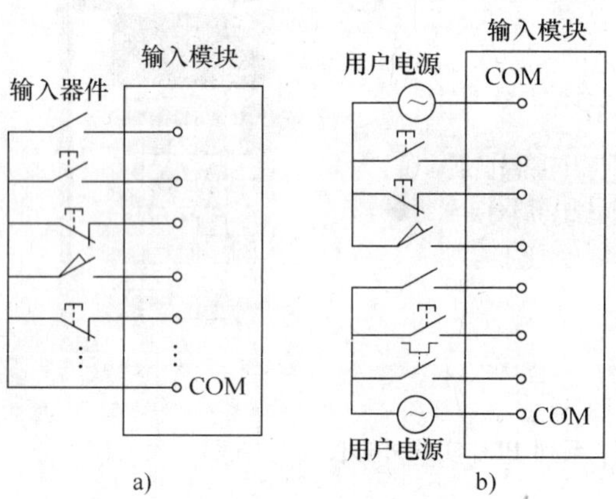

图 4-62 汇点式输入接线示意图

a）直流模块 b）交流模块

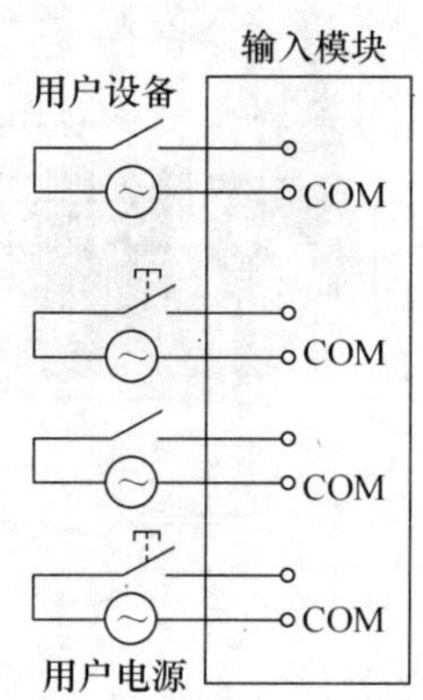

图 4-63 分隔式输入接线示意图

2. 输出方式

PLC 输出方式如果按负载使用的电源（即用户电源）来分，有直流输出、交流输出和交直流输出三种方式。按输出开关器件的种类来分，有晶体管、晶闸管和继电器三种输出方式。F_1 系列 PLC 主要提供继电器输出类型。

按输出模块与外部用户输出设备的接线形式分，有汇点式输出和分隔式输出接线两种基本形式。汇点式输出接线示意图如图 4-64 所示，图 4-64a 表示把全部输出点汇集成一组共用一个公共端 COM 和一个电源，图 4-64b 表示将所有输出点分成 n 个组，每组有一个公共端 COM 和一个单独电源，两种形式的电源均由用户提供，根据实际情况确定选用直流或交流电源。分隔式输出接线示意图如图 4-65 所示。每个输出点构成一个单独回路，由用户单独提供一个电源，这样每个输出点之间是相互隔离的，负载电源按实际情况可选用直流或交流。

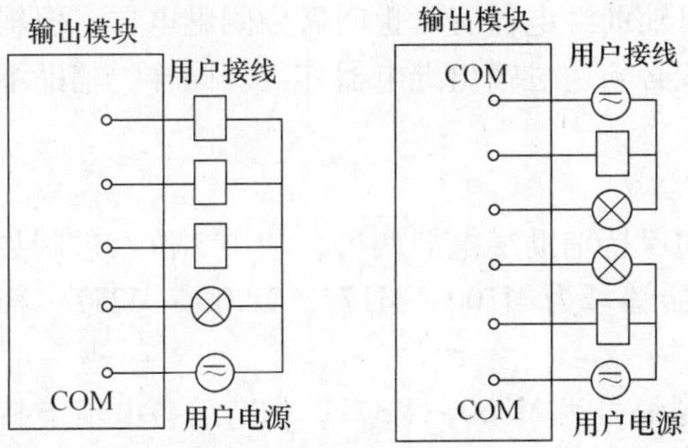

a)　　b)

图 4-64　汇点式输出接线示意图
a）汇集为一组输出　b）分为若干组输出

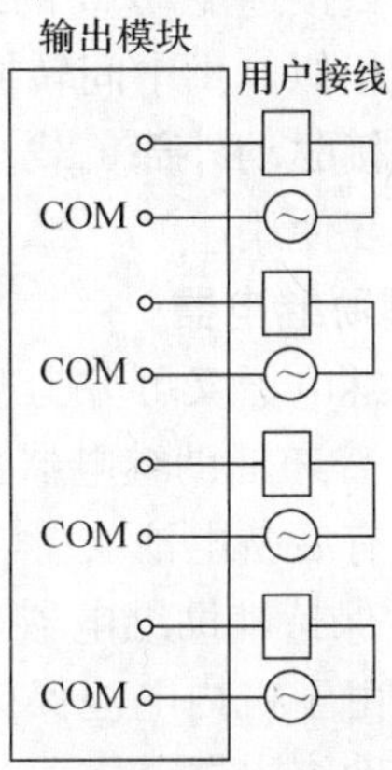

图 4-65　分隔式输出接线示意图

4.6.2　F_1 系列 PLC 内部器件编号及功能

4.6.2.1　输入继电器编号与功能

输入继电器 X 是 PLC 接收来自外部输入设备开关信号的接口。输入继电器 X 的线圈与 PLC 的输入端相连，每个输入继电器带有一对常开和一对常闭接点，且可反复使用。输入继电器编号采用 3 位八进制数编写，如表 4-37 所示。

表 4-37　输入继电器 X 的编号

单　元	型　号	编　号
基本单元	F_1-12MR	X400 ~ X405
	F_1-20MR	X400 ~ X407，X410 ~ X413
	F_1-30MR	X400 ~ X407，X410 ~ X413，X500 ~ X503
	F_1-40MR	X400 ~ X413，X500 ~ X513
	F_1-60MR	X000 ~ X013，X400 ~ X413，X500 ~ X513
扩展单元	F_1-10ER	X（　）14 ~ X（　）17
	F_1-20ER	X（　）14 ~ X（　）27
	F_1-40ER	X414 ~ X427，X514 ~ X527
	F_1-60ER	X014 ~ X027，X414 ~ X427，X514 ~ X527

4.6.2.2　输出继电器的编号与功能

输出继电器 Y 是 PLC 向外部负载传送信号的器件，其输出接点连接到 PLC 的输出端子上。输出继电器接点的通和断是由程序执行结果来决定的，它有一对专用的外部输出常开接点，另外一对常开和常闭“软”接点可供在编程中反复使用。输出继电器编号采用 3 位八进制数编写，基本单元编号为：Y030 ~ Y037，Y430 ~ Y437，Y530 ~ Y537；扩展单元编号为：Y040 ~ Y047，Y440 ~ Y447，Y540 ~ Y547。

4.6.2.3　辅助继电器与特殊辅助继电器的编号及功能

PLC 中设有许多辅助继电器 M，各有一对常开接点和常闭接点，它必须由 PLC 中其他器件的接点接通驱动 M 的线圈之后，接点才能动作，这和继电器控制线路中的中间继电器工作情形相似，供中间转换环节使用，所以辅助继电器有时也叫做中间继电器。但辅助继电器不能直接驱动外部负载，要驱动外部负载必须通过输出继电器才行。同样，辅助继电器的接点可反复使用。

1. 辅助继电器

辅助继电器又可分为普通辅助继电器和保持辅助继电器两种，均用 3 位八进制数编号。

（1）普通辅助继电器　普通辅助继电器编号为 M100 ~ M177、M200 ~ M277。普通辅助继电器没有后备电池支持。

（2）保持辅助继电器　保持辅助继电器编号为 M300 ~ M377，均有后备电池支持。当电源中断时由于机内电池保持供电，所以保持辅助继电器能够保持它们原来的状态。因此也叫做保护辅助继电器。

2. 特殊辅助继电器

特殊辅助继电器有时也称为专用辅助继电器。

（1）M70　运行监视继电器。当 PLC 运行时，M70 自动处于接通状态，当 PLC 停止运行时，M70 处于断开状态。因此可利用 M70 的接点经输出继电器 Y 在外部显示程序是否运行，达到运行监视的目的。

（2）M71　初始化脉冲继电器。当 PLC 一开始投入运行时，M71 就接通，自动发出宽度为一个扫描周期的单窄脉冲，M71 常用作计数器、移位寄存器和保持辅助继电器等的初始化信号，即开机复位或清零信号。

（3）M72　100ms 时钟脉冲发生器。M72 产生周期为 100ms 的时钟脉冲，可用于驱动计数器或移位寄存器，以便执行监视定时器功能。它也可和计数器联用，起到定时器的作用。

（4）M73　10ms 时钟脉冲。

（5）M74　和 M75 在 PLC 开机后始终处于接通状态。

（6）M76　机内锂电池电压下降到一定程度时接通。

（7）M77　输出禁止（M77 接通时，所有 Y 自动断开）。

（8）M470　内部计数或外部高速计数方式选择。C660 和 C661 是一对计数器，组成 6 位十进制计数器，称为计数器对。C660 作为低 3 位计数器，C661 作为高 3 位计数器。当 M470 接通时，6 位计数器可对外部高速脉冲（最高为 2kHz）进行计数。M470 断开时，C660/C661 转为 PLC 内部计数方式，此时计数速度取决于 PLC 执行周期，通常为几十赫。

（9）M471　加/减计数选择。当 M471 接通时，C660/C661 作加法式计数，有时亦称正向计数。当 M471 断开时，C660/C661 做减法式计数，亦称反向计数。

（10）M472　高速计数器计数起动信号。M472 接通时，C660/C661 计数器开始高速计数。M472 断开时，C660/C661 停止计数。须注意，只有 M470 接通，使 C660/C661 设置成高速计数器时，M472 才有效。

（11）M473　标志。当计数器的现行值由 999999 在加 1 变为 0（加法式计数）或由 0 再减 1 变为 999999（减法式计数）时，M473 接通。可用功能指令 F670 或 K110（或 K10）复位。

（12）M570　错误标志。在使用功能指令过程中，如果出现指令使用器件编号错误或线圈设定错误时，则 M570 接通，当设定正确时，M570 断开。

（13）M571　为进位标志。M572 为零位标志，M573 为借位标志。当对现行计数器执行比较功能指令时，若现行值比设定值大时，M571 接通。若现行值与设定值相等时，M572 接通。当现行值小于设定值时，M573 接通。

（14）M574　状态转移禁止。在步进指令中，M574 接通时，所有的状态转移停止。

（15）M575　状态转移起动。M575 接通时，状态开始自动转移。

3. 移位寄存器

用辅助继电器可以组成移位寄存器，每 16 个辅助继电器为一组，构成一个移位寄存器，移位寄存器的编号就是构成移位寄存器的第一个辅助继电器的编号（即编号最小的那一个）。当某组辅助继电器已用作移位寄存器时，则这一组辅助继电器不能再作其他用途。

每 16 个辅助继电器为一组，构成 16 位的移位寄存器。分组及编号为

M100（M100 ~ M117），M120（M120 ~ M137）

M140（M140 ~ M157），M160（M160 ~ M177）

M200（M200 ~ M217），M220（M220 ~ M237）

M240（M240 ~ M257），M260（M260 ~ M277）

M300（M300 ~ M317），M320（M320 ~ M337）

M340（M340 ~ M357），M360（M360 ~ M377）

其中 M300 ~ M360 这 4 个移位寄存器具有断电保持功能。

4.6.2.4　定时器 T

PLC 中设有定时器 T，用于延时控制，不同型号和规格的 PLC，其定时器个数和定时时间的长短是不完全相同的。F_1 系列 PLC 共有 24 个 0.1 ~ 999s 的定时器和 8 个 0.01 ~ 99.9s 定时器，它们的编号（3 为八进制数）及定义设定值如表 4-38 所示。

表 4-38　定时器编号及设定值

定时器编号	定 时 范 围	定时设定值	
		带小数点时	不带小数点时
T050 ~ T057 T450 ~ T457 T550 ~ T557	0.1 ~ 999	K0.1 = 0.1s K99.9 = 99.9s K25.0 = 25s	K1 = 1s K999 = 999s K25 = 25s
T650 ~ T657	0.01 ~ 99.9	K0.1 = 0.1s K99.9 = 99.9s K23.0 = 23s	K1 = 0.01s K999 = 9.99s K23 = 0.23s

4.6.2.5　计数器 C

PLC 中均设置有计数器，用于计数。F_1 系列 PLC 中共有 32 个计数器 C，全部计数器均有机内电池支持，起断电保持作用。计数器用 3 位八进制数编号，这 32 个计数器的编号为 C060 ~ C067，C460 ~ C467，C560 ~ C567，C660 ~ C667。

除C060 和 C661 以外，其余 30 个计数器的计数范围为 0 ~ 999，计数值的大小通过编

程器来设定。C660 与 C661 可构成“计数器对”，计数范围为 6 位十进制 0～999999，并可通过设定其工作方式构成加法式或减法式计数器，也可构成最高频率为 2kHz 的高速计数器。

4.6.2.6 状态继电器 S

F_1 系列 PLC 提供 40 个状态继电器 S，通常与步进指令一起使用，也可当作辅助继电器 M 来使用。状态继电器均有后备电池支撑，都具有断电保护功能。状态继电器有线圈，有步进常开接点，还提供普通常开和常闭接点。状态继电器用 3 位八进制数编号：

S600～S607，S610～S617，S620～S627，S630～S637，S640～S647。

4.6.2.7 数据寄存器 D

F_1 系列 PLC 设置 64 个数据寄存器，主要用于算术运算、数据比较和传送等，可存放二进制、八进制和十进制的数据，其编号用 3 位八进制数表示：

D700～D707，D710～D717，D720～D727，D730～D737，D740～D747，D750～D757，D760～D767，D770～D777。

4.6.2.8 功能指令线圈

F_1 系列 PLC 提供近 90 条功能指令，主要用来实现输入输出的高速处理、算术运算、数据传送等，从而增强了 PLC 的功能，扩大了 PLC 的应用范围。而这些功能指令的实现是用功能线圈 F670～F677 来完成的。其中 F671～F675 为设定线圈，用于设定条件。F670 为执行线圈，用于设定功能。

4.6.3 F_1 系列 PLC 的指令系统

F_1 系列 PLC 使用相互对应的梯形图和助记符两种编程语言，其指令系统由基本指令和步进与功能指令组成。

4.6.3.1 F_1 系列 PLC 的基本指令

F_1 系列 PLC 提供 20 条基本指令，基本指令用于接点的逻辑运算、输入输出操作、定时及计数等。表 4-39 给出了 F_1 系列 PLC 的基本指令。

表 4-39 F_1 系列 PLC 的基本指令

指令			作用	操作数
名称	梯形图	助记符		
取指令	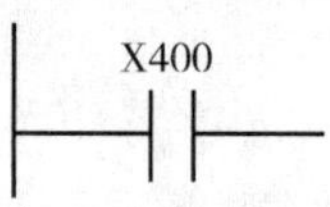	LD	用于梯形图中与左母线相连的第一个常开触点，表示一个逻辑行的开始	X、Y、M、T、C、S 的触点
取反指令	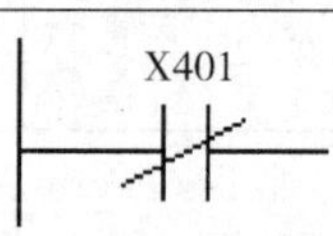	LDI	用于梯形图中与左母线相连的第一个常闭触点	
线圈驱动指令	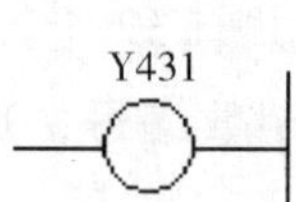	OUT	用于将运算结果驱动输出继电器、辅助继电器、定时器、计数器、状态继电器和功能指令的线圈	Y、M、T、C、S 的线圈和功能线圈

（续）

指令			作　用	操作数
名　称	梯　形　图	助记符		
与指令	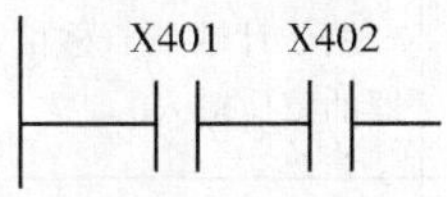	AND	用于和触点串联的常开触点	X、Y、M、T、C、S 的触点
与反指令	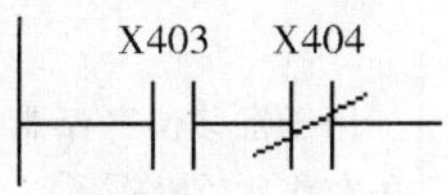	ANI	用于和触点串联的常闭触点	
或指令	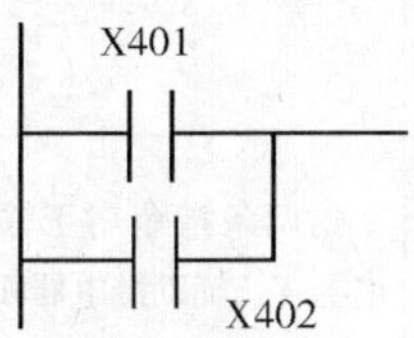	OR	用于和触点并联的常开触点	
或反指令	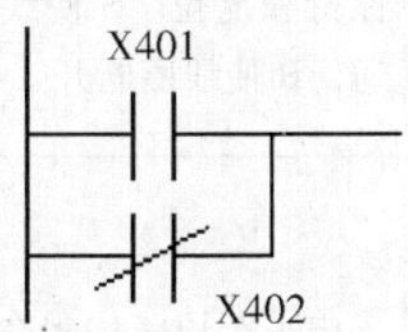	ORI	用于和触点并联的常闭触点	
块或指令	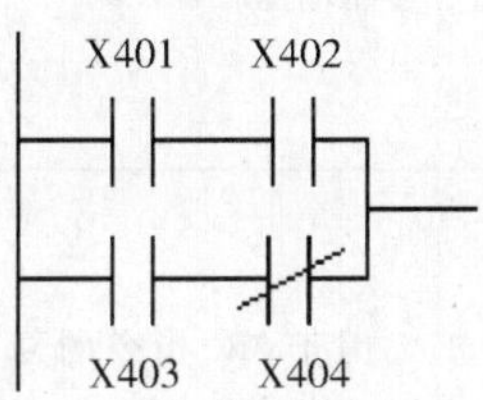	ORB	用于两个或两个以上接点串联连接电路块的并联。并联支路块都是从 LD 或 LDI 指令开始，支路的终点用 ORB 指令	无操作数
块与指令	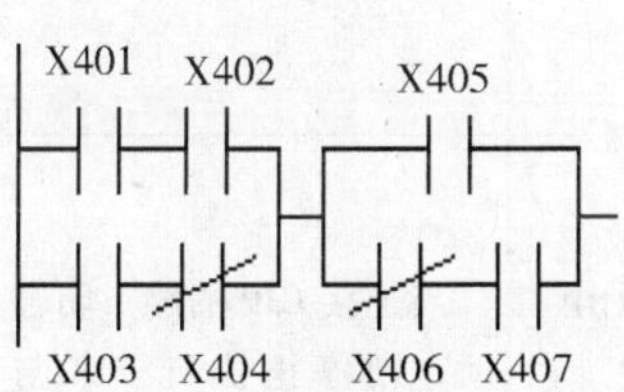	ANB	用于两个或两个以上并联电路块的串联连接。并联电路块都是从 LD 或 LDI 指令开始，两个并联电路块的串联连接用 ORB 指令	
计数器和移位寄存器的复位指令	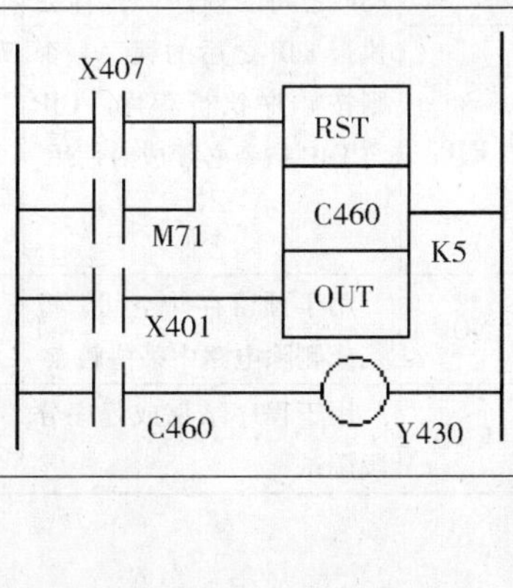	RST	用于将计数器的当前值回复到设定值或清除移位寄存器中所有位的信息	C60 ~ C667，M100 ~ M377

（续）

指令			作　用	操 作 数
名　称	梯　形　图	助记符		
脉冲指令	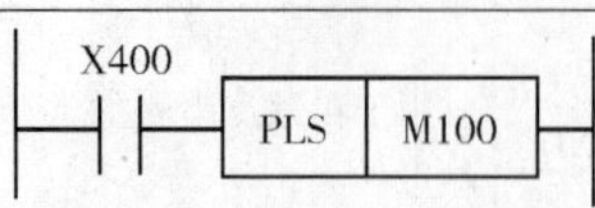	PLS	用于计数器、移位寄存器的复位输入	M100～M377
移位指令	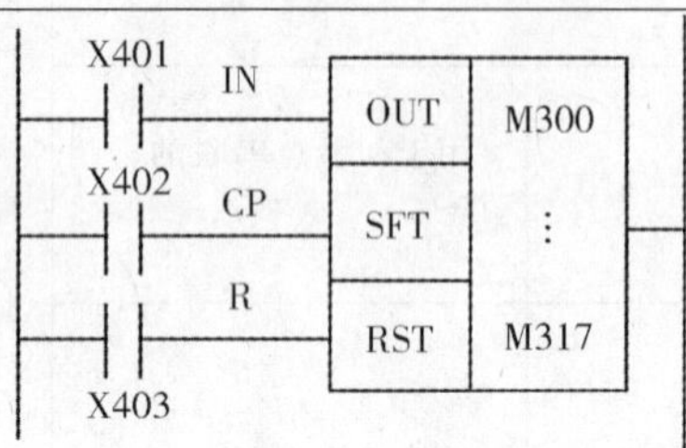	SFT	用于将移位寄存器中的内容作移位操作	M100，M120，M140，M160，M220，M240，M260，M300，M320，M340，M360
置位指令	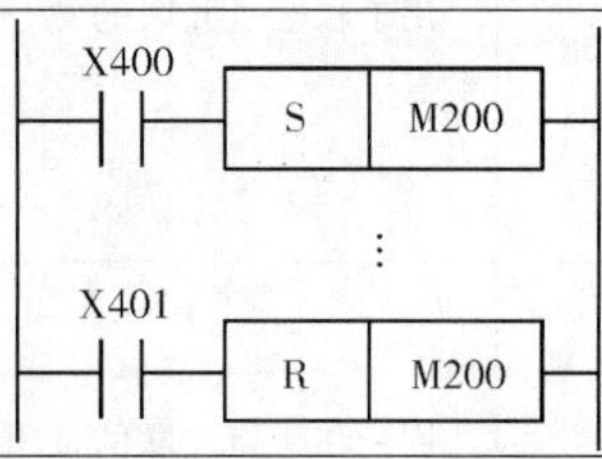	S	这两条指令用于输出继电器Y、辅助继电器M200～M377和状态继电器S的自保持和复位。S使线圈接通，R使线圈断开	Y、M、S的线圈
复位指令		R		
主控开始指令	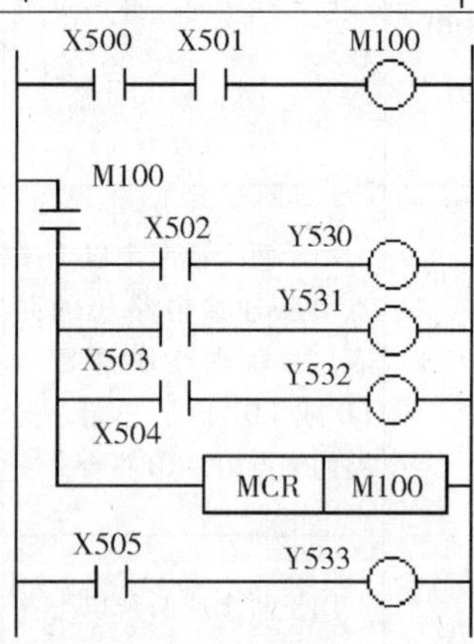	MC	用于在相同控制条件下多路输出	M100～M177
主控返回指令		MCR	用于MC指令的复位，即主控结束时返回母线	
转移开始指令	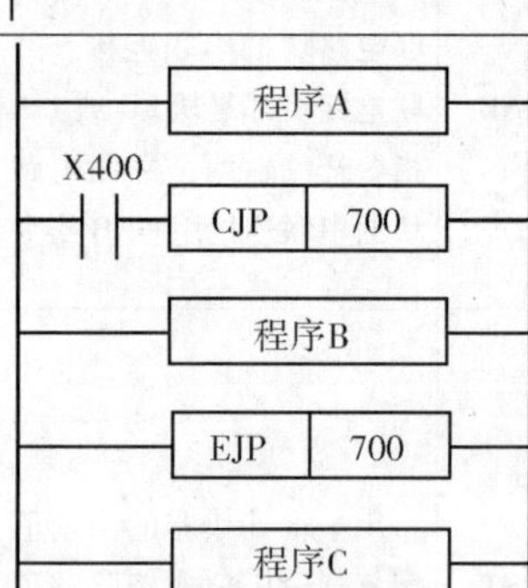	CJP	当连接CJP的触点闭合时，则停止执行CJP与EJP之间的程序，转移去执行EJP之后的程序，否则按顺序执行程序。CJP与EJP指令必须成对使用	3位八进制数：700～777
转移结束指令		EJP		
无操作指令	无	NOP	用于预留存储空间、短接或删除电路中某些触点	无操作数
程序结束指令	无	END	用于程序结束或程序分段调试	无操作数

例　具有电气联锁的电动机正反转控制电路。

具有电气联锁的电动机正反转控制电路的电气原理，PLC 控制的输入输出接线，梯形图及对应的指令程序分别如图 4-66a ~ d 所示。

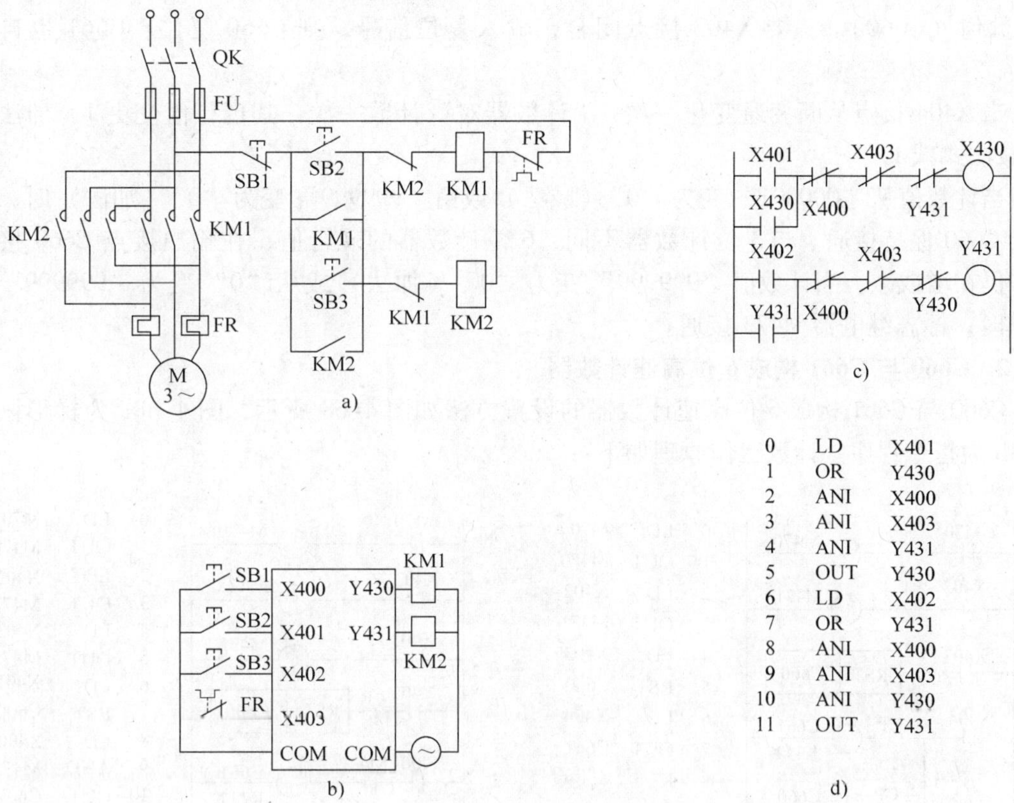

0	LD	X401
1	OR	Y430
2	ANI	X400
3	ANI	X403
4	ANI	Y431
5	OUT	Y430
6	LD	X402
7	OR	Y431
8	ANI	X400
9	ANI	X403
10	ANI	Y430
11	OUT	Y431

d)

图 4-66　电气联锁的电动机正反转控制

4.6.3.2　C660/C661 “计数器对” 的用法

计数器分为加法式计数器和减法式计数器。F_1 系列 PLC 总共 32 个计数器中，只有 C660/C661 “计数器对” 既可作为加法式计数器，也可作为减法式计数器用，其余的都只能作减法式计数器用。“计数器对” 不仅可作为普通计数用，如果 “计数器对” 与特殊辅助继电器配合使用时，还可作为高速计数器和构成 6 位计数器用。以下仅介绍 F_1 系列 PLC 的 C660/C661 “计数器对” 的用法。

1. C660 与 C661 构成 6 位加/减计数器

C660 与 C661 构成一个 6 位十进制加/减计数器，C661 为高 3 位计数器，C660 为低 3 位的计数器。6 位计数器可设置成普通计数器，这时计数输入信号频率和其余 30 个计数器的相同；也可设置成高速计数器，此时计数输入信号频率最大为 2kHz。

6 位普通计数器设置方法如图 4-67 所示，图 4-67a 为梯形图，图 4-67b 为相应指令程序。图中 CP 为计数信号输入端，R 为计数器复位信号输入端。

PLC 开始运行时，M70 自动处于接通状态，所以图中 M70 的常闭接点断开 M470 继电器线圈电路，把 C660 与 C661 设置成普通计数方式。

当输入继电器 X402 常开接点闭合，接通 M471 线圈时，把 C660 与 C661 设置成加法计数器。当 X402 常开接点断开 M471 线圈电路时，将“计数器对”设置成减法计数器。

由C660 与 C661 构成的 6 位计数器，先对计数器设置高 3 位数值（C661），后设置低 3 位数值（C660）。只要 X403 接点闭合，输入复位信号，则 C660 复位，C661 也自动复位。

当 X404 接点从断变通变化一次，“计数器对”计数一次，其现行值变更 1，加法式加 1，减法式减 1。

当计数值从“000001”变为“0”（减法）或由“999999”变为“0”（加法）时，输出接点 C660 保持接通。与 3 位计数器不同，6 位计数器的现行值，在输出接点 C660 接通之后，仍在增或减，当计数值“999999”变为“0”（加法）或从“0”变为“999999”（减法）时，标志继电器 M473 接通。

2. C660 与 C661 构成 6 位高速计数器

C660 与 C661 构成 6 位高速计数器的设置方法如图 4-68 所示，图 4-68a 为梯形图，图 4-68b 为指令程序。计数工作原理如下：

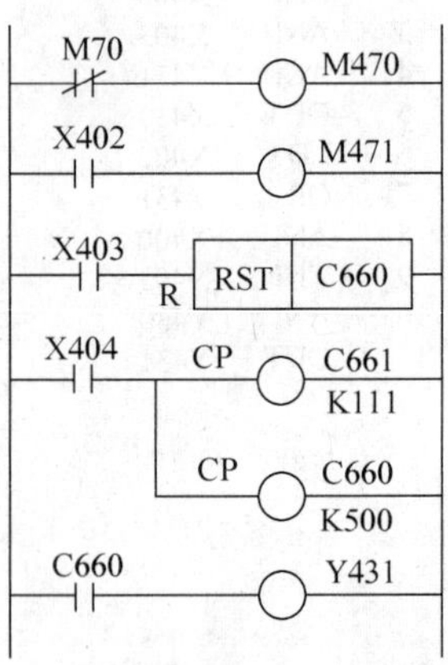

a)

```
0  LDI  M70
1  OUT  M470
2  LD   X402
3  OUT  M471
4  LD   X403
5  RST  C660
6  LD   X404
7  OUT  C661
8  K    111
9  OUT  C660
10 K    500
11 LD   C660
12 OUT  Y431
```

b)

图 4-67　6 位普通计数器设置方法

a）梯形图　b）指令程序

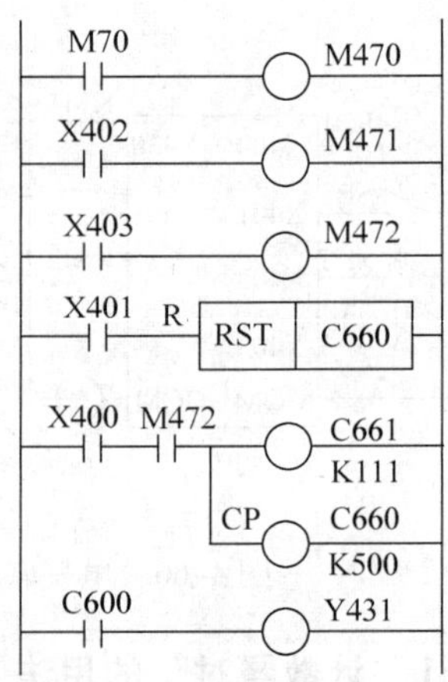

a)

```
0  LD   M70
1  OUT  M470
2  LD   X402
3  OUT  M471
4  LD   X403
5  OUT  M472
6  LD   X401
7  RST  C600
8  LD   X400
9  AND  M472
10 OUT  C601
11 K    111
12 OUT  C660
13 K    500
14 LD   C600
15 OUT  Y431
```

b)

图 4-68　C660 与 C661 构成 6 位高速计数器的设置方法

a）梯形图　b）指令程序

当 PLC 运行开始 M70 常开接点接通 M470 线圈时，C660 与 C661 设置为高速计数方式。

当 X402 接点接通 M471 线圈时，C660 与 C661 设置成加法式计数器，断开 M471 线圈时设置为减法式计数器。

当 X403 接点接通 M472 线圈时，起动高速计数器开始计数，这时如果 X400 接点闭合，输入计数脉冲，则 X400 与 X401 的输入滤波常数自动呈现最小值，从而能执行高速计数与复位，而与 PLC 的执行周期无关。X401 为固定接至复位输入端。X400 指定为计数脉冲输入。

当计数输入 X400 闭合之后，计数值从“000001”变为“0”或从“999999”变成“0”时，输出接点 C660 保持接通。同样，当输出接点 C660 接通之后，按照计数的输入，增/减

“计数器对”的现行值，当现行值由“999999”变为“0”或从“0”变为“999999”时，M473 接通。

4.6.4　F_1 系列 PLC 的步进指令

4.6.4.1　步进指令及步进梯形图

STL（step ladder）：步进接点指令；

RET（return）：步进返回指令。

STL/RET 步进指令使用状态继电器 S600 ~ S647 共 40 个，状态继电器均由电池支持。

使用步进指令时，用状态转换（移）图设计步进梯形图，这两种图如图 4-69a 和图 4-69b所示。状态转换图中的每个状态表示顺序工作的一个操作，因此步进指令常用于控制时间和位移等顺序的操作过程。使用步进指令不但可以直观地表示顺序操作的流程，而且可以减少指令程序的条数和容易被人们理解。

步进接点只有常开接点，而没有常闭接点，用 -||- 表示，指令用 STL 表示，连接步进接点的其他继电器接点用 LD 或 LDI 指令表示，如图 4-69c 所示。

从状态转换图中可见，每一状态提供三个功能：驱动负载、指定转换条件、置位新状态（同时转移源自动复位）。当步进接点 S600 闭合时，输出继电器 Y430 线圈接通。当 X401 闭合时，新状态置位（接通），步进接点 S601 也闭合。这时原步进接点 S600 自动复位（断开），这就相当于把 S600 的状态转移到 S601，这就是步进转换作用。其他状态继电器之间的状态转移过程，依此类推。

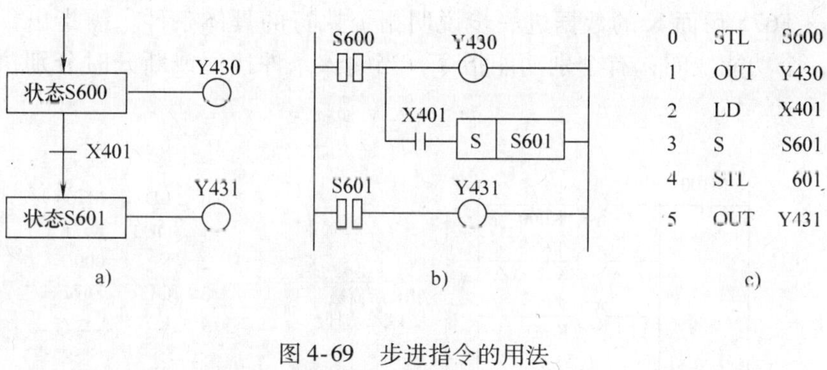

图 4-69　步进指令的用法

a）状态转换图　b）步进梯形图　c）指令程序

4.6.4.2　使用步进指令的说明

1）步进接点须与梯形图左母线连接。使用 STL 指令后，凡是以步进接点为主体的程序，最后必须用 RET 指令返回母线，即步进指令具有主控功能。

2）使用 S 指令后的状态继电器（有时亦称步进继电器），才具有步进控制功能。这时除了提供步进常开接点外，还可提供普通的常开接点与常闭接点，但 STL 指令只适用于步进接点。

3）只有步进接点闭合时，它后面的电路才能动作。如果步进接点断开，则其后面的电路将全部断开。当需保持输出结果时，可用 S 和 R 指令来实现。

4）使状态继电器复位的方法。状态继电器均具有断电保护功能，即断电后再次通电，动作从断电时的状态开始。但在某些情况下需要从初始状态开始执行动作，这时则需要复位所有的状态。此时应使用功能指令实现状态复位操作。

5）如果不用STL步进接点时，状态继电器S可作为普通辅助（中间）继电器M用，这时其功能与M相同。

6）步进指令后面可以使用CJP/EJP指令，但不能使用MC/MCR指令。

7）在时间顺序步进控制电路中，只要不是相邻步进工序，同一个定时器可在这些步进工序中使用，这可节省定时器。

4.6.5　F_1 系列可编程序控制器的常用功能指令

F_1 系列PLC提供近90条功能指令，这里介绍其中常用的一部分，主要以表格形式综述。

4.6.5.1　功能指令基本概念与表达方式

功能指令可以用来实现数据处理、算术运算、高速处理等。功能指令表达方式与基本指令不同，基本指令是用逻辑操作符（亦称助记符）表示，它的梯形图就是继电器接点和线圈的连接图。功能指令用功能号表示（功能指令的线圈第一个字母均用“F”），也就是用子程序号表示，其梯形图表示为功能线圈。

功能指令的表达方式如图4-70所示。其梯形图由三部分组成：输入条件、设定线圈和执行线圈。输入条件用常开接点，当输入条件接通（ON）时，设定线圈和执行线圈才有效。用执行线圈F670后面K的数据来设定执行功能，即设定实现某种特定操作。而用设定线圈F671～F675后面K的数据进一步说明指令执行的具体条件。需指出：也有少数功能指令只用一个功能线圈；有个别功能指令，当输入条件接通或断开时分别执行不同的功能。

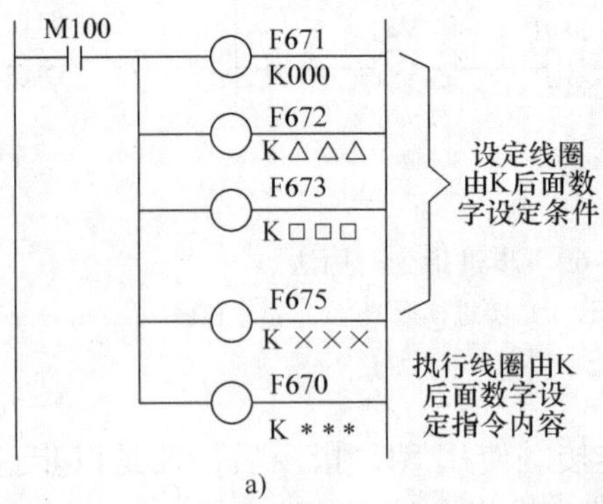

0	LD	M100
1	OUT	F671
2	K	000
3	OUT	F672
4	K	△△△
⋮	⋮	⋮
9	OUT	F675
10	K	×××
11	OUT	F670
12	K	＊＊＊

b)

图4-70　功能指令的表达方式

a）梯形图　b）指令程序

4.6.5.2　输入/输出高速处理指令

输入输出高速处理功能指令表如表4-40所示。

表 4-40　输入输出高速处理功能指令表

指　令	功能要点	指令使用操作数
K00（K100）	刷新全部输入点	X00 ~ X27，X400 ~ X427，X500 ~ X527
K101	刷新部分输入点	X400 ~ X407
K02（K102）	刷新全部输出点	Y30 ~ Y47，Y430 ~ Y437，Y530 ~ Y537
K112，K113	测量 X400 输入信号上升沿	X400
K114，K115	测量 X401 输入信号上升沿	X401
K122	测量 X402 输入脉冲信号宽度	X402
K123	测量 X403 输入脉冲信号宽度	X403
K124	计 X400 输入点正脉冲信号个数（0 ~ 999）	X400
K125	计 X400 输入点正脉冲信号个数（0 ~ 999）	X401

4.6.5.3　复位指令

复位功能指令表如表 4-41 所示。

表 4-41　复位功能指令表

指　令	功能要点	指令使用操作数
K26（K103）	指定范围内的映像寄存器复位	Y30 ~ Y547，M100 ~ M377，S600 ~ S647
K10（K110）	M473 复位	M473
K11（K111）	“计数器对”C660 与 C661 的触点 C660 复位	C660 与 C661
K116	禁止用 X401 输入信号计数器对高速计数复位信号	C660 与 C661 计数器对
K14	步进标志 M571 置位	M571
K15	步进标志 M571 复位	M571
K16	零标志 M572 置位	M572
K17	零标志 M572 复位	M572
K18	借位标志 M573 置位	M573
K19	借位标志 M573 复位	M573
K46	数据寄存器零校验	D700 ~ D777
K48	指定位清零	D700 ~ D777

4.6.5.4　数据传送功能指令

数据传送指令适用于对指定器件赋值，也适用于把运算结果传送到指定器件中。当指令设定错误时，错误标志 M570 接通，且不执行传送。但传送功能指令不影响标志 M571、M572、M573。数据传送功能指令表如表 4-42 所示。

表 4-42 数据传送功能指令表

指 令	传送源（存放源数据的器件编号或常数）	传送目标（存放目标数据的器件编号）	传送数据类型与说明
K105	C60 ~ C667	M260 ~ M273	3 位 BCD 数
K104	M260 ~ M273	C60 ~ C667	3 位 BCD 数
K36	X、Y、M100 ~ M377、S	D700 ~ D777	3 位 BCD 数
K37	D700 ~ D777	Y、M100 ~ M377、S	3 位 BCD 数
K29	X、Y、M、S	Y、M、S	N 位（1 ~ 16 位）二进制数
K35	T、C、D	Y、M、S	加偏移量传送
K34	M、S	T、C、D	1 ~ 3 位 BCD 数
K27	常数	Y、M、S	1 ~ 3 位 BCD 数
K28	常数（0 ~ 377）	Y、M、S	3 位 8 进制数
K33	常数	T、C、D	3 位 BCD 数
K109	常数（2 组 0 ~ 999）	K_L ⟶ M240 ~ M253 K_H ⟶ M260 ~ M273	6 位 BCD 数
K51	T、C、D	T、C、D	3 位 BCD 数
K38	常数（0 ~ 999） —N 次（1 ~ 64）⟶	D_i（D_i，D_{i+1}，…）（D700 ~ D777）	3 位 BCD 数送到以 D_i 为首的数据寄存器
K39	（D700 ~ D777） —D_1N 次 D_2（1 ~ 64）⟶	（D700 ~ D777）	将 D_1 的数据传送到以 D_2 为首的数据寄存器中，共送 N 次
K52	（D_1）（D700 ~ D777）	D_2（D700 ~ D777）	（D_1）中数据设定传送源器件号 D_i，把 D_i 中数据送到 D_2
K53	D_1（D700 ~ D777）	（D_2）（D700 ~ D777）	（D_2）中数据设定目标器件号，把 D_1 中数据送到 D_i
K54	（D_1）（D700 ~ D777）	（D_2）（D700 ~ D777）	（D_1）、（D_2）中数据分别设定源器件 D_i、目标器件 D_j，把 D_i 中数据送到 D_j

4.6.5.5 数据比较功能指令

数据比较功能指令用来比较两个数值的大小。这两个数据分别存放在比较源和比较目标器件中，执行比较指令后，比较源和比较目标中存放的数据不变。当输入条件接通时，执行比较指令，断开时不执行比较功能，如果指令设定错误，则错误标志 M570 接通，不执行比较。比较结果有如下三种情况：

当比较源数据小于比较目标数据时，M571 接通；

当比较源数据等于比较目标数据时，M572 接通；

当比较源数据大于比较目标数据时，M573 接通。

数据比较功能指令表如表 4-43 所示。

表 4-43　数据比较功能指令表

指　令	比 较 源	比较数据类型与说明
K107	M260 ~ M273 ←→ C60 ~ C667	M 中 3 位 BCD 数与 C 的现行值比较
K42	X、Y、M、S ←→ C、D	X、Y、M、S 中 3 位 BCD 数与 C、D 现行值比较
K41	X、Y、M、S ←→ T、C、D	X、Y、M、S 中十进制数加偏移量再与 T、C、D 现行值比较
K45	C60 ~ C667、D700 ~ D777 ←→ C60 ~ C667、D700 ~ D777	D 或 C 现行 3 位 BCD 数之间比较
K40	常数 K ←→ T、C、D	3 位 BCD 数与 T、C、D 现行值比较
K106	C60 ~ C667 ←→ 常数 A 与 B（B≥A）	C 的现行值与 3 位 BCD 数 A 和 B 取值范围比较
K43	T、C、D ←→ 常数 A 与 B（B≥A）	T、C、D 现行值与 3 位 BCD 数 A 和 B 取值范围比较
K44	C、D ←→ 常数 A 与 B（B≥A）	C、D 现行值与 6 位 BCD 数 A 和 B 取值范围比较
K108	C60 ~ C667 ←→ 常数 A 与 B（B≥A）	C 现行值与 6 位 BCD 数 A 和 B 取值范围比较

4.6.5.6　算术运算功能指令

算术运算功能指令执行加、减、乘、除四则运算。运算结果存放在数据寄存器中。运算数据类型有 3 位八进制数、3 位十进制数和 6 位十进制数三种。算术运算主要是在常数和数据寄存器以及数据寄存器之间进行的。算术运算结果如果产生进位，则进位标志 M571 接通，若产生借位，则借位标志 M573 接通，若结果为 0，则零位标志 M572 接通。但乘法和除法运算对标志 M571、M572 和 M573 不发生影响。

算术运算功能指令均按梯形图格式设定，当 F670 线圈接通时，执行功能指令。但在以下几种情况下，指令不执行，这时错误标志 M570 接通。

1）执行除法运算时，除数为 0。

2）执行 3 位八进制数运算时，参与运算的数据不在 0 ~ 777 之间。

3）执行 6 位十进制数运算时，参与运算的数据寄存器编号为奇数。

4）数据寄存器编号不在 D700 ~ D777 之间。

算术运算功能指令表如表 4-44 所示。

表 4-44 算术运算功能指令表

运算	指令	功 能	运算数据类型与说明
加法	K57	$D_1+D_2=D_3$	将两个 D 中 3 位 BCD 数相加，结果存放在 D_3 中
	K61	$D+1\Longrightarrow D$	将 D 中 3 位 BCD 数加 1，结果仍存于原 D 中
	K64	$C+1\Longrightarrow C$	将 C 中 3 位十进制数加 1，结果仍存于原 C 中
	K60	$D_1+D_2=D_3$	将两个 D 中 3 位八进制数相加，结果存于 D_3 中
	K63	$D+1\Longrightarrow D$	将 D 中 3 位八进制数加 1，结果仍存于原 D 中
	K55	$D_1+K+C_Y=D_2$	将 D 中 3 位 BCD 数、3 位 BCD 数 K 及进位 C_Y 相加
	K58	$D_1+D_2+C_Y=D_3$	将两个 D 间 3 位 BCD 数带进位相加
	K62	$D_{i+1}D_i+1\Longrightarrow D_{i+1}D_i$	将 D 中 6 位 BCD 数加 1，结果仍存于 D 中
	K56	$D_{i+1}D_i+A_HA_L+C_Y=D_{j+1}D_j$	将 D 中 6 位 BCD 数与 6 位 BCD 数及进位 C_Y 相加
	K59	$D_{i+1}D_i+D_{k+1}D_k+C_Y=D_{j+1}D_j$	将两组 D 之间 6 位 BCD 数及进位相加
减法	K87	确定运算结果存放形式	补码或绝对值形式
	K68	$D_1-D_2=D_3$	将两个 D 中的 3 位 BCD 数相减
	K71	$D-D_2=D_3$	将两个 D 中的 3 位八进制数相减
	K72	$D-1\Longrightarrow D$	将 D 中 3 位 BCD 数减 1，结果仍存于原 D 中
	K74	$D-1\Longrightarrow D$	将 D 中 3 位八进制数减 1，结果仍存于原 D 中
	K75	$C-1\Longrightarrow C$	将 C 中 3 位 BCD 数减 1，结果仍存于原 C 中
	K73	$D_{i+1}D_i-1\Longrightarrow D_{i+1}D_i$	将 D 中 6 位 BCD 数减 1，结果仍存于 D 中
	K66	$D_1-K-B_r=D_2$	将 D 中 3 位 BCD 数、3 位 BCD 数 K 及借位 B_r 相减
	K69	$D_1-D_2-B_r=D_3$	两个 D 中 3 位 BCD 数带借位相减
	K67	$D_{i+1}D_i-A_HA_L-B_r=D_{j+1}D_j$	将 D 中 6 位 BCD 数与 6 位 BCD 数及借位 B_r 相减
	K70	$D_{i+1}D_i-D_{k+1}D_k-B_r=D_{j+1}D_j$	将两个 D 中 6 位 BCD 数带借位相减
乘法	K77	$D_i\times K=D_{j+1}D_j$	将 D 中 3 位 BCD 数与 3 位 BCD 数 K 相乘
	K79	$D_i\times D_K=D_{j+1}D_j$	将两个 D 中的 3 位 BCD 数相乘
	K78	$D_{i+1}D_i\times A_HA_L=D_{j+3}D_{j+2}D_{j+1}D_j$	将 D 中 6 位 BCD 数与 6 位 BCD 数相乘
	K80	$D_{i+1}D_i\times D_{k+1}D_k=D_{j+3}D_{j+2}D_{j+1}D_j$	将两个 D 中 6 位 BCD 数相乘
除法	K81	$D_i\div K=D_j$、D_{j+1}（余数）	将 D 中 3 位 BCD 数被 3 位 BCD 数 K 相除
	K83	$D_i\div D_k=D_j$、D_{j+1}（余数）	将两个 D 中的 3 位 BCD 数作除法运算
	K82	$D_{i+1}D_i\div A_HA_L=D_{j+1}D_j$、$D_{j+3}D_{j+2}$（余数）	将 D 中 6 位 BCD 数除以 6 位 BCD 数
	K84	$D_{i+1}D_i\div D_{k+1}D_k=D_{j+1}D_j$、$D_{j+3}D_{j+2}$（余数）	将两个 D 中 6 位 BCD 数作除法运算

注：表中数据寄存器 D 编号为 D700 ~ D777。计数器 C 的编号为 C60 ~ C667。C_Y 表示进位。B_r 表示借位。表中指令与 F670 配合使用。$D_{i+1}D_i$ 表示数据寄存器 D 中 6 位 BCD 数（D_{i+1} 为高 3 位，D_i 为低 3 位）。A_HA_L 表示 6 位 BCD 数（A_H 为高 3 位，A_L 为低 3 位）

4.6.5.7　其他功能指令

其他功能指令表如表 4-45 所示。

表 4-45　其他功能指令表

指　令	功　能	使用器件
K88	检验某两个寄存器之间所有数据寄存器存放的数据是否为 3 位 BCD 数	D700 ~ D777
K49	将两个数据寄存器中的数据互换	D700 ~ D777
K131	将 3 位 BCD（十进制）数转换成 10 位 BIN（二进制）数	BCD 存于：X、Y、M100 ~ M377、S BIN 存于：Y、M100 ~ M377、S
K132	将 10 位 BIN 数转换成 3 位 BCD 数	BCD 存于：X、Y、M100 ~ M377、S BIN 存于：Y、M100 ~ M377、S
K130	将指定寄存器中存放的数据由低位向高位或从高位向低位移动 N（0 ~ 192）位	M100 ~ M377
K85	A/D：模拟量→8 位二进制数→3 位 BCD（0 ~ 255）→D	D700 ~ D777 等
K86	D/A：3 位 BCD 数（0 ~ 255）→8 位二进制数→模拟量	D700 ~ D777 等

4.7　可编程序控制器的应用实例

就工业控制的全面性而言，控制系统的设计包含了许多内容和步骤，需要丰富的专业知识。然而只要掌握了一定的基本知识和对控制对象具有足够的了解，在设计一些规模较小或者结构较为简单的控制系统时，就会发现事情本身其实并不深奥复杂。

4.7.1　机械手的可编程序控制器系统设计应用实例

机械手的动作示意图如图 4-71 所示。它是一个水平/垂直位移的机械设备，用来将工件由左工作台搬到右工作台。

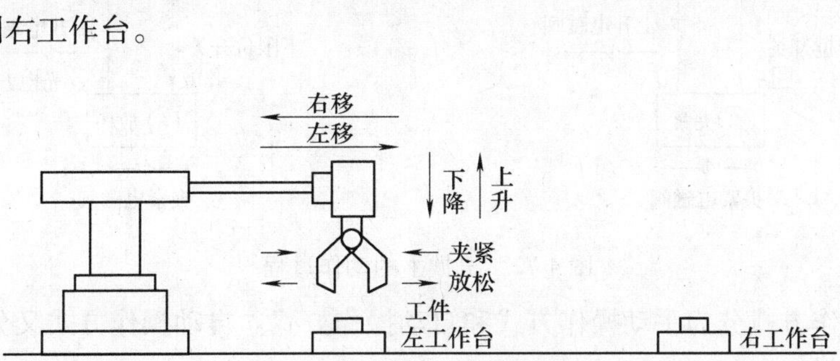

图 4-71　机械手的动作示意图

1. 工艺过程与控制要求

机械手的全部动作由气缸驱动，而气缸又由相应的电磁阀控制。其中，上升/下降和左移/右移分别由双线圈两位电磁阀控制。例如，当下降电磁阀通电时，机械手下降；当下降电磁阀断电时，机械手下降停止。只有当上升电磁阀通电时，机械手才上升；当上升电磁阀断电时，机械手上升停止。同样，左移/右移分别由左移电磁阀和右移电磁阀控制。机械手的放松/夹紧由一个单线圈两位置电磁阀（称为夹紧电磁阀）控制。当该线圈通电时，机械手夹紧；当该线圈断电时，机械手放松。

当机械手右移到位并准备下降时，为了确保安全，必须在右工作台无工件时才允许机械手下降。也就是说，若上一次搬运到右工作台上的工件尚未搬走时，机械手应自动停止下降，用光电开关 I0.5 进行无工件检测。

机械手的动作过程如图 4-72 所示。从原点开始，按下启动按钮，下降电磁阀通电，机械手下降。下降到底时，碰到下限位开关，下降电磁阀断电，下降停止；同时接通夹紧电磁阀，机械手夹紧。夹紧后，上升电磁阀通电，机械手上升。上升到顶时，碰到上限位开关，上升电磁阀断电，上升停止；同时接通右移电磁阀，机械手右移。右移到位时，碰到右限位开关，右移电磁阀断电，右移停止。若此时右工作台上无工件，则光电开关接通，下降电磁阀通电，机械手下降。下降到底时，碰到下限位开关，下降电磁阀断电，下降停止；同时夹紧电磁阀断电，机械手放松。放松后，上升电磁阀通电，机械手上升。上升到顶时，碰到上限位开关，上升电磁阀断电，上升停止；同时接通左移电磁阀，机械手左移。左移到原点时，碰到左限位开关，左移电磁阀断电，左移停止。至此，机械手经过 8 步动作完成了一个周期的动作。

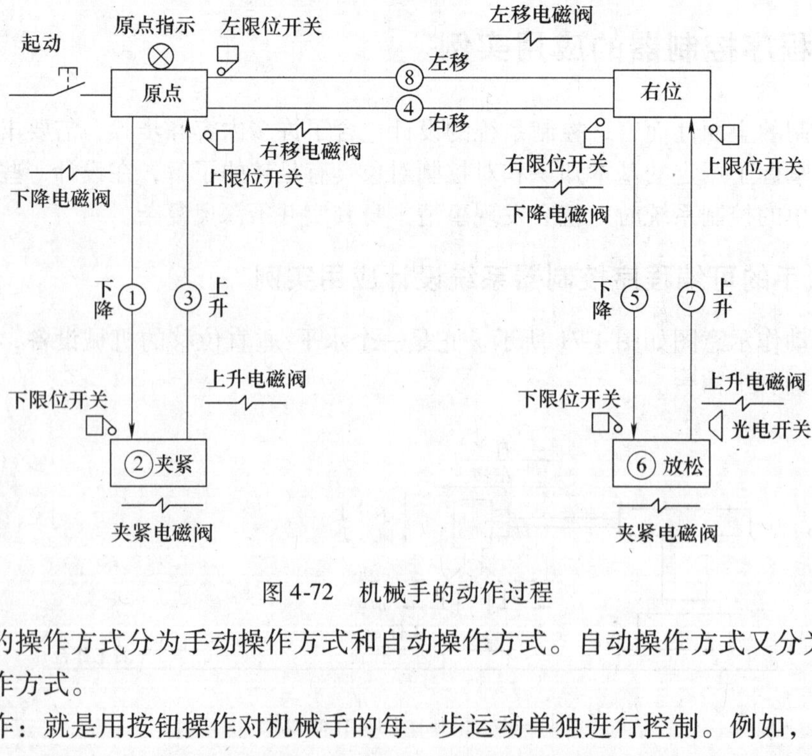

图 4-72 机械手的动作过程

机械手的操作方式分为手动操作方式和自动操作方式。自动操作方式又分为步进、单周期和连续操作方式。

手动操作：就是用按钮操作对机械手的每一步运动单独进行控制。例如，当选择上/下运动时，按下起动按钮，机械手下降；按下停止按钮，机械手上升。当选择左/右运动时，按下起动按钮，机械手右移；按下停止按钮，机械手左移。当选择夹紧/放松运动时，按下起动按钮，机械手夹紧；按下停止按钮，机械手放松。

步进操作：每按一次起动按钮，机械手完成一步动作后自动停止。

单周期操作：机械手从原点开始，按一下起动按钮，机械手自动完成一个周期的动作后停止。

连续操作：机械手从原点开始，按一下起动按钮，机械手的动作将自动地、连续不断地周期性循环。在工作中若按一下停止按钮，则机械手将继续完成一个周期的动作后，回到原点自动停止。

2. 操作面板布置

图 4-73 是可编程序控制器控制盘面板布置图。

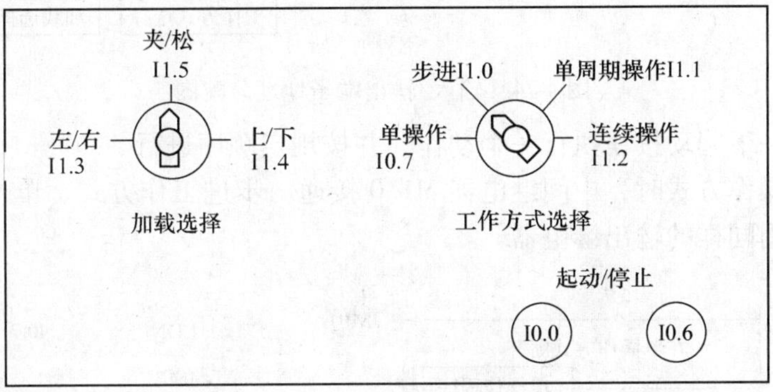

图 4-73　操作面板布置图

接通 I0. 7 是单操作方式。按加载选择开关的位置，用起动/停止按钮选择加载操作，当加载选择开关打到“左/右”位置时，按下起动按钮，机械手右行；若按下停止按钮，机械手左行。用上述操作可使机械手停在原点。

接通 I1. 0 是步进方式。机械手在原点时，按下起动按钮，向前操作一步；每按起动按钮一次，操作一步。

接通 I1. 1 是单周期操作方式。机械手在原点时，按下起动按钮，自动操作一个周期。

接通 I1. 2 是连续操作方式。机械手在原点时，按下起动按钮，连续执行自动周期操作，当按下停止按钮，机械手完成此周期动作后自动回到原点并不再动作。

3. 输入/输出端子地址分配

该机械手控制系统所采用的可编程序控制器是德国西门子公司生产的 S7-200 CPU214。图 4-74 是 S7-200 CPU214 输入/输出端子地址分配图。该机械手控制系统共使用了 14 个输入量，6 个输出量。

4. 整体程序结构

图 4-75 是机械手控制系统可编程序控制器整体程序结构。

若选择单操作工作方式，I0. 7 常闭接点断开，接着执行单操作程序。单操作程序可以独立于自动操作程序，可另行设计。

在单周期工作方式和连续操作方式下，可执行自动操作程序。在步进工作方式，执行步

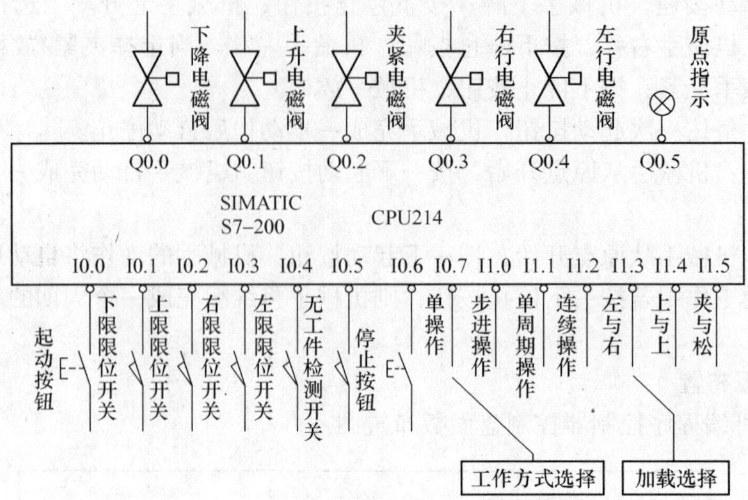

图 4-74　输入/输出端子地址分配图

进操作程序，按一下起动按钮执行一个动作，并按规定顺序进行。

在需要自动操作方式时，中间继电器 M1.0 接通。步进工作方式、单操作工作方式和自动操作方式，都用同样的输出继电器。

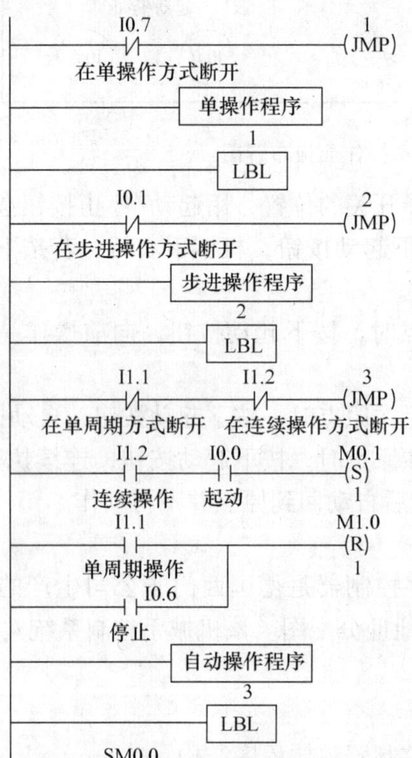


```
LDN     I0.7
JMP     1
单操作程序
LBL     1
LDN     I1.0
JMP     2
步进操作程序
LBL     2
LDN     I1.1
AN      I1.2
JMP     3
LD      I1.2
A       I0.0
S       M0.1,1
LD      I1.1
R       M1.0,1
自动操作程序
LBL     3
LD      SM0.0
END
```

图 4-75　整体程序结构

5. 实现单操作工作的程序

图4-76是实现单操作工作的梯形图程序及指令表。为避免发生误动作，插入了一些联锁电路。例如，将加载开关扳到“左/右”档，按下起动按钮，机械手向右行；按下停止按钮，机械手向左行。且这两个动作只能当机械手处在上限位置时才能执行（即为安全起见，设上限安全联锁保护）。

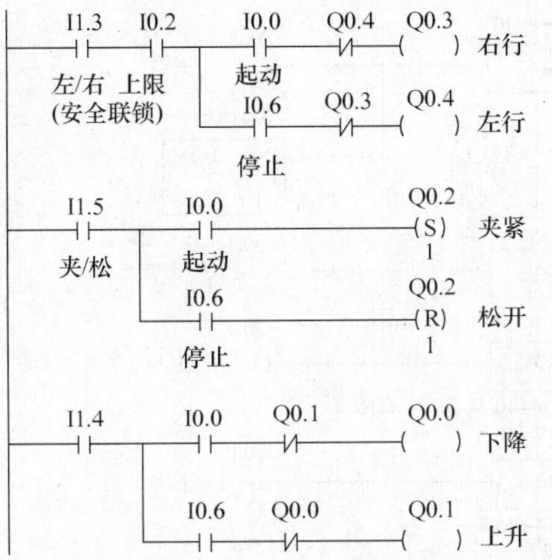


```
LD   I1.3        A    I0.0
A    I0.2        AN   Q0.1
LPS              =    Q0.0
A    I0.0        LD   I1.4
AN   Q0.4        A    I0.6
=    Q0.3        AN   Q0.0
LPP              =    Q0.1
A    I0.6
AN   Q0.3
=    Q0.4
LD   I1.5
A    I0.0
S    Q0.2,1
LD   I1.5
A    I0.6
R    Q0.2,1
LD   I1.4
```

图4-76　单操作梯形图及指令表

将加载选择开关扳到“夹/松”档，按起动按钮，执行夹紧动作；按停止按钮，松开。

将加载选择开关扳到“上/下”档，按起动按钮，下降；按停止按钮，上升。

6. 自动操作程序

图4-77是机械手自动操作流程图（或称功能图），图4-78是与之对应的梯形图及指令表。

PLC由STOP转为RUN时，初始脉冲SM0.1对状态进行初始复位。当机械手在原点时，将状态S0.0置1，这是第一步。按下起动按钮后，置位状态S0.1，同时将原工作状态S0.0清0，输出继电器Q0.0得电，Q0.5复位，原点指示灯熄灭，执行下降动作。当下降到底碰到下限位开关时，I0.1接通，状态转移到S0.2，同时将状态S0.1清0，输出继电器Q0.0复位，Q0.2置1，于是机械手停止下降，执行夹紧动作；定时器T37开始计时，延时1.7s后，接通T37常开触点将状态S0.3置1，同时将工作状态S0.2清0，而输出继电器Q0.1得电，执行上升动作。由于Q0.2已被置1，夹紧动作继续执行。当上升到上限位时，I0.2接通，状态转移到S0.4，同时将状态S0.3清0，Q0.1失电，不再上升，而Q0.3得电，执行右行动作。当右行至右限位时，I0.3接通，Q0.3失电，机械手停止右行，若此时I0.5接通，则状态转移到S0.5，同时将状态S0.4清0，而Q0.0再次得电，执行下降动作。当下降到底碰到下限位开关时，I0.1接通，状态转移到S0.6，同时将状态S0.5清0，输出继电器Q0.0复位，Q0.2被复位，于是机械手停止下降，执行松开动作；定时器T38开始计时，延时1.5s后，接通T38常开触点将状态S0.7置1，同时将工作状态S0.6清0，而输出继电器Q0.1再次得电，执行上升动作。行至上限位置，I0.2接通，状态转移到S1.0，同时将状态S0.7清0，Q0.1失电，停止上升，而Q0.4得电，执行左行动作。到达左限位，I0.4接通，将状态S1.0清0。如果此时为连续工作状态，M1.0置1，即状态转移回到S0.1，重复执行自动程

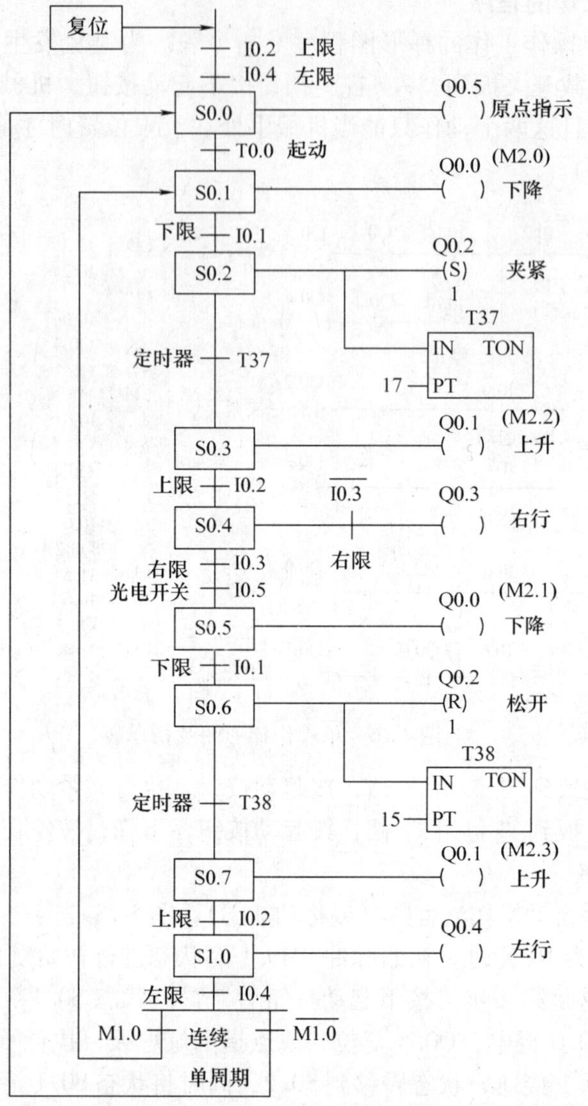

图 4-77 自动操作功能图

序。若为单周期操作方式，状态转移到 S0.0，则机械手停在原点。

在运行中，如按停止按钮，机械手的动作执行完当前一个周期后，回到原点自动停止。

在运行中，PLC 若掉电，机械手动作停止。重新起动时，先用手动操作将机械手移回原点，再按起动按钮，又重新开始自动操作。步进动作是指按下起动按钮动作一次。步进动作功能图与图 4-77 自动操作流程图（或称功能图）相似，只是每步动作都须增加一起动按钮，如图 4-79 所示。步进操作所用的输出继电器、定时器与其他操作所用的输出继电器、定时器相同。

4.7.2 可编程序控制器在电动单梁起重机质量检测中的应用

1. 控制要求

电动单梁起重机有升降、进退、左右行三个动作机构。该起重机在工作时有上升、下

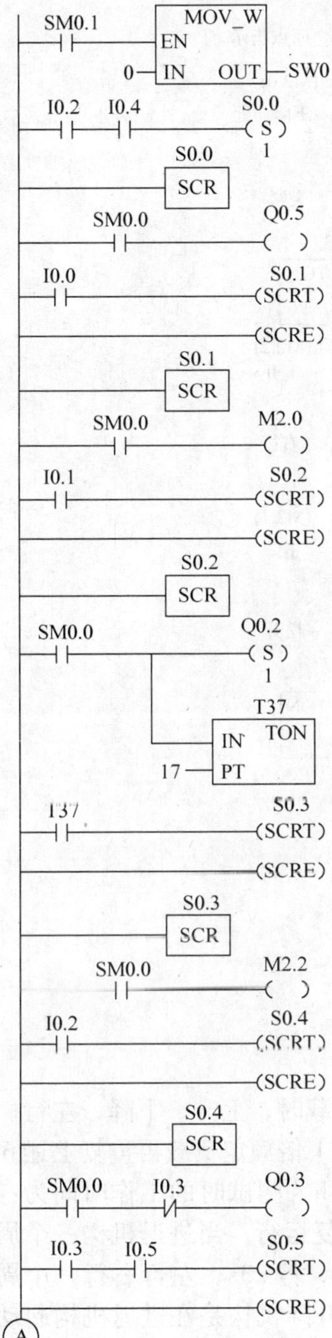

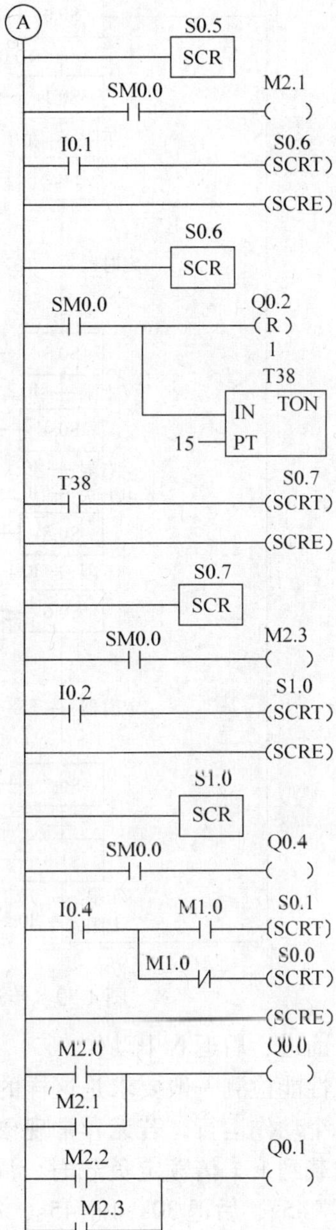


```
LD      SM0.1
MOVW    0,SW0
LD      I0.2
A       I0.4
S       S0.0,1
LSCR    S0.0
LD      SM0.0
=       Q0.5
LD      I0.0
SCRT    S0.1
SCRE
LSCR    S0.1
LD      SM0.0
=       M2.0
LD      I0.1
SCRT    S0.2
SCRE
LSCR    S0.2
LD      SM0.0
S       Q0.2,1
TON     T37,17
LD      T37
SCRT    S0.3
SCRE
LSCR    S0.3
LD      SM0.0
=       M2.2
LD      I0.2
SCRT    S0.4
SCRE
LSCR    S0.4
LD      SM0.0
AN      I0.3
=       Q0.3
LD      I0.3
A       I0.5
SCRT    S0.5
SCRE
```

```
LSCR    S0.5
LD      SM0.0
=       M2.1
LD      I0.1
SCRT    S0.6
SCRE
LSCR    S0.6
LD      SM0.0
R       Q0.2,1
TON     T38,15
LD      T38
SCRT    S0.7
SCRE
LSCR    S0.7
LD      SM0.0
=       M2.3
LD      I0.2
SCRT    S1.0
SCRE
LSCR    S1.0
LD      SM0.0
=       Q0.4
LD      I0.4
A       M1.0
SCRT    S0.1
LD      I0.4
AN      M1.0
SCRT    S0.0
SCRE
LD      M2.0
O       M2.1
=       Q0.0
LD      M2.2
O       M2.3
=       Q0.1
```

图 4-78　自动操作梯形图及指令表

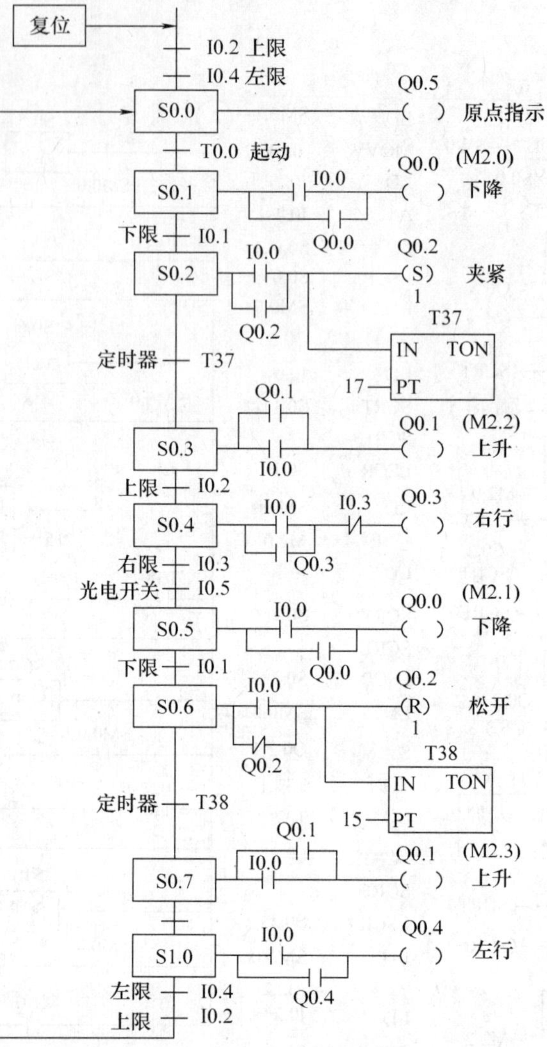

图 4-79 步进操作功能图

降、左行、右行、前进、后退 6 个动作。

起重机的整机性能检测一般要求是这样的：当钩上没有负载时，上升、下降、左行、右行、前进、后退 6 个动作运行，若无异常现象，逐步加载至 1.1 倍额定负载再重复上述 6 个动作，按规定当加载到 1.1 倍额定负载时，周期运行不少于 1h。测试时的工作时间为：进退时，前进 30s，停 45s，后退 30s，停 45s，每周期 150s，反复运行。当进退机构一个周期结束 1 s 后，进行左行右行检测。左行 14s，停 23s，右行 14s，停 23s，左行右行一个周期 75s。即左、右行机构每走两个循环，进退机构走一个循环。升降机构是在进退机构起动后 15s 启动，即在左、右行机构工作 14s 停止时起动，上升 10s，停 15s，下降 10s，停 15s，一个周期 50s。也就是说，升降机构每运行三个循环相当于进退机构运行一个循环。电动单梁起重机任意两个机构不能同时起动，但可同时运行，但三个机构不能同时运行。

电动单梁起重机是笨重的设备，运输安装困难，对起重机产品质量检测一般是在使用现场进行，为此要求控制设备体积小，接线方便，可以随身携带。又由于使用现场的条件不同，要求控制设备有随机手动控制功能，以保证运行时的安全。

2. 可编程序控制器控制系统

用可编程序控制器作起重机质量检测的控制设备，体积小便于携带，使用时与起重机接线简单，测试也精确。本控制采用 S7-200 CPU214，图 4-80 为其输入/输出地址分配。

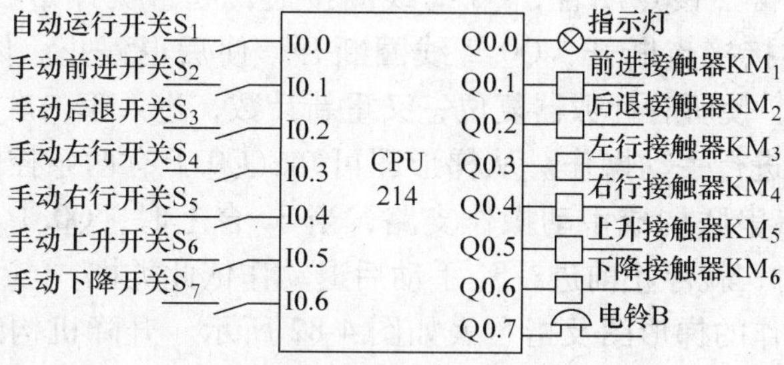

图 4-80　起重机检测输入/输出地址分配

3. 可编程序控制器程序设计及工作过程分析

进退机构工作的梯形图及指令表如图 4-81 所示。运行时有手动操作和自动操作两种。

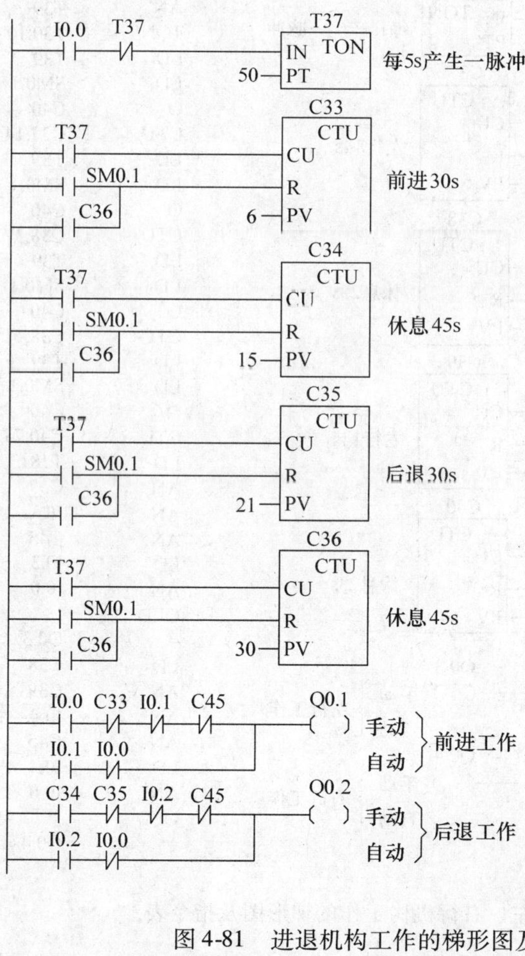


```
LD      I0.0
AN      T37
TON     T37,50
LD      T37
LD .    SM0.1
O       C36
CTU     C33,6
LD      T37
LD      SM0.1
O       C36
CTU     C34,15
LD      T37
LD      SM0.1
O       C36
CTU     C35,21
LD      T37
LD      SM0.1
O       C36
CTU     C36,30
LD      T0.0
AN      C33
AN      I0.1
AN      C45
LD      I0.1
AN      I0.0
OLD
=       Q0.1
LD      C34
AN      C35
AN      I0.2
AN      C45
LD      I0.2
AN      I0.0
OLD
=       Q0.2
```

图 4-81　进退机构工作的梯形图及指令表

自动运行过程为：当自动运行开关 S_1 合上后，10.0 的常开接点闭合，Q0.1 线圈接通，进退机构执行元件前进接接器通电，起重机开始前进；同时所有的定时器、计数器开始工作，定时器 T37 每 5s 产生一个宽度为一个扫描周期的脉冲，作为计数器的计数脉冲，当 C33 计到 6 时（即 30s），C33 的常闭接点断开，使 Q0.1 断电，前进停止。又过 45s 后，C34 计数器计到 15，C34 常开接点闭合，Q0.2 线圈接通，起重机开始后退，工作 30s，即 C35 计数到 21，C35 的常接接点断开，Q0.2 线圈断开，使后退停止。休息 45s，C36 计数 30，C36 的常开接点闭合，使所有计数器复位，又重新计数，进入第二次循环。

根据需要，也可进行手动操作。从梯形图可知，Q0.1 有两条控制支路，I0.1 的常开接点和 I0.0 的常闭接点串联构成手动操作支路，当 S_2 合上时，Q0.1 有输出，KM_1 接通，前进运行，当 S_2 断开时，就停止前进，S_3 手动后退动作依此类推。

左、右行机构工作的梯形图及指令表如图 4-82 所示。升降机构工作的梯形图及指令表如图 4-83 所示。它们的工作原理与进退机构相同。

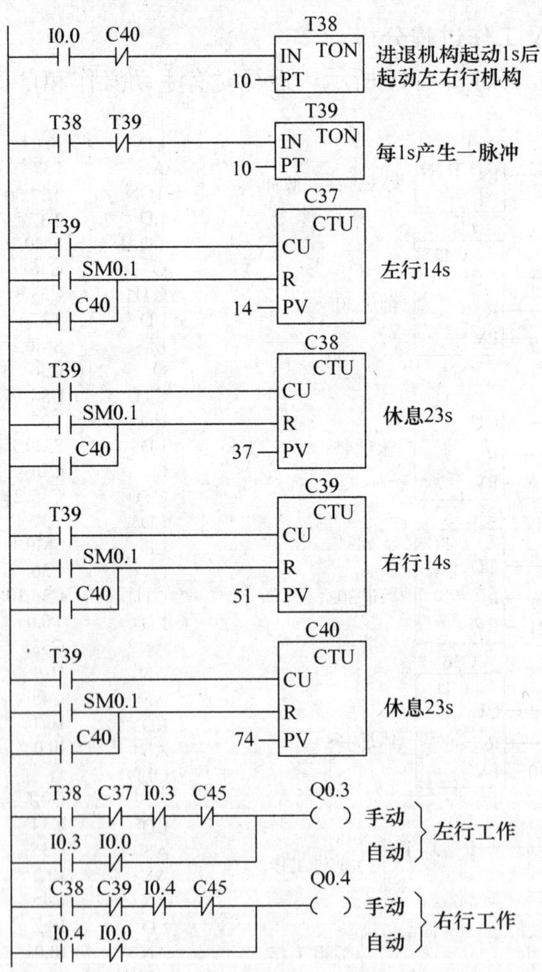

LD	I0.0
AN	C40
TON	T38,10
LD	T38
AN	T39
TON	T39,10
LD	T39
LD	SM0.1
O	C40
CTU	C37,14
LD	T39
LD	SM0.1
O	C40
CTU	C38,37
LD	T39
LD	SM0.1
O	C40
CTU	C38,51
LD	T39
LD	SM0.1
O	C40
CTU	C40,74
LD	T38
AN	C37
AN	I0.3
AN	C45
LD	I0.3
AN	I0.0
OLD	
=	Q0.3
LD	C38
AN	C39
AN	I0.4
AN	C45
LD	I0.4
AN	I0.0
OLD	
=	Q0.4

图 4-82　左、右行机构工作的梯形图及指令表

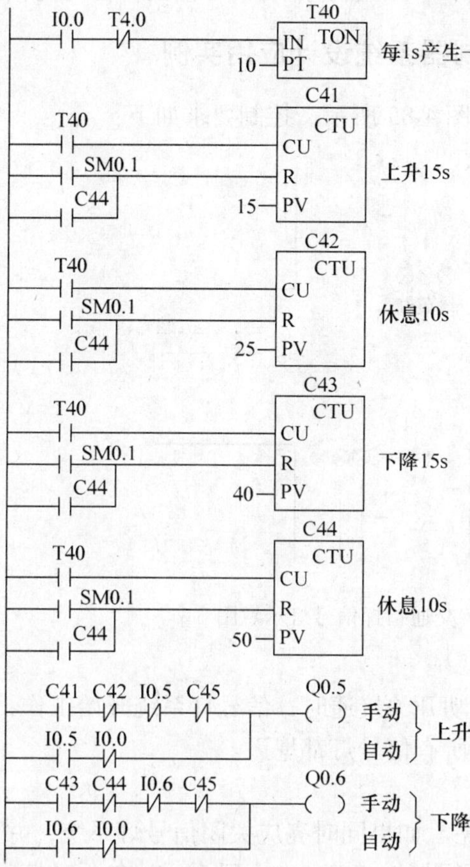


```
LD      I0.0
AN      T40
TON     T40,10
LD      T40
LD      SM0.1
O       C44
CTU     T41,15
LD      T40
LD      SM0.1
O       C44
CTU     C42,25
LD      T40
LD      SM0.1
O       C44
CTU     C43,40
LD      T40
LD      SM0.1
O       C44
CTU     C44,50
LD      C41
AN      C42
AN      I0.5
AN      C45
LD      I0.5
AN      I0.0
OLD
=       Q0.5
LD      C43
AN      C44
AN      I0.6
AN      C45
LD      I0.6
AN      I0.0
OLD
=       Q0.6
```

图 4-83　升降机构工作的梯形图及指令表

当加载到 1.1 倍额定负载按控制要求反复运行 1h 后，若需要发出声光信号，并停止运行，只要增加图 4-84 所示的梯形图即可。当起重机工作时，与 C45 的计数输入端连接的 T37 的常开接点每 5s 通断一次，C45 计到 12（12×5s＝60s＝1h），串接在前进、后退、左行、右行、上升、下降工作自动运行控制支路的 C45 常闭接点断开，使 Q0.1、Q0.2、Q0.3、Q0.4、Q0.5、Q0.6 均断开而停止工作。同时 C45 的常开接点接通，Q0.0、Q0.7 线

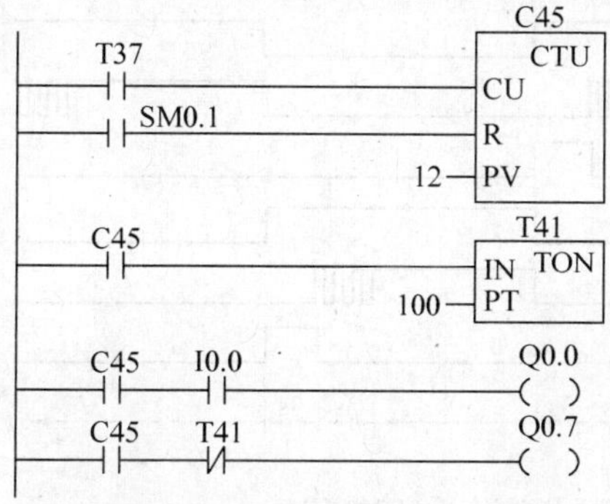


```
LD      T37
LD      SM0.1
CTU     C45,12
LD      C45
TON     T41,100
LD      C45
A       I0.0
=       Q0.0
LD      C45
AN      T41
=       Q0.7
```

图 4-84　运行 1h 停止并有声光指示梯形图及指令表

圈得电，发出声光信号，由于 T41 的作用，10s 后，声音信号消失，但灯光信号仍保持。

4.7.3 交通信号灯的可编程序控制器系统设计应用实例

十字路口的交通指挥信号灯布置如图 4-85 所示。控制要求如下：

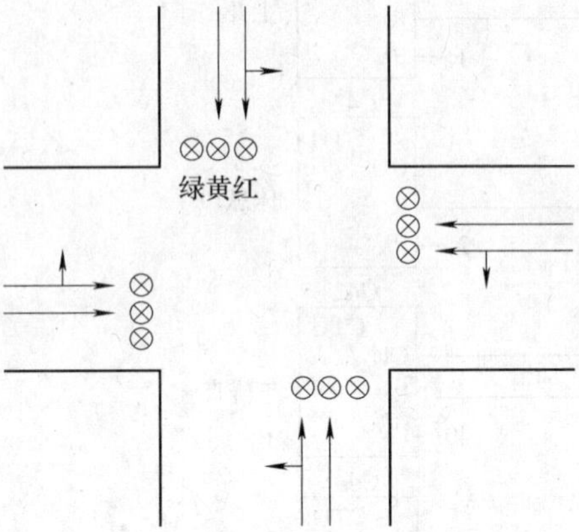

图 4-85 交通指挥信号灯示意图

1. 控制开关

信号灯受一个起动开关控制。当起动开关接通时，信号灯系统开始工作，且先南北红灯亮，东西绿灯亮。当起动开关断开时，所有信号灯都熄灭。

2. 控制要求

1）南北绿灯和东西绿灯不能同时亮。如果同时亮应关闭信号灯系统，并立即报警。

2）南北红灯亮维持 60s。同时东西绿灯维持亮 54s。到 54s 时东西绿灯闪亮 3s 后熄灭。接着东西黄灯亮，并维持 3s。到 3s 时东西黄灯熄灭，东西红灯亮。同时，南北红灯熄灭，南北绿灯亮。

3）东西红灯亮维持 36s。南北绿灯亮维持 30s，然后闪亮 3s，再熄灭。同时南北黄灯亮，维持 3s 后熄灭，这时南北红灯亮，东西绿灯亮。

4）周而复始，循环往复。

根据控制要求可知，这是一个时序逻辑控制系统。其时序图如图 4-86 所示。

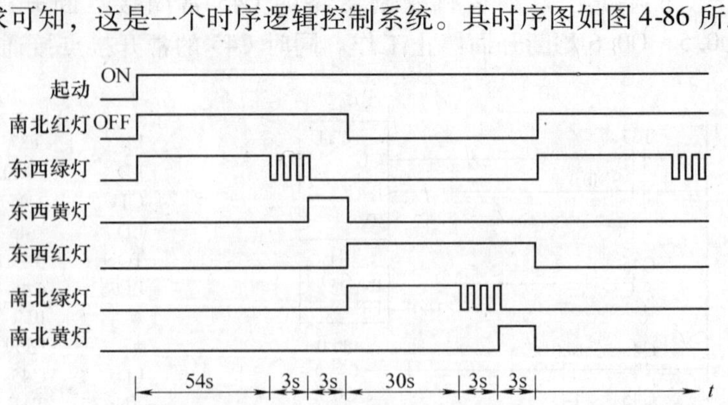

图 4-86 交通指挥信号灯时序图

3. 输入/输出地址分配

交通信号灯控制采用的 PLC 为三菱 F1，图 4-87 是可编程序控制器控制交通信号灯输入/输出地址分配。

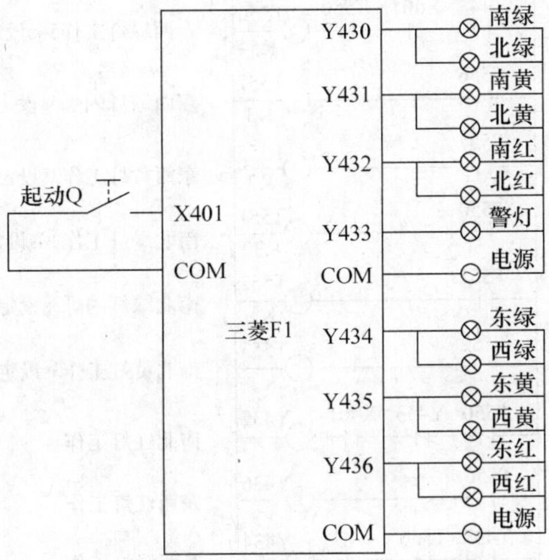

图 4-87　输入/输出地址分配

4. 程序设计

根据控制要求和 I/O 地址分配编制的交通灯控制梯形图如图 4-88 所示。

5. 工作过程分析

当起动开关 Q 合上时，X401 常开接点闭合，T452 和 T453 组成产生 1s 时钟脉冲回路工作，扩展绿灯的闪烁。X401 接通 Y432 的线圈，南北红灯亮，且 Y432 常开接点闭合接通 Y434 线圈，东西绿灯亮，与此同时 T550 和 T556 开始定时 60s 和 54s。东西绿灯持续亮 54s 时间到时，T556 的常开接点闭合，与该接点串接的 T452 常开接点每隔 0.5s 接通 0.5s，从而使东西绿灯闪烁 3s，时间到，T557 常闭接点断开 Y434 线圈回路，东西绿灯熄灭，这时 T557 的常开接点闭合，接通 Y435 线圈东西黄灯亮 3s 后，T555 的常闭接点断开 Y435 线圈通路，东西黄灯熄灭。到此时 T550 定时 60s 时间到，T550 的常闭接点断开 Y432 线圈通路，南北红灯持续亮 60s 后熄灭，与此同时 T550 常开接点接通 Y436 线圈，东西红灯亮，而 Y436 的常开接点闭合接通 Y430 线圈，南北绿灯亮。这时 T554 和 T551 分别开始定时 36s 和 30s。

又经过 30s，T551 常开接点闭合，与该接点串接的 T452 常开接点每隔 0.5s 接通 0.5s，从而使南北绿灯闪烁 3s 之后，T552 常闭接点断开 Y430 线圈回路，南北绿灯熄灭。这时 T552 的常开接点闭合，Y431 线圈接通，南北黄灯亮 3s 后，T553 的常闭接点断开 Y431 线圈回路，南北黄灯熄灭。东西红灯持续亮 36s 时间到，T554 常闭接点断开，T550 复位，其常开接点断开 Y436 线圈回路，东西红灯熄灭。

上述是一个周期工作过程，周而复始地进行。若发生南北和东西方向的绿灯同时亮，则 Y430 和 Y434 的常开接点同时闭合，则 Y433 接通报警。各个方向各种颜色的灯持续亮灯时间的长短，应根据实际要求调整设定。读者可依据 I/O 地址分配图和梯形图写出对应的 F_1 系列 PLC 指令程序。

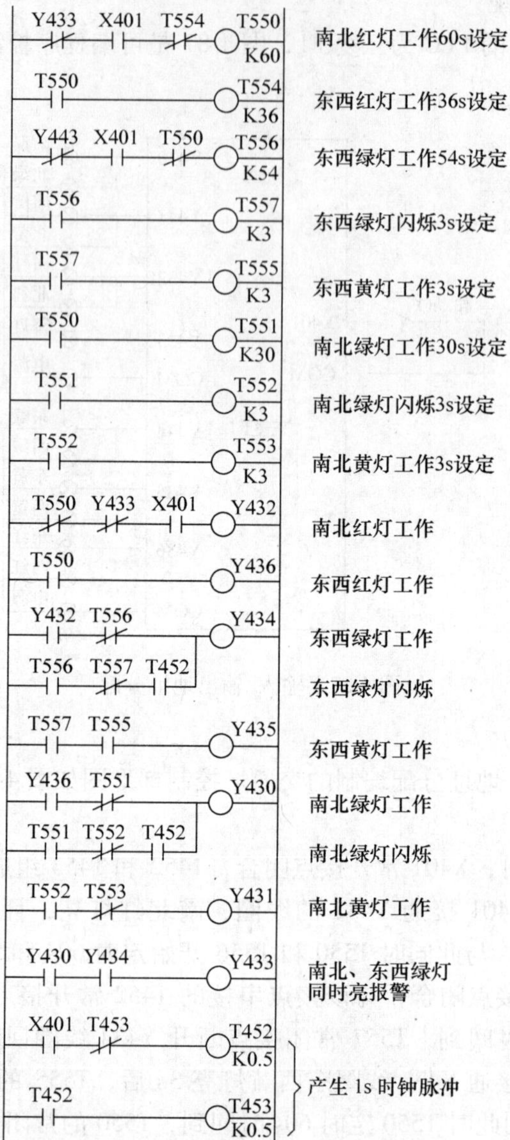

图 4-88　交通灯控制梯形图

习　题

1. PLC 有哪些主要功能？适用于什么场合？
2. PLC 主要由哪几部分组成？各部分起什么作用？
3. 试简述 PLC 扫描工作的主要过程。
4. 简述 S7-200 可编程序控制器的内存组织结构和寻址方式。
5. MicroLogix 1500 可编程序控制器由哪些硬件组成？试叙述 I/O 组态过程。
6. F_1 系列 PLC 有哪几种内部继电器（器件）？各有什么功能用途？
7. 有一台电动机，要求为：按下起动按钮后，运行 5s，停止 5s，重复执行 5 次后停止。试设计其梯形图并写出相应的指令程序。

8. 设计一个彩灯自动循环控制电路，一共 8 盏灯，按第一盏灯至第八盏灯的顺序闪亮，每盏闪亮 2s，后一盏灯闪亮后前一盏灯熄灭，如此反复循环，只有断开电源开关后彩灯才熄灭。试设计其梯形图程序。

第5章 工业控制网络系统

5.1 工业控制网络和现场总线的体系结构

5.1.1 现场总线

信息技术的飞速发展引起了自动化领域的深刻革命，逐步形成了网络化的、全开放的自动控制体系结构，而现场总线就是这场深刻变革中的最核心的技术。

什么是现场总线？根据国际电工委员会IEC61158标准定义，现场总线是指安装在制造或过程区域的现场装置与控制室内的自动控制装置之间数字式、串行、多点通信的数据总线。基于现场总线的控制系统被称为现场总线控制系统（Fieldbus Control System，FCS）。也有人把它称为开放式、数字化、多点通信的底层控制网络技术，这种技术被广泛应用于制造业、流程工业、楼宇、交通等处的自动化系统中。

5.1.1.1 现场总线的产生

20世纪60年代，过程控制的体系结构是基于4～20mA的模拟标准信号，出现了模拟式电子仪表与电动单元组合的自动控制系统。到了20世纪70年代，人们在测量、模拟和逻辑控制领域率先使用了数字计算机，从而产生了集中式数字控制（又称直接数字控制，Direct Digital Control，DDC），简称集中控制。集中控制以一台控制器为中心，通过扩展I/O接口实现各个传感器、执行器之间的通信。扩展的I/O接口模板按不同的适用总线分成不同的系列，从最初的S-100总线，PC总线到后来被广泛采用的STD总线和Multibus等。集中控制在控制器内部传输的是数字信号，因此克服了模拟仪表控制系统中模拟信号精度低、易受干扰的缺陷，提高了系统的抗干扰能力。它的主要缺点是对控制器要求很高，并且一旦控制器瘫痪，会导致整个系统不能工作。

现场总线技术的开发始于20世纪80年代。随着计算机与计算机网络系统得到迅速发展，信息沟通联络的范围不断扩大，而处于企业生产过程基层的测控自动化系统，只能采用某种自封闭式的集散系统，难以实现设备之间以及系统与外界之间的信息交换，使自动化系统成为“信息孤岛”，严重制约了其本身的发展。要实现企业的信息集成，要实施综合自动化，就必须设计出一种能在工业现场环境运行的、可靠性高、实时性强、造价低廉的通信系统，构成现场自动化设备之间的多点数字通信的底层网络，实现低层现场设备与外界的信息交换。现场总线就是在这种实际需求的驱动下应运而生的。

目前，本应是唯一的一个标准统一、开放互连的控制通信网络，由于行业、地域、经济利益等多种原因，国际标准化组织、北美、欧洲等许多国家陆续制定了在不同领域的多个颇具影响力的总线标准。这不是最终要求，人们正期待着统一的国际标准形成。

现场总线是综合运用微处理器技术、网络技术、通信技术和自动控制技术的产物。它把微处理器置入现场自控设备，使设备具有数字计算机和数字通信能力，这一方面提高了信号的测量、控制和传输精度，同时为丰富控制信息的内容、实现其远程传送创造了条件。现场总线设备与传统自控设备相比，拓宽了提供的现场信息内容，便于操作管理人员更好、更深入地了解生产现场和自控设备的运行状态。如图 5-1 所示，对比集中控制、集散控制、现场总线控制的结构示意图可以看到，由于现场总线强调遵循公开统一的技术标准，因而有条件实现设备的互操作性和互换性。

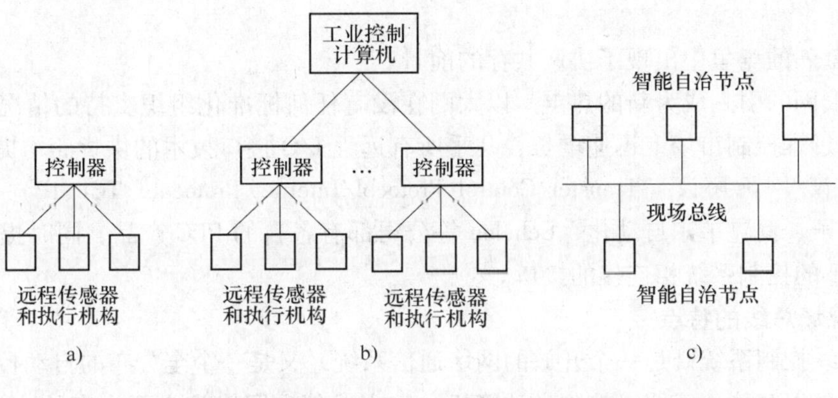

图 5-1　集中控制、集散控制、现场总线控制结构示意图
a）集中控制　b）集散控制　c）现场总线控制

现场总线可采用多种途径传输数字信号，如用普通电缆、双绞线、光导纤维、红外线，甚至电力传输线等。一般在由两根普通导线制成的双绞线上，可挂接几十台自控设备。另外，现场总线还支持总线供电，即两根导线在为多台自控设备传送数字信号的同时，还为这些设备传送工作电源。可以看到，采用现场总线具有节省硬件投资、节省安装费用、节省维护开销的好处。

现场总线作为控制通信网络，所传输的是通断电源、开关阀门的指令与数据，直接关系到处于运行操作过程之中的设备、人身的安全，要求信号在有粉尘、噪声、电磁干扰等较为恶劣的环境下能够准确、及时地发送和接收，同时还具有节点分散、报文简短等特征。以现场总线技术为基础构造的现场总线控制系统，在系统结构上发生了较大变化，其显著特征是通过网络信号的传送联络，可由单个节点或多个网络节点共同完成所要求的自动化功能。

5.1.1.2 现场总线的发展趋势

目前的现场总线国际标准与1984年IEC开始制订现场总线标准时的初衷是相违背的，IEC的最初想法是制定单一的现场总线国际标准。因此，在今后很长一段时间内，现场总线的发展将呈以下趋势：

1）多种总线共存。现场总线国际标准IEC61158中采用的8种类型，以及其他一些现场总线，如FF、Profibus、CAN、LonWorks、ControlNet、DeviceNet、WorldFIP等将在今后一段时间内共同发展，并相互竞争取长补短。

2）每种总线都力图拓展其应用领域，以扩张其势力范围。如Profibus在出台了适用于分散设备间通过I/O通信的DP型的基础上又开发出PA型，以适用于流程工业和过程自动化系统。

3）大多数总线都成立了相应的国际组织，力图在制造商和用户中扩大影响，以取得更多方面的支持，同时也想显示出其技术是开放的。

4）每种总线都以一个或几个大型跨国公司为背景，公司的利益与总线的发展息息相关，如Profibus以德国西门子公司为主要支持，ControlNet以美国罗克韦尔自动化公司为主要背景，WorldFIP以法国Alstom公司为主要后台。

5）大多数设备制造商都积极参加不止一个总线组织，有些公司甚至参加2~4个总线组织。

6）在激烈的竞争中出现了协调共存的前景。

7）以太网的引入成为新的热点。以太网在没有任何标准化组织支持的情况下，正在工业自动化和过程控制市场上迅速增长，几乎所有远程I/O接口技术的供货商均提供一个支持传输控制协议/网际协议（Transfer Control Protocol/Internet Protocol，TCP/IP）的以太网接口，如西门子、罗克韦尔自动化、Echelon等公司都有各自的PLC产品，同时提供与远程I/O和基于PC的控制系统相连接的接口。

5.1.1.3 现场总线的特点

现场总线控制系统既是一个开放的网络通信系统，又是一个全分布的自动控制系统。现场总线技术是以智能传感器、控制、计算机、数字通信、网络为主要内容的一门综合技术。其主要技术特点如下：

1）总线式结构。一对传输线（总线）挂接多台现场设备，双向传输多个数字信号。

2）开放性、互操作性与互换性。现场总线采用统一的协议标准，是开放式的互联网，对用户是透明的。

3）完全的分散控制。现场总线将控制功能下放到作为网络节点的现场智能仪表和设备中，做到彻底的分散控制。提高了系统的灵活性、自治性和安全可靠性。

4）信息综合、组态灵活。通过数字化传输现场数据，FCS能获取现场仪表的各种状态、诊断信息，实现实时的系统监控和管理以及故障诊断。

5）多种传输介质和拓扑结构。FCS由于采用数字通信方式，因此可用多种传输介质进行通信。

基于现场总线技术的全开放控制系统（FCS）标志着过程控制的新纪元，是对控制系统的结构的根本性变革。

5.1.2 工业控制网络的体系结构

随着计算机网络技术的迅速发展，以现场总线为基础的全数字化自动控制系统是当今世界各国在工业自动化领域关注的热点课题。

1. 工业控制网络的通信问题

在控制系统的通信中，往往要考虑以下几个问题：

1）一个系统的各种设备怎样互连在一起？

2）怎样保证系统中不同产品间要有可靠的互操作性，怎样保证不同供货商的同类产品具有可互换性？

3）设备之间将要交换什么样类型的数据？是控制数据（如 I/O 等），还是信息数据（如图文、声音等）。

4）系统需要什么样的容量？

5）系统怎样被组态？

6）系统能否在将来可以进一步扩充？

2. 工业控制网络的网络问题

实际情况是，应该根据具体的应用需求来选择不同的网络。这主要体现在不同的应用需求对数据的要求是不同的。在这方面主要考虑如下几个具体问题：

1）对数据量要求的不同。网络上要求传送的数据量可能以兆字节、字节或位来计算。那么应根据数据量的不同，选择不同的网络，也就是主要要考虑网络的带宽问题。

2）对数据类型要求的不同。针对某一具体应用，可能要求支持 I/O 报文或状态突变的报文，也可能要求支持显式报文，诸如程序的上传/下载、诊断信息等，那么应根据要求的数据类型的不同，考虑所选网络是否满足要求。

3）对网络性能要求的不同。可能要求网络主要处理高速离散量或者模拟量，对工业控制网络又特别要求确定性和可重复性，所以必须考虑所选网络是否满足实时性、可扩展性等性能要求。

3. 工业控制网络的体系结构实例

现场总线把分散的测量控制设备变成网络节点，以现场总线为纽带，把它们连接成可以互相沟通的信息，并可共同完成自控任务的网络系统与控制系统。如一种三层网络结构的工业控制网络体系，即设备层、控制层和信息层的体系，如图 5-2 所示。在这个体系中，数据可以双向流通，层与层之间可以交换数据，对于某一具体应用可以选择其中某层或者某几层。

（1）信息层　信息层一般使用以太网技术，它是一个开放的、全球公认的用于信息层互联的标准。这一层网络关注的焦点是高速的报文传送和大容量的数据共享。以太网（Ethernet）连接数据高速公路、远程 I/O 和厂区通信网络，执行 TCP/IP。

信息层利用成熟的以太网技术和数据库实现系统信息的集成。在信息层可以通过以太网 TCP/IP 连通可编程序控制器、网关、人机接口和软件至信息系统。

（2）控制层　控制层对网络的要求除了开放性以外，还包括如下几点：支持 I/O 报文、显式报文的传输和诊断功能；能够设置信息的优先级；支持多主机、广播式和点对点的通信方式。此层网络关注的焦点是高速 I/O 报文和显式报文的传送、有效地数据共享、确定性和

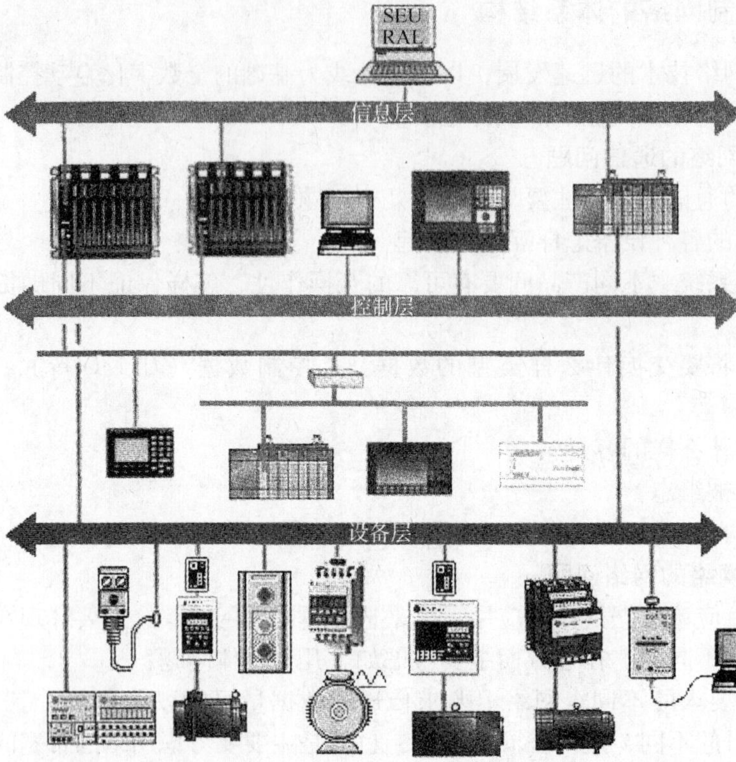

图 5-2　三层网络体系的工业控制网络

可重复性。

控制层使用高速确定性网络现场总线技术，用于 PLC 与计算机之间的通信网络。它可连接串并行设备、PC、人机界面等，传输速率可达到几～十几 Mbit/s，用于对时间有苛刻要求的应用场合的信息传输。它为对等通信提供实时控制和报文传送服务，对在同一链路上的 I/O、实时互锁、对等通信、报文传送和编程操作，均具有相同的带宽。对于离散和连续过程控制应用场合，均具有确定性和可重复性功能。

(3) 设备层　设备层有类似于控制层的要求，对网络的要求是开放的技术，支持 I/O 报文、显式报文的传输等。设备层由于面向更底层的传感器和执行器等，所以强调降低安装费用、减小系统调试时间，对传输速率的要求就不像控制层那样高。

设备层使用开放的网络现场总线技术，是用于 PLC 与现场设备之间的通信网络。它可连接开关、变频器、固态过载保护装置、条形码阅读器、I/O 和人机界面等，传输速率可达到几十～几百 kbit/s，可挂接几十个节点。通过一个开放的网络，将底层的设备直接和车间级控制器相连。它允许用一根电缆去连接几百米以内的设备包括用户的可编程序控制器，无需用导线把每一个设备和一个 I/O 机架连接起来。

5.2　工业以太网络和 EtherNet/IP

在工业应用中，使用以太网和 TCP/IP 的结果是多种工业以太网的开发成功，其中之一就是 EtherNet/IP。EtherNet/IP 名称中的“IP”是工业协议（Industrial Protocol）的缩写，它是一应用层使用 CIP 的工业以太网。

5.2.1　工业以太网

所谓工业以太网，就是在以太网技术和 TCP/IP 技术的基础上开发出来的一种工业网络，它符合 IEEE802.3 标准。目前，工业以太网的应用已经遍布全世界，覆盖各种不同的工业应用，无论需要多高的质量或完成多复杂的工业过程，工业以太网提供强有力的单元层网络。

目前，有影响的工业以太网有基金会现场总线高速以太网（Foundation Fieldbus High-Speed Ethernet，FFHSE）、EtherNet/IP、PROFInet、Modbus/TCP、分布式自动化接口（Interface for Distributed Automation，IDA）、Interbus&Ethernet 等。

在工业应用中，以太网在工业控制网络体系的各个结构层次都有了应用。在一个应用中，各个结构层次到底选用哪一种网络需要综合考虑多种因素，在能够满足应用需求的前提下，尽可能降低成本。在工业应用中，信息层网络大量用的是以太网。在控制层，工业以太网也已经有许多应用，并且增长很迅速。

5.2.2　EtherNet/IP

1. EtherNet/IP 网络模型

EtherNet/IP 作为一种工业以太网，不是普通意义上的以太网，它在如何适应工业环境方面作了很多技术上的改进。EtherNet/IP 是以太网、TCP/IP 以及 CIP 的集成，其中应用层使用 CIP 是 EtherNet/IP 和其他工业以太网的主要区别所在。图 5-3 是 EtherNet/IP 的网络模型和 ISO/OSI 参考模型对比图。

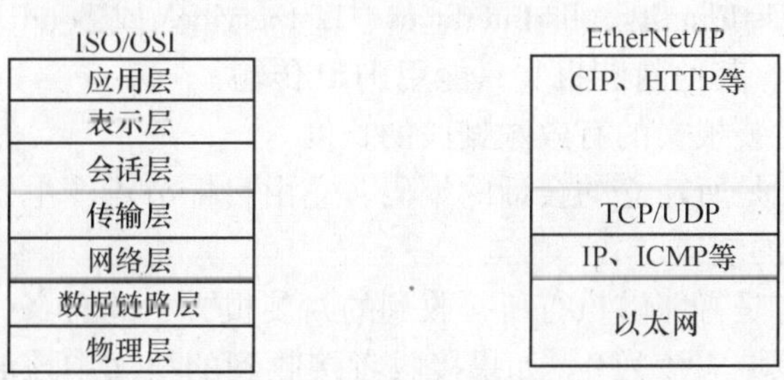

图 5-3　EtherNet/IP 的网络模型和 ISO/OSI 参考模型对比

由于在应用层使用了 CIP，EtherNet/IP 也具备 CIP 网络所共有的一些特点。另外，EtherNet/IP 规范规定仅可选择 10Mbit/s 或 100Mbit/s 以太网。为了能够在工业现场恶劣的环境中工作 EtherNet/IP 设备选用的物理部件要能够经受得起考验，根据具体应用场合的不同，它们可能要忍受高温或低温、高湿度、强振动、强电磁干扰等。

2. CIP 的封装

EtherNet/IP 的应用层采用了 CIP，并且用对象模型来描述 CIP。另外，为了保证互操作性和互换性，EtherNet/IP 也提供设备描述。下面介绍 CIP 的封装。

封装协议所定义的实际上是应用层和传输层的接口，也就是 CIP 和 TCP/UDP 的接口。

封装协议预留了 TCP 端口 0xAF12 和 UDP 端口 0xAF12，用于 CIP 通信。封装协议规定了 CIP 数据包是如何被组装成 TCP 包或 UDP 包的。另外，由于 TCP 是面向连接的协议，封装协议还需要进行会话管理。一个会话管理需要经历三个阶段：建立会话、维持会话、结束会话，因此，封装协议还规定了多种用于会话管理的报文。

封装数据包包头的格式如图 5-4 所示，包头长度为 24B，其有效数据段的长度为 0 ~ 65511B。数据按照规定的格式封装好后，作为 TCP 或 UDP 报文中的数据段传输。

2B	2B	2B	2B	2B	2B
命令	长度	会话句柄	状态	发送者背景	选项

图 5-4 封装数据包包头格式

在命令域，可能的命令有：

（1）NOP　空操作命令，无论是会话发起者还是目标都可能发送。接受者应该忽略该报文中包含的任何数据，并且不回复。

（2）ListIdentity　会话的发起者用该命令来确定可能的目标。发送命令域为该命令的封装报文，无需事先建立会话。

（3）ListInterfaces　会话的发起者用该命令来发现目标可能有的非 CIP 通信接口。发送命令域为该命令的封装报文，无需事先建立会话。

（4）RegisterSession　请求建立会话。

（5）UnRegisterSession　请求结束会话。

（6）ListServices　会话的发起者用该命令来确定目标设备支持哪个封装服务类型。

（7）SendRRData　用于传输封装好的请求数据包或答复数据包。

（8）SendUnitData　用于传输封装好的连接报文。

其中，命令域为 ListIdentity、listInterfaces、ListServices 或 SendUnitData 的封装报文传输用 TCP 或 UDP 都可以，其他封装报文只能用 TCP 传输。

长度域给出的是封装报文的有效数据段的长度。

会话句柄实际上就是所建立的会话的编码，它由目标节点产生，并发给发起节点，作为对 RegisterSession 请求的响应。

状态域指示接收者是否能够执行所接收到的封装报文中的命令。如果接收者成功地执行了命令，回复报文中该域应该为 0。如果接收者接收到的报文中该域不为 0，接收者将忽略该报文。

发送者背景域用于请求报文和回复报文的配对，它是由发送者任意给定的。接收者发出的回复报文中的发送者背景域应该与他所接收到的请求报文相一致。

选项域用于给命令提供参数。在 EtherNet/IP 规范的第 1 版中，该域没有任何作用。

不同类型的 CIP 报文采用不同的协议传输。CIP 报文分为连接报文和未连接报文，其中未连接报文是在命令域为 SendRRData 的封装报文中，通过 TCP 传输的；而连接报文是在命令域为 SendUnitData 的封装报文中传输的，至于到底是用 TCP 还是 UDP，则取决于连接报文的传输类（Transport Class）。CIP 连接报文有 7 种传输类：传输类为 0 类的 CIP 报文是最简单、最基本的报文；传输类为 1 类的 CIP 报文是重复检测的报文；传输类为 2 类的 CIP 报文是确认的报文；传输类为 3 类的 CIP 报文是校核的报文；传输类为 4 类的 CIP 报文是无阻塞报文，传输类为 5 类的 CIP 报文是无阻塞且破分的报文，传输类为 6 类的 CIP 报文是多播且破分的报文。其中，传输类为 4 类、5 类和 6 类的 CIP 报文都不常用。

传输类为 0 类或 1 类的 CIP 报文都是通过 UDP 传输的。以太网本身并非为确定性网络，有可能出现因为某种原因而使发送包丢失的情况。而且根据定义，0 类和 1 类传输类并不保证每个包都不丢失。生产者节点只是以固定的速率不停地发送数据，如果某一个包丢失了，接收者就接收到下一个包。所以，如果应用不容许包丢失，就不能采用 0 类或 1 类传输类。

对传输类为 1 类的 CIP 报文，接受者可以通过检查各个包的序号知道有没有丢失包。而 0 类 CIP 报文没有序号，接受者就无法通过检查包的序号知道包丢失的情况。不过，如果包丢失了很多，连接超时机制可以给应用提供反馈。所谓连接超时机制，就是如果在一定时间内接收者没有接收到新的数据包，就会中止连接。

传输类为 0 类或 1 类的 CIP 多播报文的传输要用到 IP 多播技术。实现多播要解决两个基本问题：一个是确定 IP 传输的范围；另一个是进行 IP 多播地址分配。

目前，IP 多播范围的确定用的都是生存时间（Time to Live，TTL）法。TTL 法就是用 IP 报文头的 TTL 字段来限制多播范围。当发送多播信息时，主机把 TTL 字段设定为某一个合适的值。数据包在网络传播的过程中，TTL 的值不断减少。设置路由器使之只传输 TTL 值在一定值之上的数据包。如果 TTL 的初值设置为 1，多播就被限定在一个子网里面。目前，由于有关的因特网标准还没有确定，所以安全的做法就是把多播限制在一个子网里，不在同一个子网中的两个节点通信则采用点对点方式。

IP 多播地址分配是给应用分配用于发送和接收多播报文的 IP 多播地址。IP 多播地址空间是由 IANA 管理的，虽然 IANA 并没有给 EtherNet/IP 所用到的应用分配地址，但是它划出一个地址段作为多播地址。目前，由于有关的标准正在制定中，用户只能是在 IANA 划出的多播地址段中任意选择一个。

传输类为 2 类或 3 类的 CIP 报文应该通过 TCP 连接传输。一个 TCP 连接可以传输多个 CIP 连接。由于 TCP 是全双工的，从发起者到目标的 CIP 连接和从目标到发起者的 CIP 连接应该使用同一个 TCP 连接。不过，如果目标随后发起一个 CIP 连接，它就应该被认为是发起者，应该使用一个新的 TCP 连接。

传输类为 4 类、5 类或 6 类的 CIP 报文不使用本节给出的封装协议，EtherNet/IP 第 1 版也没有指出应该用什么封装协议。

由于封装和具体的网络底层协议无关，所以用类似的方法，可以使得 CIP 在其他支持 TCP/IP 的网络上运行，如 ATM、FDDI 等。

3. EtherNet/IP 底层

EtherNet/IP 规范的第 1 版支持两种类型的 EtherNet/IP 设备：一种是商用的，另一种是工业用的。前者是在商用以太网设备上实现 CIP 而成的，通常用作信息层网络，或在一些对确定性要求不高的应用中用作控制层网络；后者用于对确定性要求较高的场合。EtherNet/IP 规范以后还可能增加设备类型或者进一步细分，以满足不同应用的需要。

工业用 EtherNet/IP 设备首先要能够在工业现场恶劣的环境中正常工作，其要满足的最低要求见表 5-1。根据具体应用的不同，实际工作环境可能比表 5-1 给出的更为恶劣。

表 5-1　工业应用对设备的最低要求

测　试		指　标	标　准
振动（未封装的）	频率	10 ~ 500Hz	IEC 60068-2-6
	加速度（运行时）	5g	
	位移	（0.012in） 0.3048mm	
冲击（未封装的）	加速度（运行时）	30g	IEC 60068-2-27
	加速度（未运行时）	50g	
温度	运行温度	0 ~ 60℃	IEC 60068-2-1
	贮存温度	−40 ~ 85℃	IEC 60068-2-2
湿度		5% ~ 95%	IEC 60529
密封		最低 IP20	
电压试验（仅适用于连接器）	接头对接头	峰值 1000V	IEC 60512-1
	接头对测试板	峰值 1500V	

为满足工业应用对确定性的要求，建议 EtherNet/IP 所选用的以太网有一些特殊之处。

1）建议采用交换机，而非普通的集线器。由于交换机用的是专用带宽，而集线器用的是共享带宽，使用交换机可以消除不必要的网络通信。

2）建议提供对全双工的支持。这样，在网络上只有两个节点的情况下，以太网就不使用 CSMA/CD 协议，从而消除了冲突的可能性。

3）建议满足 IEEE802.1p 规范。正在制定中的 IEEE802.1p 规范使得人们可以对不同种类的信息赋予不同的优先级。

4）建议使用 100Mbit/s 的快速以太网和一定的冗余。

4. EtherNet/IP 组网

（1）系统规划　规划一个基于 EtherNet/IP 的系统，首先要确定应用需求，然后给出系统方案，并预测系统性能。系统性能预测主要有两项内容：一是预测应有对带宽的需求，看系统的带宽是否能满足应用的需求；二是预测在隐式连接中，I/O 数据输入/输出的最大时间间隔能否满足应用需求。无论是应用对带宽的需求，还是 I/O 数据输入/输出的最大时间间隔，都主要取决于各个 I/O 数据的请求的数据包时间间隔（RPI），即数据对发送频率的要求。

系统带宽瓶颈通常是在选用的 EtherNet/IP 设备的扫描器模块上，扫描器模块带宽要在与该模块有关的显式和隐式连接中进行分配。由于每个隐式连接每次至少要传输两帧数据，因此每个隐式连接的带宽消化是其 RPI 倒数的两倍。因为需要保留 10% 的带宽用于显式通信，如果所有隐式连接占用的带宽总和是扫描器模块带宽的 90% 以上，则系统带宽就不能满足应用的需求。

最大时间间隔除了与 RPI 有关，还和 I/O 数据类型有关。如果是离散 I/O 数据，最大时间间隔等于 RPI；如果是隔离的模拟数据，就等于 RPI 加上实时采样时间；如果是非隔离的模拟数据，就等于加上 2 倍的实时采样时间；如果是标签数据，就等于 2 倍的 RPI。

（2）网络部件选择

1）扫描器模块的选择。要确保扫描器带宽能够满足应用带宽要求。

2）网卡的选择。要保证网卡速率能够满足应用通信速率要求。通常选用10～100Mbit/s。

3）网线的选择。要确保网线能够在现场的环境条件下正常工作，通常选用双绞线。

4）连接器的选择。连接器通常选用RJ45连接器。

5）集线器的选择。控制网络一般要求使用交换机，并保证端口数目足够。

6）其他设备的选择。可能还需要中继器、路由器、网关、服务器等网络设备。

（3）设备配置

1）利用设备提供的跳线、插针、拨码开关、人机界面等，直接在设备上进行配置。

2）在相连的计算机上进行远程配置。用提供的用于EtherNet/IP设备配置的工具软件，根据用户的选择设置每个参数，从而实现对设备的远程配置。

在EtherNet/IP设备配置中，比较特殊的是扫描器的配置。要进行隐式通信，需要事先编辑扫描器的扫描列表，把要传输的I/O数据加入EtherNet/IP扫描器扫描列表中。

5.3 几种流行的现场总线

目前现场总线的种类有40多种。综合每种总线的支持厂商情况、推广情况、国内应用业绩、是否为我国标准等因数，本节介绍几种在国内流行的现场总线。

5.3.1 基金会现场总线

基金会现场总线（Foundation Field Bus，FF）是在过程自动化领域得到广泛支持和具有良好发展前景的一种技术。FF的前身是ISP和WorldFIP标准。ISP是可互操作系统协议的简称，它基于德国的Profibus标准。ISP制订于1992年，有80多家公司参加，包括Smar、西门子、Foxboro、横河、ABB等公司，成员以仪表制造商为多。WorldFIP则是世界工厂仪表协议（World Factory Instrumentation Protocol）的简称，是基于法国的工厂仪表协议（FIP）标准。WorldFIP制订于1993年，其成员也有150多家，不少是PLC制造商。自此以后，这两大派别极力维护自身利益，现场总线长期得不到统一。迫于用户压力和市场需求，1994年9月，ISP和WorldFIP北美部分终于达成共识，一起成立了现场总线基金会（Fieldbus Foundation），致力于开发国际上统一的现场总线协议。该基金会汇集了世界著名仪表、自动化设备、DCS制造商、科研机构和最终用户。目前，国内一些著名企业和科研机构如浙大中控、北京华控、清华大学等也是FF的重要成员。

基金会现场总线（FF）是为了适应自动化系统，特别是过程自动化系统，在功能、适应条件与技术上的需要而专门设计的。它的协议标准是由现场总线基金会组织开发的。它得到了世界上主要自动控制设备制造商（如西门子、ABB、AB等公司）的广泛支持，在北美、亚太与欧洲等地区具有很强的影响力。

1. FF的技术特点

（1）适用于过程自动化的低速部分FF-H1　FF的低速部分FF-H1是参考了ISO/OSI参考模型，并在此基础上根据过程自动化系统的特点进行演变而得到的。除了实现现场总线信号的数字通信外，FF-H1具有适用于过程自动化的以下特点：

1）支持总线供电。FF-H1 采用了基于 IEC1158-2 的双线信号传输技术，并为现场设备提供两种供电方式：非总线供电和总线供电。

2）支持本质安全。FF-H1 的现场设备按照设备是否为总线供电，是否可用于易燃、易爆环境以及功耗类别而区分的。

3）令牌总线访问机制。FF-H1 采用了令牌传递的总线控制方式，确保了控制系统中信息传输的及时性。

4）内容广泛的用户层。FF-H1 在应用层之上增加了一个内容广泛的用户层，它由两个重要的部分组成，即功能块和设备描述语言，从而使得设备与系统的集成以及互操作更加易于实现。

（2）基于以太网的高速部分 HSE　现场总线基金会放弃了其原来规划的 H2 高速总线标准，并于 2000 年 3 月 29 日公布了基于 Ethernet 的高速总线技术规范，即 HSEFS1. 0 版，它迎合了控制和仪器仪表最终用户对可互操作的、节约成本的、高速的现场总线解决方案的要求。HSE 充分利用低成本和商业可用的以太网技术，并以 100Mbit/s ~ 1Gbit/s 或更高的速度运行。HSE 还支持所有的 FF 低速部分 31. 25kbit/s 的功能，并支持 H1 设备与基于以太网的设备通过链接设备接口。

HSE 现场总线技术的另一个关键特点是，HSE 现场设备支持标准的基本功能模块，例如模拟输入（AI）、模拟输出（AO）和比例积分微分（PD），也包括新的、具体应用于离散控制和 I/O 子系统集成的“柔性功能模块”（Flexible Function Block，FFB）。

2. FF 的主要内容

FF 包括 FF 通信协议；ISO/OSI 参考模型中的第 2 ~ 7 层通信协议的通信栈，用于描述设备特性及操作接口的设备描述语言（Device Description Language，DDL）、设备描述字典，用于实现测量、控制、工程量转换的应用功能块，实现系统组态管理功能的系统软件技术以及构筑集成自动化系统、网络系统的系统集成技术。

基金会现场总线采用了两个功能互补的现场总线：一个是兼顾现场设备的较长距离通信和传送本质安全电源等需求的 H1 现场总线，运行在 31. 25kbit/s；另一个是用于网络高速通信、运行柔性功能块的主干道高速现场总线——高速以太网，运行在 100Mbit/s。这种互补的结构为设备高性能控制、子系统集成、高密度数据生成和对数据服务器提供广泛支持。高速以太网（HSE）和柔性功能模块，将功能扩展到断续控制、批量和离散控制中，使基金会现场总线成为全能的控制和数字通信技术，如图 5-5 所示。

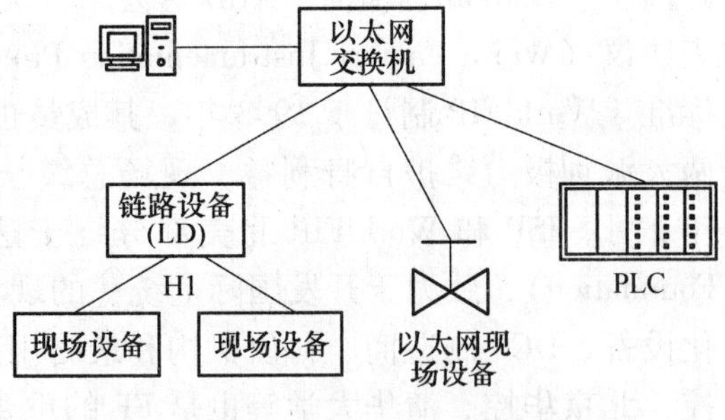

图 5-5　FF 连接示意图

3. FF 通信系统的构成

目前，FF 由 10 个部分构成，即功能块应用进程（FBAP）、设备描述语言（DDL）、系统体系结构、网络管理（NM）、系统管理（SM）、现场总线报文规范（Fieldbus Message Specification，FMS）子层、现场总线访问子层（Fieldbus Access Sublayer，FAS）、现场总线数据链路层协议规范、现场总线数据链路层服务子集和 31. 25kbit/s 物理概要。FF 系统体系结构如图 5-6 所示。

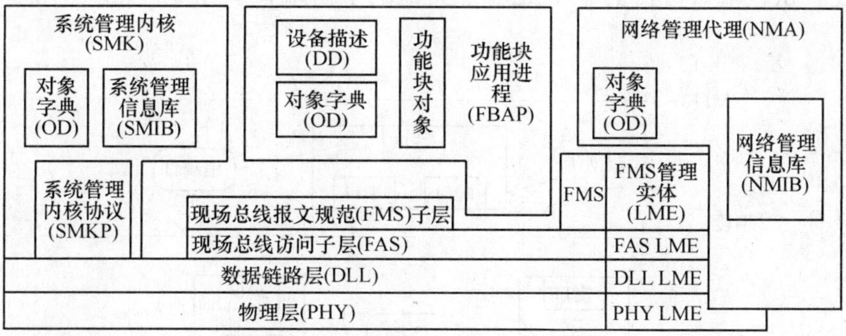

图 5-6　FF 系统体系结构

4. FF 网络拓扑结构

（1）单网段拓扑结构　图 5-7 显示了只包含一个网段的现场总线网络。它包含一台组态设备，例如一台主设备和用来被组态的设备。

在基金会现场总线中所有的链路上，都要求有一个且仅有一个链路活动调度器（LAS）。该 LAS 在数据链路层被用作总线仲裁器。LAS 的功能如下：

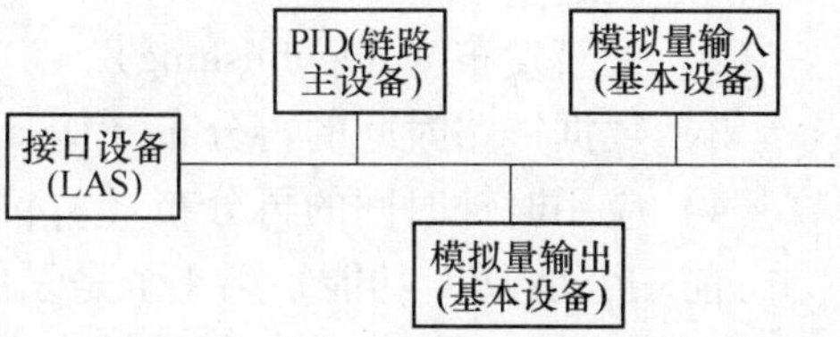

图 5-7　单网段拓扑结构

1）能认知新设备，并将新设备加入到链路中去。

2）能从链路中除去没有响应的设备。

3）能在链路上发布数据链路时间和调度时间。数据链路时间是由 DLL 同步的网络范围时间决定的。链路调度时间是使用对数据链路时间的偏移来描述的链路特殊时间。系统管理使用它来同步功能块执行和 LAS 调度的数据传输。

4）在调度时间内，轮询（Poll）那些以缓冲区存储数据的设备。

5）在调度时间之间，发送优先级驱动的令牌给某设备。

链路上的任何设备，只要有这个能力，它就有可能成为 LAS。在基金会现场总线中，凡能够成为 LAS 的设备称为链路主设备（Link Master Device），其他所有设备被称为基本设备（Basic Device）。

（2）桥式网络拓扑结构　对于具有不同速度和介质类型的链路，可以用桥把它们连接在一起，形成多链路网络或桥式网络，在这些网络中使用 DLL 桥来连接链路。对于所有的 FF 桥式网络，任何两台设备间只有一条数据通路。为确保这点，桥中互相协调的路线表形成一个扩展树。

扩展树可以用来描述桥的组态，例如数据流只有两个方向：一个是到根节点；另一个是离开根节点。在这里没有环路，也没有平行线路。也就是说，在每一个链路上有且只有一个活跃的桥来管理链路。

扩展树中的每个桥有一个根端口和多个下游端口，每一个端口说明与一条链路的连接。根端口指向树根，而下游端口是离开树根。下游端口在含有桥规范的 DDL 附录中也可以参考为指定端口。当根端口收到指定给远程链路的消息时，桥就会按照线路表中定义的情况，选择正确的下游端口，并把消息传递给它。当在下游端口上收到消息时，桥把它传到根端口，且（或）从根端口再传到一个或多个其他的下游端口。图 5-8 显示了桥式网络拓扑结构。

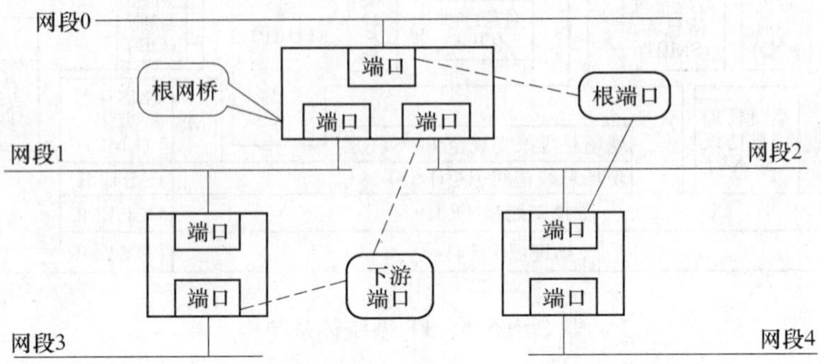

图 5-8　桥式网络拓扑结构

桥设备负责执行基金会现场总线网络中的 4 个功能：

1）发送（Forwarding）。

2）重新发布（Republishing）。

3）数据链路时间的再分布（Data link time redistribution）。

4）应用时钟时间的再分布（Application clock time redistribution）。

前三个是 DLL 功能，第 4 个是系统管理功能。为了支持后两个功能，桥端口必须是下游链路的 LAS。图 5-8 中，根网桥中含有调度链路#1 和链路#2 的 LAS。

5. FF 通信模型

FF 通信模型如图 5-9 所示。它采用了 ISO/OSI 参考模型中的三层：物理层、数据链路层和应用层，隐去了第 3～6 层。其中物理层、数据链路层采用 IEC/ISA 标准。应用层有两个子层：现场总线访问子层（FAS）和现场总线报文规范（FMS）子层，并将从数据链路到 FAS、FMS 的全部功能集成为通信栈（Communication Stack）。FAS 的基本功能是确定数据访问的关系模型和规范，根据不同要求，采用不同的数据访问工作模式。FMS 的基本功能是面向应用服务，生成规范的应用协议数据。总而言之，物理层规定了信号如何发送；数据链路层规定了如何在设备间共享网络和调度通信；应用层则规定了在设备之间交换数据、命令、事件信息以及请求应答中的信息格式。

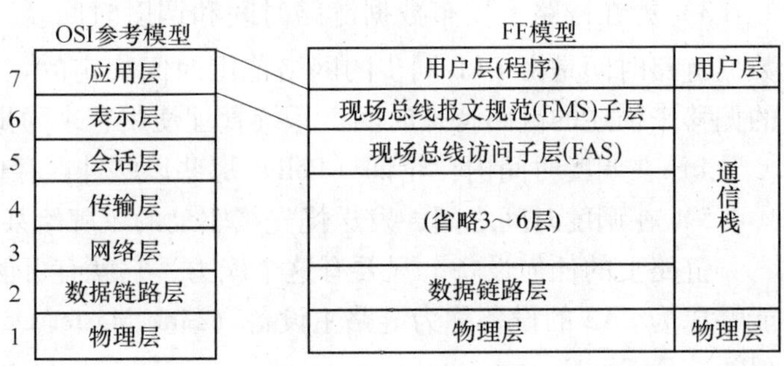

图 5-9　FF 通信模型

用户层规定标准的功能模块、对象字典和设备描述，供用户组成所需要的应用程序，并实现网络管理和系统管理。在网络管理中，为了提供一个集成网络各层通信协议的机制，实现设备操作状态的监控与管理，设置一个网络管理代理和一个网络管理信息库，提供组态管理、性能管理和差错管理的功能。在系统管理中，设置系统管理内核、系统管理内核协议和系统管理信息库，实现设备管理、功能管理、时钟管理和安全管理等功能。

（1）物理层　基金会现场总线的物理层遵循 IEC1158-2 与 ISA-S50. 02 中有关物理层的标准。现场总线基金会为低速总线颁布了 31. 25kbit/s 的 FF-816 物理层规范，也称为 H1 标准。高速总线 HSE 采用快速以太网协议，即 IEE802. 3 协议，通信速率为 100Mbit/s。

物理层用于实现现场物理设备与总线之间的连接，除了为现场设备与通信传输介质的连接提供机械和电气接口，还为现场设备对总线的发送或接收提供合乎规范的物理接口。

基金会现场总线支持多种传输介质：双绞线、电缆、光缆和射频。目前应用最广泛的是前两种。低速基金会现场总线 H1 采用的电缆类型可以分为无屏蔽双绞线、屏蔽双绞线、屏蔽多对双绞线、多心屏蔽电缆 4 种类型。直流电压供电范围为 DC9 ~ 32V。具体的技术参数见表 5-2。

表 5-2　低速现场总线的技术参数

传输速率	31. 25kbit/s
总线长度	200 ~ 1900m，取决于电缆
类型拓扑结构	总线/树形
总线挂接设备数	2 ~ 32 台（非本质安全、非总线供电） 2 ~ 12 台（非本质安全、总线供电） 2 ~ 6 台（本质安全、总线供电）
电缆终端阻抗	100Ω
信号方式	电压
信号幅值	0. 75 ~ 1V（峰-峰值）
总线供电	DC9 ~ 32V
屏蔽及接地	总线不接地，终端器终点可接地

图 5-10 给出了基于 FF（包括 H1 和 HSE）控制系统的网络拓扑结构。它具有以下特征：

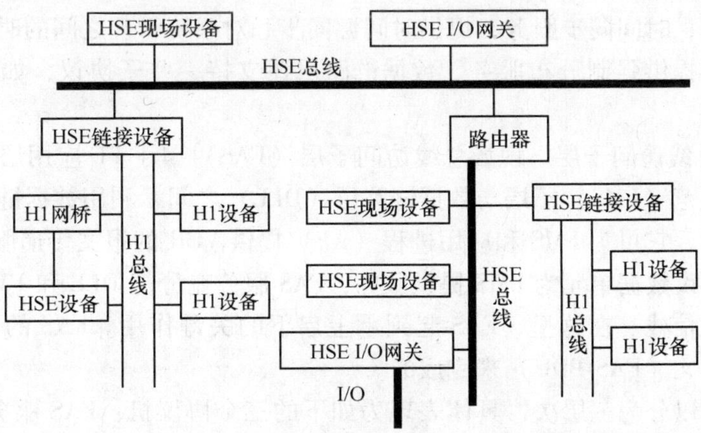

图 5-10　基于 FF 控制系统的网络拓扑结构

1）FF 网络可以包含 1 个或多个 HSE 子网和（或）1 个或多个互连的 H1 链路。

2）几个 HSE 子网之间可以通过标准路由器进行互连。

3）1 个 HSE 子网包含 1 台或多台通过 Ethernet 交换机进行互连。

4）HSE 设备可以为 HSE 现场设备、HSE 链接设备和（或）I/O 网关设备等。

5）HSE 链接设备用于将 1 个或几个 H1 链路连接到 HSE 子网上。

6）1 条 H1 链路可连接 1 台或几台 H1 设备。

7）2 台或多台 H1 设备之间可通过 H1 网桥实现互连。

8）H1 网桥可以包含在 HSE 链接设备中。

9）不包含 H1 网桥的链接设备也可以实现 H1 报文的重发功能。

10）可根据需要，对 HSE 子网本身以及 HSE 设备进行冗余配置。

（2）数据链路层　数据链路层（Data Link Layer，DLL）在基金会现场总线中处于第二层，它在物理层上传输“位”信息的基础上，在相邻节点间传送被称为帧的数据信息，DLL 也可能在传输中出现差错，也需进行检错、纠错而向上层提供无错的透明传送。在数据链路层上生成的协议控制信息可以对总线上的各类链路传输活动进行控制。总线通信中的链路活动调度，数据的发送与接收，活动状态的检测、响应，总线上各台设备间的链路时间同步，都是通过数据链路层来完成的。

DLL 很重要的一个作用是组装信息帧。基金会现场总线共定义了 24 种帧，分别用于各种服务。DLL 的帧结构如图 5-11 所示。

帧控制符	目的地址	源地址1	源地址2	参数	用户数据	帧校验

图 5-11　DLL 的帧格式

这里帧控制用来区分各种帧的类型及作用。源地址 2 一般不使用，只有在一种建立连接的数据链路协议数据单元中才会出现，参数进一步说明帧的性质，最后是帧校验。基金会现场总线数据链路层所使用的是循环冗余校验。用户数据是从上层接收来的协议数据单元。

通过使用这些协议数据单元，DLL 为上层提供了很多服务，包括管理数据链路服务访问点（Data Link Service Access Point，DLSAP）地址、队列、缓冲器；面向连接的服务、无连接数据传输服务；时间同步服务，提供时间源同步和对系统管理之间的时间同步。以及为数据发布者缓冲器提供强制分布服务。数据链路层还支持一些子协议，如链路维护、LAS 传输、调度传输等。

（3）现场总线访问子层　现场总线访问子层（FAS）属于 FF 应用层的一部分，它处在现场总线报文规范（FMS）子层与数据链路层（DLL）之间，利用数据链路层的调度通信和非调度通信作用，它可为 FMS 和应用进程（AP）提供 VCR 的报文传递服务。

FAS 利用协议数据单元为 FMS 提供服务，FAS 服务充分把 DLL 和 FMS 连接在一起，构成统一体——通信栈。在这里，FAS 起到承上启下的关键作用。FAS 的服务都是通过组织 FAS 协议数据单元（FAS-PDU）来完成的。

FAS 内部可以分为三层次，具体表现为如下的三个协议机：FAS 服务协议机（FSPM）、应用关系协议机（ARPM）、数据链路层映射协议机（DMPM）。

（4）现场总线报文规范子层　现场总线报文规范（FMS）子层在整个通信模型中介于

现场总线访问子层（FAS）和用户层之间。FMS 子层描述了用户应用所需要的通信服务、信息格式、行为状态等，提供了一组服务和标准的报文格式，用户可采用这种标准格式在总线上相互传递信息，并通过 FMS 服务访问功能块应用进程（Application Process，AP）对象以及它们的对象描述。同访问对象字典（OD）对 AP 对象的描述一样，FMS 规定访问这些对象的服务与数据格式。AP 的网络可见对象和它们相应的 OD 描述在 FMS 中说明为虚拟现场设备（Virtual Field Device，VFD）。为了访问 VFD 属性（例如制造商和状态），需要定义特殊的 FMS 服务。与 OD 描述联系在一起，FMS 为现场设备应用程序规定了功能性界面。FMS 服务和 OD 中对象描述的格式是以 FMS 定义的对象类型为基础的，例如变量与事件。

6. FF 的功能块

功能块（Function Block，FB）和功能块应用进程是基金会现场总线系统结构的一大特色之一。它是现场总线基金会为实现不同系统控制功能而设计的，是实现互操作性不可缺少的重要组成部分。基金会现场总线规定了基于功能模块的用户应用，不同的功能模块表达了不同类型的应用功能。现场总线智能仪表可以根据不同的被控对象的特性，灵活组合功能块，以实现被控对象的控制策略，使其真正成为灵巧的智能仪表。

（1）功能模块　基金会现场总线用户层中，常用的功能模块有三类：功能块、资源块和转换块，如图 5-12 所示。基金会现场总线已定义了 1 种资源块，10 种基本功能块，19 种先进功能块以及 7 种标准的转换块。

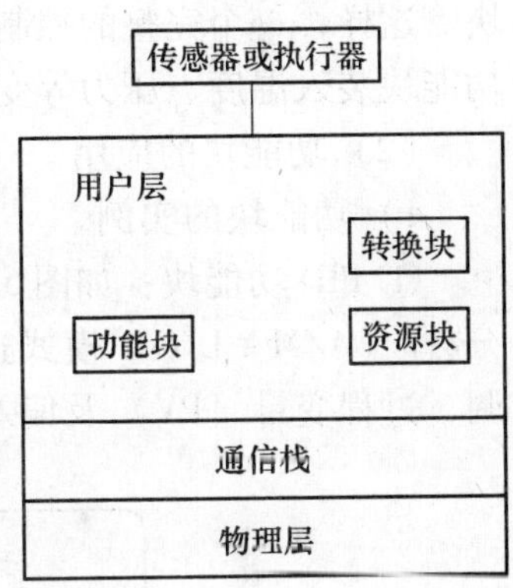

图 5-12　功能模块类型

1）转换块。转换块按所要求的频率读取传感器中的硬件数据，并将其写入到相应的硬件中。它不含有运用该数据的功能块，这样便于把读取、写入数据的过程从制造商的专用物理I/O特性中分离出来，提供功能块的设备入口，并执行一些功能。转换块含有量程数据、传感器类型、线性化、I/O 数据表示等信息。它可以加入到本地读取传感器功能块或硬件输出功能块中，通常每个输入或输出功能块内部都会有一个转换块。

2）资源块。资源块描述现场总线的设备特征，如设备名称、制造商与系列号。每台设备中仅有一个资源块。为了使资源块能够表达这些特征，规定了一组参数。资源块没有输入或输出参数。它将功能块与设备的硬件特性相隔离，可以通过资源块在网络中访问与资源块相关的设备的硬件特性。资源块也有相应的算法用以监视和控制物理设备硬件的一般操作。其算法的执行取决于物理设备的特性，由制造商规定，该算法可能引起事件的发生。

3）功能块。功能块提供控制系统行为，它的输入、输出参数可通过现场总线连接。各功能块的执行均受系统管理（SM）精确调试。

功能块是参数、算法和事件三者的完整组成。由外部事件功能块的执行，通过算法把输入参数转换为输出参数，实现应用系统的控制功能。对于输入和输出功能块，要把它们链接到转换块，与设备与 I/O 硬件相互联系。

功能块的执行是按周期性调试或事件驱动的。功能块提供控制系统的功能，它的输入、输出参数可以跨越到现场总线实现链接。一个用户程序中可有多个功能块。基金会现场总线定义了多个标准功能，如 FF-891 功能块定义了用于基本控制的 10 种标准功能块，见表 5-3。

表 5-3 用于基本控制的标准功能块

功能块名称	功能块符号	功能块名称	功能块符号
模拟量输入	AI	离散量输出	DO
模拟量输出	AO	手动装载	ML
偏差	B	比例微分	PD
控制选择器	CS	比例积分微分	PID
离散量输入	DI	比例系数	RA

此外，还定义了用于高级控制的 19 种标准功能块，如脉冲输入、死区、定时、步进输出、超前滞后补偿等。

基金会现场总线功能块支持可编程序控制器编程标准 IEC1131-3。功能块可以按照设备的功能需要定制，并下载到现场总线设备内。例如，简单的温度变送器可能包含一个模拟量输入（AI）功能块，而调节阀则可能包含一个 PID 功能块和一个模拟量输出（AO）功能块。这样，一个完整的控制电路就可以只由一个变送器和一个调节阀组成。有时，也把 PID 功能块装入温度、压力等变送器内。

（2）功能块的应用

1）功能块的实例

① PID 功能块：如图 5-13 所示，它具备调节器所具有的一切功能，如模拟/开关＋通道/选择（A/M＋L/C）模式选择、定值（SP）和输出（OUT）限制及比例调整、前馈、超调、过程变量（PV）及偏差报警等。

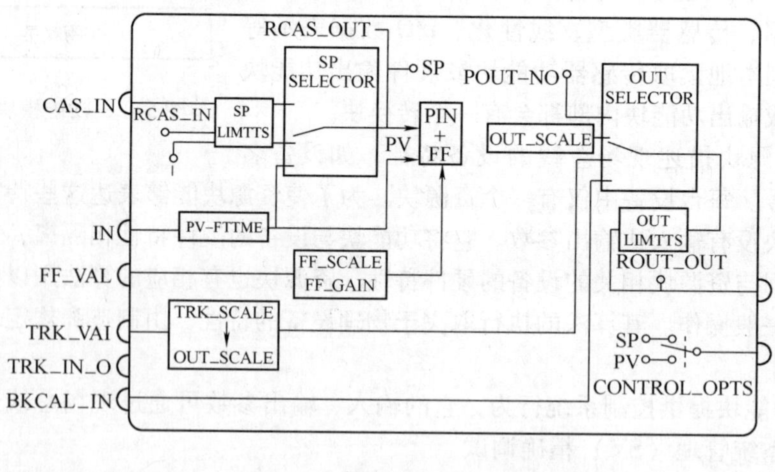

图 5-13 PID 功能块

② AI 功能块：AI 功能块的通道值是从输入转换块通道而来。它首先给出仿真参数，仿真参数是一个数据结构，包括仿真状态、仿真值、变送器状态、变送器值、允许/不允许 5 个变量。当仿真允许时，手动提供输入值和状态；不允许时，输入值为转换块值。然后，参数经过各种变换，如变换量程、线性化、输出量程、小信号切除以及 PV 滤波等。另外，还

有许多报警参数也可作为通道值。AI 功能块支持的模式有输出/仿真（O/S）、自动（AUTO）、手动（MAN）。

2）功能块在一个基本的单回路控制中的应用。这种应用如图 5-14 所示。其中，IN、CAS-IN、BKCAL_IN 为输入参数，OUT、BKCAL_OUT 为输出参数。这些输入、输出参数是参与块之间链接的参数，它们的数据结构是值与状态。

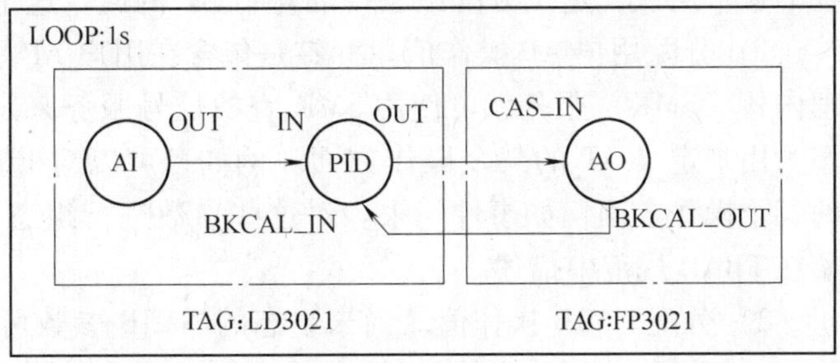

图 5-14　功能块在单回路控制中的应用

7. FF 的组态

FF 系统定义了如下 4 个组态层次：

（1）组态第 1 层（制造商设备定义）　设备是由制造商定义和开发的。每个制造商决定所提供设备的应用进程（AP）的定义和类型，并且标识每个 AP 的网络可见对象。

1）每个网络可访问 AP 的 OD 和 AP 目录的定义和结构。

2）由于 FMS 识别服务的应用需要，必须提供制造商名，设备模块名（如压力，温度变送器），VFD 管理，功能块应用进程（FBAP）VFD 和其他 VFD，必须通过 FMS 的标识服务将模型和版本提供给用户。

3）设备的分配和相互关系以及 VFD 的标识信息包含在系统管理信息库（SMIB），网络管理信息库（NMIB）和 FBAP 中通信行规提供一个设备识别 SMIB 变量的结构和内容。这个变量的用途是定义设备的制造商，模型和版本。

（2）组态第 2 层（网络定义）　网络由设备构成。在这个组态层次中，定义了网络拓扑结构。这个进程包括下面的内容：

1）决定控制策略。控制策略的设计以满足系统的对象为目的。控制策略的设计不考虑物理设备的数量和位置。

2）选择协议版本。每个协议的版本层次是由 FF 维护的。规范改变的结果是协议版本的更新。

3）标识每个链路和它的设备。

4）管理设备标签和数据链路地址。

5）标识每个链路的链路控制主设备。每个链路可以有一个被推荐的链路主设备。被推荐的链路主设备是渴望成为 LAS 的链路主设备。在桥式网络中，网桥必须构造为被推荐的链路主设备。在根链路中，每台链路主设备均可设计为被推荐的链路主设备。

6）定义每个 LAS 使用的链路参数。

7）定义一个基本和其他应用时钟发布者，作为时间源。

（3）组态的第 3 层（分布式应用程序定义）　应用程序由分布式资源组成。在组态的这个层次，定义了分布式资源的交互作用。这个过程包括以下内容：

1）定义 FBAP 连接对象，并使用 VCR 解决。

2）定义 VCR 表，并把它们转化成为数据链路地址。

3）定义功能块和 LAS 调试宏循环。

4）定义扩展树结构，包括发送和重新发布表。

（4）组态第4层（设备组态） 设备包含需要分配特殊值的网络可见对象。在组态过程的这个层次，定义分配给设备的每个AP的值。这个过程包括以下内容：

1）分配用户AP操作值。标签是包含在用户AP中的系统特殊名。一旦被组态，系统管理内核（SMK）服务就可使用SMK查找位号服务来定位它。增加的用户AP对象可以被组态为用来定义AP的某个操作方面。例如，可以对FB参数进行组态来定义功能块和FBAP的某个操作方面，如事件门限。对这些参数进行组态来设置或者调整AP的行为，FBAP对象在FBAP规范中描述。

2）分配NMIB操作值。尚未组态的NMIB参数可以在该层组态。这些组态参数定义通信栈如何操作，不受它的VCR或者LAS调试表限制。例如NMIB在这个层次可以组态为能够收集特殊VCR或者物理层的统计信息，或者指示LAS如何操作本地链路。NMIB的参数定义在网络管理规范中。

3）分配SMIB操作值。同应用程序时钟发布有关的SMIB参数可以在这层组态。这些组态参数指示该设备是基本时钟发布者，还是第2时钟发布者。它们也提供同时间发布相连的时钟值。另外，在这个层次，设备可以组态为具有如下功能：如果设备支持，设备将把这的操作状态写到不易失存储器中。SMIB参数定义在系统管理规范中。

5.3.2 Profibus现场总线

Profibus是Process Field Bus的简称，它是符合IEC61158和EN50170标准的现场总线。目前世界上许多制造商为它们生产的设备提供适当接口的各种兼容于Profibus的产品。

1. Profibus现场总线概述

Profibus是唯一的全集成H1（过程）和H2（工厂自动化）的现场总线解决方案，是一种不依赖于制造商的开放式现场总线标准。采用Profibus标准系统，不同制造商所生产的设备不须对其接口进行特别调整就可通信，Profibus可用于高速并对时间苛求的数据传输，也可用于大范围的复杂通信场合，如图5-15所示。

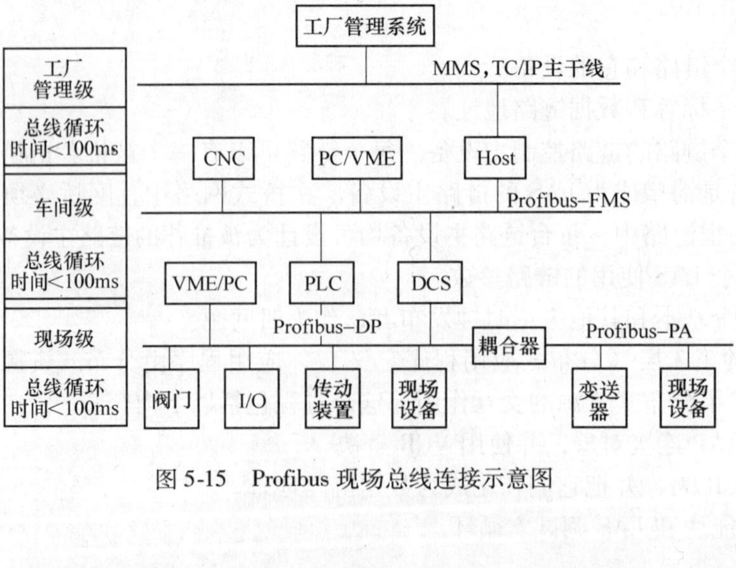

图5-15 Profibus现场总线连接示意图

Profibus 根据应用的特点分为 Profibus-DP、Profibus-FMS、Profibus-PA 三个兼容版本。其中，Profibus-DP（H2）是一种经过优化的高速通信连接，专为自动控制系统和设备级分散 I/O 之间的通信设计的，可用于分布式控制系统的高速数据传输，其传输速率可达 12Mbit/s，一般构成单主站系统。

Profibus-FMS 主要解决车间级通用性通信任务，提供大量的通信服务，完成中等速度的循环和非循环通信任务，用于纺织工业、楼宇自动化、电气传动、传感器和执行器、低压开关设备等一般的自动化控制，一般构成实时多主网络系统。

Profibus-PA（H1）是专为过程自动化设计的，提供标准的本质安全的传输技术，一般用于对安全性要求较高的场合及由总线供电的站点。一般 Profibus-FMS 和 Profibus-DP 混合使用。

Profibus 的特点为可使分散式数字化控制器从现场层到车间级网络化，该系统分为主站和从站。主站决定总线的数据通信，当主站得到总线控制权（令牌）时，没有外界请求也可以主动送信息。从站为外围设备，典型的从站包括输入输出设备、控制器、驱动器和测量变送器。它们没有总线控制权，仅对接收到的信息给予确认或当主站发出请求时向主站发送信息。

2. Profibus 协议结构和通信模型

Profibus 协议的结构是根据开放系统互连参考模型 ISO7498 制定的，Profibus 的协议结构和 Profibus 各协议层及子层的结构如图 5-16 所示。

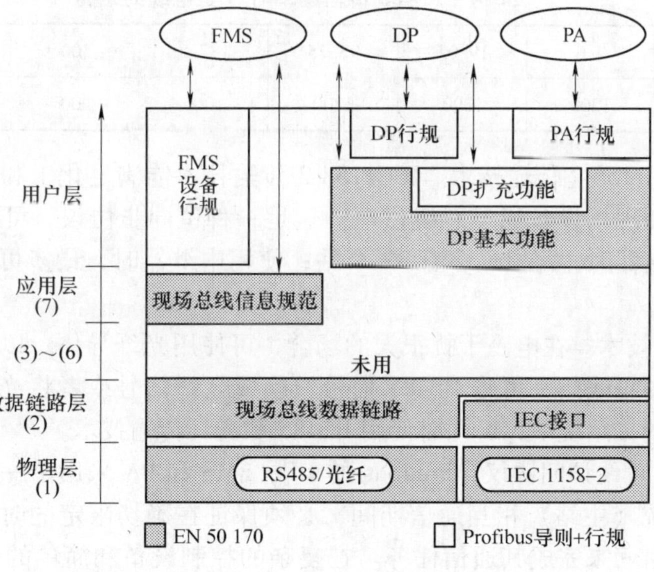

图 5-16　Profibus 协议结构

Profibus-DP 和 Profibus-FMS 采用了相同的媒体访问控制协议（第 2 层）和传输技术（第 1 层）。

Profibus-DP 使用第 1、2 层和用户接口。为了获得快速和高效率的数据传输，第 3 ~ 7 层没有定义。直接数据链路映像（Direct Data Link Mapper，DDLM）为用户接口提供第 2 层的访问服务。用户接口定义了用户及系统以及不同设备可以调用的应用功能，并详细说明了各种不同 Profibus-DP 设备的行为，还提供了 RS485 传输技术和光纤传输技术。

Profibus-FMS 第 1、2 和 7 层均加以定义，第 3 ~ 6 层没有定义。第 7 层由现场总线报文规范（FMS）和底层接口（Lower Layer Interface，LLI）组成。Profibus-FMS 包括了应用协议，并向用户提供了广泛选用的强有力的通信服务，LLI 协调了不同的通信关系，并向 FMS 提供不依赖设备第 2 层的访问方式。第 2 层现场总线数据链路可完成总线访问控制和数据的可靠性，它还为 Profibus-FMS 提供了 RS485 传输技术和光纤传输技术。

Profibus-PA 数据传输采用扩展的 Profibus-DP 协议，另外还使用了描述现场设备行为的 PA 规范，根据 IEC1158-2 标准，这种传输技术可确保其本质安全性，并使现场设备通过总线供电。使用分段式耦合器，Profibus-PA 设备能很方便地集成到 Profibus-DP 网络上。

3. Profibus 主要特性

（1）传输技术　由于单一的现场总线传输技术不可能满足所有的要求，因此 Profibus 提供了以下三种类型：DP 和 FMS 的 RS485 传输、PA 的 IECl158-2 传输和光纤传输。

1）DP 和 FMS 的 RS485 传输技术。RS485 采用屏蔽的双绞铜线电缆，共用一根导线对，适用于需要高速传输和设备简单而又便宜的各个领域。在不使用中继器时，每段最多有 32 个站；使用中继器时最多可到 127 个站。传输速率可选用 9.6kbit/s ~ 12Mbit/s，一旦设备投入运行，全部设备均须选用同一传输速率。电缆的最大长度取决于传输速率，见表 5-4。

表 5-4　RS485 传输速率与 A 型电缆的距离

波特率/（kbit/s）	9.6	19.02	93.75	187.5	500	1500	12000
（距离/段）/m	1200	1200	1200	1000	400	200	100

2）PA 的 IEC1158-2 传输技术。IEC1158-2 传输技术能满足化工和石化工业的要求，可保证本质安全性和现场设备通过总线供电。这是一种位同步协议，可进行无电流的连续传输。在不使用中继器时，每段最多有 32 个站；使用中继器时，最多可到 126 个站。传输速率为 31.25kbit/s。

3）光纤传输技术。在电磁干扰很大的场合，可使用光纤导体，以增大高速传输的最大距离，一种专用的总线插头可将 RS485 信号转换成光纤信号或者将光纤信号转换成 RS485 信号，这使得在同一系统中，可同时使用 RS485 和光纤传输技术。

（2）Profibus 总线访问协议　Profibus 的 DP、FMS 和 PA 采用单一的总线访问协议。在复杂的自动化系统（主站）相互通信期间，必须保证在确切限定的时间间隔中，任何一个站点要有足够的时间来完成其通信任务。在复杂的控制设备和简单的 I/O 设备（从站）之间周期、实时数据的通信，应尽可能地快速和简单。因此，Profibus 总线访问协议包括主站之间的令牌传递方式和主站与从站之间的主从方式，如图 5-17 所示。

令牌传递方式采用总线网络拓扑结构，但网上各主站传递过程保证了每个主站在一个确切规定的时间段内得到总线访问权（令牌）。令牌信息是一条特殊的报文，它在主站之间传递总线访问权。令牌在所有主站中循环一周的最长时间是事先规定的。在 Profibus 中，令牌传递仅在各主站间通信时使用。

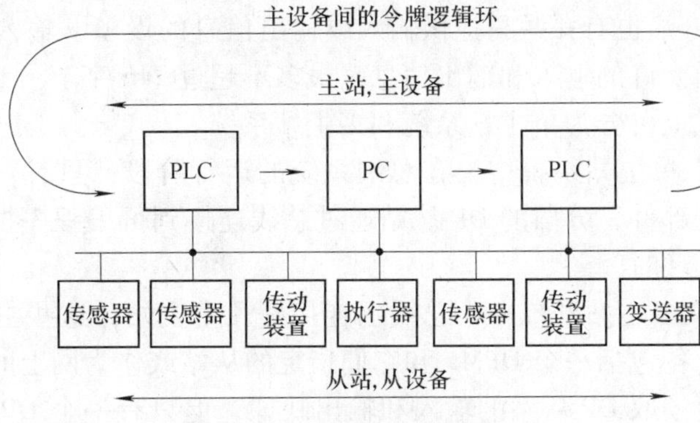

图 5-17　Profibus 总线访问协议

主从方式允许主站在得到总线访问令牌时可与从站通信，每个主站均可向从站发送或索取信息。通过这种访问方法，有可能实现下列系统配置：

1）纯主~从系统。

2）纯主~主系统（带令牌传递）。

3）混合系统。

图 5-17 所示为一个由 3 个主站和 7 个从站构成的 Profibus 系统配置。3 个主站构成令牌逻辑环，当某主站得到令牌报文后，该主站可在一定时间内执行主站工作。在这段时间内，它可依照主-从关系表与所有从站通信，也可依照主-主关系表与所有主站通信。

4. Profibus-DP

Profibus-DP（Distributed peripheral）用于现场设备级的高速数据传输。中央控制器（如 PLC/PC）通过高速串行总线同分散的现场设备（如 I/O、驱动器、阀门等）进行通信。多数数据交换采用周期方式。除了周期通信方式外，智能现场设备也培植非周期性通信方式，以进行组态、诊断和报警处理。

（1）Profibus-DP 的基本功能　中央控制器（主站）周期地读取从站的输入信息，并周期地向从站发送输出信息。总线循环时间必须要比中央控制器的程序循环时间为短，在很多应用场合，程序循环时间约为 10ms。除了周期性用户数据传输外，Profibus-DP 还提供强有力的组态和诊断功能。数据通信是由主站和从站进行监控的。

（2）Profibus-DP 系统配置和设备类型

Profibus-DP 允许构成单主站或多主站系统，这就为系统配置提供了高度的灵活性。在同一条总线上最多可连接 126 个站点（主站或从站）。系统配置的描述包括站数、站地址和输入/输出地址的分配、输入输出数据的格式、诊断信息的格式以及所使用的总线参数。每个 Profibus-DP 系统可包括以下三种不同类型的设备。

1）一级 DP 主站（DPM1）。一级 DP 主站是中央控制器，它在预定的信息周期内与分散的站（如 DP 从站）交换信息。典型的主设备包括可编程序控制器（PLC）和个人计算机（PC）。

2）二级 DP 主站。二级 DP 主站是编程器、组态设备或操作面板。它们在 DP 系统组态操作时使用，以达到系统操作和监视的目的。

3）DP 从站。DP 从站是进行输入和输出信息采集和发送的外围设备（输入/输出设备、驱动器、HMI、阀门等），也有一些只提供输入或输出信息的设备。输入和输出信息量大小取决于设备类型，目前允许的输入和输出信息，最多不超过 246 字节。

Profibus-DP 从构成上可分为单主站系统和多主站系统。

① 单主站系统：在单主站系统中，在总线系统的运行阶段；只有一个活动主站。可编程序控制器为中央控制部件，分散的 DP 从站通过总线连接到可编程序控制器上。单主站系统可获得最短的总线循环时间。

② 多主站系统：在多主站系统中，总线上连接好几个主站，这些主站与各自的从站构成相互独立的子系统，各包括一个 DPM1 和它们指定的从站或作为网上的附加配置和诊断设备。任何一个主站均可读取 DP 从站的输入和输出映像，但只有一个 DP 主站（在系统组态时指定的 DPM1）允许对 DP 从站写入数据。多主站系统的总线循环时间要比单主站系统长一些。

（3）Profibus-DP 系统行为　Profibus-DP 的系统行为主要取决于 DPM1 的操作状态，这些状态是由本地或总线的配置设备所控制的，主要有以下三种状态：

1）停止　在这种状态下，DPM1 和 DP 从站之间没有数据传输。

2）清除　在这种状态下，DPM1 读取 DP 从站的输入信息，并使输出信息保持故障安全状态。

3）运行　在这种状态下，DPM1 处于数据传输阶段，循环数据通信时，DPM1 从 DP 从站读取输入信息，并向 DP 从站写入输出信息。

DPM1 设备在一个预先组态的时间间隔内以有选择的广播方式将其本地状态周期性地发送到每一个有关的 DP 从站。

如果在 DPM1 的数据传输过程中发生错误（例如一个 DP 从站有故障），系统将作出反应，它是由组态参数“自动清除”（Auto-clean）确定的。如果此参数为真，DPM1 将所有有关的 DPM1 转入清除状态。如果此参数为假，则 DPM1 在这个 DP 从站出错时仍停留在运行状态，然后由用户决定对系统作出反应。

（4）设备数据库（德语缩写 GSD）文件　Profibus 设备具有不同的性能特征，特性的不同在于现有功能（即 I/O 信号的数量和诊断信息）的不同或总线参数（如波特率和各种监控时间）的不同。这些参数对每种设备类型和制造商来说均有差别，为了达到 Profibus 简单的即插即用，这些均在设备数据库文件，即 GSD 文件中说明。GSD 是以一种准确定义的格式描述的，制造商对每一种设备都有一个 GSD 文件。将来用配置软件组网，如 COM-Profibus 软件，只要把设备的 GSD 文件拷贝到相应的目录下，就可以方便地把此设备放在网中。

5. Profibus-FMS

Profibus-FMS 的设计旨在解决车间一级的通信。在这一级，可编程序控制器（PLC）与 PC 以 FMS 方式互相通信，强有力的 FMS 服务向人们提供广泛的应用范围和更大的灵活性。在这个应用领域，高性能的功能要求远比系统的快速响应时间更显得重要。

（1）Profibus-FMS 应用层　Profibus-FMS 应用层提供了用户使用的通信服务。这些服务包括访问变量、程序传递、事件控制等。Profibus-FMS 应用层包括两部分：现场总线报文规范（FMS），描述了通信对象和应用服务；低层接口（LLI）、FMS 服务到第二层的接口。

（2）Profibus-FMS 通信模型　Profibus-FMS 利用通信关系将分散的应用过程统一到一个共用的过程中。在应用过程中，可用来通信的那部分现场设备称为虚拟现场设备（VFD），在实际现场设备与 VFD 之间建立一个通信关系表，VFD 通过通信关系表完成对实际现场设备的通信。通信关系表是 VFD 通信变量（如零件数、故障率、停机时间等）的集合。

（3）通信对象与通信字典　FMS 面向对象通信，它确认 5 种静态通信对象，即简单变量、数组、记录、域和事件，还确认两种动态通信对象，即程序调用和变量表。

每台 FMS 设备的所有通信对象都填入对象字典（OD）中。对简单设备，OD 可以预定义，对复杂设备，OD 可以在本地或远程通过组态加到设备中去。静态通信对象进入静态对象字典，动态通信对象进入动态对象字典。每个对象均有一个唯一的索引，为避免非授权的访问，每个通信对象可选用访问保护。

（4）Profibus-FMS 服务　Profibus-FMS 服务项目是 ISO 9506 制造信息规范（Manufacturing Message Specification，MMS）服务项目的子集。这些服务项目在现场总线应用中已被优化，而且还加上了通信对象的管理和网络管理。

Profibus-FMS 提供大量的管理和服务，满足了不同设备对通信提出的广泛需求，通信项目的选用取决于不同的应用，具体的应用领域在 FMS 行规中规定。

（5）Profibus-FMS 和 Profibus-DP 的混合操作

FMS 和 DP 设备在一条总线上进行混合操作是 Profibus 的一个主要优点，两个协议也可以同时在一台设备上执行，这些设备称为混合设备。之所以可能进行混合操作是因为 FMS 和 DP 均使用统一的传输技术和总线访问协议，不同的应用功能是通过第 2 层不同的服务访问点来分开的。

6. Profibus-PA

Profibus-PA 是为过程自动化特别设计的，PA 将自动化系统和过程控制系统与压力、温度和液位变送器等现场设备连接起来，它可用来替代 4～20mA 的模拟技术。

从现场到现场多路开关基本一致。然而，如果测量点分布很广，Profibus-PA 所用电缆明显减少。使用传统布线方法，每一个信号都需独立引线至过程控制系统的 I/O 模板。

每台设备都需单独电源（甚至需要在有爆炸危险区域使用的电源）。相反，使用 Profibus-PA，只使用一对电缆就可以传输所有信息，并向现场设备供电。这不仅节省了电缆费用，同时减少了系统所需 I/O 模板数量。Profibus-PA 可以使用简单的一对电缆进行测量控制和调节，并可以在本质安全场合向现场设备供电。

（1）Profibus-PA 的特性

1）适合过程自动化应用的行规，使不同厂家生产的现场设备具有互操作性。

2）即使在本质安全地区，增加和拆除总线站点也不会影响其他站点的正常运行。

3）在过程自动化的 Profibus-PA 段与制造自动化的 Profibus-DP 段之间通过耦合器连接，可实现两段间的透明通信。

4）适用于 IECll58-2 技术相同的双绞线完成远程供电和数据传送。

5）在潜在爆炸危险区可使用本质安全防爆型或非本质安全。

Profibus-PA 允许在危险场合，不影响其他站的情况下，维护和连接/断开设备。

（2）Profibus-PA 传输协议

Profibus-PA 采用 Profibus-DP 的基本功能来传送测量值和状态，并用扩展的 Profibus-DP

功能来制定现场设备的参数和进行设备操作。Profibus-PA 的传输技术采用 IEC1158-2 技术。

（3）Profibus-PA 设备行规

Profibus-PA 行规保证了不同制造商所生产的现场设备的互换性和互操作性，它是 Profibus-PA 的一个组成部分。行规的任务是选用各种类型现场设备真正需要通信的功能，并提供这些设备功能和设备行为的一切必要规格。

目前，Profibus-PA 行规已对所有通用的测量变送器和其他一些设备类型作了规定，如压力、液压、温度和流量变送器；数字量输入和输出；模拟量输入和输出；阀门、定位器等。

（4）Profibus-PA 与 Profibus-DP 的连接　由于 Profibus-DP 和 Profibus-PA 使用不同的数据传输速率和方式，为使它们之间平滑地传输数据，使用 DP/PA 耦合器和 DP/PA 链路设备作为网关。

DP/PA 耦合器适用于简单网络与运算时间要求不高的场合，用于在 Profibus-DP 与 Profibus-PA 之间传递物理信号。DP/PA 耦合器有两种类型：非本质安全型和本质安全型。系统组态后，DP/PA 耦合器是可见的。可以通过可编程序控制器或自动化系统直接访问或分配地址给所连接的现场设备。耦合器作为控制系统可见的网关，所有参数改变通过 Profibus 系统自动进行。

DP/PA 链路设备应用在大型网络，此时依赖网络复杂程度和处理时间要求的不同，不止一个链路设备连接到 Profibus-DP。DP/PA 链路设备一方面作为 Profibus-DP 网络段的从站，同时作为 Profibus-PA 网络段的主站耦合网络上所有的数据通信。这意味着，在不影响 Profibus-DP 性能的情况下，将 Profibus-DP 与 Profibus-PA 结合起来，DP/PA 链路设备可以作为所有标准 Profibus-DP 的主站，由于每个链路设备可以连接多台现场设备，而链路设备只占用 Profibus-DP 的一个地址，因此，整个网络所能容纳的设备数目大大增加。

通过耦合器或链路设备将变送器、转换器和定位器连接到 Profibus-DP 网络。Profibus-PA 协议使用同 Profibus-DP 一样的通信协议。这源于它们的通信服务和报文一致。事实上，Profibus-PA = Profibus-DP 通信协议 + 扩展的非周期性服务 + 作为物理层的 IEC1158，称之为 H1。它使得工厂各层次的自动化和过程控制一致，并高度集成。这意味着使用一种协议的不同种类来集成工厂的所有区。

7. Profibus-DP 从站通信接口的开发

Profibus 是开放的、与制造商无关、无知识产权保护的标准。因此，世界上任何人都可以获得这个标准，并设计各自的软、硬件解决方案。原则上，Profibus 协议在任何微处理器上都可以实现。在微处理器内部或外部安装通用异步收发器（UART）即可完成。但当数据传输速率超过 500kbit/s 或需要使用 IEC1158-2 传输技术时，建议使用协议专用芯片。

（1）开发工具的介绍　Profibus-DP 现场总线通信接口的开发工具普遍使用西门子公司的 Development Kit 4 开发包。它可以使用户将所选设备连接到 Profibus-DP 上，进行通信原理级测试。开发包主要由硬件组件和软件组件组成。硬件组件包括：IM183-1 从站接口模块、IM180 和 IM181 主站接口模块、IM184 从站接口模块及总线连接器等附件。使用这些模块及设备可组成具有完整的总线功能网络。软件组件包括：COM Profibus 总线组态软件及演示软件。

IM183-1 从站接口模块可将第三方设备作为智能从站连接到 Profibus-DP 上，最大数据传输速率为 12Mbit/s，可自动检测总线数据传输速率。

IM180 主站接口模块可将第三方作为主站设备连接到 Profibus-DP 上，该模块可独立完成总线控制。IM180 接口模块主要由 APSC2ASIC 芯片、80C156CPU 微处理器和 Flash-EPROM、RAM 组成，结构如图 5-18 所示。它和一块 IM181 母板（一块 ISA 卡）用于 PC 来模拟 Profibus-DP 主站。

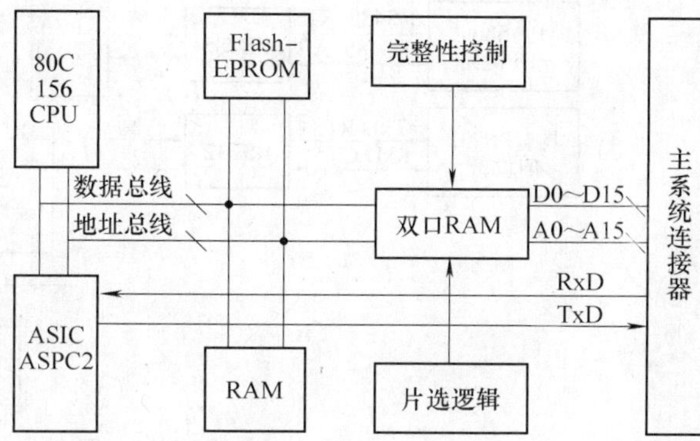

图 5-18 IM180 主站接口模块的结构

COM Profibus 和其他一些组态软件不同的是：组建控制网络的设备都是通过读取设备数据库（GSD）文件将不同厂商生产的设备集成在同一总线系统中。GSD 文件是电子设备数据文件，是为了将不同厂家的 Profibus 产品集成在一起，生产厂家以 GSD 文件方式提供这些产品的功能参数。GSD 文件应该包括三个部分：总体规范（制造商和设备名称、硬件和软件版本、波特率等）、与 DP 主站设备和从站设备相关的规定。

（2）系统组成 由 PC、IM180、IM181、COM Profibus 软件及演示软件作为主站，设备作为从站，就能够组成一个简单的 Profibus-DP 总线系统，如图 5-19 所示。在一条双绞线电缆的总线系统上，最多可以管理和监控 127 台设备，不过必须分成几个段，每段 32 个从站，段与段之间可用中继器连接。所用电缆为屏蔽的双绞线，有助于改善电磁兼容性，导线的特性阻抗一般为 100 ~ 165Ω，截面积大于 0.22mm²。EN50170 标准推荐了两种类型的电缆。类型 A：特性阻抗为 130 ~ 165Ω，截面积大于 0.34mm²。类型 B：特性阻抗为 100 ~ 130Ω，截面积大于 0.22mm²。

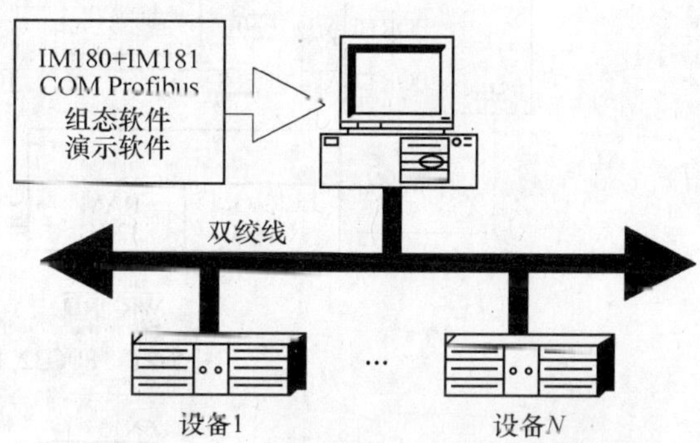

图 5-19 Profibus-DP 控制系统

（3）硬件电路举例 硬件电路主要由 80C32、SPC3、RAM、EEPROM 及通信接口等组成。它的原理框图如图 5-20 所示，主要实现从站数据的处理、包括获取数据采集模块的数据、对从站接口模块 SPC3 进行各种操作、与主站的通信、接收来自主站发送的数据等功能。

其中，最主要的是 80C32 微处理器与 SPC3 的连接。它们之间的连接如图 5-21 所示，通过 11 位地址线和 8 位数据线进行交换。此模块与数据采集模块的接口应充分考虑系统的扩展需要。

在 RS485 总线驱动和光隔离的通信部分，它的接口电路如图 5-22 所示。RS485 总线驱动一侧与主站连接，另一侧通过光电耦合器与 SPC3 连接。为了满足 Profibus-DP 的最大数据传输速率 12Mbit/s 的要求，可选用的总线驱动芯片有 SN65ALS176、SN75ALS1176、

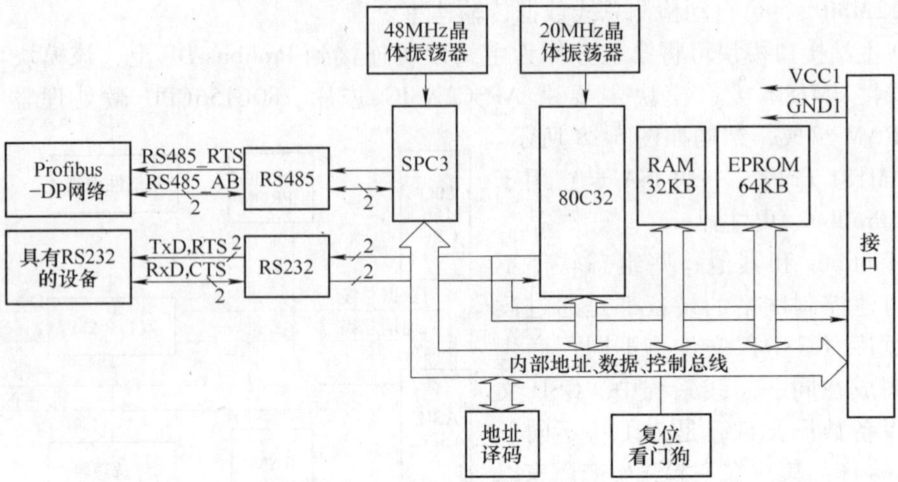

图 5-20　硬件电路原理框图

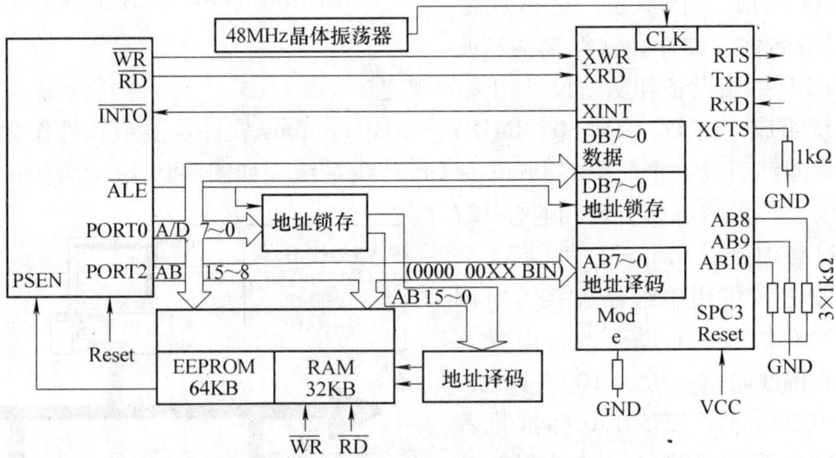

图 5-21　80C32 与 SPC3 的连接

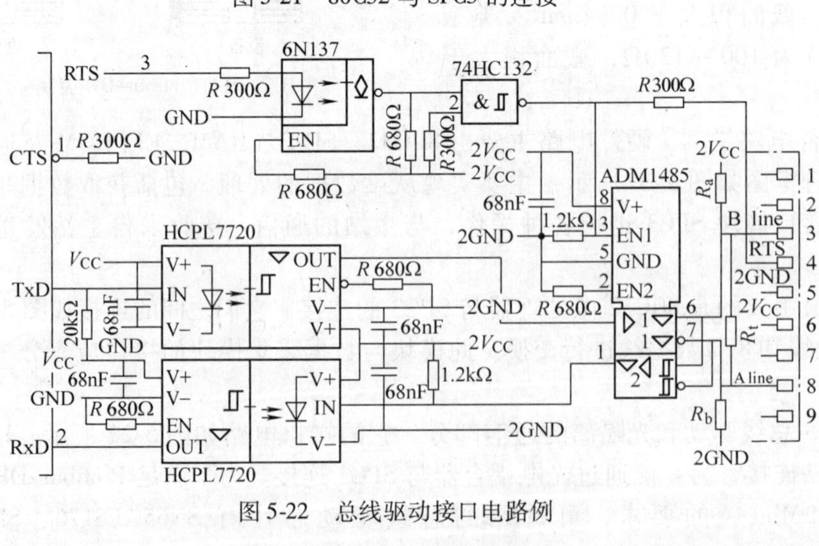

图 5-22　总线驱动接口电路例

ADM1485 等，光电耦合器有 HCPL7101、HC-PI720、HCPL0721 等。采用光电耦合器主要是为了消除来自总线的干扰，另外电路电源也采取了隔离，并采用双路电源。

8. Profibus-DP 在水处理工程应用

自来水厂的主要工艺流程为从水源取水经一级扬水管将原水输送至水厂，在反应池前端扬水管内投加混凝剂，进入反应池与混凝剂反应产生矾花，再经沉淀池沉淀后送至滤池过滤，至清水池消毒，最后送至用户。在这一过程中，由于原水的浊度、温度、流量和 pH 值等因素波动大、不稳定，因此对混凝剂最佳投加量的控制是净水厂工艺控制的关键环节，它直接关系到后续处理工艺的效果和整个制作成本。

（1）水厂 SCADA 系统组成　水厂 SCADA 系统是基于 Profibus 现场总线，由 SIEMENS S7-300 PLC、S7-200 PLC 和研华工控机组成的分布式计算机监控系统，如图 5-23 所示。

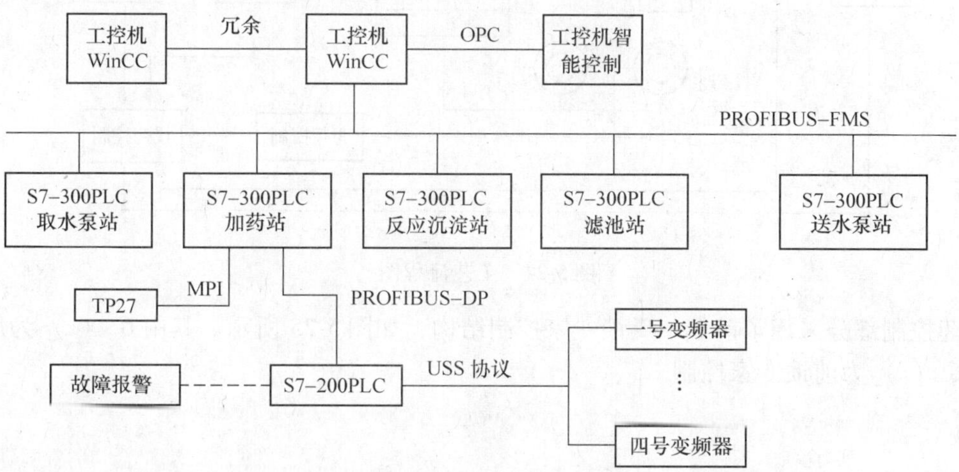

图 5-23　分布式计算机监控系统

该系统由取水泵站、反应沉淀站、滤池站、送水泵站以及各自的子站等组成。上位机采用了 WinCC 实时信息管理平台（两台工控机构成冗余结构）。自动投药系统是位于加药站的水厂 SCADA 系统的一个组成部分。加药站主控器采用 S7-300 中有集成 Profibus-DP 口的 CPU315-2 DP；连接到上位机的通信处理器 CP343-5。子站采用 S7-200 中的 CPU226，连接到 CPU315-2 DP 的 EM277 Profibus-DP 通信模块以及 EM231 模拟量输入模块。上位机与加药站采用 Profibus-FMS 协议；加药站与子程序采用 Profibus-DP 协议；子站 PLC 通过 CPU226 的 RS485 接口采用 USS 协议对 4 台变频器进行分析与管理。另外，子站 S7-200 还带有变频器故障报警 LED 显示，可方便直接地显示出变频器的故障类型。

（2）自动投药系统方案　混凝投药是水处理工艺的重要环节之一，它位于水处理工艺的前端，投药的多少将直接影响后续工艺的处理效果。传统数学模型（前馈加反馈）加药自动控制系统应用于水处理取得了一定效果，但是要建立数学模型需要长期大量的准确数学统计的积累，而且由于原水水质的复杂性和多变性，使得准确建模困难、投资大、灵活性也差，这些都制约了它的广泛应用。自动投药系统在充分认识水处理系统的大滞后性、强耦合性和处理过程具有多变量、非线性与随机性等特性，并在汲取其他自动投药系统实践经验的基础上，采用了前馈—反馈专家控制系统。

自动投药系统以滤前水浊度为控制标值，以浊度和流量为主要实时加药的自动控制。主要包括现场数据采集处理系统、变频控制系统、计量泵药液投加系统及专家控制系统等。其工艺流程如图 5-24 所示。

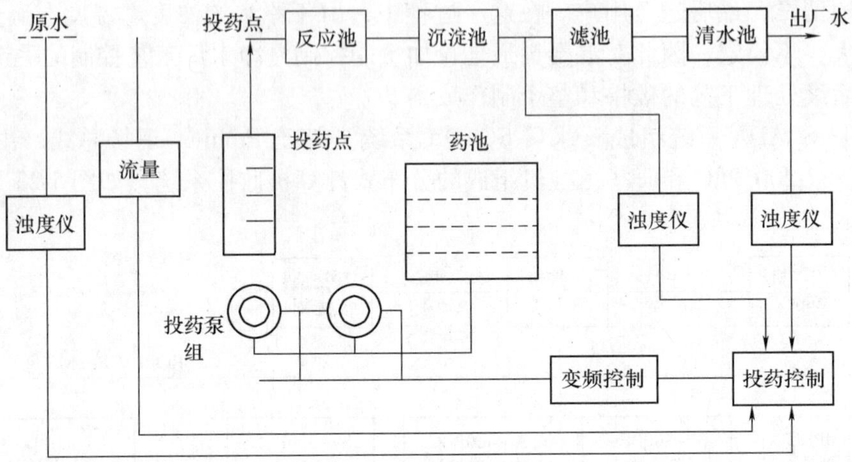

图 5-24 工艺流程图

投药控制部分采用了前馈—反馈专家控制结构，如图 5-25 所示。其中 $G_h(z)$ 为反馈控制器，$G_r(z)$ 为前馈专家控制。

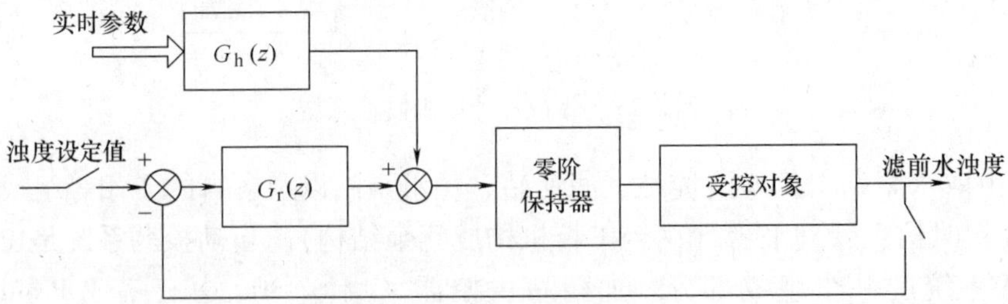

图 5-25 投药控制部分前馈—反馈专家控制结构图

在该控制结构中以前馈专家控制器为核心，其性能好坏直接影响到整个系统的性能，前馈—反馈专家控制器实质上是一个预测专家系统，它通过对过去的加药经验和原水的浊度，流量、温度和 pH 值等对象状况的分析，推断出目前实际需要的加药量。反馈控制器能根据出水浊度对投药量作微调（调节幅度限制在最大加药量的 10%），滤前水浊度采样值送至上位机，与浊度设定值比较得出浊度偏差量，再根据工艺查表推算出加药微调量，然后调整前馈控制器得出的加药量。在上位机做出该加药决策之后，信息由 Profibus 现场总线传送到执行机构变频器，通过变频调速，改变投药泵工作电源的频率，从而改变投药泵的转速，达到调节投药量的目的。

（3）系统主要解决的问题　在系统的调试过程中，关键点和难点主要有以下几点：

1）前馈—反馈专家控制结构的实现。前馈—反馈专家控制结构由前馈数据库、模型数据库、前馈推理与决策机、前馈自学习与适应机构等组成。由于主要系统在智能控制工控机上实现，且水处理是一个缓慢变化的过程，在实践的基础上建立了基于数据库的模型对象。收集了原始记录建立模型数据库，数据库中每条记录为：大气、水温、原水浊度、流量、原水pH值、最佳投加量和置信度。前馈推理与决策机根据模型库搜索出一组匹配数据记录，并依据预制的加药抉择算法决定最佳投药量。系统通过自学习适应机构不断在线学习控制经验，丰富模型数据库并动态修改数据记录的置信度。前馈推理决策的过程中，在数据库中搜索与实时数据情况最匹配时，匹配步距的选择尤为关键，它直接体现了运用已有知识解决现时问题的能力和知识应用的正确与否。步距选择过小，可能要经过太多次匹配才能找到足够多的数据，耗时且浪费系统资源；步距选择过大，可能会使选择的数据记录过于粗糙，而得不到最接近现状的一组记录。

2）专家控制结构与上位机的实时通信。考虑到专家控制系统涉及一些复杂控制算法，占用系统资源较多，由智能控制工控机独立完成后，利用WinCC提供的OPC接口把计算结果动态传送至SCADA系统，极大地节约了SCADA系统的资源，保证了SCADA系统的实时性和稳定性。首先SCADA系统采集到的原水流量、浊度等原水实时参数由WinCC实时传送至专家控制系统，由智能控制工控机依据一定搜索策略和加药决策算法，计算出最佳投药量后回送至SCADA系统，随后SCADA系统回传此次最佳投药量的控制效果，以便专家控制系统在线自学习控制经验，丰富模型数据库并动态修改数据记录的置信度。

3）S7-200PLC与变频器的USS通信。系统变频控制部分采用4台MM420变频器，通过S7-200PLC进行控制。变频器采用两线制的RS485接口，以基于二进制的USS协议作为现场监控和调试协议。它以主从方式构成工业监控网络，在网络内有一个主站（S7-200PLC）、1~4#从站，各站点由唯一的标志码识别PLC，对变频器采用轮询方式，在一定的时间段中完成对相应变频器参数的读写和出错处理（包括就地报警和数码管显示相应错误号以及传送至中控室声光报警）。

4）变频器PD控制的设计。如图5-25（前馈—反馈专家控制结构框图）所示，控制系统的受控对象变频器采用了PD控制，构成了一个闭环控制，它是专家控制系统有力的补充。变频器PD控制的设定值由化验室上位机根据出厂水质动态设定，反馈值由S7-200PLC实时采集，两者通过网络传送至变频器，从而构成闭环控制PD控制的三个参数可以由工程师在上位机动态进行修改，同事上位机通过实时曲线实时反应控制效果，结合历史曲线指导工程师合理有效地修改参数，以达到最佳控制效果。

5）出错处理。虽然FCS系统给各种控制结构带来了前所未有的优势，但是网络化必然会增加底层控制出错的可能性。为此，除要求系统具有高的可靠性以外，出错处理是必不可少的。以下是两类典型的出错处理。第一种类型采用S7-300PLC系统作主站，当某一个Profibus-DP故障时，要把这些信息传送给主站，调用相应的OB块，如果在主站没有编写，则会认为是一个非法操作，这样就会停止CPU运行。如果在程序中建立相应的OB块，则会认为是一个合法操作，CPU上的状态灯会报警，但会继续运行；第二种类型当其他的S7-300PLC站出现故障，采样数据无法传送过来时，那么必须在S7-200PLC及S7-300PLC编程时首先对其进行初始化，这样就不会在网络出现故障时致使系统瘫痪与停止投药。

（4）应用结果　基于 Profibus 现场总线的自动加药系统，包括了简单的现场层和管理层，S7 系列的硬件和软件的系统集成性较好，特别是其过程现场总线 Profibus-PA，具有应用灵活方便，根据不同的协议，应用范围广泛，具有可靠性高，易于扩充，便于构成自动化控制管理各层、研制周期短且节约投资等特点。

系统采用了专家控制系统。专家控制系统在一定程度上模拟人的思维活动规律，能进行自动推理；专家控制系统可以不断监督生产过程，实现特定性能指标下的优化控制，可进行操作指导，可实现复杂系统的高质量控制、故障诊断和容错控制、参数和算法的自动修改等功能。该系统克服了人为操作时的不稳定性，大大减轻了操作工人的劳动强度，节约了制水成本，改善了出水的质量，也带来了极大的经济效益和社会效益。

5.3.3　CAN 总线

CAN（Controller Area Network）总线是德国 Bosch 公司为解决现代汽车中众多的控制与测试仪器之间的数据交换而开发的一种串行数据通信总线，即控制器局域网。CAN 是国际上应用很广泛的一种现场总线，最初被设计为汽车工业中的微控制器通信用，由于它具有高可靠性和独特的设计、在多主系统中的优势及很高的实时性，故它的应用范围遍及从高速网络到低成本的多线路网络，广泛地应用于离散控制系统。CAN 总线得到 Motorola、Intel、Philip、Siemens、NEC 等公司的支持，并且是到目前为止唯一一种成为国际标准（ISO）的现场总线。

1. CAN 总线特性

CAN 总线是一种串行数据通信多主总线，通信介质可以是双绞线、同轴电缆或光纤。CAN 总线的特性如下：

1）CAN 是一种有效支持分布式控制和实时控制的串行通信网络。

2）CAN 协议遵循 ISO/OSI 参考模型，采用了其中的物理层、数据链路层与应用层。

3）CAN 可以多主方式工作，本质上也是一种 CSMA/CD 方式，网络上任意一个节点均可以在任意时刻主动地向网络上的其他节点发送信息，而不分主从，节点之间有优先级之分，因而通信方式灵活；CAN 采用非破坏性逐位仲裁技术，优先级发送，可以大大节省总线冲突仲裁时间，在重负载下表现出良好的性能；CAN 可以点对点、一点对多点（成组）及全局广播等几种方式传送和接收数据。

4）CAN 的直接通信距离最远可达 10km（传输速率为 5kbit/s）；最高通信速率可达 1Mbit/s（传输距离为 40m）。支持差分收发，因而适合高干扰环境。

5）CAN 上的节点数实际可达 110 个。CAN 协议的一个最大特点是废除了传统的站地址编码，而代之以对通信数据块进行编码，使网络内的节点数在理论上不受限制。

6）CAN 数据链路层采用短帧结构，每一帧为 8B，易于纠错；CAN 每帧信息都有 CRC-16 的校验方式校验及其他检错措施，有效地降低了数据的错误率，误码率仅为 3×10^{-5}。CAN 节点在错误严重的情况下，具有自动关闭的功能，使总线上其他节点不受影响。

7）信号调制解调方式采用不归零（NRZ）编码/解码方式，并且采用插入填充位（位填充）技术。

8）数据位具有显性“0”（Dominant bit）和隐性“1”（Recessive bit）两种逻辑值，采用时钟同步技术，具有硬件自同步和定时时间自动跟踪功能。

CAN 总线上的数值逻辑如图 5-26 所示，CAN 中的总数值为两种互补逻辑数值之一："显性"或"隐性"。"显性"（"Dominant"）数值表示逻辑"0"，而"隐性"（"Recessive"）表示逻辑"1"。"显性"和"隐性"位同时发送时，最后总线数值将为"显性"。在"隐性"状态下，U_{CAN-H}和U_{CAN-L}被固定于平均电压电平，U_{diff}近似为0。在总线空闲或"隐性"位期间，发送"隐性"状态。"显性"状态以大于最小阈值的差分电压表示。在"显性"位期间，"显性"状态改写"隐性"状态，并发送。

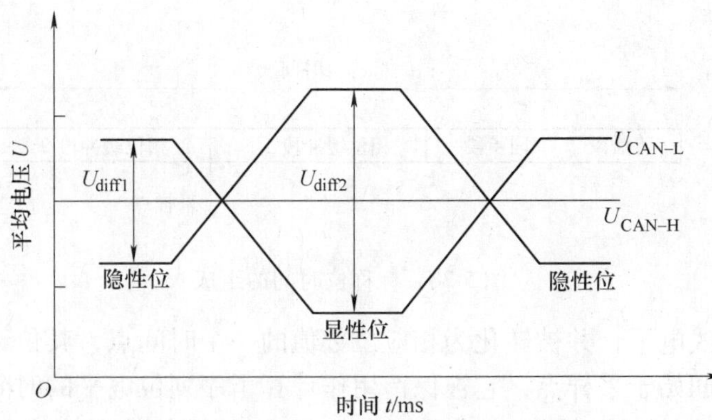

图 5-26　CAN 总线位的数值表示

2. CAN 总线通信协议

CAN 总线作为一种国际标准，也遵从网络标准模型。按照 IEEE802.2 和 802.3，CAN 总线只采用了 OSI 参考模型全部七层中的两层，即物理层和数据链路层。物理层又分为物理层信号（Physical Layer Signal，PLS）、物理媒体连接（Physical Medium Attachment，PMA）与介质从属接口（Medium Dependent Interface，MDI）三部分，完成电气连接、实现驱动器/接收器特性、定时、同步、位编码解码。数据链路层分为逻辑链路控制（LLC）与媒体访问控制（MAC）两部分，分别完成接收滤波、超载通知、恢复管理，以及应答、帧编码、数据封装拆装、媒体访问管理、出错检验等，如图 5-27所示。实际应用 CAN 总线时，用户可根据需要实现应用层的功能。下面详细介绍每一层的作用。

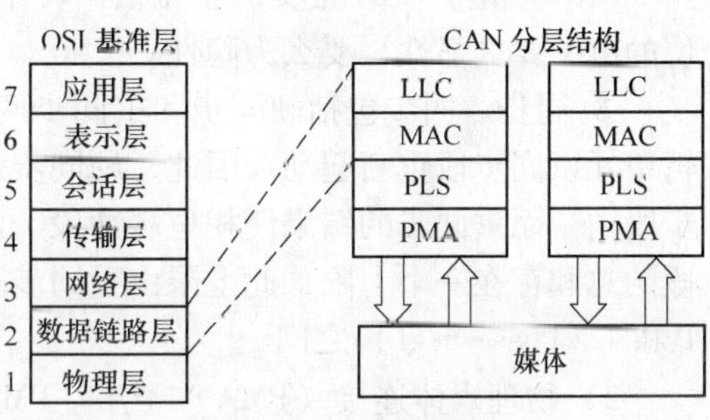

图 5-27　CAN 通信模型

（1）物理层　物理层定义信号是如何实际地传输的。这里将连接于总线的各个节点称为电子控制装置（ECU）。因此物理层涉及到的是将 ECU 连接至总线的电路实现。ECU 的总数将受限于总线上的电气负载。物理层按照 IEEE802.3LAN 标准规范构造模型。

1）物理层信号。物理层信号（Physical Layer Signal，PLS）实现于位表示、位定时和同步相关的功能。

① 位定时。理想发送器在没有重同步的情况下，每秒发送的位数定义为标称位速率（Nominal Bit Rate）。标称位时间（Nominal Bit Time）定义为标称位速率的倒数，即

标称位时间 = 1/标称位速率

位时间指的是一位的持续时间。在位时间框架内执行的总线管理功能，诸如 ECU 同步状态、网络发送延迟补偿和采样点定位，均由 CAN 协议集成电路的可编程位定时逻辑确定。

正常位时间可划分为分开的、不重叠的时间段，如图 5-28 所示。这些时间段包括同步段（Sync-Seg）、传播段（Prop-Seg）、相位缓存段 1（Phase-Seg1）和相位缓存段 2（Phase-Seg2）。

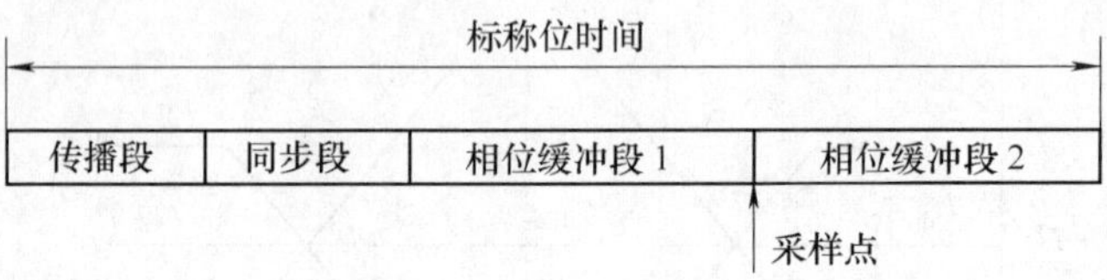

图 5-28 标称位时间的组成

采样点读取总线电平，并被转化为相应位数值的一个时间点，其位于相位缓冲段 1 的结束处。信息处理时间始于采样点，它被保留用作计算子序列位电平的时间段。

② 位编码/解码。位编码即位流编码，CAN 规定 CAN 的数据帧的五个部分（包括帧起始、仲裁域、控制域、数据域以及 CRC 序列）均通过位填充的方法编码。无论何时，发送器只要检测到位流里有 5 个连续相同值的位，便自动在位流里插入一补充位。数据帧或远程帧的其余位域，包括界定符、应答域和帧结束格式固定，没有位填充。错误帧和远程帧的格式也是固定的，它们不用位填充的方法编码。

CAN 规定，CAN 报文的位流根据“不归零”方法来编码。这就是说，在整个位时间里，位的电平要么显性，要么为隐性。

③ 同步。同步包括硬同步和重同步两种形式。一个硬同步后，位时间由每个位定时逻辑单元以同步段重新起动。因此，硬同步强迫引起硬同步的跳变沿处于重新开始的位时间同步段内。而重同步的结果使相位缓冲段 1 延长或相位缓冲段 2 缩短。延长和缩短相位缓冲器段的总和存在一个上限，此上限由重同步跳转宽度给定。重同步跳转宽度应通过编程设置在 1 和 4（Phase-Seg1）之间。

2）物理媒体连接（PMA）子层。PMA 子层的主要功能是实现总线发送/接收的功能电路，并可提供总线故障检测方法。在 CAN 技术规范 2.0B 中没有定义该层的驱动器催收器特性，以便在具体应用中进行优化设计。

ISO11898 建议的电气连接如图 5-29 所示。总线每个末端均接有以 R_L，表示的抑制反射的终端负载电阻。总线驱动可采用单线上拉、单线下拉或双线驱动，接收采用差分比较器。总线具有两种逻辑状态，即显性和隐性。

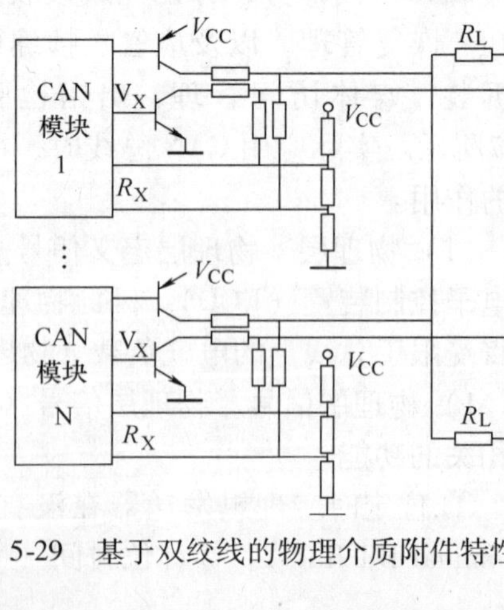

图 5-29 基于双绞线的物理介质附件特性

由物理媒体连接（PMA）和媒体从属接口

(MDI) 构成媒体访问单元 (MAU)。

(2) 媒体访问控制子层　媒体访问控制子层是 CAN 协议的核心。它把接收到的报文提供给子层，并接收来自子层的报文。子层负责报文分帧、仲裁、应答、错误检测和标定。

CAN 有两种帧格式，一种是含有 11 位标识符的标准帧和含有 29 位标识符的扩展帧。另外，数据在节点间发送和接收以 4 种不同类型的帧出现和控制。其中，数据帧将数据由发送器传至接收器；远程帧由节点发送，以请求发送具有相同标识符的数据帧；出错帧可由任何节点发送，以检测总线错误，而超载帧用于提供先前和后续数据帧或远程帧之间的附加延时。另外，数据帧和远程帧以帧间隔同先前帧隔开。

1) 数据帧。一个数据帧由 7 个不同位域（场）构成，它们是帧起始（Start Of Frame，SOF）、仲裁域、控制域（两位保留位 + DLC 域）、数据域、CRC 域、ACK 域和帧结束（End Of Frame，EOF），如图 5-30 所示。

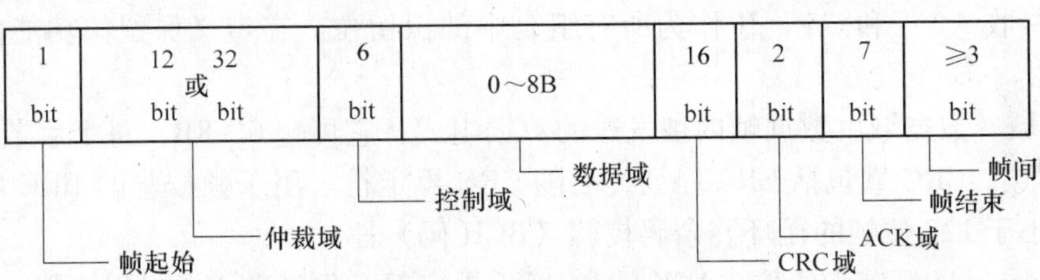

图 5-30　报文的数据帧结构

① 帧起始（SOF）。标志数据帧和远程帧的起始，它由单个“显性”位构成。只有当总线为空闲状态时，才允许节点开始发送，所有节点必须同步于首先开始发送节点帧起始引起的上升沿。

② 仲裁域。标准帧格式与扩展帧格式的仲裁域格式不同。

在标准格式中，仲裁域由 11 位标识符（Identifier，ID）和一位远程发送请求（Remote Transmission Request，RTR）位构成。11 位标识符由基本 ID-28 ~ ID-18 组成，并且按 ID-28 到 ID-18 的顺序发送。在 MAC 数据帧中，RTR 位数值为“0”，而在 MAC 远程帧中，RTR 位数值为“1”。

在扩展格式中，仲裁域由 29 位标识符、1 位替代远程请求（Substitute Remote Request，SRR）位、1 位标识符扩展位（Identifier Extension，IDE）位和 1 位 RTR 位构成。29 位标识符包括 11 位基本 ID 和 18 位扩展 ID。基本 ID 和标准格式是一样的，按ID-28 ~ ID-18 顺序发送。扩展 ID 按 ID-17 ~ ID-0 的顺序发送。SSR 位数值总为“1”，IDE 位总为“1”。

③ 控制域 。控制域由 6 位构成。标准帧格式与扩展帧格式的控制域格式不同。标准格式里的控制域包括 4 位数据长度代码（Data Length Code，DLC）、IDE 位（数值为“0”）和保留位 r0。扩展格式里的控制域包括 4 位数据长度代码（DLC）、两个保留位 r1、r0。数据长度代码指示了数据域里的字节数目。由 DLC 表示的数据字节数目编码如表 5-5 所示。

表 5-5　由 DLC 表示的数据字节数目编码

数据字节数目	DLC			
	DLC3	DLC2	DLC1	DLC0
0	0	0	0	0
1	0	0	0	1
2	0	0	1	0
3	0	0	1	1
4	0	1	0	0
5	0	1	0	1
6	0	1	1	0
7	0	1	1	1
8	1	0	0	0

接收器接收“0”和“1”位作为所有组合中的保留位。在定义保留位功能前，发送器只送“0”位。

④ 数据域。数据域由数据帧内被发送的数据组成，它可包 0~8B，每个字节包括 8 位。

⑤ CRC 域。CRC 域包括 CRC 序列，后随 CRC 界定符。用于帧校验的 CRC 序列由特别适用于位数小于 127 位帧的循环冗余码校验（BCH 码）驱动。

⑥ ACK 域。ACK 域为两位：ACK 隙和 ACK 界定符。发送节点的 ACK 域中，送出两个“隐性”位。在 ACK 隙内，所有接收到匹配 CRC 序列的节点，以“显性”位改写发送器的“隐性”位送出一个应答。ACK 界定符为 ACK 场的第二位，它必须是“隐性”位，因此，ACK 隙被两个“隐性”位（ACK 界定符和 CRC 界定符）所包围。

⑦ 帧结束。每个数据帧和远程帧均由 7 个“隐性”位构成的标志序列界定。

2）远程帧。激活为数据接受器的节点可以通过发送一个远程帧启动源节点发送各自的数据。一个远程帧由 6 个不同位场构成；帧起始（SOF）、仲裁域、CRC 域、ACK 域和帧结束（EOF），如图 5-31 所示。

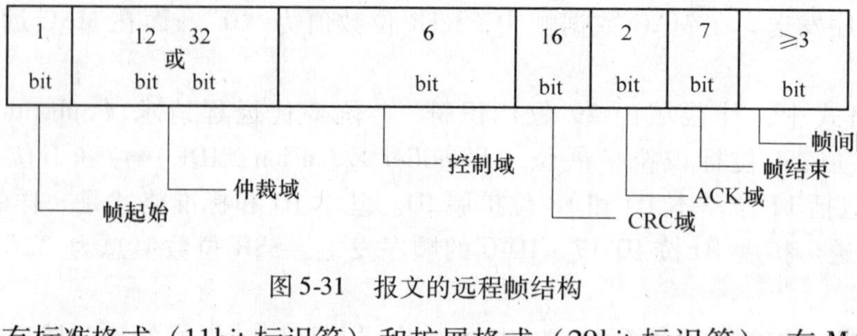

图 5-31　报文的远程帧结构

远程帧也有标准格式（11bit 标识符）和扩展格式（29bit 标识符）。在 MAC 数据帧中，RTR 位数值位“1”，与数据帧是相反的。帧起始（SOF）、控制域、CRC 域、ACK 域和帧结束（EOF）等位域均与 MAC 数据帧的相应位域相同。

3）出错帧。出错帧由两个不同域构成：第一个域由来自不同节点的错误标志叠加给出；第二个域为错误定界符。

① 错误标志。有两种错误标志形式：错误主动标志和错误被动标志。前者由 6bit 连续的显性位构成；后者由 6bit 连续的隐性位构成，除非被其他节点的显性位覆盖。

② 错误定界符。错误定界符由 8bit 隐性位构成。传送了错误标志后，每个节点就发送一个隐性位，并一直监控总线直到检测到一个隐性位为止。然后就开始发送剩余的 7 个隐性位。

4）超载帧。存在两类具有相同格式的超载帧：LLC 要求的超载帧和重激活超载帧。前者为 LLC 子层所要求，以表明内部超载状态，后者将由 MAC 子层的一些出错条件而被启动发送。

超载界定符由 8bit 隐性位构成。发送超载标志后，每个节点均监控总线，直到检测到隐性位。

5）帧间空间。数据帧和远程帧同前述的任何帧（数据帧、远程帧、出错帧、超载帧）用称之为帧间空间的位域隔开。与此相反，超载帧和出错帧前面不存在帧的空间，并且多个超载帧也不用帧间空间分离。

帧间空间包括歇场和总线空闲场，并且对于先前帧已发送“错误认可”的节点还有暂停发送场。

（3）逻辑链路控制（LLC）子层　LLC 子层的功能包括以下三个部分。

1）帧接收滤波。在 LLC 子层上开始的帧跃变时独立的，其自身操作与先前的帧跃变无关。帧内容由标识符命名。标识符并不能指明帧的目的地，但可描述数据的含义，每个接收器通过帧接收滤波确定与其是否有关。

2）超载通告。如果接收器内部条件要求延迟下一个 LLC 数据帧或 LLC 远程帧，则通过 LLC 子层开始发送超载帧。最多可产生两个超载帧，以延迟下一个数据帧或远程帧。

3）恢复管理。发送期间，对于丢失仲裁或被错误干扰的帧，LLC 子层具有自动重发功能。在发送成功完成前，帧发送服务不被用户认可。

LLC 数据帧由三个位场（识标场、DLC 场和 LLC 数据场）组成。LLC 远程帧标识符格式与 LLC 数据帧表示符格式相同，只是不存在 DLC 场。DLC 的数值是独立的，此数据为对于 LLC 数据帧的 DLC。

3. CAN 总线应用

由于 CAN 总线具有通信速率高、可靠性高、连接方便和性能价格比高等诸多特点，CAN 的应用范围遍及从高速网络到低成本的多线路网络，在自动化电子领域的汽车发动机控制部件、传感器、抗滑系统、工业自动化、建筑物环境控制、机床、电梯控制、医疗设备等领域中得到了较为广泛的应用。这里介绍一个通用的基于 CAN 总线的分布式数据采集与控制系统。通过此例，读者可以了解 CAN 总线和 CAN 节点的一般组成和设计方法。

（1）系统总体结构　系统主要包括操作站和现场数据采集控制系统两大部分。系统总体结构如图 5-32 所示。操作站由一台 PC 实现。其主要功能是处理需要复杂计算的信息，将经过处理的信息再送回 CAN 总线，并对整个网络进行管理。现场数据采集控制系统又可分为模/数转换单元、数/模转换单元和通信转换接口电路等几个不同的节点单元。其主要功能是采集各个现场设备的实时信息，并根据所得信息发送控制命令去控制现场设备。整个系统工作原理为：从控制现场传感器传送来的信息可能是模拟量或数字量，模拟量通过 12bit 模数转换单元转换成数字信息后，发送到 CAN 总线上，总线上的其他节点单元和操作站根据自己的需要和事先设计好的验收码和验收屏蔽码，来判断是否接收该信息。处理后的信息再送回 CAN 总线，经由数/模转换单元或通信转换单元控制现场设备。

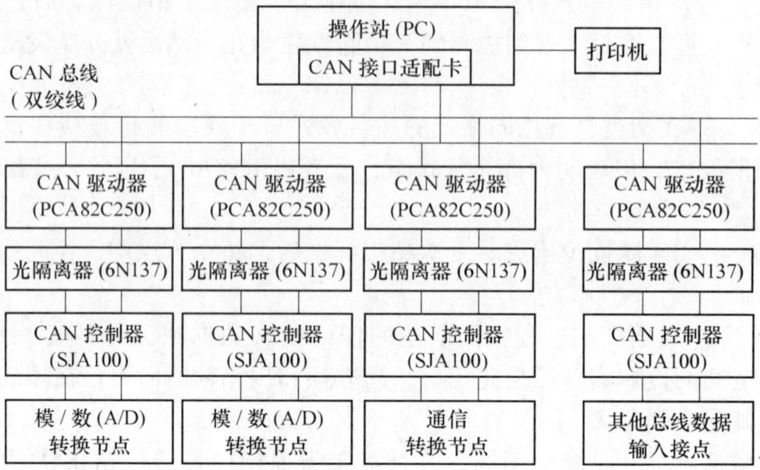

图 5-32　系统总体结构

（2）硬件电路设计　基于 CAN 总线的分布式数据采集与控制系统的结构设计，是将系统功能尽可能地分散到各个节点，各节点以微处理器为核心，完成各种数据采集与控制功能。为了把各个节点的不同种类、不同格式的信息能够在基于 CAN 协议的标准下进行通信，每个节点都设有与 CAN 总线接口的电路。图 5-33 是模/数转换节点单元的数据采集、通信转换接口电路。

该电路以 Intel 89C51 为核心，通过 P1 的 P1.4 ~ P1.7 与现场传感器相连接，以采集该节点的设备信息，经过一定的处理后，根据需要将这些信息经由 SJA1000 CAN 控制器和 PCA 82C250CAN 收发器发送到 CAN 上，以供其他节点单元使用或让操作站做进一步的处理，比如打印等。P1 口的 P1.0 ~ P1.3 引脚作为通用 I/O 口，经 89C51 处理后的信息由此输出口输出，可实现实时控制现场设备和实时监控。用 TLC2543 多路输入单路输出芯片实现了从模拟量到数字量的转换接口电路，它也可以是数字量到模拟量的转换电路，或是可与智能设备进行直接数据通信的应用电路。通信转换电路主要由 MAX232 组成，它实现把从微处理器串行口输出的信息转换成符合 RS232 协议的信息，以便与具有 RS232 接口的设备进行通信。

TLC2543 为 CMOS12 位开关电容逐次逼近 A/D 转换器。它有三个控制输入端：片选、输入/输出时钟和数据输入端；通过一个串行的三态输出端与主处理器或其外围的串行口通信，可与主机高速传输数据，输出数据长度、格式可以编程。片内含有一个 14 通道多路器，可从 11 个模拟输入或三个内部自测电压中选择一个。片内设有采样 - 保持电路。系统时钟由片内产生，并由 I/O CLOCK 同步。片内转换器的设计使器件具有高速、高精度和低噪声等特点。

与 SJA1000 的 RX 和 TX 连接的电路内的主要芯片为 PCA82C250，它是 CAN 控制器与物理总线之间的接口，可以提供对总线的差动发送能力和对 CAN 控制器的差动接收能力，抗干扰能力强。内设限流电路可防止发送输出级对电池电压的正端和负端短路。可通过对引脚 R_S（8）的不同连接，可实现高速、斜率控制和待机三种不同的操作方式。

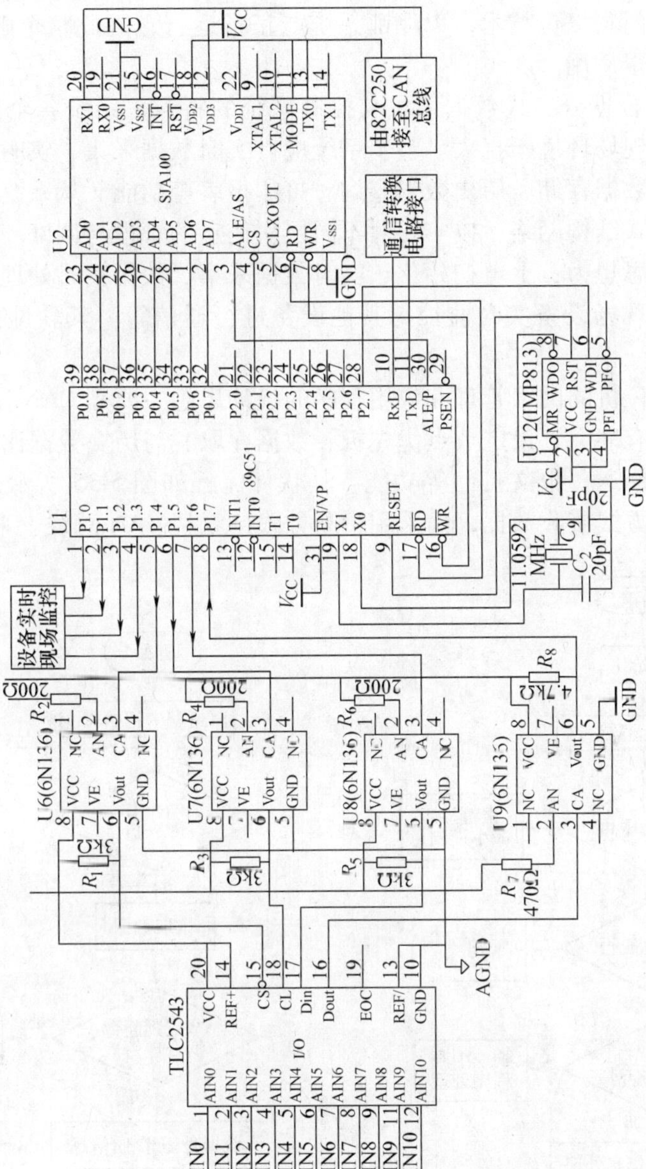

图 5-33　CAN 总线数据采集、通信转换接口电路

R_S 提供条件	工作方式	R_S 上的电压或电流
$V_{RS}>0.75V_{CC}$	待机方式	$I_{RS}<10\mu A$
$10\mu A<-I_{RS}<200mA$	斜率控制	$0.4V_{CC}<V_{RS}<0.6V_{CC}$
$V_{RS}>0.3V_{CC}$	高速方式	$-I_{RS}<500\mu A$

系统中采用了看门狗复位技术，以保证系统能正常运行；因此整个电路对现场环境差、外界干扰大的情况也很适用。

（3）软件设计　根据分布式数据采集与控制系统的特点，系统各个节点之间和节点到操作站的距离较远，现场环境干扰大。整个系统应有实时数据采集、实时控制、实时故障报警、现场情况显示、数据存储、历史数据查询、打印报表等功能。从系统的结构来看，它可分为两级或三级分布式结构网络，以实现对不同层次信息的管理与调度。对于最底层的现场节点单元的软件设计思想为：上电初始化、实时数据采集、数据实时处理、现场信息实时显示、故障实时报警和现场设备实时监控与其他设备进行通信等。其软件控制流程如图 5-34 所示。

对于操作站即上位机的网络管理和应用程序的设计思想主要是 CAN 接口适配卡初始化、判断网络节点间是否有冲突、设定节点优先级、数据存取、与历史数据比较、根据节点实际情况进行相应处理并回送、报文打印等功能。其软件流程如图 5-35 所示，节点控制单元对从现场设备采用查询方式接收数据，而采用中断方式接收从 CAN 总线上来的数据。

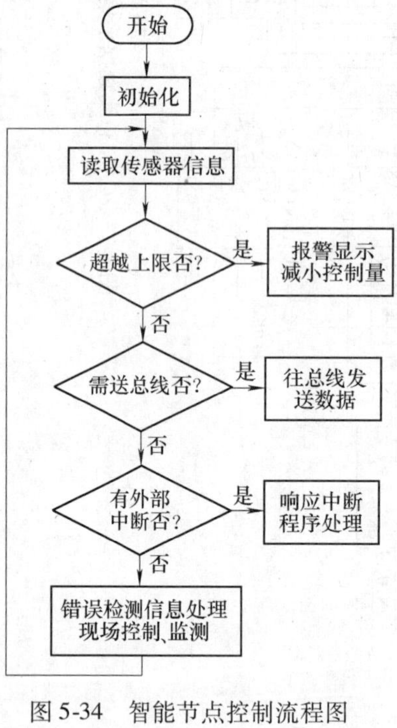

图 5-34　智能节点控制流程图

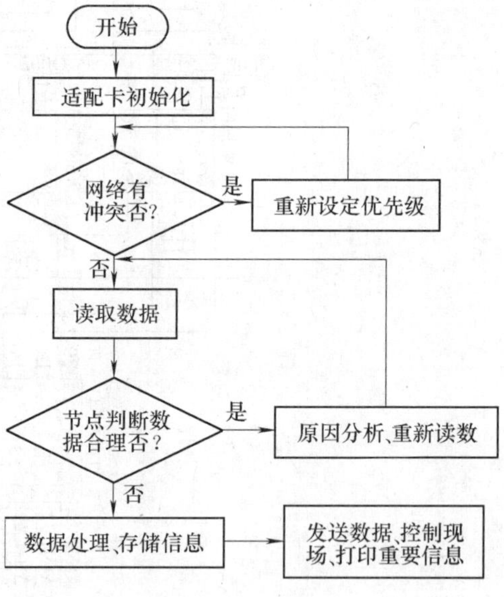

图 5-35　操作站软件流程图

基于 CAN 总线的分布式数据采集与控制系统是利用现场总线集散控制系统（FDCS）的特点，把信息处理在现场进行，而通过操作站集中管理。运用 CAN 总线技术，极大地提高了系统的可靠性、实时性，系统开发较价廉，性能价格比高，安装维护简洁方便，具有广阔的应用前景。

5.3.4　ControlNet 现场总线

ControlNet 是由罗克韦尔自动化公司所属的 A-B（Allen-Bradley）公司开发出来的，ControlNet 是一种 CIP 网络，因此它具备 CIP 网络所共有的一些特点，如功能强大、灵活性强、确定性好等。除此之外，它还具有带宽中等（5Mbit/s）、支持介质冗余和本质安全等特点。在工业自动化系统的网络结构中，ControlNet 通常用作控制层网络，用于控制器、工控机等设备之间的通信。

1. ControlNet 特点

ControlNet 如图 5-36 所示，采用了 ISO/OSI 参考模型七层中的三层。由于在应用层使用了 CIP，ControlNet 也具备 CIP 网络所共有的一些特点。

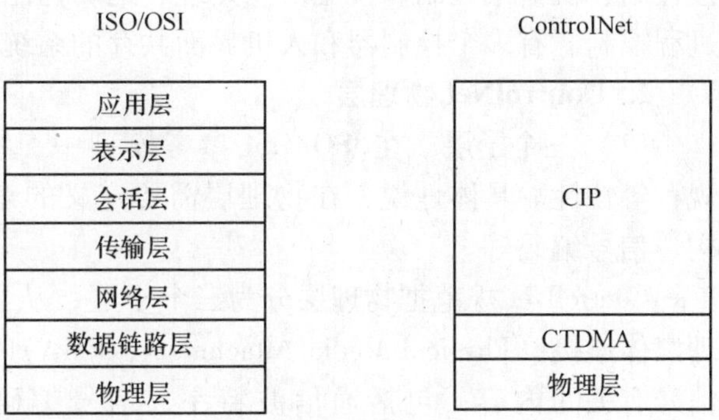

图 5-36　ControlNet 模型和 ISO/OSI 参考模型对照

ControlNet 的实时性、确定性和可重复性比较突出。ControlNet 的实时性、确定性和可重复性是通过多方面来保证的：一是应用层使用 CIP，而 CIP 对不同类型的报文采用不同的传输方法，并且 CIP 提供对多播的支持；二是数据链路层 MAC 子层采用 CTDMA 协议；三是其通信波特率相对较高（5Mbit/s），传输相同量的数据花费的时间相对较少，或者可以在单位时间内传输相对较多的数据。

（1）主要技术特点如下：

1）数据包长度：0～510B。

2）网络更新时间：0～100ms。

3）循环冗余校验（CRC）：使用 16bit 多项式的改进 CCITT 法。

4）支持节点标识符（ID）重复检测。

5）支持报文破分。

6）支持多种通信模式：主从、多主、对象，或三者的任意组合。

7）支持多种 I/O 数据触发方式：轮询、选通、周期或状态改变（Change of State）。

8）用对象模型来描述应用层协议，方便开发者编程实现。

9）为各种类型的 ControlNet 设备提供设备描述，以保证互操作性和互换性。

（2）主要技术指标如下：

1）通信波特率：只支持一种通信波特率 5Mbit/s。

2）传输介质与拓扑结构：同轴电缆时可以为主干—分支形、星形、树形或三者的任意组合；光纤时可以为环网或点对点；屏蔽双绞线时仅为点对点。

3）连接器：插入式标准英国海军连接器（BNC）或标准螺纹英国海军连接器（TNC）

4）最大长度（带中继器）：30km 以上。

5）网段的容许最大长度：使用 5Mbit/s 通信波特率和同轴电缆时，节点数为 2 时网段的最大长度 1000m，节点数为 48 时网段的最大长度 250m，即每增加一个节点减少约 16m。

光纤时最大长度3000m。

6）节点数：一个ControlNet网络最多可以有99个节点。单一网段最多可以有48个节点。

7）中继器数目：一个ControlNet网络最多可以串联使用5个或并联使用48个中继器。

8）供电：ControlNet设备是外部供电的。

9）可选的介质冗余和本质安全，可带电插拔。

在工业自动化系统的网络结构中，ControlNet通常用作控制层网络，它适用于一些对确定性、可重复性、实时性和传输的数据量要求较高的场合，如协同工作的多驱动器系统、焊接控制、机器人控制、视觉信息处理、运动控制、复杂的批次控制、有大量数据传送要求的过程控制、有多个控制器和人机界面共存的系统等。

2. ControlNet 物理层

（1）三个子层　在ISO/OSI参考模型中，物理层定义的是网络的机械、电气、功能、规程等特性。具体地说，在物理层需要定义的东西有通信波特率、传输介质、网络拓扑结构、信号编码等。

ControlNet规范把物理层分为三个子层，从上到下依次是物理层信号（PLS）子层、物理媒体连接（Physical Media Attachment，PMA）子层和传输介质子层。PLS子层定义的是与信号有关的内容，包括通信波特率、信号编码等。ControlNet通信波特率只有一种，即5Mbit/s信号，编码采用曼彻斯特编码。PMA子层定义的是设备内的物理部件，所定义的内容有收发器、连接器等。传输介质子层定义的是与传输介质有关的内容，包括线缆、网络拓扑结构、分接头等。

ControlNet规范在物理层部分还定义了三个接口：数据链路层的MAC子层与PIS子层的接口、PLS子层与PMA子层的接口、PMA子层与传输介质子层的接口。

根据传输介质的不同，ControlNet物理层的PMA子层的定义、PLS和PMA的接口的定义也不一样。ControlNet选用了三种传输介质：同轴电缆、光纤、屏蔽双绞线（仅用于临时连接）。以下分别介绍三种传输介质以及相应的PMA、PLS和PMA接口等。

（2）同轴电缆　同轴电缆是ControlNet最常用的传输介质。ControlNet所采用的同轴电缆称为RG6同轴电缆。

一个典型的基于同轴电缆的ControlNet网络由干线电缆、终端电阻、分接头（Tap）、支线电缆、ControlNet设备等组成，如图5-37所示。为了防止信号反射；网段的两个末端要安装75Ω的终端电阻。ControlNet设备（包括中继器）通过1m长的支线电缆连到干线电缆上安装的分接头上。ControlNet的干线分接头之间没有最小间距的限制，注意应该避免在网络干线上安装空闲的分接头，如果安装了空闲的分接头，就必须加装虚负载，以保证信号的正常传输。另外，为了便于将来的扩展，可以在分接头之间安装一个75Ω电阻电缆插孔连接器，在干线电缆上保留一个空间，以便将来安装分接头或与干线电缆相连接。

ControlNet提供4种分接头：直线式T形分接头、直线式Y形分接头、直角式T形分接头、直角式Y形分接头，可以根据实际情况选用。

ControlNet还支持传输介质的冗余。当建立冗余系统时，要求网络上的所有ControlNet设备都支持冗余，以冗余的方式相连接，并且把两个通道都启用，这样系统才能以冗余的方式工作。

另外，ControlNet 是一个与地隔离的网络，应该保证网络不会意外接地。

图 5-37 所示的 ControlNet 是一个单网段网络。如果节点数或网段长度超出了限值，可以用中继器进行扩展，从而成为多网段网络。

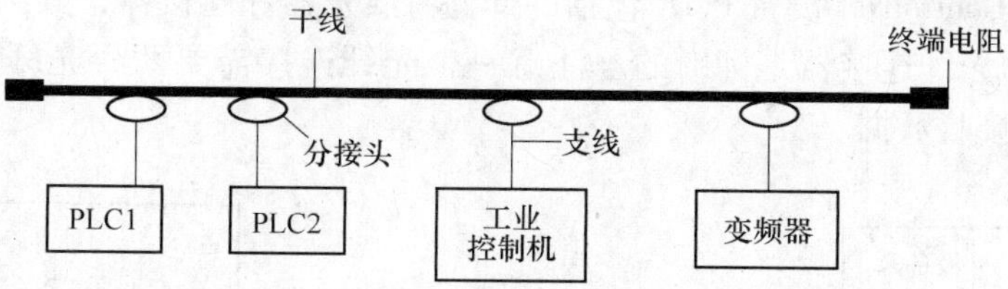

图 5-37　一个典型的 ControlNet

基于同轴电缆的 ControlNet 设备的 PMA 包括的部件有收发器、变压器和连接器，如图 5-38 所示。收发器负责发送和接收物理信号，图中 X 表示发送，R 表示接收。变压器用于收发器和传输介质（即同轴电缆）之间的隔离。连接器则用于把设备和传输介质连接起来。ControlNet 所选用的连接器可以是满足 IP65 密封要求的 BNC 连接器，也可以同时满足 IP67 密封要求的 TNC 连接器。

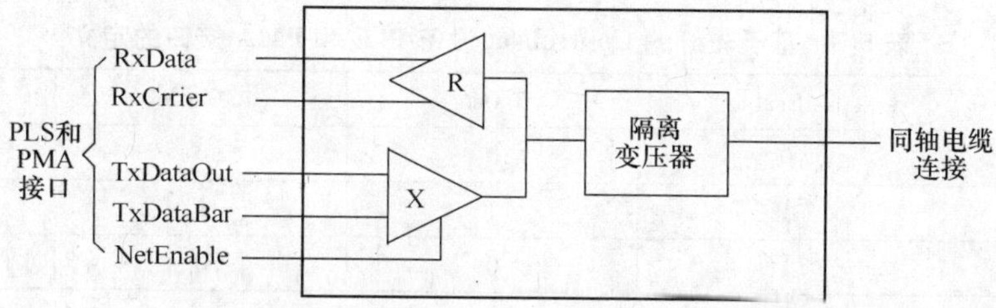

图 5-38　基于同轴电缆的 ControlNet 设备 PMA 结构

基于同轴电缆的 ControlNet 设备的 PLS 和 PMA 接口使用了 5 个信号，接口定义如表 5-6 所示。

表 5-6　基于同轴电缆的 ControlNet 设备 PLS 和 PMA 接口的定义

TxDataOut	TxDataBar	NetEnable	RxData	RxCarrier	物理电平
×	×	0	未定义	0	无传输
0	0	1	未定义	0	无传输
1	0	1	1	1	高电平
0	1	1	0	0	低电平
1	1	1	—	—	不容许

（3）光纤　光纤是 ControlNet 可采用的另外一种传输介质。光纤具有抗干扰能力强、传输距离长等优点。另外，由于光纤具有本质安全性，在一些有防爆要求的应用场合非常适合。

ControlNet 支持的光纤有三种：一种用于短距离传输，最大传输距离为 300m；另一种用于中等距离系统，最大传输距离为 7km；还有一种用于长距离传输，最大传输距离为 20km。

基于光纤的 ControlNet 采用的是点对点方式或者环网的方式点对点式用于两个节点之间

的连接、节点和中继器之间的连接或者两个中继器之间的连接。环网用于多个节点之间的连接，参与连接的每个 ControlNet 设备都必须具备环中继器功能，每个设备有两个接口，接口之间通过光纤首尾相接，构成一个环，如图 5-39 所示。

基于光纤的 ControlNet 设备 PMA 包括的部件有收发器和连接器，其结构如图 5-40 所示。ControlNet 使用的光纤连接器是标准的。注意一个光纤连接需要两根光纤，一根用于发送数据，另一根用于接收数据。

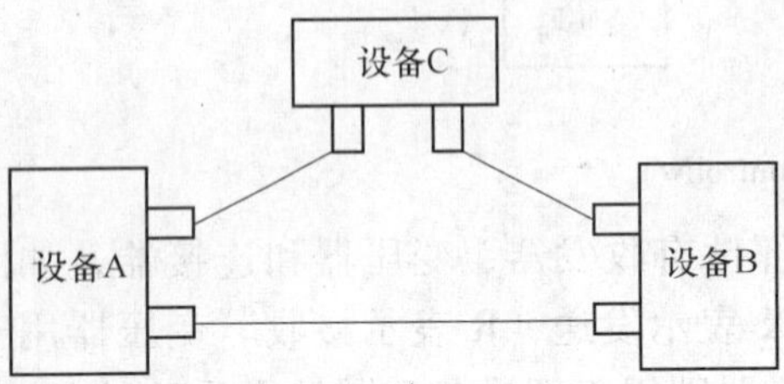

图 5-39　ControlNet 光纤环网

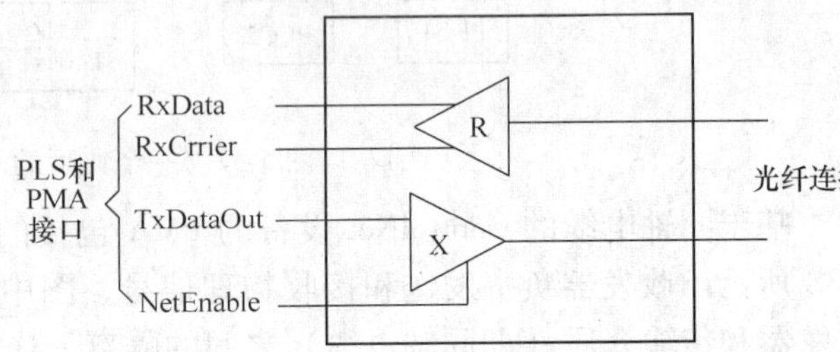

图 5-40　基于光纤的 ControlNet 设备 PMA 结构

基于光纤的 ControlNet 设备的 PLS 和 PMA 接口使用了 4 个信号，定义如表 5-7 所示。

表 5-7　基于光纤的 ControlNet 设备 PLS 和 PMA 接口的定义

TxDataOut	NetEnable	RxData	RxCarrier	物理电平
无所谓	0	0	0	低电平
1	1	1	1	高电平
0	1	0	0	低电平

（4）屏蔽双绞线　ControlNet 所采用的屏蔽双绞线是 8 芯的，仅用于两个 NAP 之间的点连接，如图 5-41 所示。大多数 ControlNet 设备都带有 NAP，用于建立系统配置、诊断或控制器编程时所需要的临时连接。通过 NAP，操作人员可以访问整个 ControlNet 网络，而非仅仅是某一个设备。两个 NAP 之间的连线的长度不能超过 10m。

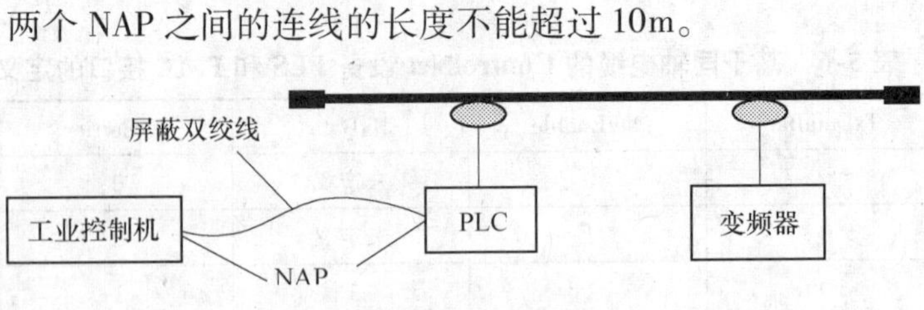

图 5-41　ControlNet 临时连接的建立

在图 5-41 所示的网络中，与 ControlNet 网络直接连接的节点称为永久节点，通过 NAP 与永久节点相连的节点称为临时节点。临时节点通过与之连接的永久节点提供的中继功能与其他永久节点通信。

值得注意的是，使用 NAP 时不能同时将临时节点的 NAP 和同轴电缆接口连接到不同的设备上。比如，在图中，如果工控机的 ControlNet 网卡上的 NAP 已经与某一台设备的 NAP 连起来，那么它的同轴电缆接口就不能与另外一台设备相连。另外，NAP 也不能用于两个网段之间的连接。

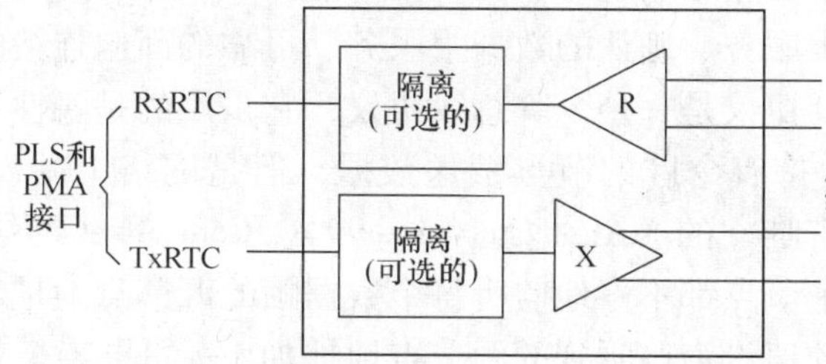

图 5-42　基于屏蔽双绞线的 ControlNet 设备 PMA 结构

基于屏蔽双绞线的 ControlNet 设备的 PMA 包括的部件由可选的光隔离、收发器和连接器，如图 5-42 所示。如果该设备要充当临时节点，其收发器需要光隔离，否则就不需要。连接器用的是 RJ-45 屏蔽式连接器，连接器的引脚定义为见表 5-8。由于是点对点连接，连接时需要跳线。

表 5-8　基于屏蔽双绞线的 ControlNet 设备连接器引脚的定义

引脚编号	信号名称	引脚编号	信号名称
1	GND REF	5	RX_L
2	未用	6	RX_H
3	TX_H	7	未用
4	TX_L	8	GND REF

基于屏蔽双绞线的 ControlNet PLS 和 PMA 接口使用了两个信号：TxPTC 和 RxPTC。TxPTC 为 0，表示从 PMA 发给 PLS 的是高电平；TxPTC 为 1，表示从 PMA 发给 PLS 的是低电平。RxPTC 为 0，表示从 PLS 发给 PMA 的是高电平；RxPTC 为 1，表示从 PLS 发给 PMA 的是低电平。

（5）中继器　中继器是工作在物理层的设备，其功能是双向接收、处理并重发物理信号。

ControlNet 中继器用于连接多个网段，其用途有两个：一是在节点数据或网段长度超出限值时，用于网络扩展；二是用于传输介质或者拓扑结构的切换。使用不同传输介质的两个网段，或者使用不同拓扑结构的两个网段之间的连接，都需要使用中继器。

ControlNet 中继器有两种：普通中继器和环中继器。普通中继器有两个网络接口，使用时分别连接在两个网段上。环中继器和普通中继器的区别在于对介质冗余的支持。环中继器有三个网络接口，其中一个称为首要接口，使用时与非冗余网段相接，另外两个接口称为次要接口，使用时多个环中继器的两个次要接口首尾相接，构成一个环。

无论是普通中继功能，还是环中继功能，都可以集成到普通 ControlNet 设备里面去。如果要构成环网，网络中的每台设备都必须具备环中继功能。

3. ControlNet 数据链路层

（1）MAC 协议原理　ControlNet 的数据链路层分为媒体访问控制（MAC）子层和逻辑链路控制（LLC）子层。MAC 子层的任务是解决网络上所有的节点共享一个信道所带来的信道争用问题。LLC 子层的任务是把要传输的数据组成帧，并且解决差错控制和流量控制的问题，从而在不可靠的物理链路上实现可靠的数据传输。LLC 子层为网络层的数据传输提供三种服务：不可靠的数据报服务、确认的数据报服务、可靠的面向连接的服务。

ControlNet 采用的 MAC 协议是一种令牌总线协议，它采用的是隐性令牌传递机制。也就是说，虽然 ControlNet 也是持有令牌的节点发送数据，但是网络上并没有真正的令牌在传递。网络上的每一个节点有唯一的 MAC 地址（1～99）。ControlNet 网络中的每个节点都有一个隐性令牌寄存器，每个节点都不停地监听每个数据帧的源节点地址，当该帧传输完毕之后，就把隐性令牌寄存器的值设为监听到的源节点地址加 1。如果某个节点发现其隐性令牌寄存器的值正好与其 MAC 地址相同，就可以立即开始发送数据。这样，由于网络上所有节点的隐性令牌寄存器的值在任一时刻都相同，所以可以有效保证在任一时刻都只有一个节点发送数据，从而避免了冲突。

ControlNet 中的隐性令牌传递依据一种称为同时间域多路访问（CTDMA）的协议。CTDMA 协议把网络时间分割为一个个的时间片，每个时间片的持续长度为一个网络更新时间(NUT)。在每一个 NUT 内，CTMDA 协议根据一定的算法分配隐性令牌。ControlNet 技术规范规定 NUT 为 0.5～100ms。

CTDMA 把每个 NUT 分为三个部分：预定时段、非预定时段和网络维护时段，如图 5-43 所示。所谓的预定时段是指如果某信息要在该时段传输，在网络组态时就要组态好。而非预定时段则没有这个要求。

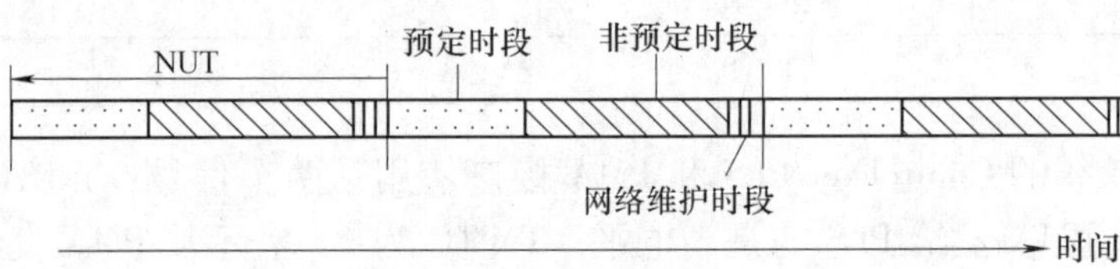

图 5-43　CTDMA 示意图

由 CTDMA 的工作原理可知，网络编址的合理与否对网络性能影响很大。对 ControlNet 进行编址时，应该把需要发送实时信息的节点都给予比较低的地址。另外，因为对应于每一个空地址，网络都要等待一个槽时间，网络上最好不要有比预定时段的隐式报文发送需求的最大节点地址 SMAX 和非预定时段的隐式报文发送需求的最大节点地址 UMAX 小的空地址。

此外，ControlNet 中必须至少有一个节点充当看守节点（Keeper）。只有扫描器类型的 ControlNet 设备（如 PLC）才可以充当看守节点。看守节点存有网络扫描列表，并且具有保存和应用网络参数（包括 SMAX、UMAX 等）和预定连接信息的能力。它负责接收网络配置信息，并分配预定连接信息给各个连接发起者，不在看守节点的预定信息里的连接发起者将不能使用预定时段。

根据网络中看守节点的多少，可以把 ControlNet 分成单看守网络和多看守网络。单看守网络中只有一个节点，即节点地址为 1 的节点，可以存储网络参数和预定连接信息。参与预定连接的节点可以包括也可以不包括看守节点。在单看守网络中，任何预定连接的建立都必须通过看守节点，所以要求看守节点在连接建立之前必须在线；当预定连接建立以后，该连接将一直工作，看守节点离线也不造成影响。多看守网络中有多于一个节点的设备可以存储网络参数和预定连接信息，对看守节点的节点地址没有特殊要求，只是考虑到兼容性，推荐将节点地址为1的设备作为看守节点。在多看守系统中，只要有一个看守节点在线，预定连接就可以建立。

（2）MAC帧　根据CTDMA协议，每个节点在每个机会都可以传送一个并仅能传送一个数据帧，有效字节数为510B。MAC帧的格式如图5-44所示。帧头附加了4B，包括2B的各位均为1的前导码，1B的开始分隔符，1B的源MAC地址。帧尾附加了3B，包括2B的循环冗余校验，1B的结束分隔符。

2B	1B	1B	0～510B	2B	1B
前导码	开始分隔符	源MAC地址	数据	CRC校验	结束分隔符

图5-44　ControlNet的MAC帧格式

每个MAC帧可以包括0个或多个Lpacket（Link Packet Frame）。如果一个MAC帧包括的Lpacket数是0个，称为无效帧。Lpacket包括4个部分：大小、控制、标签（Tag）及数据段，其格式如图5-45所示。

1B	1B	2B或3B	0～506B
大小	控制	标签	数据

图5-45　ControlNet的Lpacket格式

在Lpacket中，大小域表示的是整个Lpacket的字节对的数目（3~255）。之所以该域表示字节对数，而不表示字节数，是为了用一个字节就足够表示Lpacket的大小。其中，大小域和控制域是合起来算一个字节对；标签域和数据域分开算字节对数，如果字节数是单数，就向上舍入。比如，一个Lpacket标签域有3B，数据域有5B，则其字节对数为6。不过，虽然该Lpacket的字节对数为6，在插入MAC帧时，其实际字节数仍然为10，而不是12。

控制域有8bit。位0和位4表示的是Lpacket的类型；位1表示标签域的字节数是单数还是偶数；位2表示数据域的字节数是单数还是偶数；其余4bit保留。

标签是用来标识Lpacket的特定信息，选用时必须保证其是唯一的。标签有两种：一种是传输显式报文用的，称为固定标签，固定标签的长度为2B，第1字节是指定要求提供的服务，如0x83是要求提供未连接报文管理器（UCMM）服务，0x00是协调帧，具体可以参见ControlNet数据链路层规范中的代码与服务的对照表，第2字节是目的节点地址，如果目的节点地址为0xFF就是广播；另外一种是用于传输隐式报文的普通标签。普通标签实际上就是连接ID（CID），其长度为3B。

一个MAC帧中的多个Lpacket可分别发送给网络上多个其他节点。如前所述，ControlNet中隐式报文的传输是基于生产者/消费者模型的，生产者节点发送报文，消费者节点根据Lpacket的CID进行过滤，把特定的Lpacket从网上接收下来。

（3）内部结构　ControlNet数据链路层的内部结构如图5-46所示，图中每个部件的详细定义均在ControlNet数据链路层规范中用状态描述语言或C++语言给出。访问控制器（Access Control Machine，ACM）负责发送和接收控制帧和报文头信息，并且决定传输的定时和持续时间长短。发送LLC（Transmit LLC，TxLLC）缓存从站管理实体或者应用层接收到的服务数据单元（Service Data Unit，SDU），并决定下一个应该发送什么。接收LLC

(Receive LLC, RxLLC) 缓存接收到的链接数据包，直到它们通过循环冗余校验（CRC）。发送机（Transmit Machine，TxM）从 ACM 接收要求发送 MAC 帧头、帧尾以及 Lpacket 的请求，然后把它们破分为字节符号交给串行器。接收机（Receive Machine，RxM）将从逆串行器接收到的字节符号组装成 Lpacket，交给 RxLLC。串行器（Serialiser）接收字节符号，并把它们转换成串行的 MAC 符号交给物理层。另外，它还负责生成循环冗余码（CRC）。逆串行器（Deserialiser）从物理层接收串行的 MAC 符号，并把它们转换成字节符号交给接收机。另外，它还负责检查循环冗余码（CRC）。DLL 管理接口保存属于数据链路层的站管理变量，并且协助管理链接参数的同步变化。

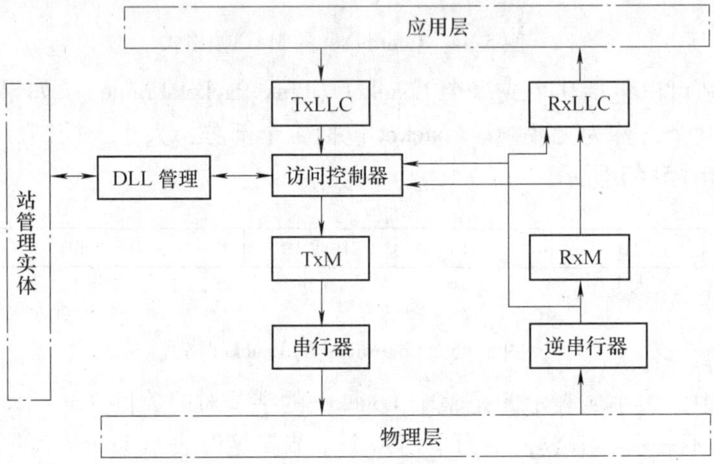

图 5-46　ControlNet 数据链路层的内部结构

（4）外部接口　ControlNet 数据链路层的外部接口是它为上面的应用层、下面的物理层、边上的站管理实体所提供服务的集合。其中，站管理实体的功能是：定义对象接口，使得每层的变量和事件可以被访问；定义公共的用户接口，包括网络状态发光二极管（LED）指示灯、设备状态 LED 指示灯，以及用于设置网络地址的拨码开关等；协调链接参数的改变，调整链接参数，在不中断网络的情况下添加或去除节点，从而保证灵活性；同步网络上两个节点的时钟。

4. ControlNet 应用实例

ControlNet 在污水处理项目中的应用。污水处理工艺采用 A/O（厌氧/好氧）生物处理工艺，去除污水中有机物，除磷脱氮。

城市污水经机械粗、细格栅去除较大漂浮物后，由污水进水提升泵房中的潜水泵提升，经原水流量计进入沉砂间。经过沉砂后的污水送入初沉池进行初级沉淀，沉淀下来的泥渣进入排渣井，其上清液经流量计进入 A/O 池进行生化处理。经 A/O 池处理后的出水混合液进入二沉池进行固液分离，二沉池的上清液送进接触池进行消毒处理，消毒处理后的水经二次提升泵房排出。二沉池沉淀的污泥排入污泥回流泵房，一部分经污泥回流泵房中回流污泥泵提升至 A/O 池。剩余污泥则送进污泥浓缩池，浓缩池上清液返回初沉池处理，浓缩后的污泥排人污泥脱水调节池，再由泵加压，与混凝剂混合，送至污串脱水间进行脱水，产生的干泥外运（填埋）。此外，还设有气浮池、滤池等污水回用的深度处理设施，为厂区冲洗提供用水。该项目的工艺流程如图 5-47 所示。

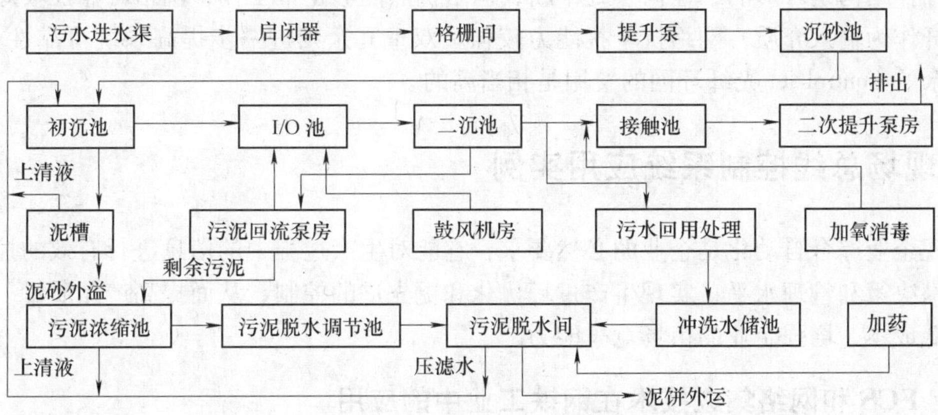

图 5-47　污水处理项目工艺流程

该项目的监控系统包括一个中心控制室和 5 个控制站（实际上就是子系统）：污水提升泵房控制站、鼓风机房控制站、浓缩脱水机房控制站、回用水处理间控制站、模拟屏控制站。污水提升泵房控制站负责监控粗格栅机、细格栅机及提升泵。鼓风机房控制站负责监控鼓风机、A/O 池曝气量控制电动调节阀、污水取样泵等设备，以及监测 A/O 池水质、10kV 配电装置等。浓缩脱水机房控制站只负责控制污水浓缩脱水系统的起动和停止，其余的控制由污泥浓缩脱水系统自动完成，此外它还负责污泥浓缩脱水系统的运行工况监视和故障报警。回用水处理间控制站负责对回用水处理的气浮池、滤池工艺设施进行监控。模拟屏控制站负责监控模拟显示屏。

除了模拟屏控制站外，其他各个控制站均使用一套罗克韦尔自动化公司提供的 ControlLogix PLC，并且配备一台工控机进行现场监控。控制站的工控机和中心控制室的计算机之间通过宽带为 100Mbit/s 的快速以太网连接。控制站内的 PLC、上位监控工控机之间通过 ControlNet 网络连接。模拟屏控制站没有配备工控机，其 PLC 同时接入 ControlNet 和以太网。该系统的网络结构如图 5-48 所示。

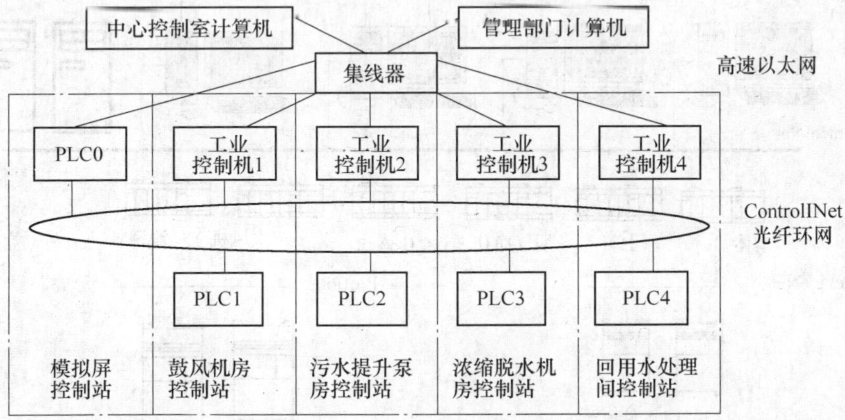

图 5-48　污水处理项目网络结构

ControlNet 采用的是双重冗余的 ControlNet 光纤环网。使用光纤环网的优点是明显的。由于其拓扑结构是环形的，任何一处中断，网络仍然能够正常工作，网络可靠性较好。由于使用光纤作为输入介质，网络抗干扰能力较强。双重冗余则进一步提高系统可靠性。不过，双重冗余的 ControlNet 光纤环网的费用是相当高的。

5.4 现场总线控制系统应用实例

实现企业综合自动化是企业的必然要求，它能对生产过程中的信息进行有效的控制和协调，提高决策和管理水平，实现生产过程优化和更先进的控制，从而提高产品质量、增加产量、降低成本、增强企业的市场竞争能力。

5.4.1 FCS 和网络集成技术在钢铁工业中的应用

1. 工程项目主要控制对象

1）80t 顶底复吹转炉 2 座。

2）90tLF 精练炉 1 座。

3）6 机 6 流小方坯、方矩坯连铸机各 1 台。

4）有关外围配套设施。

2. 主要产品硬件和系统软件

1）Logix 控制平台：ControlLogix5555。

2）NetLinx 开放现场总线网络：ControlNet、DeviceNet、远程 I/O 链、FLEX I/O。

3）上位机监控组态软件 RSView32。

4）操作站、服务站、操作系统软件 WindowsNT、计算机外设及硬件。

3. 系统工艺控制及网络通信的实现

如图 5-49 所示，系统采用罗克韦尔自动化公司的三级系统集成架构（NetLinx），上层为 EtherNet，实现转炉、精炼、连铸及外围控制设备系统的数据交换；中间层为 ControlNet，

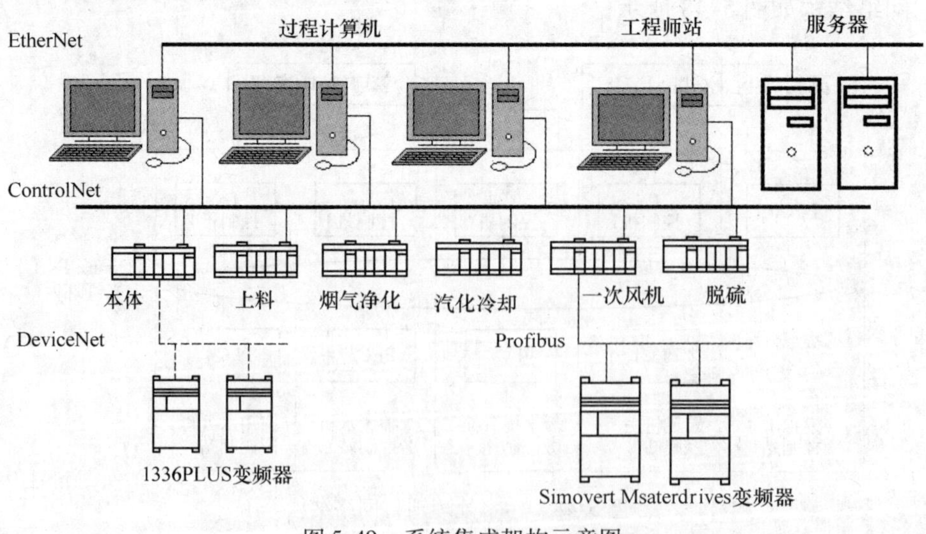

图 5-49 系统集成架构示意图

负责 PLC 控制站之间系统通信；底层为 DeviceNet 或远程 I/O 链。服务器采集各个操作站数据，对数据按要求进行处理后，提供给下一级的过程控制系统，实现与上位计算机快速大量的数据交换。RSView32 组态软件支持服务器通过 ControlNet 连接到过程控制系统进行数据采集。通过 EtherNet 可以与其他控制系统及管理网络通信。

4. 过程控制计算机系统的组成

（1）转炉及外围控制系统　整个转炉的工艺参数检测、指示、报警、记录及调节功能均由 PLC 系统完成。两座转炉控制系统有 8 套 ControlLogix 控制器、8 台计算立即操作站和 1 台服务器，通过 ControlNet 组成。整个连铸的工艺参数检测、指示、报警、记录及调节功能均由 ControlLogix 系统完成，如图 5-50 所示。

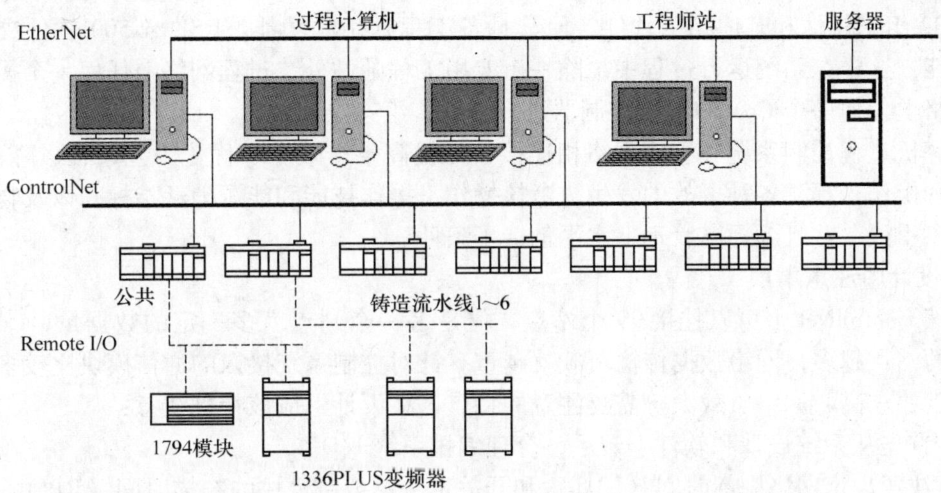

图 5-50　转炉及外围控制系统示意图

转炉倾动采用西门子公司直流调速系统；氧枪升降系统采用了 A-B 公司 1336IMPACT 交流变频器，应用磁场定向控制方法对氧枪实施精确的速度和起动控制；铁水、废钢、造渣辅料下料、余热锅炉冷却系统通过 ControlLogix 控制器进行连锁控制；一次风机除尘系统采用交流中压 6000V 变频调速，选择西门子公司 Simovert Msterdrives 中压变频器，用 Profibus 总线进行通信，并和 PLC 控制系统相连接。

操作站通过 ControlNet 与 PLC 系统通信，实现对生产过程的监控。多台人机接口（HMI）操作站连接在 ControlNet 上，实现分工操作，并且在故障发生时，其操作可由其他操作站代为执行。转炉变频器通过 DeviceNet、连铸机变频器通过远程 I/O 与 ControLogix 控制器通信。

（2）六机六流小方坯连铸控制系统　小方坯连铸机控制系统由 1 台服务器、4 台操作站和 7 套 ControlLogix 控制器及远程 I/O 组成。整个连铸的工艺参数检测、指示、报警、记录及调节功能均由 ControlLogix 控制器控制，完成对钢平台、拉矫与振动、二次冷却水、切割、出坯的自动控制。

以实时多任务系统软件支持下的计算机组成操作站，操作站作为 ControlNet 站点直接实现对生产过程的控制和数据采集；个操作室的操作台都配备了 FLEX I/O，通过远程 I/O 通信链与 ControlLogix 控制系统实现通信。变频器与 PLC 也通过远程 I/O 方式通信，它们共同组成分布式控制系统；服务器（相当于过程机），实现数据库管理、生产管理、工艺优化、二冷自动配水、浇铸速度优化、物流跟踪、尾坯优化等功能，并通过 EtherNet 与管理级计算机网络连接，以开放式数据库连接（ODBC）方式与管理网络进行数据交换。

连铸机自动化系统采取“机电一体化”设计思想，通过检测仪表、现场总线采集工艺生产过程和设备运行状态的各种数据，实现过程回路、过程调节和电气设备顺序控制。

采用先进的过程计算机管理网络结构体系。计算机系统采用客户机/服务器（C/S）结构，通过服务器与厂部和公司的管理网络连接，实现管控一体化。服务器有两个作用：一是通过 ControlNet 收集、存储生产工艺参数数据；二是通过 EtherNet 和厂部及各车间、部门管理计算机连接，进行数据交换。操作站除了具备 HMI 功能外，安装并运行 RSLogix5000、RSView32 组态软件和其他相关软件，使其具备工程师站的功能。RSLogix500 软件支持网络编程功能，这样在系统运行过程中，除一个专用工程师站外，过程网络上任何一个操作站可以对网络上任何一个 ControLogix 控制器进行编程、组态及调试。

计算机过程控制系统和管理网络相连接，为提高生产效率、优化工艺过程、降低成本、分析各种操作、预防各种事故的发生、考核操作工操作技能和能源消耗指标，以及物流管理等提供了手段，并且为提高管理上水平创造了条件。

5. 设计中注意事项

虽然 ControlNet 上可以挂接 99 个站点，但是多一个站点就多一定的数据量，ControlNet 上挂接的站点越多，网络数据传输负载就越重。针对控制系统接入的通信模块比较多、程序运行速度要求高、网络负载大等需要注意的特点，在设计上应该特别注意：

1）首先从系统设计和软件上着手，合理编排系统 I/O。

2）注意设定网络刷新时间（NUT）和开关量、模拟量模块的扫描时间（RPI），降低网络的负载。

3）优化程序和内部变量，清理存在的垃圾代码和内部变量，提高代码效率。

4）注意生产者/消费者标签泛滥。它们的系统开销比较大，非关键信息没有必要通过这种方式通信。

5.4.2 DCS 和 FCS 集成技术在自来水厂制水与供水调度中的应用

1. 系统基本功能介绍

（1）制水工艺流程

1）制水工艺流程分为：取水、混凝、反应、沉淀、过滤、消毒、送水、排污 8 个环节。按照工艺布置和管理习惯，一般把取水、排污合在取水分站控制，混凝、反应、沉淀、消毒合在加药分站控制，过滤在过滤池分站控制，送水在送水分站控制。

2）供水调度分为：供水管网分布点的压力测量采集，各测压点的数据无线传输，送水泵站的机组启/停或变频调速控制。

（2）系统构成　采用集散控制系统，设一个中心控制室主站和 4 个现场 PLC 控制分站（即取水、加药、滤池、送水分站），如图 5-51 所示。各站之间通过冗余 ControlNet 通信，中心控制室中一台服务器和三台 PC 通过上层以太网进行数据交换，其中两台 PC 同时挂在 ControlNet 上，另一台与总调度室 SCADA 系统通信。分站 PLC 与工业控制机通过 DH^+ 网通信，PLC 与 SLC 通过 DH485 网通信。

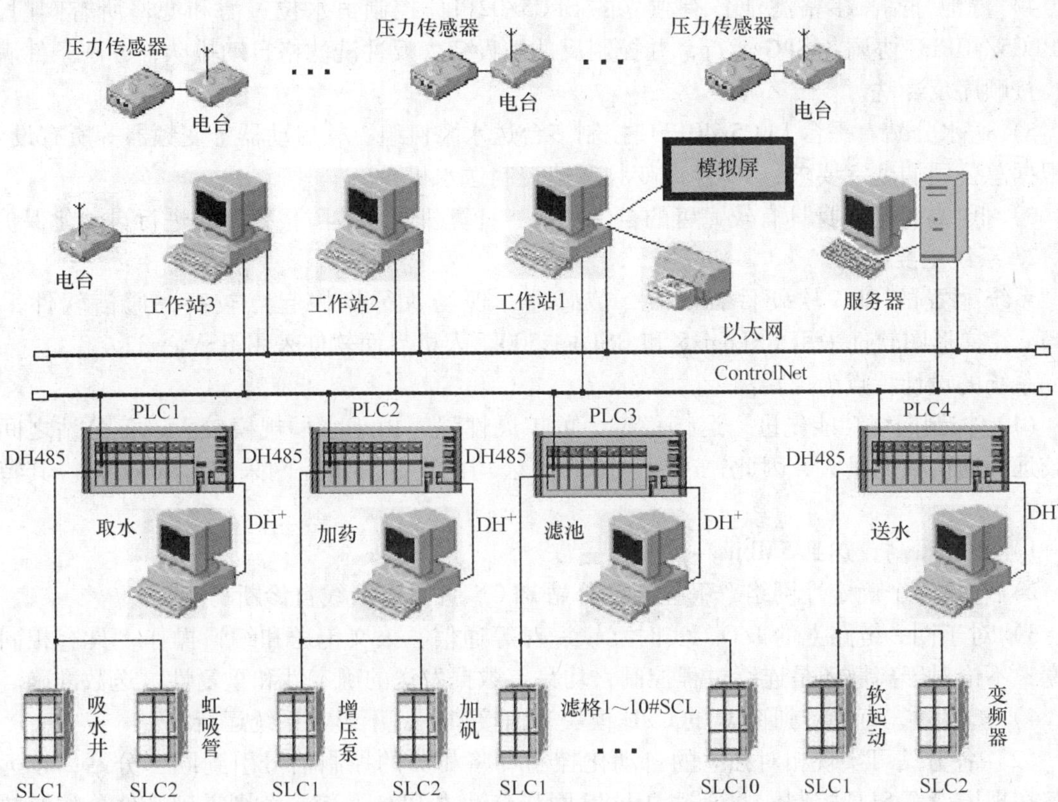

图 5-51　自来水厂制水与供水调度自控系统网络结构

(3) 系统控制原则　系统控制方式分为手动和自动，自动方式一般又分为全自动、一步化、单步键控。各站计算机还设有本站和远程两种控制形式，优先权依次为手动 > 本站 > 远程。

(4) 系统的管理方式　在计算机上对设备及系统管理功能进行操作时，必须先输入操作员的操作代码和密码（登录），操作结束后可按“登录注销”。计算机根据密码区分操作员权限等级，并锁定超权限按钮，自动记录操作人员的操作过程、操作代码及时间。

(5) 各站主要配置和基本功能

1）中央控制室主站。在远程控制方式下，通过两台工作站控制下面各分站的设备，并将采集到的数据送服务器、模拟屏和总公司 SCADA 系统。服务器对生产数据、报警记录和操作记录进行综合处理。

2）取水分站。由两套 SLC5/02PLC 分别控制 4 条源水虹吸管的抽真空和吸水井中 4 台清污机的运行，一台 PLC5/40PLC 根据清池水位和送水量自动开停取水泵，并根据水源水位自动选择排水方式，控制排水泵房设备。

3）加药分站。加氯和加矾是两个相对独立的自动控制系统，分站中一台 PLC5/40PLC 可通过 SLC5/02PLC 的 PID 对其进行调节。前加氯采用流量比例控制方式，后加氯采用复合环控制方式；加矾采用流量信号粗调频率、游动电流信号调节冲程、对滤水浊度用反馈方式控制。

4）滤池分站。多格滤池各有独立的 SLC5/02PLC 控制恒水位过滤和滤格所有阀门，1 台 PLC5/40PLC 协调各 SLC 运行，并控制反冲洗设备。反冲洗滤格自动排队，冲洗条件满足时，按顺序反冲洗。

5）送水分站。一台 PLC5/40PLC 控制多台送水泵机组、软启动器、变频器等所有设备。并根据总公司调度室要求，开/停或变频调速控制送水机泵。

6）低/高压柜本身具有较完善的自保功能，计算机只对故障报警，不进行自动化保护。

2. 系统主要特色

系统配置的 PLC 软硬件、仪表、传感器、现场执行机构起点较高，通信软件采用 RSLinx，梯形图软件采用 RSLogix5 和 RSLogix500，人机界面软件采用 RSView32。

系统的设计特点为

（1）控制网络功能先进，运行稳定，可扩展性强　由于水厂规模较大，各分站之间距离较远，通信数据量大，因此，选用美国 A-B 公司的产品，主控网采用 ControlNet。其特点有：

1）吞吐量高，达到 5Mbits/s。

2）它是一个确定性网络，下挂的各分站 PLC，并具有断线自诊断功能。

3）对于同一链路上的 I/O、实时互锁、对等通信、报文传送和编辑操作，具有相同的带宽；不论对于离散还是连续过程控制，均具有数据发送的确定性和重复性，送数准确。

4）扩容时，直接接到 PLC 的 CPU 模块通信接口上，不影响系统运行。

（2）各分站可实现相对独立的自动化控制　将相关的控制信号引到同一分站；较远的设备在现场设置 SLC 控制，并通过 DH485 网与分站主 PLC 通信；个别需到其他分站取数的信号，在通信异常时，不参与控制，保证在 ControlNet 完全断网的情况下，各分站仍可实现自控。

（3）控制程序简洁使用，实时性好

1）对相关设备较多、控制关系复杂的滤池反冲洗过程，在保证生产需要的前提下，统一处理方式，简化程序，增强可靠性。

2）对数据采集量较大的滤池分站，采用分散控制集中管理的 PLC 控制模式，并对信号根据重要性进行采集间隔分类，减少同一时间的数据采集量，保证系统有良好的实时性。

（4）界面直观，操作方便，管理严格　采用中文操作系统。在界面设计上，尽量让图标接近设备外观，同时注意图标、符号、单位、文字的规范和颜色的搭配，使界面既美观又直观，方便理解和操作。在管理功能设置上，力求体现系统的安全性和管理的严密性。

1）登录 Windows NT 时，分系统管理员等级和一般用户等级。一般用户登录时，进入 NT 后，在桌面上只能运行自控系统软件，锁死全部快捷键和组合键，有效防止一般用户改动系统设置或系统时间；系统管理员登录则可进行上述操作。进入 RSView 后，只有输入操作密码登录后才能退出系统。

2）RSView 界面操作权限，按系统管理员 > 生产班长 > 一般操作员进行设置，高权限者可进行低权限者的操作。

3）每台设备均设有调试模式（即单步键控）功能。均能单独自动动作，方便了设备调试。但只有系统管理员才有此权限。

4）对于水质仪表和流量计，均设有维护模式。当该设备正在短时间维修或校验时，可在控制窗口赋予仪表输出值，所赋的值用于自控运行，设备维护结束后再取消赋值。赋值时界面有提示，数据库记录时有标示。

5）对数字累计量均设有参数设置功能。当系统由于局部停电或 PLC 失电造成仪表显示与计算机显示不符时，可通过参数设置功能修正。此功能必须由具有系统管理员以上权限的人员才能使用。

6）分站与中心控制室主站进行控制权切换时，双方只有回收权没有出让权，职责分明。

（5）上层数据库组态方便，功能强大

1）上层数据库管理系统采用 Microsoft SQL Server7.0 数据库。

2）能与 NT Server4.0 有机结合，提供多级安全性保护，保证数据库安全使用。

3）数据每隔 10min 记录一次，在记录间隔中，如果设备状态发生改变，或者出现事故报警、模拟量波动幅度超过设定范围，则随时进行数据记录，保证数据的完整性，方便事故分析。

4）可显示、打印任何参数和任何时段的数据，组态方便。

习　　题

1. 简述工业控制网络的体系结构。
2. 简述工业控制网络的主要技术特点。
3. 简述 EtherNet/IP 网络模型结构，试与 ISO/OSI 参考模型比较。
4. 简述组建 EtherNet/IP 总线网络的过程。
5. 简述 FF 总线的协议结构和通信参考模型。
6. 叙述 FF（包括 H1 和 HSE）控制系统的网络拓扑结构以及特征。
7. 简述 FF 系统定义的 4 个组态层次的进程。
8. Profibus 有几种类型的传输技术？
9. 叙述 Profibus 协议结构和通信模型。
10. Profibus-DP 系统配置和设备类型。
11. 简述 CAN 总线的通信参考模型。
12. CAN 总线的报文传送由哪些不同类型的帧来表示？请分别叙述其结构。
13. CAN 总线物理层信号采用何种编码形式？有哪些特点？
14. CAN 总线的媒体访问控制层由几部分组成的？各部分的功能是什么？
15. 试给出 CAN 智能节点硬件设计结构图。
16. 比较 ControlNet 的协议分层和 OSI 参考模型。
17. 叙述 ControlNet 可用的传输介质类型及其特性。
18. ControlNet 的物理层定义了网络的哪些特性？
19. ControlNet 的 MAC 帧是由几部分组成的？各部分的功能是什么？

参考文献

[1] 李仁．电器控制［M］．北京：机械工业出版社，1988.

[2] 陈伯时．电力拖动自动控制系统［M］．北京：机械工业出版社，2005.

[3] 王兆安，黄俊．电力电子技术［M］．北京：机械工业出版社，2000.

[4] 顾绳谷．电机及拖动基础［M］．北京：机械工业出版社，2004.

[5] 王仁祥，等．常用低压电器原理及其控制技术［M］．北京：机械工业出版社，2001.

[6] 李中年．控制电器及应用［M］．北京：清华大学出版社，2006.

[7] 李仁．工业电气控制设备［M］．北京：机械工业出版社，1980.

[8] 许缪，王淑英．电器控制与 PLC 技术［M］．北京：机械工业出版社，2005.

[9] 王永华，等．现代电器及 PLC 应用技术［M］．北京：北京航空航天大学出版社，2003.

[10] 张万忠．电器与 PLC 控制技术［M］．北京：化学工业出版社，2003.

[11] 漆汉宏．PLC 电气控制技术［M］．北京：机械工业出版社，2007.

[12] 王永华．现代电气控制及 PLC 应用技术［M］．北京：北京航空航天大学出版社，2003.

[13] 吴晓君，杨向明．电气控制与可编程控制器应用［M］．北京：中国建材工业出版社，2004.

[14] 郑萍．现代电气控制技术［M］．重庆：重庆大学出版社，2001.

[15] 李仁．生产机械的电气控制［M］．北京：机械工业出版社，1986.

[16] 王汝文，等．电器智能化原理及应用［M］．北京：电子工业出版社，2001.

[17] 邹积岩．智能电器［M］．北京：机械工业出版社，2006.

[18] 李仁．自动化装置及其应用［M］．北京：机械工业出版社，1985.

[19] 闫和平．常用低压电器与电气控制技术问答［M］．北京：机械工业出版社，2006.

[20] 邓则名，等．电器与可编程控制器应用技术［M］．北京：机械工业出版社，2006.

[21] 刘涳．常用低压电器与可编程序控制器［M］．西安：西安电子科技大学出版社，2005.

[22] 闫和平．常用低压电器应用手册［M］．北京：机械工业出版社，2005.

[23] 佟为明，翟国富．低压电器继电器及其控制系统［M］．哈尔滨：哈尔滨工业大学出版社，2003.

[24] 杨兴瑶．低压电器、控制线路和网络通信［M］．北京：中国水利水电出版社，2006.

[25]《电世界》杂志社．常用高低压电气设备现场操作疑难解答［M］．北京：中国电力出版社，2006.

[26] 周志敏，等．低压电器实用技术问答［M］．北京：电子工业出版社，2004.

[27] 陈家斌．低压电器［M］．北京：中国电力出版社，2003.

[28] 倪远平．现代低压电器及其控制技术［M］．重庆：重庆大学出版社，2003.

[29]《电工产品强制性安全认证用标准汇编》编委会．电工产品强制性安全认证用标准汇编 低压电器之熔断器和断路器卷［S］．北京：中国标准出版社，2003.

[30] 佟为明，等．低压电器继电器及其控制系统［M］．哈尔滨：哈尔滨工业大学出版社，2000.

[31] 陈立定，等．电气控制与可编程序控制器［M］．广州：华南理工大学出版社，2001.

[32] 高勤．电器及 PLC 控制技术［M］．北京：高等教育出版社，2002 .

[33] 李凤阁，等．电气控制与可编程序控制器应用技术［M］．北京：机械工业出版社，2007.

[34] 钱晓龙．MicroLogix 控制器应用实例［M］．北京：机械工业出版社，2003.

[35] 钱晓龙，等．智能电器与 MicroLogix 控制器［M］．北京：机械工业出版社，2003.

[36] 顾洪军，等．工业企业网与现场总线技术及应用［M］．北京：人民邮电出版社，2002.

[37] 雷霖．现场控制网络总线技术［M］．北京：电子工业出版社，2004.

[38] 甘永梅，等．现场总线技术及其应用［M］．北京：机械工业出版社，2005.

[39] 汪晋宽，等．工业网络技术 [M]．北京：北京邮电大学出版社，2007.

[40] 崔坚．西门子工业网络通信指南：上册 [M]．北京：机械工业出版社，2004.

[41] 崔坚．西门子工业网络通信指南：下册 [M]．北京：机械工业出版社，2004.

[42] 饶运涛，等．现场总线 CAN 原理与应用技术 [M]．北京：北京航空航天大学出版社，2003.

[43] 韩兵，等．现场总线仪表 [M]．北京：化学工业出版社，2007.

[44] Wei Gu; Jianxin Chu; Shihong Gan. Starting Performance Research of a High-power Middle-voltage Induction Motor Soft Starter Based on the On-off Transformer [J]. Industrial Electronics, 2006 IEEE International Symposium on. Volume 3, 9-13 July 2006: 2063-2068.

[45] Meyer, C.; Schroder, S.; De Doncker, R. W. Solid-state circuit breakers and current limiters for medium-voltage systems having distributed power systems [J]. Power Electronics, IEEE Transactions on Volume 19, Issue 5, Sept. 2004: 1333-1340.

[46] Kotsopoulos, A.; Holmes, D. G. A new soft-switched, thyristor-based, regenerative, quasi-resonant, current regulated inverter [J]. Industry Applications, IEEE Transactions on. Volume 32, Issue 2, March-April 1996: 308-315.

[47] Blaabjerg, F.; Pedersen, J. K.; Rise, S.; Hansen, H. -H. A comparative study of energy saving benefits in softstarters for three-phase induction motors [J]. Industry Applications Conference, 1995. Thirtieth IAS Annual Meeting, IAS 95., Conference Record of the 1995 IEEE. Volume 1, 8-12 Oct. 1995: 367-374.

[48] Maier, R.; Friedrichs, P.; Griepentrog, G.; Schroeck, M. Modeling of silicon carbide (SiC) power devices for electronic switching in low voltage applications [J]. Power Electronics Specialists Conference, 2004. PESC 04. 2004 IEEE 35th Annual. Volume 4, 2004: 2742-2745.